長崎県の岩崎政利さんは、約50品種の野菜を自家採種している。大根をならべて、自分の目的の形質の母本（親株）を5〜10本選抜して移植し、母本同士を交配させる。これをくり返して、だんだんと集団の性質をそろえていく（撮影 赤松富仁）

土ごと発酵

撮影　赤松富仁

早出しジャガイモの産地・鹿児島県沖永良部島では、島内のジャガイモ生産者八三〇戸のほとんどが畑に米ぬかをまいて、そうか病を防いでいる。土の中で米ぬかを栄養分にして微生物が繁殖し、そうか病菌（放線菌の一種）の蔓延を抑えているらしい。種イモの植え付け一ヵ月前に、一〇a当たり三〇〇kgの米ぬかを畑にふってすき込む。前年に激発した畑でも効果は絶大だという。

米ぬかをすき込んで1週間後の土。微生物の菌糸で白くなっている

ちょうど米ぬかをすき込んだあたりの深さにきれいなイモがついていた

有機物マルチ

高知県檮原町で米ナスを栽培する中越敬一さんは、ポリマルチをやめた。代わりに細かく切った山草、ナスの枯れ枝、もみがら堆肥などでうねを被覆している。また、一度つくったうねを壊さず毎年使う。森の土のように、落ち葉を表層に堆積させて、土着菌や益虫たちによって発酵・分解させるような循環をつくりたいという思いからだ。土を掘ってみると、きわめてたくさんの団粒が発達し、ミミズが次々に飛び出してきた。

混植・混作・間作

作物の病気や害虫の発生を防ぐために、昔から混植、混作、間作が行なわれてきた。近年、天敵やアレロパシーの研究が進み、その効果が再び見直されるようになった。

芽キャベツ、フダンソウ、からし菜、ほうれん草、小松菜、レタスなど混植・混播している。また、麦を一緒に植えると、アブラムシ対策、べと病予防、土壌改良の効果があるという
（撮影　赤松富仁）

群馬県渋川市の針塚藤重さんの麦畑。江戸時代から、麦の間作には大豆、大根、小松菜、ほうれん草などが植えられてきた

トマトのベッドにネギ、ナスタチウム、バジルを混植。株間にアップルミント（左）。ナス、葉ショウガには、フレンチマリーゴールドでベッドを縁ふち取り（千葉県市川市　礒田有治さん）

畑の隅で防除用の柿酢を仕込む愛知県新城市の河部義通さん。河部さんは柿酢をつくって飲むだけでなく、モモ、リンゴ、カキの防除にも利用している（撮影　赤松富仁）

果物で酢をつくる

左からトマト、ぶどう、すいか、りんごでつくった果実酢。酢は料理に利用でき、飲めば健康になる。集落に放置されている柿や、くず物の果物を利用すれば、防除にも利用でき一石三鳥。
（撮影　倉持正実）

土着天敵を生かす

宮城県古川市でナスやキュウリを栽培している佐々木安正さんは、天敵を生かして減農薬・無農薬野菜の生産を実現している。購入した天敵も放飼するが、バンカープランツをじょうずに利用して、土着天敵を定着させている。

撮影　赤松富仁

ナスのハウス周囲には、大麦・小麦が植わっている。ナスにはつかないムギクビレアブラムシがびっしりついて、それを食べる天敵もたくさん定着

ムギヒゲナガアブラムシに産卵しようとしているギフアブラバチ

ヒラタアブ　この幼虫がものすごくアブラムシを食べる

アブラムシを吸汁するショクガタマバエ

ハダニを食べるチリカブリダニ

ナスのすぐ横にはソラマメ。天敵のエサになるマメアブラムシがつく

アズキをバンカープランツに。天敵のハダニカブリケシハネカクシやハダニタマバエのエサの虫と相性がいいようで、ハダニが減った

ハウス中央部には、ヨモギなどの雑草帯。土着のカブリダニ類がつく

通路は天敵ククメリスカブリダニのすみか。もみがら、米ぬか、ふすまを混ぜたものを、1～2カ月に1回散布すると、ククメリスのえさのコナダニが殖える。さらに、ハウスの中の菌をふやす「米ぬか防除」の効果もねらっている

山梨県韮崎市の「ぶぅふぅうぅ農園」では、150頭ほどの豚を哺乳時から放牧している。ホルモン剤や薬には頼らず、枝肉のカットから精肉まで自分で行ない、直売している。都会生まれの中島千里さんは77年に仲間たちとこの地に入植し、85年に農園を引き継いだ。農場の土地は借地、精肉店も借家だという（撮影　橋本紘二）

自然力を生かす
農家の技術 早わかり事典

「用語集を見て〝これはありがたい〟と思いました。というのも、まわりの先輩農家の方と話をするとき、知らない単語をいちいち尋ねていると、肝心の話が前に進まず、かといって、意味を聞かないと、話の中味が分からなくなり、地団駄を踏むことがよくあったからです」「言葉を調べるというより、順番に読む中で自分の知識が増えていくような気がしています」…そんな感想が多く寄せられた『現代農業』二〇〇五年二月号の七〇〇号記念企画「『現代農業』用語集」。とくに、親父から田んぼをまかされたり、定年帰農で野菜や花の栽培を始めたり、身近な資源を生かして減農薬や有機農業をめざす人々に大変好評だった。「より充実させて一冊に」、そんな要望も多く、そこで、基礎的な用語や売り方の用語を追加し、図・表とともにカラー写真を豊富に入れ、各用語の解説も吟味して、この「事典」が誕生した。

　言葉の意味を理解し、みんなで共有することで、農家の工夫は一層豊かに展開する。自分の身体や家族や田畑の条件にあわせた、「自然力を生かす」個性的な技術が次々に生まれ、「農家の技術」を引き継ぐ元気な担い手が増えていく、そのための手引きとして本書を役だてていただければと思う。

1979年、筑紫減農薬稲作研究会のメンバーのひとりであった篠原正昭さんは、針金のわくに黒い学生ズボンの古布を縫いつけたものを試験田に持ってきた。稲についている虫を観察するためだ。普及員だった宇根豊氏は、これをベニヤ板にして「虫見板」と名づけた。福岡市農協はいちはやく虫見板を組合員全員に配布し、やがて全国に広がっていった。ひとりの農家のちょっとした工夫が、「一斉防除」や「となりがふったらうちもふる」という水田の農薬散布を見直すきっかけになり、農家が自分の田の自然に目をむける端緒となった。（撮影　赤松富仁）

自然力を生かす 農家の技術 早わかり事典

●各用語の解説文中の太字は、この「事典」で取り上げた用語です。関連する用語としてご参照ください。

●各用語の解説の末尾に、関連する『現代農業』の記事（記事名・執筆者・年月号）、および農文協の単行本（書名と著者）を案内しました。単行本については巻末の「本事典で紹介した農用語の関連書籍」をあわせてご覧ください。

レイアウト・組版　ニシ工芸株式会社

基本の用語

小力技術

「小力」という言葉を『現代農業』誌上で初めて使ったのは群馬県板倉町のキュウリ農家・松本勝一さんだ（九四年）。板倉町は、七〇年代に構造改善事業によるハウスキュウリの専作化を進め、キュウリの生産量日本一を誇ってきた。しかしその後、経営を引き継ぐ若手は少なく、農家の高齢化が進んでいる。

　松本さんもかつては多収をねらって肥料や資材を多投し、がむしゃらに頑張っていたが、年齢や病気で体力が衰え、それまでのやり方を大きく変えるようになった。キュウリの株間は一mの超疎植にして、ピンチや誘引作業もせず、好き勝手な方向に枝を伸ばした。ベッドもわざわざ作り直すのをやめて、表層に発酵鶏糞を施すだけの春夏連続使用にした。手間を減らすことが一番の目的であったが、キュウリをのびのびと育てたことで、キュウリが持つ潜在力が発揮され、収量や品質はむしろ以前よりも上がった。

松本勝一さんと疎植のキュウリ　松本さんは親づるの葉をほとんどかいてしまう。普通だったら青々と葉が茂っているはずのキュウリハウスだが、スカスカで向こう側がよく見える。日当たり、風通しがよく病気もでにくい。摘葉は毎日少しずつ行なうので身体にむりはない
（撮影　赤松富仁）

　産地では標準的な栽培基準に添うことがふつうで、松本さんのように身体の変化にあわせて栽培法を大きく変えてしまうという農家はあまりいなかった。松本さんはこのやり方を、単に作業手順を抜く「放任」とも、機械や資材を導入して作業量を減らす「省力」とも意味が異なるとして、「小力栽培」と呼んだ。小力という言葉には、「無理に作物をコントロールしようとせず、もともと作物がもっている力を引きだすようにしてやれば、結果として人はさらに小さい力ですむようになる」という意味が含まれている。

　小力技術は、とくに高齢者や女性に支持された。高齢者や女性は、若者にくらべて力が

弱くスピードも遅い。しかし、経験を生かした洞察力や、丁寧な作業を持続できるなど、「小さい力」を使いこなす点では優れている。

その後、さまざまな「小力技術」に目が向けられるようになった。イネの**プール育苗**では、水の保温力を活かすことによって、かん水や換気作業がラクになるだけでなく、病気が減って農薬散布も不要になった。**合鴨水稲同時作**では、除草剤を使わなくても草を抑えることができ、肥料もいらなくなる。さらに、質のよい肉が生産できる。果樹栽培では、雑草の**ナギナタガヤ**を生やすことで、中耕や除草作業が不要になり、自然に枯れてそのまま有機物の補給にもなる。**バンカープランツ**は**天敵**のすみかを作ってやることで、天敵の力を引き出し、農薬散布を激減させることができる…。

小力技術とは、地域の風土や自分の田畑の土にあわせて、自然や作物の力を最大に引き出す、栽培技術の個性化であるともいえる。

▼「キュウリは秀品も多いし伸び伸び仕立てが一番、小力的である」編集部94年11月号

北海道訓子府町　中西康二さんは10年ほど前、プラウ耕をやめた。そして、秋から冬にかけて有機物を畑にふる。雪の下で微生物が成長し、春には雪がまだ残る畑を微生物の菌糸が覆う
（撮影　赤松富仁）

中西さんの畑の準備のやり方

収穫後	作物の残渣をストローチョッパーで刈る。2～3日天日で乾かして浅くロータリ耕ですき込む
堆肥投入	その上から反当2～3ｔの鶏糞堆肥（1年もの）を投入。1年ものを使うのは、窒素の量をなるべく少なくしたいため
施　肥	ナガイモ、ジャガイモの出荷の合間をぬって、米ぬか反当100kg、骨粉、菜種かす、大豆かすを反当50kgずつ別々に投入
耕うん	余裕があればロータリ耕ですき込む

土ごと発酵

未熟な有機物を土の中に大量にすき込むと、土中で分解して有害なガスが発生することがある。また、材料にオガクズなどが多い場合は、窒素飢餓がおきる。このため従来は、あらかじめ有機物を**発酵**・分解させた**完熟堆肥**を投入するか、**緑肥**など生の有機物をすき込むときは種播きまで十分な期間をおくという方法がとられてきた。農家にとって土づくりはもっとも大切な仕事であるが、大きな手間と時間がかかる作業でもあった。

これに対し、一部の篤農家の間では、未熟な有機物を表層に施用する方法も行なわれていた。未熟でも、地中深くに入れなければガス害などがおきず、有機物が微生物の栄養分になって土がよくなると言われてきた。それは、自然の土壌のように「土を上から耕す」と表現された。

九〇年代に、田植えあとの田んぼに**米ぬか**をまくと、雑草を抑える効果があることが報告され、全国各地の農家がこれを試

みた。その過程で、土壌の表層で有機物が発酵・分解すると、抑草効果のみならずさまざまな現象がおきることがわかってきた。これは従来のわらマルチなどとは目的や様相が異なる。そこで『現代農業』誌では、この土壌の表層で有機物を発酵・分解させる方法を「土ごと発酵」と呼んだ。

畑の土の表層に米ぬかなどを投入すると、カビや細菌など好気的な微生物が繁殖しはじめる。微生物はさまざまな**酵素**や酸を分泌して、有機物を分解・吸収する。さらに、これらの**有機酸**は、鉱物化している土中の**ミネラル**を溶出させ、微生物自身や作物がこれを吸収しやすくする。やがて、カビの菌糸や微生物が生成した粘り気のある代謝産物によって、土壌粒子同士が結合し、**団粒**構造が形成される。**ミミズ**がふえてさらに団粒をつくる。

いっぽう、湛水した水田に米ぬかなどをまくと、嫌気性の**乳酸菌**や酪酸菌によって発酵がおきる。微生物は、有機物や周辺の土壌をこなごなに分解するが、水中のために微粒子同士の再結合がおきず、クリーム状の**トロトロ層**が形成される。トロトロ層の中は、有機酸によって水田土壌中の鉱物リン酸やミネラルなどが溶出しやすくなっている、

さらに、雑草の種子がトロトロ層の中に埋没して発芽できなくなる。発芽しても、トロトロ層中の有機酸が雑草の根に害を与える。**イトミミズ**がふえると、泥の撹拌効果によって雑草の抑制、ミネラルの溶出効果はさらに高まる。

土ごと発酵を成功させるポイントは、①有機物を深くすき込まず、表層の土と浅く混ぜるかマルチのように表面に置く　②畑で**緑肥**などを土ごと発酵させるときは、好気的な条件を保つために刈って少し乾燥させてから浅くすき込む　③米ぬかや**海のミネラル**を混ぜると、発酵・分解がスムーズに進む。

土ごと発酵は、堆肥や**ボカシ肥**をつくって外から持ちこむのではなく、作物残渣や緑肥などその場にあるものも利用できるのでラクで低コスト、小力の土つくり法なのである。

▼「『土ごと発酵』で田畑に菌をとりこむ」00年10月号

土着菌・土着微生物

微生物はあらゆるところにあふれている。だから、ご飯やパンにはすぐにカビが生えるし、牛乳は酸っぱくなる。

身近な林や田んぼの周辺など、どこでも微生物は採取できる。たとえば雑木林や竹林に行くと、菌糸のかたまり（ハンペンともいう）が着いた落ち葉を採取することができる。このような身近な微生物のことを、市販の微生物資材と対比して、「土着菌」あるいは「土着微生物」と呼んでいる。九三年に、韓国自然農業協会の趙漢珪氏が土着微生物の採取法や利用法を『現代農業』誌上で紹介して以来、大きな注目を集めてきた。

土着菌の採取・培養には、古代より東アジアで発達してきた、**発酵**文化の技が生かされている。身近な発酵食では、味噌玉や蒸し米にこうじカビを繁殖させたり、ぬか床やキムチ漬けで乳酸発酵させる方法がある。酒や酢をつくる、高度な醸造技術もある。発酵食のつくり方には、素材の腐敗をふせぎ、人や作物によって有用で栄養価の高い成分をつくり

竹やぶで土着菌を採る茨城県の松沼憲治さん。種菌のつくり方は、土着菌（ハンペン）5つかみと、40℃くらいにさましたご飯を混ぜる。翌日これを15kgの米ぬかとあわせ、米ぬかの重さの3分の1の水を加え、コモをかけておく。発熱したら米ぬかと水を足して増量。10〜15日して白い菌がまわったらできあがり。肥料袋やコンテナに入れておく。ボカシをつくるときに全体の重さの1割の種菌を混ぜる（撮影　小倉隆人）

だす多くの知恵がつまっている。

採り方は、大きくわけて二とおりで、**こうじ菌**などのカビや、枯草菌・**納豆菌**のような好気性の微生物の場合は、林から腐葉土を採ってきたり、杉の弁当箱に入れたご飯を腐葉土の中において繁殖させたりする。

乳酸菌や**酵母菌**など、嫌気条件を好む微生物は、瓶の中に米のとぎ汁や牛乳を入れて和紙でふたをしておく。また、果実酒や酢をつくるときのように、果実を洗わずにそのまま漬け込むだけの方法もある。

採取した土着微生物は、**ボカシ**や堆肥をつくるときの種菌にしたり、**黒砂糖**や**ミネラル**を加えて培養し、葉面散布したりする。また、家畜の発酵床にしたり飼料に混ぜて糞尿の臭いをなくしたりなど、農家の工夫はますます深みと広がりをみせている。

▼「強力パワーの土着菌・天恵緑汁をいかす」95年4月号／『発酵利用の減農薬・有機栽培』松沼憲治著／『土着微生物を活かす』趙漢珪著

海のミネラル

海水・海洋深層水・自然塩・にがり・海藻・貝殻・海のごみなど、海水由来の**ミネラル**（鉱物元素）が、土壌や作物に与える効果への関心が高まっている。海水には、地球上に存在する一〇〇種類あまりの元素のほとんどが含まれている。ナトリウム・**マグネシウム・カルシウム**などは比較的多いが、そのほかのごく微量にしか存在しない成分も含めて、海のミネラルには生物に必要なミネラルがすべてそろっている。たとえば、動物の血清と海水の組成はとてもよく似ており、生命は海から誕生したとされる所以である。

血液中の鉄が酸素の運搬に大きな役割をはたしていることはよく知られているが、近年の研究では、亜鉛がDNAやRNAの合成に不可欠なこと、マグネシウムが光合成反応の中心にあることなどがわかっている。このような金属元素は、**酵素**やさまざまなたんぱく質の活性部位に位置しており、金属酵素、金属たんぱく質と呼ばれる。生物にとって必要なミネラルの量はごく微量だが、生命維持にとって不可欠の要素なのである。

熊本県の後藤清人さん。米の最初のとぎ汁をびんに入れて、和紙でふたをする。15℃の暗所に10日おくと薄黄色になり酸っぱいにおいがしてくる。これを瓶に入れ、牛乳を18ℓ加えて和紙でふたをして暗所におく。2週間たつと、固まりと液体に分離し、下の液体が乳酸菌液である。ボカシをつくるときに混ぜる（撮影　鈴木一七子）

ボカシ肥をつくるときに薄めた海水や自然塩を加えると発酵しやすくなったり、作物に葉面散布すると病気に強くなったりするのも、さまざまなミネラルが生物の代謝に寄与して、微生物の繁殖や作物の生長をよくするのではないだろうか。

ミネラルは、**アミノ酸**や**有機酸**によって包み込まれる（**キレート化**）ことで作物に吸収されやすくなるという。そのためボカシ肥に加えたり、**米ぬか**などの有機物の**表面施用**・**表層施用**と組み合わせて施用するのがいっそう効果的なようだ。

いっぽう、高濃度の塩分（塩素）によっておこる塩害は、水田では水一ℓ中に五〇〇mgが限界濃度とされる。ハウス栽培のかんがい用水では一ℓ中に八〇mg以下であればすべての作物に用いて差し支えないとされ、これは海水を二五〇倍に薄めた濃度に相当する。

▼巻頭特集「追究！　海のミネラル力」03年8月号

米ぬか防除

ハウスの通路や作物などに米ぬかをふって、病気や害虫を防ぐこと。米ぬかは肥料としてではなくカビをふやすためにふるので、量はほんの少量でよい。こうじカビなどさまざまなカビ類が生え、その結果、灰色かび病などの病気を抑制する効果がある。

米ぬか防除は、水和剤や粉剤などの薬剤散布と違って、湿度を高めることがないので雨の日でも散布できる。耐性菌ができないため、農家に大きな安心感をもたらす。また、米ぬかがふってあると、かいた葉っぱを通路に落としてもすぐに分解されるため、外へ運び出す手間がいらない。

米ぬかで病気が減るしくみはまだよくわかっていないが、カビの胞子が作物の体の表面に付着し、病原菌が繁殖する場所を先取りしたり、拮抗作用などによって抑制するのではないかと考えられている。

微生物農薬のボトキラー水和剤は、特定の菌で病原菌を抑制するが、米ぬか防除は多様な菌で病原菌を抑えるしくみだともいえる。『現代農業』では、米ぬか防除を、菌で菌を抑える防除という意味で「菌体防除」とも呼んでいる。

さらに米ぬかで、害虫の天敵を増やす方法もある。米ぬかを通路にまくと、米ぬかを食

海水中の微量元素（例）（単位：mg/l）

塩素（cl）	19870	ニッケル（Ni）	0.002
ナトリウム（Na）	11050	マンガン（Mn）	0.002
マグネシウム（Mg）	1326	クローム（Cr）	6×10^{-4}
イオウ（S）	928	セシウム（Cs）	5×10^{-4}
カルシウム（Ca）	422	セレン（Se）	4.5×10^{-4}
カリウム（K）	416	クリプトン（Kr）	2.1×10^{-4}
臭素（Br）	68	アンチモン（Sb）	2×10^{-4}
炭素（C）	28	タングステン（W）	1.2×10^{-4}
ストロンチウム（Sr）	8.5	銀（Ag）	1×10^{-4}
ホウ素（B）	4.5	コバルト（Co）	8×10^{-5}
フッ素（F）	1.4	カドミウム（Cd）	5×10^{-5}
ケイ素（Si）	1	水銀（Hg）	5×10^{-5}
チッソ（N）	0.5	キセノン（Xe）	5×10^{-5}
アルゴン（Ar）	0.45	ガリウム（Ga）	3×10^{-5}
リチウム（Li）	0.18	鉛（Pb）	3×10^{-5}
リン（P）	0.07	ジルコニウム（Zr）	2.6×10^{-5}
ヨード（I）	0.06	イットリウム（Y）	1.3×10^{-5}
バリウム（Ba）	0.03	タリウム（Tl）	1×10^{-5}
モリブデン（Mo）	0.01	ヘリウム（He）	7.2×10^{-6}
アルミニウム（Al）	0.005	ゲルマニウム（Ge）	6×10^{-6}
亜鉛（Zn）	0.005	金（Au）	5×10^{-6}
鉄（Fe）	0.005	ランタン（La）	3.4×10^{-6}
ウラン（U）	0.0033	ユウロピウム（Eu）	13×10^{-7}
銅（Cu）	0.003	ルテニウム（Ru）	7×10^{-7}
ヒ素（As）	0.0023		
バナジウム（V）	0.0015		
チタン（Ti）	0.001		

海水に含まれている元素　一説では九〇種類以上とされる

イネの生育時期と塩害発現限界塩素濃度（千葉県）

生育時期	被害発現限界塩素濃度
活着期	500～700mg/l以下
分げつ期	700～1000mg/l以下
出穂期以降	1000mg/l以下

ハウス栽培におけるかんがい用水の塩素濃度の類型（高知県）

塩素mg/l	判　　定
80以下	すべての作物に用いて差し支えない
80～150	耐塩性の弱い作物の長期栽培に不適当
150～250	耐塩性の弱い短期栽培、および耐塩性の強い作物の長期栽培には不適当
250以上	すべての作物に用いることは不適当

※1mgは1gの1000分の1

べるコナダニがふえる→コナダニを食べるククメリスカブリダニがふえる→ククメリスが害虫のアザミウマ類を食べる。このような、害虫の新しい防除方法が各地で実践されている。

▼「米ぬか防除」00年6月号／『米ヌカを使いこなす』農文協編

山梨市でブドウを栽培する 野沢昇さん。米ぬかを散布するのは、2月中旬の萌芽後と、実どまりを確認して追肥をやったあと。2回とも反当で約300kg散布し、その後すぐにかん水する。ブドウの糖度があがり、農薬散布は半分になったという

酢防除

食酢・**木酢液**・**もみ酢**などの「酢」は、強い酸であるために、薄めて作物にかけると殺菌・静菌作用があることが知られている。さらに、作物に「酢」を使用している農家のあいだでは、「葉っぱが固くなり、上を向く」と言われ、作物そのものが病害虫にかかりにくくなる効果もある。

体内に**硝酸**態窒素が過剰にたまった植物は、組織が軟弱で病気にも弱いことが知られているが、酢に含まれる酢酸や**有機酸**の刺激によって、たまった硝酸態窒素がたんぱく質に同化する方向に代謝が進み、組織がしっかりするのではないかと推測されている。そこで酢防除に、**糖度計診断**などの生育診断を活用して効果をあげている農家もいる。作物体内の硝酸が過剰なときは酢を単体でかけ、不足しているようなら酢＋尿素（または液肥）をかけて作物の生育を調整する。病気にかかりにくくなり農薬散布量が大幅に減らせるという。

また酸は、カルシウムやマグネシウムなどの**ミネラル**を**キレート化**（カニバサミではさんだ状態）して、根からの吸収をよくする働きがあるといわれる。ミネラルの吸収がよくなることで組織が強固になったり活力が高まったりして、病害虫に対する抵抗力が増すのかもしれない。

なお、酢は買うと結構高くつくため、柿など家でとれた果物から果実酢をつくり、手づくり防除資材として利用する農家もある。

▼特集「クスリをかけずに酢をかけよう」02年6月号／『玄米黒酢農法』池田武ほか著

愛知県新城市の河部義通さんは自分でつくった柿酢を飲むだけでなく、150倍に薄めて果樹に散布している

（撮影　赤松富仁）

自然農薬

作物を病害虫から守る目的で、農家が身近な植物や食品などを利用する場合、これを「自然農薬」という言葉で呼んできた。自然農薬は、化学合成農薬が発明される前から、経験的な知恵として伝えられてきたものが多い。

材料はトウガラシやニンニク、ヨモギ、ドクダミ、ハーブ類、ニーム、ショウガ、クマザサ、アセビ、**木酢液**、**竹酢液**、食用油、食酢、ドブロク、牛乳、キムチ汁…など多種多様である。また、害虫の忌避効果をねらうもの、病原菌の抑制、作物の健全化など目的もさまざまである。つくり方も、水に浸したり、煮沸したり、**黒砂糖**や焼酎、木酢、食酢に漬けたり、微生物で発酵させたりする。薬効のある植物や砂糖、酢、発酵液など、もともとは食べ物の腐敗や食害を防ぐ保存食の方法を応用したものが中心である。

化学合成農薬は、殺菌・殺虫効果のはっきりした特定の成分を抽出あるいは合成したものが大半だが、自然農薬の成分は複雑で多様である。そのために、抵抗性がつくことはなく、環境中に残留することもない。

成分が一定ではなく、登録農薬のように薬効や安全性を試験で確認することは困難である。そのため、登録農薬以外はすべて法律で禁止すべきとの意見もある。しかし、農業というのは本来個性的なもので、圃場や環境の条件に合わせて、農家が工夫をこらすことによって成り立っている。とくに日本のような多様な地形や土壌条件の国土では、農家個々の工夫や創意なしには、栽培技術の発展も高い生産性を維持することもできなかったであろう。長年の実践を通して伝えられてきた作物を守る工夫をすべて禁止してしまえば、結局は化学農薬のみに依存せざるをえなくなる。特定の化学物質を大量に環境中に放出することは、事前には予測できないリスクを含んでおり、それを代替する方法を確保しておくことは、有益なことであろう。

もちろん自然界には多くの毒物が存在する。「自然由来のものだから安全」などということはありえず、安全性について十分な注意が必要なことはいうまでもない。

▼「もっと知りたい植物エキス」編集部03年5月号／『自然農薬で防ぐ病気と害虫』古賀綱行著／『植物エキスで防ぐ病気と害虫』八木晟監修

土着天敵

天敵を活用した防除には、商品化されている天敵資材を導入する方法と、地域にもともといる土着の天敵を利用する方法とがある。ハウスのような閉鎖空間では天敵資材が普及しているが、周りの自然と連続している露地栽培では土着天敵の利用が有効である。

自然界ではどんな生物にも必ず天敵や競合する生物が存在し、一種類の生物だけが突出して繁栄するということはない（人間だけが例外）。畑に作物をはじめて植えると、二年くらいは殺虫剤など使用しなくてもよくできる。やがて、作物を食べる害虫が大増殖する。そしてすこし遅れて、害虫を食べる天敵がふえ、被害が少なくなってくる。これは一年の間でも同じで、必ず害虫に少し遅れて天敵がでてくる。それまでの間に、作物はかなりの被害を受けてしまう（害虫に作物が食べられるのをだまって見ている農家はいないので、ふつうは天敵の存在に気がつかない）。

これを防ぐには、初期の害虫の大増殖を抑え、さらに早い段階から天敵の数をある程度確保しておくことが必要である。それには、①害虫にだけに効いて天敵にはあまり効かない選択性の殺虫剤を使用する　②害虫をホオズキなど**おとり作物**にひきつけておいて捕殺する　③麦など**バンカープランツ**を周囲に植えて天敵の生息場所をつくっておくなどの方法がとられている。また、単品を連作するよりも、**混植**や**輪作**を組み合わせるほうが、特定の害虫が突出して増殖することが少ない。

土着天敵に注目するようになると、これまで害虫の発生源になると思われていた周辺の雑草や雑木林などの雑多な環境が、じつは天敵の供給場所であると気づくようになる。

▼「ソルゴーで囲ったら、農薬ほとんどなしで露地ナスができちゃった！」編集部00年6月号／『天敵利用で農薬半減』根本久編

ただの虫

ふつう、田や畑にいる昆虫の中で、農家がまっさきに気づくのは「害虫」である。もちろん、丹精込めて育てた作物を目の前で食べられるからだ。その次に目にとまるのは、アブラムシを食べるテントウムシのような「益虫」。益虫というのは肉食の昆虫で、カマキリやクモ、トンボなど誰でも知っている。ところが、じっさいに虫見板などで田畑の昆虫を観察してみると、図鑑にも載っておらず害虫か益虫かもわからない、「ただの虫」が圧倒的に多いことがわかる。

この「ただの虫」は、田畑では何の役にも立っていないかというとそういうわけではない。たとえば農薬散布で水田のユスリカなどがいなくなってしまうと、それをえさにしている、クモやカエルなどの「益虫」も減ってしまう。目にはつきにくいが「ただの虫」は生態系の中で重要な役割を担っている。

虫見板を使って減農薬運動を進めてきた宇根豊氏は、「夏ウンカであるとかコブノメイガなど―害虫種であったとしても、数が少なくてイネに許せないほどの被害がなければ、その虫は『害虫』ではなくて『ただの虫』ということになります。いや、むしろ天敵（たとえばクモの仲間）のえさになっていて、他の種類の害虫がふえるのを抑える場合は『益虫』ということになります。たとえ害虫種であっても、田んぼの中の世界の生き物模様によっては『ただの虫』や『益虫』にもなるのです」と述べている。

▼「田んぼの天敵に働いてもらうには『ただの虫』を殖やす」日鷹一雅97年7月号／『減農薬のための田の虫図鑑』宇根豊・日鷹一雅・赤松富仁著

宮城県古川市でナスやハクサイを栽培する佐々木安正さんは、ハウスの周囲や通路に麦・ヨモギ・ソラマメなどを植え、天敵のすみかにしている（撮影　赤松富仁）

ユスリカの幼虫の巣（提供　宇根 豊）

景観作物

美しい農村の景観は、放置しておいて自然に得られるものではなく、農家の日常の営みと努力によって人為的に守られているものである。一見自然に見える雑木林でも、人の手がはいるからこそ穏やかな風景になるのであって、放置すればうっそうとして薄暗く、人を寄せつけなくなる。中山間では過疎化、高齢化によって農地や農村環境の荒廃が進んでいる。

いっぽう、生産のための合理性や機能性ばかりを追究すると、全国どこでも同じような土地改良が行われ無味乾燥な風景になる。近年では産直や都市農村交流に取り組む農家や自治体がふえ、農村の景観保持にも目をむけるようになってきた。ひまわりや**菜の花**を転作田に植えたり、シバザクラやアジュガなど被覆性の強い植物をあぜに植えたりなど、景観作物の利用が広がっている。

農家がつくる景観作物は、公園緑化とはちがい、生産や暮らしと結びついた多面的な機能をもつことが多い。菜の花は、**緑肥**や除草効果とともに、子実は「地あぶら」になり、そのかすは肥料にもなる。北海道北竜町では五〇〇戸の農家が、ひまわりの「一戸一アール運動」に取り組んでいる。ひまわり迷路が人気を呼び、油や菓子など各種のひまわり加工品も開発された。油の搾りかすは良質な肥料になり、さらに、ひまわりの根は**VA菌根菌**をふやして**リン酸**を効率よく吸収するので、後作のリン酸の肥効がよくなる。

▼「アゼ・休耕田を生かして むらを楽しく!」編集部99年2月号／『グラウンドカバープランツ』有田博之・藤井義晴編著

自家採種

古代から人類は作物を選抜・交配したり、農家同士で種を交換したりして、現在の多様な品種資源をつくり上げてきた。これは、農耕が始まって以来、一万年以上も続けられてきた大切な営みである。しかし、種子の重要性が明らかになるにつれ、世界中で種子をめ

シバザクラ（写真提供 ㈱白崎グリーンナップ）

いろいろな景観作物

アークトセカ	キク科の多年草。草丈30〜60cm。春にタンポポに似た花を咲かせる。関東以西の太平洋沿岸の温暖な気候を好み、寒地では冬季に地上部が枯れる。増殖はほふく茎の挿し芽で行なう
アジュガ	シソ科の常緑多年草。4〜6月に咲く青紫色の花は実に美しい。ほふく茎、子株で増やし、雑草抑制力は普通、畦畔支持力はやや低い。寒さに当たると葉が赤紫色になる
アンジェリア（ハゼリソウ）	春播きの1年生草。秋まで咲き続ける花が人気上昇中。ほふく性で初期生育がよく、雑草抑止力も高い
イブキジャコウソウ	シソ科の草丈5〜10cm程度の常緑の低木。6〜7月に開花。滑りにくく、雑草抑制力も高い。畦畔支持力は普通。寒さに当たると葉が赤銅色に変化し美しい
イワダレソウ	クマツヅラ科のほふく性半落葉低木。繁殖力がつよく、5〜10月まで開花する。雑草抑止力はきわめて高い
キカラシ（シロカラシ）	深根性のアブラナ科作物。春播きで夏、秋播きで晩秋に開花。黄色一面のお花畑が人気。多収のため有機物確保にもいい
クリムソンクローバ	内地では秋播き、北海道では春播きの1年生草。初夏に咲く深紅色の花が美しく、園芸作物としても人気。窒素を固定して土を肥沃にする
シバザクラ	北アメリカ原産の常緑多年草。草丈10cm程度。4月下旬から5月上旬に径1.2〜2.0cmの花が覆いつくす。花の色が豊富。寒地から暖地に至るまで全国的に植栽でき、増殖は挿し芽、株分けで行なう
ネマコロリ（クロタラリア）	マメ科牧草で、サツマイモネコブセンチュウの対抗作物。黄色の花が美しい。窒素を固定するため土を肥沃にする
ヘアリーベッチ	マメ科の1〜2年生草で、秋播きすれば翌年4〜6月に開花。開花後は自然に枯れて敷きわら状となる。アレロパシーによる雑草抑制効果がある
マツバギク	ツルナ科の常緑多年草。5〜7月に開花し、花期が長く美しい。挿し芽、挿し穂でふやす。雑草抑制力、畦畔支持力ともに高い
リュウノヒゲ	ユリ科で日本原産の常緑多年草。草丈15cm内外。6〜7月につける小花は淡紫色で、晩秋につく果実は球形で青紫色。全国で植栽可能で、株分け、実生で増殖する。半永久的といっていいほど地被し、ほとんど管理を必要としない。畦畔植栽には最適である

主な作物の繁殖様式

完全自殖	自　殖 (部分他殖)	他　殖 (自殖可能)	他　殖 (自家不和合)	他　殖
イネ コムギ オオムギ ダイズ ナス	ソラマメ ナタネ(洋種)	トウモロコシ カボチャ キュウリ	ビート ライムギ カンラン	ホウレンソウ アスパラガス セリ ソバ

注1) 自殖は同じ株内で受粉する自家受精、他殖は異なる株のあいだで受粉する他家受精

2) 自家不和合性があると同じ株内では受精できない

植物の繁殖には、同じ株内で受粉する自家受精と、異なる株間で受粉する他家受精がある。また、イモ類のように茎、根の一部が増殖し、栄養繁殖するものもある。

自家採種するために大根の母本（花を咲かせて種を採る親株）を選ぶ長崎県の岩崎政利さん（撮影　赤松富仁）

黒田五寸人参の選抜。ふくよかな感じで濃い橙紅色、尻が丸みを帯びているものの中から中間の大きさのものを母本に選ぶ（撮影　赤松富仁）

ぐるはげしい競争が行なわれるようになった（種子戦争）。そして現在では、大企業が生産するＦ１や遺伝子組み換え作物が広く普及している。

しかし、近年、こうした種子の支配や品種の単一化に対して、地域の在来種や自分の個性的な品種を大事にする動きが各地でおきている。長崎県の岩崎政利さんは、「種とりをすると、野菜づくりの究極の楽しさがわかるようになる。野菜と語れるようになる」と語り、現在では約五〇品種の野菜を自家採種している。

一般的な自家採種のやり方は、まず自分の目的の形質の母本（親株）を選抜して移植し、母本同士を交配させる。これをくり返して、だんだんと集団の性質をそろえていく（固定化）。ところが植物には近親交配をくり返すと、生育や繁殖力が弱まるという性質がある（自殖弱勢）。そこで、五～一〇株以上の株を採種用に選んで移植したり、性質が弱くなったときには、強勢な個体を集団の中に入れたりする。品種というのは、ある程度ばらつきがあったほうが強い。

自家受精作物は交雑しにくいので、選抜をくり返すだけで比較的簡単に目的の性質が得られるが、他家受精作物の場合は、周辺の植物と交雑しないようにしなければならない。ふつうは、距離を離したり開花時期をずらしたりでよいが、厳密にやる場合は、寒冷紗で覆ったハウスの中に植えて隔離し、ハウスの中に交配用のミツバチを入れる。

なお、育成者の権利を守るための品種登録制度があるが、登録されている品種でも、農業者が農産物の生産販売を目的に、自家採種・自家増殖することは自由にできる（花などの一部の品種と種苗の購入時に特別な契約を結んだ場合を除く）。

※現在、農業の分野でも知財権が強化されようとしているが、人類が数千年をかけて作りあげてきた品種資源は、人類共通の財産である。また、食料は人の生存を根源的に支えるものであり、一部の企業による占有が許されるべきではない。

▼「自家採種のための基礎知識」小林保04年2月号／『育種の原点』菅洋著

稲作の用語

栽培体系

への字稲作

　兵庫県の井原豊氏は自分の稲作技術を、主流の稲作理論であるV字稲作とは正反対という意味で、への字稲作と呼んだ。「V」や「へ」は、肥料の効かせ方を表している。V字稲作では元肥を多く施して早期に分げつを確保し、生育中期は中干しして窒素を切らす。そして出穂二〇～一〇日前に**穂肥**、出穂前後の**実肥**と生育後半に施肥量を増やしていく。一方のへの字のほうは、元肥はほぼゼロでスタートし、出穂四五日前ごろに「元肥」をやる。原則として穂肥はやらない。

　ただし、V字とへの字の本質的な違いは、施肥法にあるわけではなく、面積あたりの穂の数（＝目標茎数）と、茎数の確保の仕方にある。

　V字稲作では密植のうえに初期の生育が旺盛なので、出穂四五日前ごろにはすでに目標係数を上回っている。茎や葉が混みあった状態で肥料が効くと下位節間が伸びて倒伏しやすくなるので、肥効を切らす。しかし、生育中期の肥料不足は、分げつの退化・枯死につながり、根や葉茎の活力は低下する。そして、病害虫や気象の変化に弱くなるという問題がある。

　への字稲作のもっとも重要な点は、坪当りの目標茎数を一〇〇〇～一二〇〇本と少なくし、さらに出穂四五日前の茎数を目標茎数の五〇％程度に抑えることである。苗は**疎植**で元肥もほぼゼロなので、分げつはゆっくりと進む。出穂四五日前の思い切った施肥（硫安）で生育を旺盛にする。しかし、混みあっていないので追肥してもイネは上には伸びず、太い茎が横に開帳し豪快な姿になる。株元まで日光が射すので光合成能力が高く、健全なイネに育つ。出穂三〇日前ごろから始まる**幼穂形成期**に十分な養分があるので、粒数が多く大きな穂ができる。そして、でんぷん生産力が高く、登熟のよい食味のよいお米が穫れる。

　イネの収量をふやすには、面積あたりの茎数（穂の数）をふやすか、茎数は少なくても大きな穂にするかのどちらかである。戦後の肥料が不足した時代には、寒地や地力のない田では茎数の確保が大きな課題で、密植栽培

茎が太く、大きく横に開帳した赤木歳通さんのへの字のイネ
（撮影　赤木歳通）

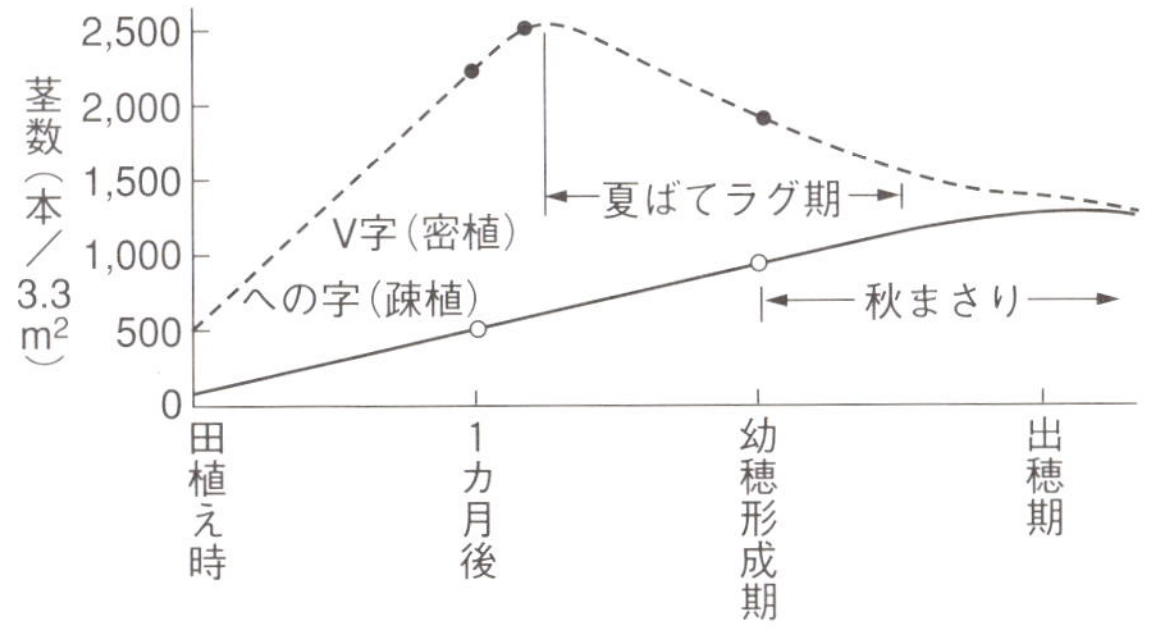

V字とへの字の茎数の確保の仕方のイメージ

V字とへの字の比較

（単位坪当り）	V字	への字
植えつけ	密植	疎植
田植え時株数	70	30～35
田植え時茎数	500	50
出穂45日前茎数	2,000	500～600
目標茎数	1,400～1,600	1,000～1,200
一穂当り粒数	50～60	140～150
坪当たり粒数	84,000	140,000

が奨励された。六〇年代に肥料が入手しやすくなると、肥料の多投時代がおとずれ収量も増加していく。さらに、七〇年代に田植え機が普及すると、稚苗密植にあったV字稲作が登場し収量も安定した（同時に七〇年代にはササニシキ、コシヒカリなど食味はよいが、倒伏しやすい品種がじょじょに普及していった）。

密植栽培の弊害がいわれるようになったのは、八〇年からの四年連続の不作、八四年の韓国米の緊急輸入のころからである。密植栽培は倒伏しやすく、病害虫、悪天候などに弱いことが明らかになった。そして、薄播き・疎植・元肥減・**深水栽培**などの技術改善の動きが全国の農家の間に広がった。とくに、施肥法が簡単で、手間もお金もかからないへの字稲作は、農家の大きな共感を得た。

▼「への字追肥も茎肥も基本的には同じ」91年7月号／『井原豊のへの字型イネつくり』『ここまで知らなきゃ損する痛快コシヒカリつくり』井原豊 著

不耕起・半不耕起

洋の東西を問わず、農業とは土を「耕す」ことというのがあたりまえである。しかし、岩手県で不耕起移植栽培にとり組んできた菊地豊氏によれば、中国の一部では古代からイネの不耕起栽培が行なわれ、現在でも焼畑陸稲作（穿孔して点播）と湿地移植稲作（耕起せず、草を刈倒して棒孔苗植）が小数民族によって続けられているという。

福岡正信さんの米麦連続不耕起直播の田んぼ。麦刈りの1カ月前に麦の立毛中に種もみをばらまく。麦刈り後に全部の麦わらを長いままふりまいて、雑草を抑える（『現代農業』1965年5月号）

現代的な意味での不耕起栽培を初めて提唱したのは愛媛県の自然農法家・福岡正信氏である。福岡さんは一九六〇年ごろに「クローバー草生米麦連続不耕起直播」の稲作技術を確立している。その後、福岡さんの不耕起直播は岡山県の乾田不耕起直播方式へとつながっていくが、全国的に普及することはなかった。

八六年ころに、福岡さんの不耕起栽培に刺激された山形、新潟の農家が不耕起移植栽培に取り組み、『現代農業』誌に紹介された。かねてより不耕起栽培に関心を持っていた秋田県大潟村の芹田省一氏・山崎政弘氏らは、この不耕起移植栽培をヒントに、不耕起田植え機を開発した（八八年）。これにより大潟村の長年の課題であった重粘排水不良田の排水性が改善され、イネ、麦、豆、野菜の輪作が可能となった。

不耕起にすると、前作の根がつくる根穴構造により排水がよくなり、根圏が酸化的に保たれるので白く太い根がはる、耕起・代かき作業が不要、代かき水が流出しないので肥料の流亡が少ない、水田の生物がふえるなどのさまざまな効果が報告された。その後、不耕起田植え機が市販されて、東北・関東地方に広がった。

一方、八七年に熊本県の自然農法家・後藤清人氏は、それまでの深耕から表面五センチの浅い代かき（半不耕起）に変えたところ、反収一三俵という成果が現われた。後藤さんはザル田の水もちをよくするために表面五センチだけを代かきしたのであるが、これによって、クリーム状の**トロトロ層**が形成され、雑草を抑制する効果があることもわかってきた。この浅い代かきと有機物（**ボカシ肥**・**米ぬか**・くず大豆など）の表面施用を組み合わせる方法は、乾田地帯での「半不耕起栽培」を可能にし、大きな注目を集めた。

さらに、二〇〇〇年には山形、宮城、福島

大潟村の農家が開発した不耕起田植え機

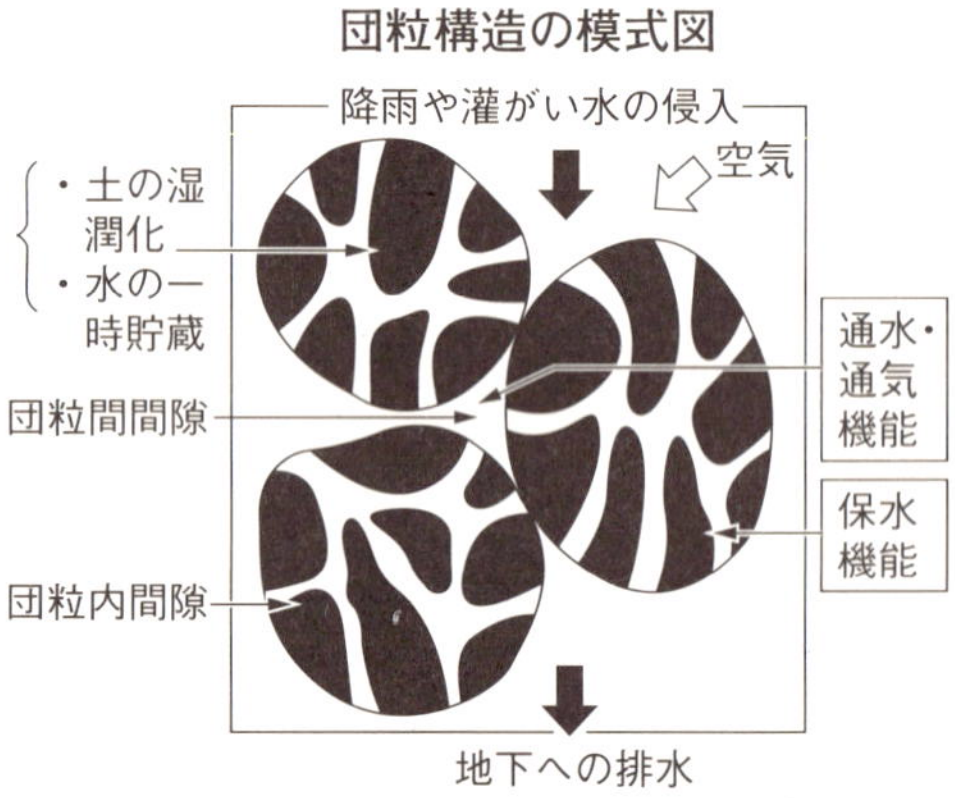

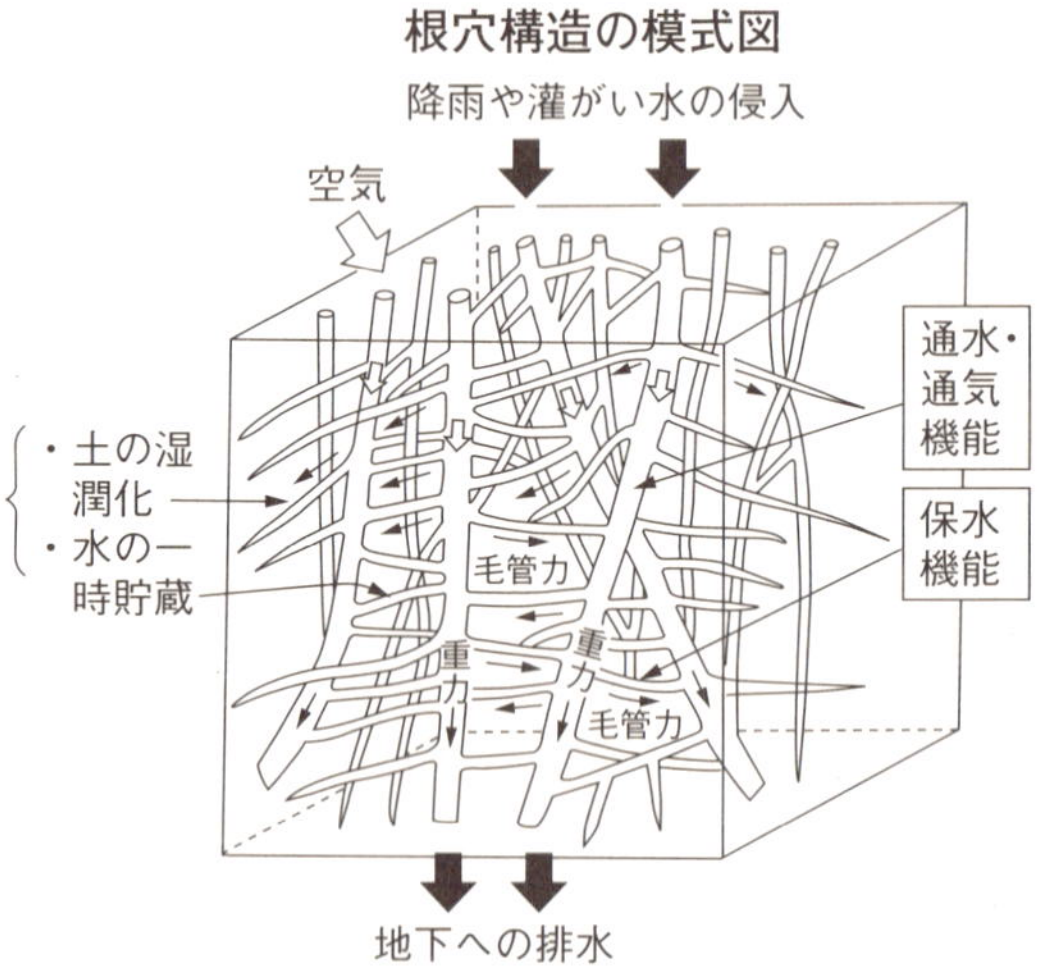

上の団粒構造では、大きい間隙が通水・通気機能をもち、小さい間隙は保水機能をもつ。すなわち、「水もちがよい」「水はけがよい」という相反する性質をかねそなえている。これに対し根穴構造では、垂直方向の根穴が通水・通気機能をもち、水平方向の細い孔隙が保水機能するものと考えられる。また、団粒構造は表層部15～25cmの作上層どまりであるが、根穴構造は下層まで広範囲にわたり分布する（佐藤照男氏）

での**冬期湛水**と不耕起栽培を組み合わせる方法が紹介された。乾田で不耕起栽培を続けると排水性がよくなりすぎて、水もちが悪くなり、除草剤が効かなくなるなどの問題があった。秋に有機物を投入し、冬の間から田に水を張っておくと、完全不耕起にもかかわらずトロトロ層が形成され、雑草を抑える効果があることがわかってきた。

▼「耕さなくてもコメはとれる！」91年3月号／『新しい不耕起イネつくり』岩澤信夫著

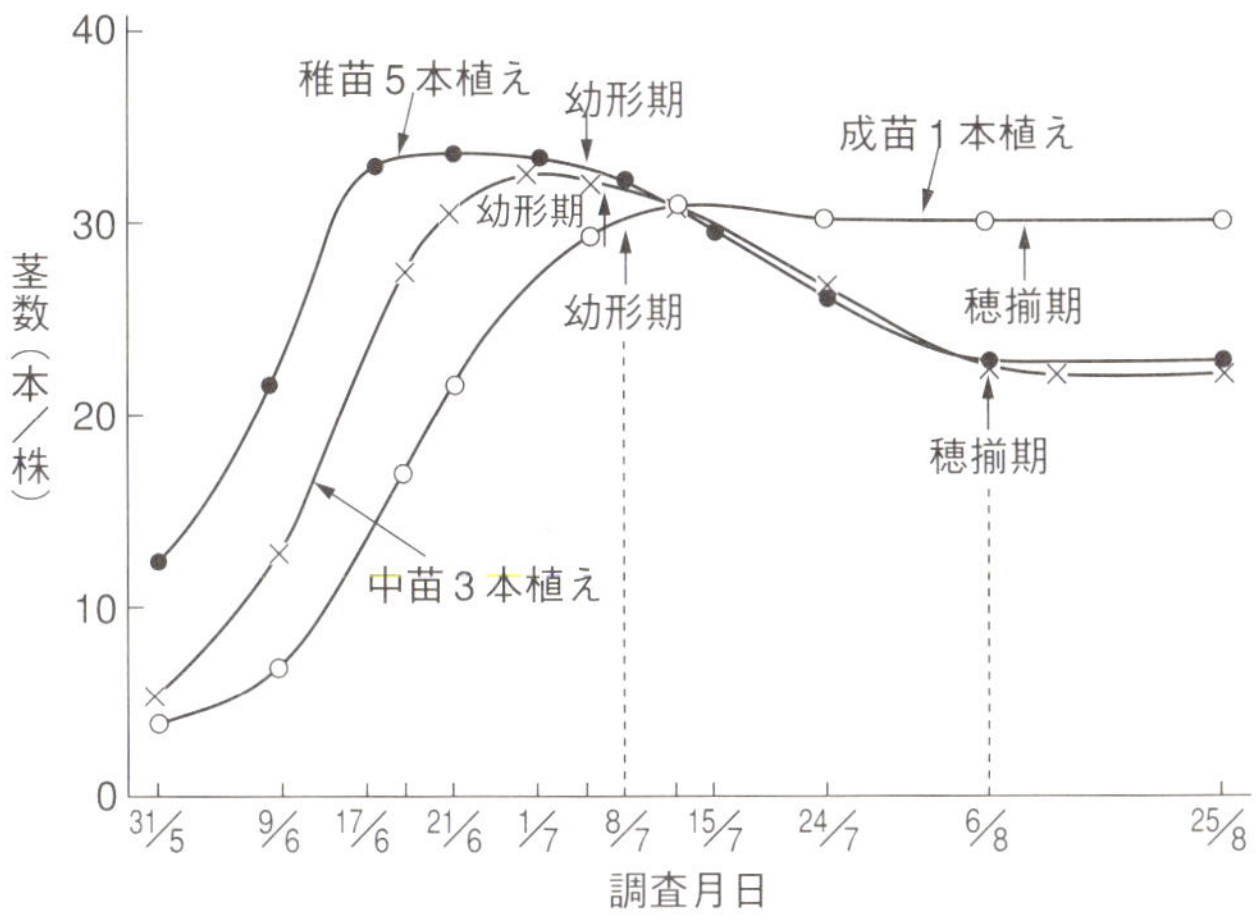

稚苗5本植え、中苗3本植え、成苗1本植えの一株あたりの茎数変化（本田強氏　農業技術大系作物編）

疎植

田植えの際に、面積当たりの株数を多く植えるのを密植、少なく植えるのを疎植という。昔は一株に二～三本の大苗を手で植えていたが、茎数確保が困難な地域では密植栽培が奨励された。七〇年代に田植え機が普及し、稚苗マット苗を五～一〇本ずつで坪七〇株以上密植することが普通になった。

V字稲作では、元肥重点で初期の茎数確保を重視するので、もともと密植していた茎数は、出穂六〇～五〇日前にはすでに目標茎数に達してしまう。その後、ふえすぎた茎は退化して、最終的には一四〇〇～一八〇〇本／坪になる。このためには、生育中期に強めの中干しを実施して肥効を落とし、短稈を維持しながら出穂二五日前以降の施肥量をふやしていく。V字稲作によって、田植え機稲作における安定的に収量が確保できる栽培法が普及したことは確かである。しかし、八〇年以降は、収量の頭打ち、風通しや日当たりが悪く病気や害虫が発生しやすい、天候の変動にも弱いなど、さまざまな弊害が指摘されるようになった。

『現代農業』誌が紹介してきた成苗二本植（稲葉光國氏）、疎植水中栽培（薄井勝利氏）、**への字稲作**（井原豊氏）などの栽培法では、疎植にして、面積あたりの茎数を少なくすることが前提である（目標茎数一〇〇〇～一六〇〇本／坪、倒伏しやすい品種ほど少ない）。そし

富山県の紫藤善市さんは、8年前から5条植え田植え機の真ん中の1条には苗をのせないで田植えしている。これで坪40株植え。昨年からはさらに、マーカーを延ばして坪37.5株植え
（撮影　倉持正実）

て元肥を減らして茎数をゆっくり確保し、出穂四五～四〇日前の思いきった追肥（**茎肥**）で太くて丈夫な茎をつくりながら、着粒数の多い（約一二〇粒）大きな穂を育てる。下葉まで日光が当たり、病害虫に強い健全なイネを育てることが目標である。

　問題は中苗・成苗を欠株なしに疎植できる田植え機がないことで、**ポット**苗田植え機を買うか、田植え機を自分で改造しないと坪五〇株未満の疎植は難しかった。最近では株間三〇cm・坪三七株植えができる田植え機も販売されているが、従来の田植え機の条間を広げたり、一条空けて植える方法もある。また、植付け密度は、品種や田の地力にあわせて、出穂四五日前の茎数が、目標茎数の五〇%ぐらいになるようにすることが大切である。

▼「四条に一条抜いて四〇株植え六二〇kg、乳白なし」紫藤善市03年5月号／『太茎・大穂のイネつくり』稲葉光國著

直播栽培

　種もみを直接水田に播種してイネを育てる方法で、大きな労力を要する育苗・田植え作業を必要としない。大きくわけて耕起乾田直播、不耕起乾田直播、湛水直播の三種類がある。

　耕起乾田直播は、水を入れない状態で耕起し、播種後一カ月たって湛水する。そのため、この時期に雨の多い地方や排水の悪い田では作業が困難である。また代かきせず、水もちが悪くなるので、用水が豊富なことも条件である。不耕起乾田直播は、耕起せずに播種するので排水がよく、多少の降雨なら播種作業ができる。やはり水もちは悪くなる。一方、湛水直播では、水を入れて代かきをしてから播種する。酸素供給剤（カルパー粉剤）をコーティングした種もみを土壌中にまく方法が開発され、普及するようになった。

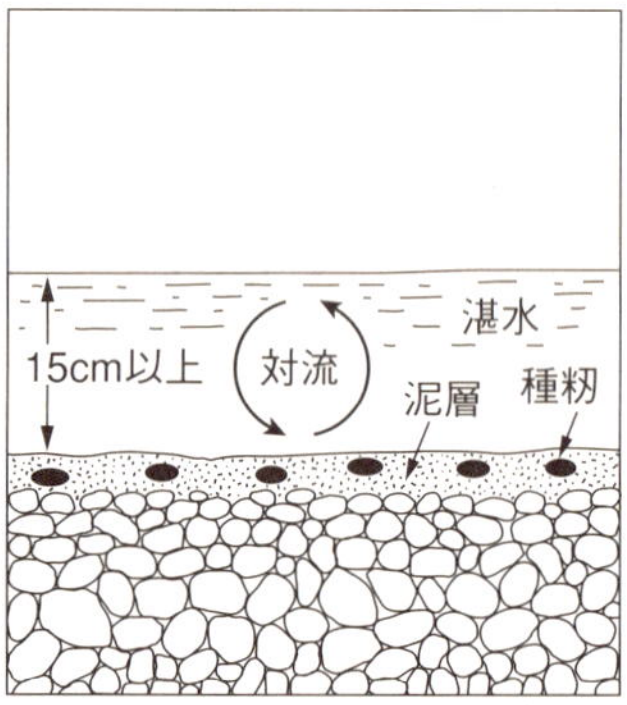

岩手県水沢市・及川正紀さんの深水直播栽培。及川さんはカルパー粉剤を使わず、種もみを低温で根と芽が5mmくらいになるまで芽出しする。圃場はロータリーで一回耕起しただけのところに、湛水して浅めに荒代をかき土壌表面に凸凹をつくる。溝の底に落ちた種もみは適当に覆土され、発芽、苗立ちがよくなる。その後15cmの深水にして雑草を抑制する。直播のイネの根（左）は移植（右）に比べて、太くて長くて多い。また茎数が少なく開帳した姿になる（撮影　倉持正実）

　直播栽培は、労働力が不足していた戦前の北海道で一部行なわれていた。また、暖地でも戦中には麦間直播が行なわれていた。しかし、発芽率・苗立ちが悪い、ネズミや鳥などの食害をうけやすい、発芽直後に草負けするなどの不安定な面が多く、七四年をピークに田植え機稲作に移行した。

　近年は国のあと押しで山形、福島、富山、福井で湛水直播が、愛知では乾田直播が拡大している（岡山は横ばい）。導入しているのは規模の大きい農家がほとんどだが、田植え機や育苗時の重労働が不要ということは、高齢者や女性、兼業の小さい農家にこそ有効な栽培様式ともいえる。

　『現代農業』では、国の施策とは別に、「小力」の角度から農家が取り組んでいる直播栽培を中心に紹介してきた。愛媛県・重川久さんの麦間不耕起播種法では、麦わらと**米ぬか**を活用することで入水後の除草剤が不要にな

っている。岩手県・及川正紀さんの**深水**直播法は、水の力の活用で寒冷地での安定栽培と抑草を実現している。その他、**レンゲ**直播、合鴨＋直播、**布マルチ**直播などさまざま取り組みが始まっている。

▼「イネ・ムギ・ダイズの不耕起直播連続栽培（上）」編集部01年1月号／『コシヒカリの直播栽培』姫田正美ほか編著／『乾田不耕起直播栽培』木本英照ほか著

茎肥

出穂四五〜四〇日前に施す中間追肥のことを、稲葉光國氏（民間稲作研究所）が、茎を太く丈夫にする肥料という意味で「茎肥」と呼んだ。

一九三〇年代に山形県の篤農家によって開発された肥料分施法は、戦後、片倉権次郎氏によって改良され、六〇年代に反収七五〇kgを安定的に実現していた。これは、成苗疎植で元肥を少なくし、活着肥・分げつ肥・つなぎ肥・穂肥・実肥とこまめに追肥する篤農家技術であった。この場合、出穂四〇日前の追肥は「つなぎ肥」とされた。

いっぽう、稚苗密植・元肥重点のV字稲作では、出穂四〇〜三〇日前に追肥すると、下位節間が伸びて倒伏につながるので、逆に強い中干しを実施して窒素を中断する。

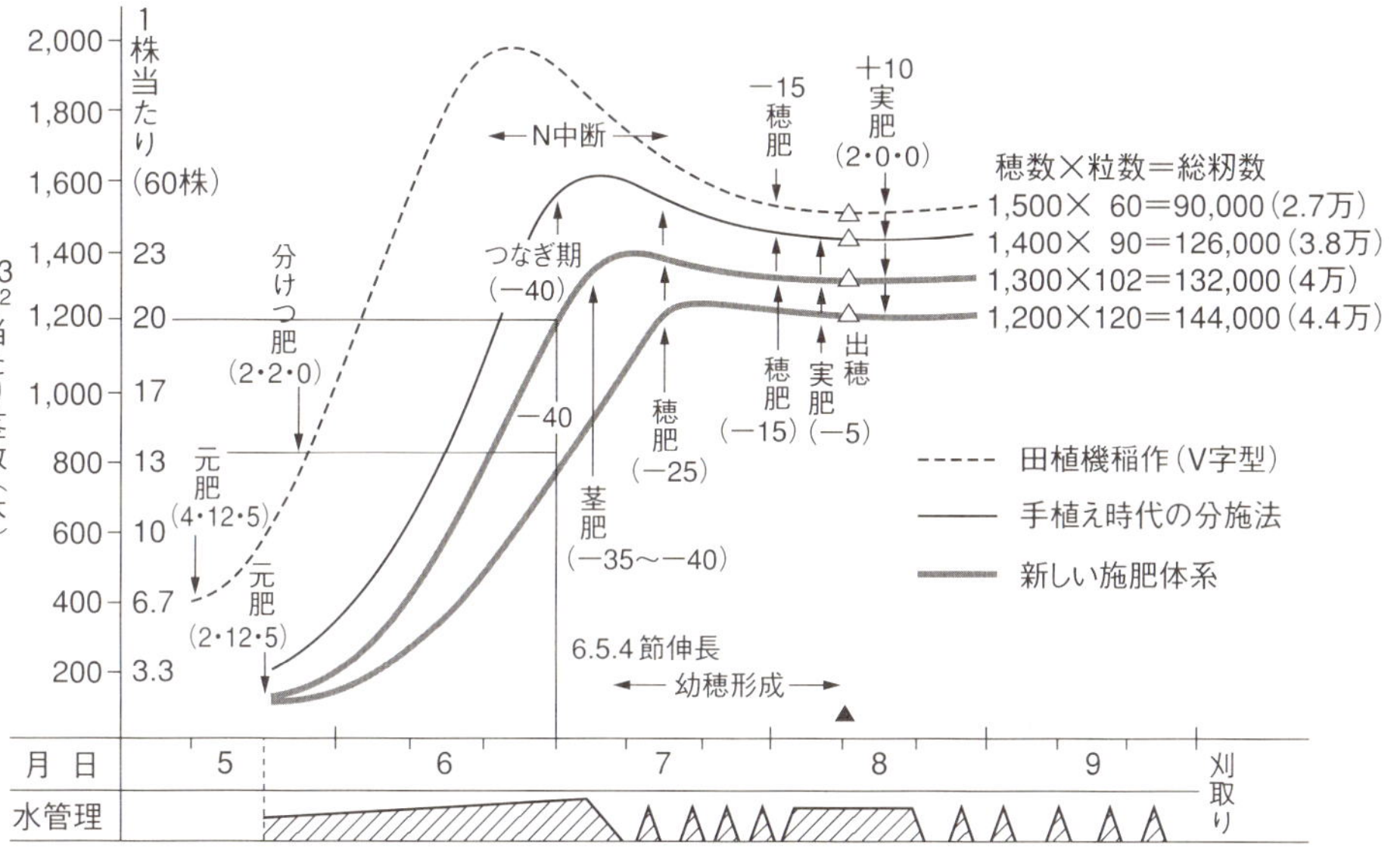

V字型、分施法、新しい施肥体系（疎植でゆっくり茎数確保型：への字、成苗二本植え、疎植水中栽培など）の、生育イメージ。初期の茎数の確保の仕方によって、施肥のやり方がまったく逆になる（稲葉光國氏　農業技術大系作物編）

これに対し、**への字稲作**、成苗二本植え、疎植水中栽培などの栽培法では、元肥はほぼゼロでスタートし、茎数をゆっくり確保する。出穂四〇日前ごろはまだ茎数が少ないので、思い切った「茎肥」を施用しても節間の伸長にはほとんど影響せず、太くて丈夫な茎が横に開帳する。さらに、出穂三〇日前ころに**穂肥**を施用して、粒数の多い大きな穂にすることができる。このような生育を可能にするには、丈夫で大きな苗（中苗、成苗）を育て、**疎植**にすることが重要である。

▼「茎肥で太茎・逆三角形型のイネをめざす」稲葉光國91年7月号

穂肥

穂肥というのは、文字通り穂の生長のために施す肥料。一九二七年、山形県の篤農家・田中正助氏は、元肥に金肥を少量しか施さなかったところ、七月中旬ころに肥切れで葉色があせた。そこで、硫安・過石・硫加を配合して追肥すると、その年は反収四石（六〇〇kg）をあげることができた。ちょうどそのころに国の農事試験場によって、出穂二五日前ころが**幼穂形成期**であることが明らかにされ、田中氏は、窒素量の七割を元肥に、残り三割を出穂二五日前に追肥する肥料分施法を提唱した。これが穂肥の始まりであり、一九三七年ごろから全国に普及した。

イネの穂ができ上がるのは、出穂三〇～二日前のころである。枝梗や穎花（イネの花）、花粉が分化・発達し出穂を迎える。とくに出穂三〇日前の栄養状態が穎花の数(もみの数)を左右するとされる。

密植栽培のV字稲作では、出穂三〇日前ごろに穂肥をうつと、下位節間が伸長して倒伏をまねいたり、過剰粒数となって登熟期に養分不足で乳白米につながる。逆に穂肥の時期が遅いと、栄養不足で粒数が少なくなったり(収量減)、基白・背白粒を出しやすい。そこで、穂肥の時期は出穂二〇日前ころとし、幼穂長（二㎜）で判断する。また、穂肥の量は品種、地力、茎数、葉色、葉鞘のデンプン蓄積（ヨード反応）、などから判断して決める。

いっぽう、成苗二本植えや疎植水中栽培など、茎数をゆっくり確保する栽培法では、出穂三〇～二五日前ごろの早い穂肥で十分な粒数を確保し、大きな穂をつくる。面積あたりの茎数が少ないので、この時期に穂肥をうっても下位節間はあまり伸びない。茎が太く丈夫なので、倒伏しにくい。

疎植水中栽培の薄井勝利氏（福島県須賀川市）は、出穂三〇日に穂肥をやったあとは、出穂期の**実肥**まで肥料はやらない。出穂二〇～一〇日前の減数分裂期は、イネが自分の体力・天候に応じて枝梗数や籾数を退化させていく時期であり、この時期に穂肥をふれば確かに粒数はふえるが、後半の登熟力に難がでてくると考えているからである。

への字稲作の井原さん場合は、堆肥などで十分に土づくりを行ない、後半の肥効はその地力窒素を生かすべきであるとし、原則的に穂肥はやらない。とくに暖地では夏の高温で根が衰弱したところに窒素をやると根傷みし、さらに高温下では、でんぷんの転流が進まないので穂肥をやると品質が悪くなるという。ただし、**高温障害**の心配がない寒地では、穂肥によって後半の生育を充実させることができるので二山型のへの字になり、そこではその方法が一番よいとしている。

近年では**食味**が重視され、穂肥を控える傾向が強まっている。たしかに穂肥をやめると食味を悪くするたんぱく含量は低くなるが、玄米は厚みがなく充実がよい状態とはいえない。出穂三〇日前ころの早い時期の穂肥では、吸収された窒素はまず葉や茎に移動し、直接穂に移動する割合は低いとされる。穂ばらみ期（出穂一〇日前）以降になると穂部への移行が急激に高くなるといわれ、遅い時期の穂肥が食味を下げることを示唆している。

すなわち、充実がよく食味の優れた米を生産するには、**疎植**と元肥減でゆっくりと茎数を確保し、**茎肥**や早い時期の穂肥を施せるような生育にすることが近道である。

▼「過繁茂イネを秋落ちさせない穂肥診断とは？」編集部02年8月号

イネの穂の成長と診断の仕方

発達過程	出穂前日数	幼穂の長さ	外形
苞原基分化開始（穂の分化）	30日	0.02cm	止葉から下4枚目の葉抽出始め
1次枝梗原基分化開始	28	0.04	
2次枝梗原基分化開始	26	0.1	3枚目の葉抽出
穎花原基分化開始	24	0.15	2枚目の葉抽出
雄蕊・雌蕊原基分化開始	20	0.2	
花粉母細胞分化	18	0.8～1.5	止葉抽出
減数分裂期	12	8.0	
花粉内容充実	6	19.5	穂ばらみ始め
胚嚢8核期	4	20.5	
花器内部形態完成	2～1	22	
開花	0	22	出穂

出穂日から逆算して約30日前に幼穂の形成が始まる。出穂20日前には幼穂の長さは約2mmである。もみが退化する減数分裂が12日前、花器の完成は2～1日前である。この関係は品種を問わずほぼ一定で、例年どおりの生育なら、出穂日もほぼ予知できるので、それから逆算して判断する（星川清親氏　農業技術大系作物編）

実肥

出穂前後から穂ぞろい期までに施す追肥のこと（出穂一〇日前後）。実肥のおもな目的は後半の葉身の光合成能を維持し、登熟歩合を上げることである。また暖地では、夏の暑さで活力がなくなった根に**穂肥**を多く施すと、さらに根が傷む場合があるので、穂肥を少なくして、出穂後の実肥にするのがよいともいわれる。

近年では、実肥はたんぱく含量を高くし食味を悪くするとされ、施用を止める地域が多い。しかし、早い時期の穂肥との組み合わせでは、実肥をほどこしても**食味**にはあまり影響しないという報告もあり、穂肥とのバランスで考慮したほうがよい。また実肥にリン酸や**苦土**入りの肥料を施用すると、食味が向上するとされる。

▼「穂揃い時期の姿で診断、登熟力パワーアップ法」編集部97年9月号

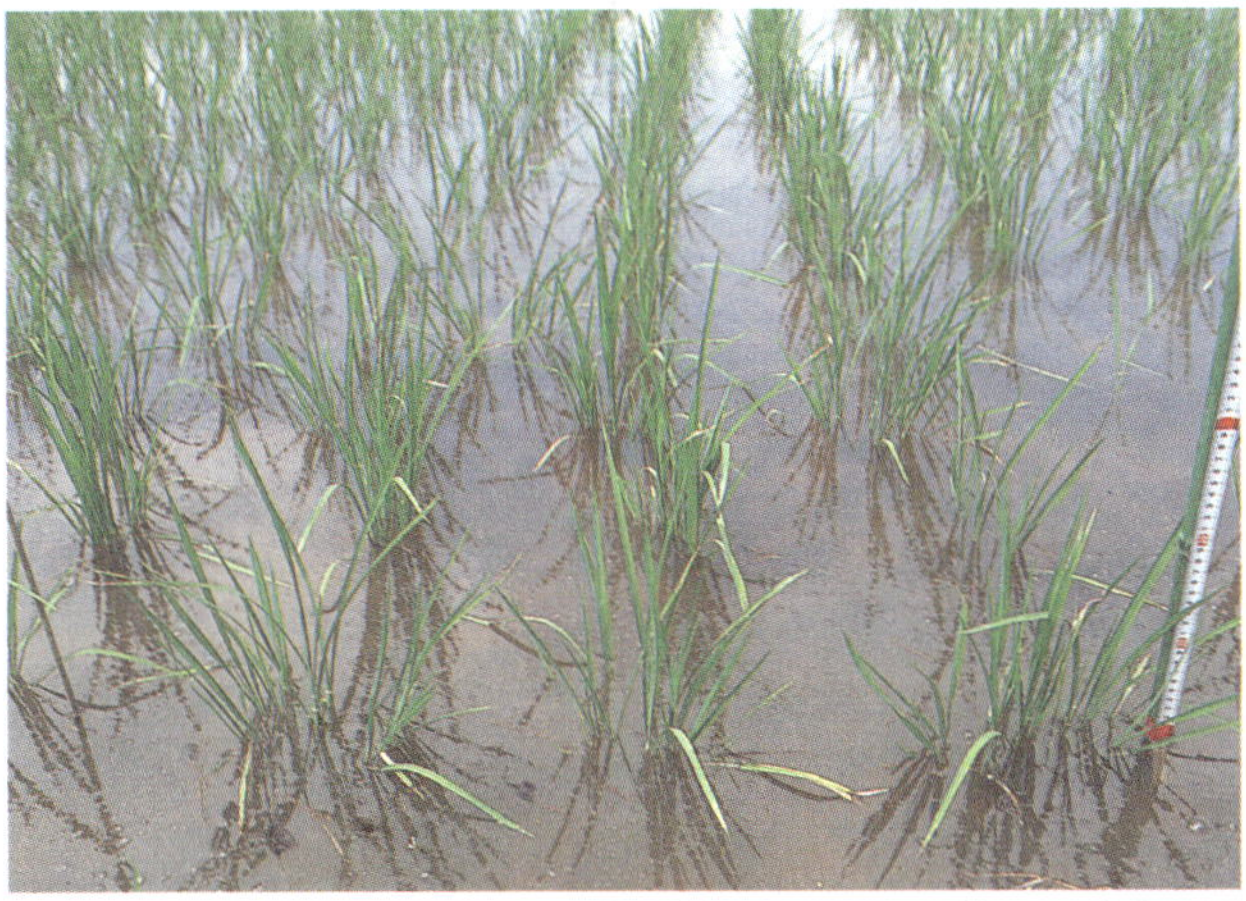

薄井勝利さんは、成苗ポット苗を植えて、その後30cm近い深水管理にする（撮影　岩下守）

出穂20日前ごろの姿　このころまでの茎数が確保できれがよい

深水栽培

田植え後、いちばん上の葉の葉耳の位置を目安に、しだいに水位を上げ、出穂四〇日前ごろまで、一〇～一五cmの水深を保つ栽培法。深水にすると、分げつが抑制され、イネの草

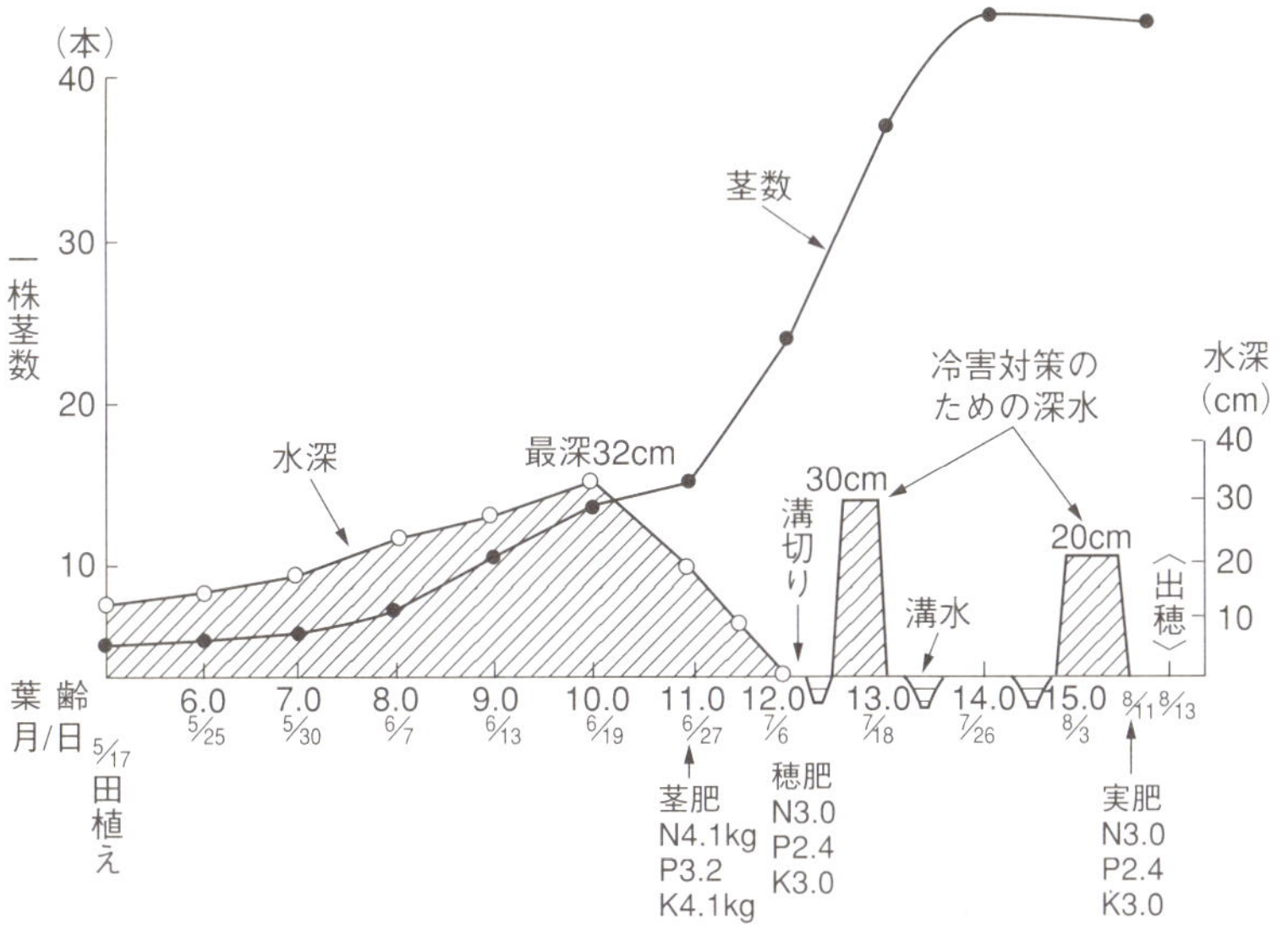

薄井勝利さんの超深水管理の経過　成苗ポット苗（コシヒカリ）を1株1本植え。うね間33cm×株間30cmの坪33株で、目標茎数は1200本／坪

丈が長めに推移して（最終的な草丈はあまり高くならない）、茎が太くなることが昔から経験的に知られている。この性質を利用し、健苗を**疎植**し深水にして茎数をゆっくりと確保すれば、茎肥や出穂三〇日前ころに穂肥をうっても倒伏しにくく、一穂あたりの粒数が多い大きな穂をつけることができる。そして、充実した登熟の良いイネにすることができる。

　また、深水には、ヒエなど発芽に酸素が必要な雑草を抑制する効果もある。この場合、田植え直後から最低でも八cmの水深が必要なので、大きくじょうぶな苗をつくることが前提である。さらに、深水状態では地温があまり高くならないので、わらなど未熟有機物がゆっくり分解する。ガスが徐々にしか出ず、根傷みしにくいとされる。

　このような田植え直後から深水にする方法以外に、**冷害**対策のために深水管理がある。出穂二五～八日前（幼穂形成期から減数分裂期）の低温は、不稔もみの多発につながる。そこで、このとき深水管理にして水温を保ち、幼穂を低温から守る。

　三つめには、茎数をある程度確保したあとで深水管理にするやり方で、遅れて分げつする過剰分げつを抑えるのが目的である。ただし、深水にしたからといってすぐに分げつがとまるわけではないので、最終的な分げつ数をある程度予測して深水にする時期を決める。

▼「増収もカンタン　深水で、誰でもできる『うまい米つくり』」編集部04年7月号／『健全豪快イネつくり』薄井勝利著

溝切り

　排水のあまりよくない田んぼでは、田面に凸凹があると、落水してもくぼんだところに水がたまりやすい。根に酸素が供給されにくく、さらに水がたまったところがぬかるんでコンバインなどの機械作業が困難になる。

　そこで、出穂四〇日前ころに、四～一〇条おきに、深さ一〇～一五cm、幅二〇cmの溝を切る。枕地もぐるりと切って各溝を排水口につなげておく。排水だけなら一〇条おきくらいでよいが、溝に水をためて飽水管理をするには四～六条おきのほうがよい。上方の田んぼのあぜ際（ネキ側）は上の田から水が浸透して乾きにくいので、とくに深い溝を切って排水溝につなげておく。溝切り作業は、動力溝切り機があれば能率的だが、ブロックや舟形の角材を引っ張る方法でも可能である。

　溝切りをすると均一にスムースに入排水ができ、遅くまで入水しておけるので登熟もよくなる。さらに中干し期には、メダカやオタマジャクシ、ヤゴ、ドジョウなど田んぼの生きものの避難場ともなる。

▼「たいへんだけど欠かせない溝切りの工夫」千葉美恵子00年8月号

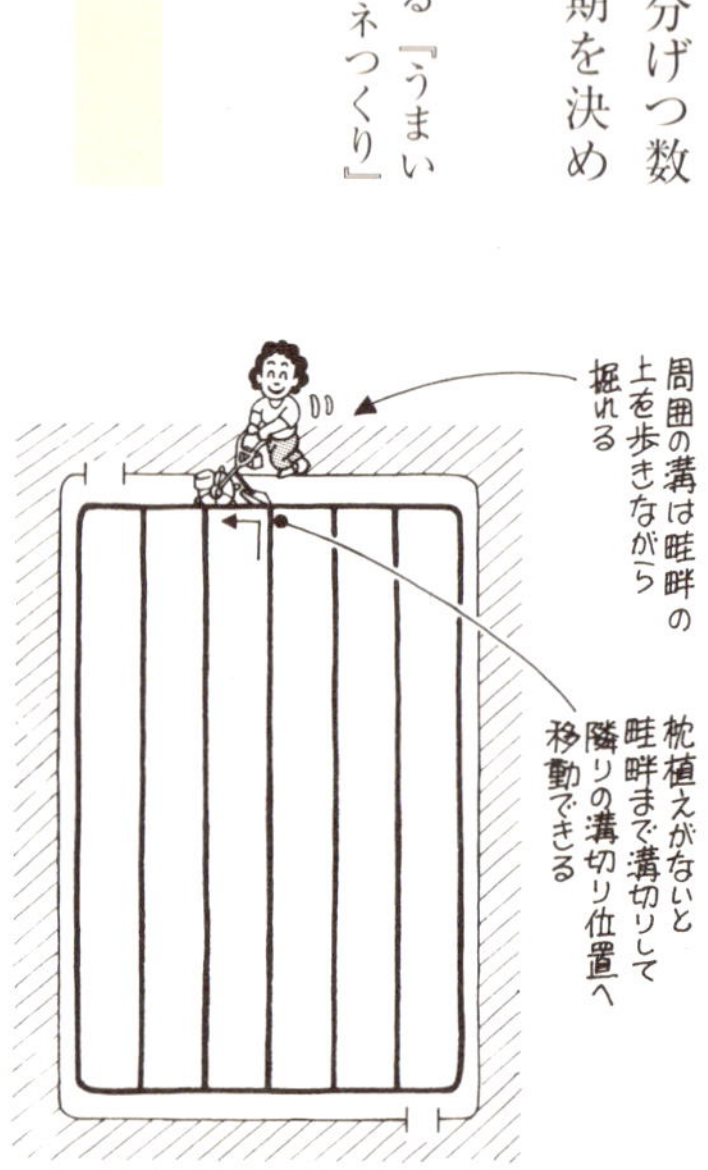
周囲の溝は畦畔の上を歩きながら掘れる
枕植えがないと畦畔まで溝切りして隣りの溝切り位置へ移動できる
岩手県一関市・千葉美恵子さんの溝切りのやり方

米ぬか除草

　田植え後の水田に**米ぬか**をまいて、雑草を抑える方法。草を抑えるだけでなく、**イトミミズ**など水田の生きものを豊かにしたり、米の**食味**を上げる効果もある。

　除草のしくみとしては次のような作用があると考えられている。①米ぬかが乳酸発酵や酪酸発酵することで**有機酸**類が発生し、発芽したばかりの雑草の根に障害を与える　②湛水状態で有機物が分解すると**トロトロ層**が形成され雑草の種が埋没する　③米ぬかを栄養

分にしてイトミミズやユスリカがふえ、その攪拌効で発芽しにくくなる ④水田によっては浮き草などの緑藻類が発生し、太陽の光線をさえぎって光の刺激で発芽するコナギなどの発芽を抑制する。

除草効果をあげる方法としては、米ぬかと一緒にくず大豆を投入する方法や、田植え一カ月前に**ボカシ肥**などを表層に入れ浅く耕しておく、**自然塩**や**木酢**などをいっしょに散布して微生物を活性化する方法などがある。

米ぬかは軽いので風で飛んだり、吹き寄せられたりして散布しにくい。そこで、米ぬかを載せる運搬車を自作したり、田植え機に散布機を取り付けたりなどの工夫がされている。最近は、専用の機械でペレット化した米ぬかをまく農家もふえている。

米ぬかやボカシ肥を田に入れると、雑草が生えにくくなることを経験してきた農家は少なくないと思われるが、全国に爆発的に広まるきっかけとなったのは、九七年三月号の佐々木義明さんの記事だった。現在では稲葉光國氏（民間稲作研究所）らによって、きわめて効果的な米ぬか除草の方法が提案されている。

▼「広がる水田の米ぬか除草」巻頭特集00年5月号／『除草剤を使わないイネつくり』民間稲作研究所編／『米ヌカを使いこなす』農文協編

米ぬか＋くず大豆、2回代かきによる除草法（稲葉光國氏）

早期湛水	田植え1カ月前に、米ぬかや発酵肥料を元肥として散布する。そのまま湛水するか、出来るだけ浅い代かきをして5cm程度の湛水を維持する	1回目の代かきによって、コナギなどの種子が表面に移動し、一斉に発芽する。生成した有機酸、緑藻類、イトミミズなどが雑草の生長を阻害する
2回代かき	2回目の代かきを田植え前の3日（積算温度100℃日）以内に行う。発芽した雑草を土中に練り込んだり、浮き上がらせて取り除く	3日以内に行なうのは、2回目の代かきによって発芽したコナギの根が活着するのに、7〜8日（150℃日）かかるため
米ぬか散布	田植えと同時か翌日に、ペレット化した米ぬか・くず大豆を散布する	量は1年目が反当100kg、2年目80kg、3年目40kgと徐々に少なくする

茶褐色の濁り（6月13日）

アオミドロも発生し始めた（6月13日）

濁りはずっと続いている（7月1日）

宮城県の佐々木陽悦さんの米ぬか除草の様子　田植えのあと、米ぬかとくず大豆各40kg（反当）を入れた（撮影　佐々木陽悦）

トロトロ層

湛水した水田の表層にできる、土壌の粒子が細かくクリーム状になった層のこと。トロトロ層は**米ぬか**や**ボカシ肥料**などの有機物が、湛水状態で発酵・分解することで形成される。五cm程度の浅い代かきを行なったり、**イトミミズ**やユスリカが繁殖するとさらに発達する。

トロトロ層の中では、**乳酸菌**や酪酸菌など嫌気性の微生物が繁殖し、それらが生成する**有機酸**の濃度が高くな

山形県　佐藤秀雄さんの春先の田んぼ。下からトロトロの土壌が盛りあがって、稲わらを包みこんでいる（撮影　倉持正実）

る。土壌中の**リン酸**や**ミネラル**などが溶出しやすくなり、微生物や作物が吸収しやすい状態になっている。また、雑草の種がクリーム状の泥の中に埋没して発芽しにくくなり、あるいは有機酸が発芽した雑草の根に障害を与える。こうして、イネの生育がよくなり雑草も抑えられると考えられている。

落水してトロトロ層から水分が抜けていくと、土壌がスポンジ状のふかふかした状態になる。このため表層の水分が安定し、イネの根に適度な水分状態を保つことができる。

最近では、秋に米ぬかなどを投入して冬期から湛水したり、田植え一カ月前から早期に有機物投入、湛水することで、代かきをしなくてもトロトロ層が発達することがわかってきた。

かつての水苗代では、下肥を表面にまいてトロトロの層をつくり、雑草を抑えていたという。また稲わらや麦わらなどの有機物も堆肥にして田にもどされた。しかし、トラクタのロータリーで代かきしたあとに、田植え機で稚苗を植えるようになると、トロトロすぎる田んぼでは浮き苗や転び苗が多くなってしまう。わらもロータリーにからまるので、じゃまもの扱いされるようになった。九〇年代に、**米ぬか除草**や**半不耕起**栽培を全国の農家が積み重ねるなかで、トロトロ層が再評価されるようになった。

▼「『土ごと発酵』を『回流論』から考える」樋口太重　02年10月号

イトミミズ

イトミミズは春から晩夏にかけて、湛水した水田の泥の表面でひらひら動いている。体は細く体長は一〇cmに満たない。落水すると三〇cmほど下層に移動し、集団でくらす。そのまま越冬して春にふたたび表面に現れる。

米ぬか除草に取り組んだ多くの農家が、「急にイトミミズがふえた。そして草を抑える効果があるようだ」ということに気がつい

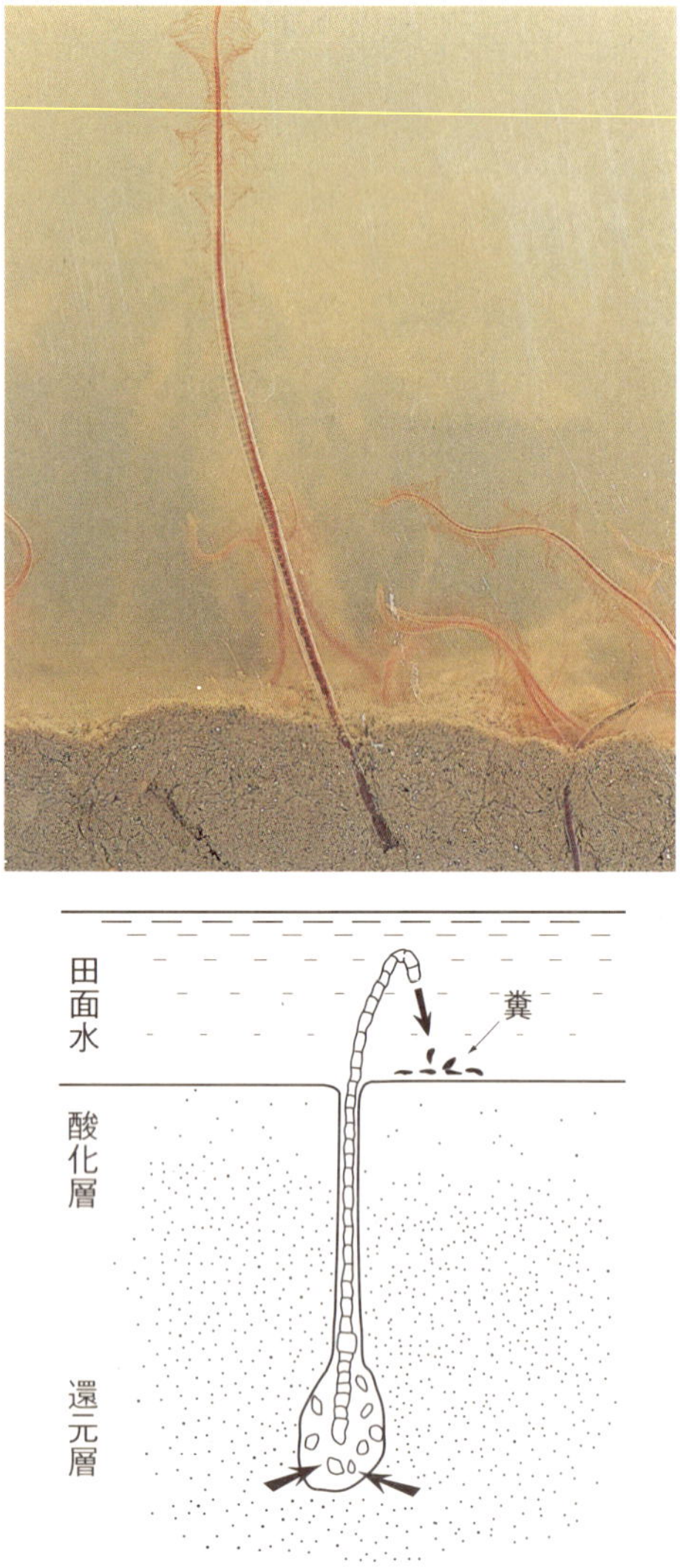

イトミミズの一種、エラミミズ。土の中の有機物や微生物を食べて、上側の尾の先から糞を排泄する（栗原康氏　農業技術大系土壌施肥編）（撮影　赤松富仁）

た。それまでは、農家は田んぼのイトミミズなど気にもとめておらず、むしろ、害虫と思われてきた。昔の苗代田では、発芽したばかりのイネに、イトミミズが害を与えたからだ。

イトミミズに水田雑草の除草効果があることを最初に報告したのは、栗原康・菊池永祐氏らである（七四年）。イトミミズは口から有機物と泥を次々に取り込み、水中に突き出した尾の先から排泄する。すると、雑草の種が泥の下に埋没してしまう。土中では酸素が少なく太陽の光も届かないので、雑草が発芽できなくなる。また、表面の泥が攪拌されることで、発芽したばかりの雑草（草丈五㎜以下）を倒伏させたり浮かせたりする作用もある。

さらに、イトミミズの働きによって、肥効がよくなることもわかっている。イトミミズが有機物をさかん分解するので、有機物に含まれていたアンモニア態窒素が増加する。また、土壌の**還元**化と攪拌によって、難溶性の**リン酸**や**ミネラル**が溶出しやすくなる。

▼「イトミミズ調査、ただいま継続中」高奥満04年8月号／「イトミミズが働く田んぼの世界」編集部04年8月号

紙マルチ・布マルチ

中国では古代からマコモをあぜ間に敷きつめて、水田の雑草を抑えていたという。この方法は日本では「刈敷き」と呼ばれる。鳥取県の谷口如典氏は、七〇年代にマコモやヨシを刈敷くと雑草を抑制し地力を高める効果があることを、隣村の篤農家から教わったという。

谷口氏ら無農薬・有機栽培の農家グループとの交流を続けていた津野幸人氏（元鳥取大学学長）は、水田の除草作業を軽減するために、黒いビニルマルチを敷きつめてみた。しかし、ビニルマルチでは後始末がやっかいである。さまざまな素材を試験した結果、段ボールの中芯紙がよいことがわかり、九二年に製紙メーカー、農機メーカーと共同で、「紙マルチ田植機」を開発した。

紙マルチ田植機は、段ボール再生紙を敷きながらその上に田植えしていく仕組みである。紙マルチはほぼ完全に雑草を抑え、五〇～六〇日で自然に分解する。その後も草は生えにくく、生えてもその時期からならイネには影響が少ない。津野氏によれば、ほとんどの水田の雑草は、一〇㎝の湛水で光を九〇％以上さえぎると生育できなくなるという。

この「再生紙マルチ水稲栽培」は、さまざまな無農薬栽培での抑草法の中でも、とくに効果が安定しているといわれる（ただし、紙マルチ田植え機がかなり重いため、基盤が軟弱な田んぼではまりこんで動けなくなることがある）。

最近では、種もみを紙マルチに付着させた直播用紙マルチや、くず綿からつくった直播用の布マルチも開発されている。どちらも抑草効果は高いが、マルチの価格が高いのが課

雑草を抑える布マルチの使い方

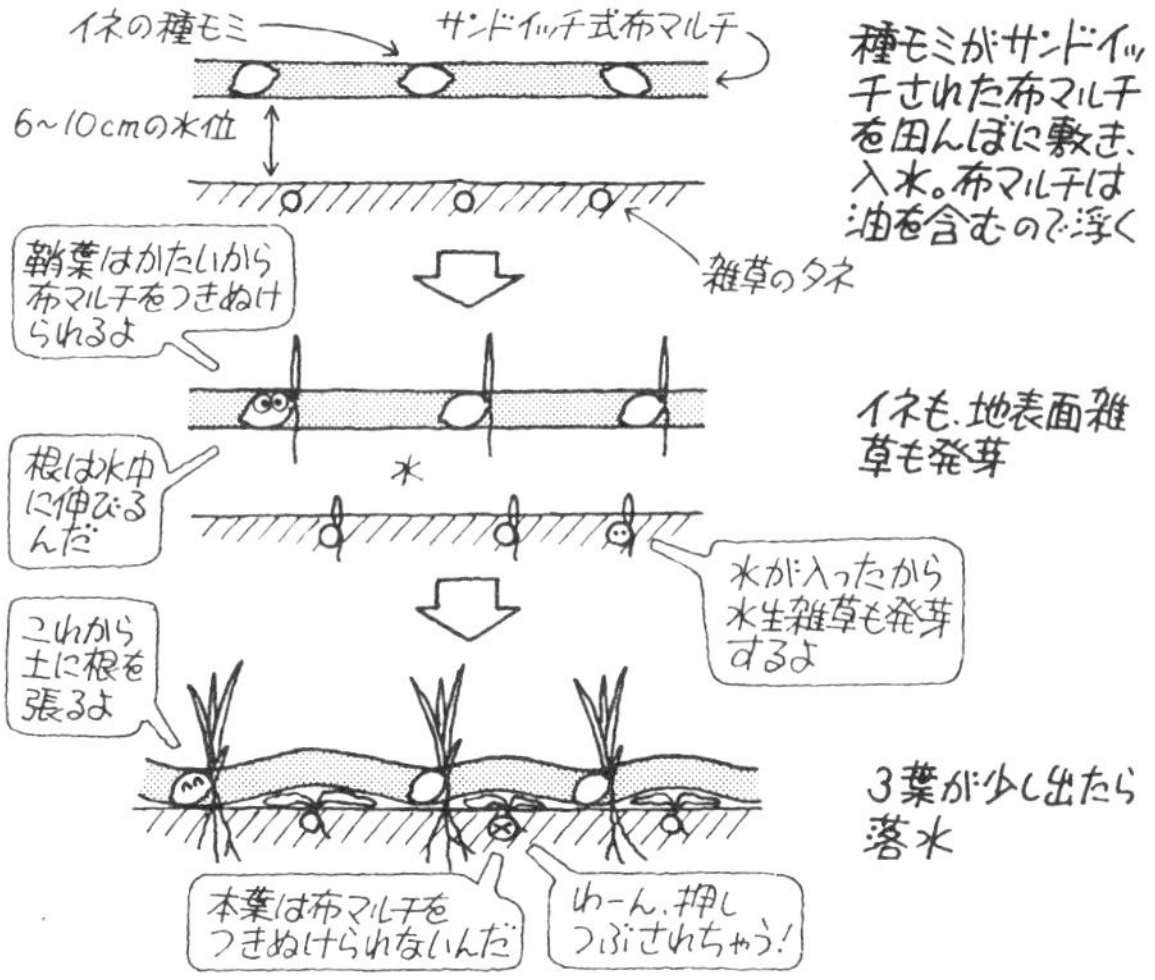

題である。

▼「布マルチ直播の有機栽培法を創造（上）」津野幸人 03年1月号

冬期湛水

江戸時代には用水の確保が難しかったので、むしろ湿田のほうが優良田であったという。少しでも水を確保し、養分の発散を防ぐために、冬期に水をためておく田が多かった。田んぼはドジョウやカエル、ヤゴ、サギやカモなど多くの生きものの生息場所でもあった。しかし、乾田化が進んだ現在では、こうした光景はまったく見られなくなっている。

近年、冬期の水田に水を張りっぱなしにしておく「冬期湛水」が注目を集めている。冬期湛水すると、①水田の雑草が少なくなる②秋にボカシや米ぬかをまいておくとトロトロ層が形成される　③養分が流亡しにくく地力が保持される　④カモ科の野鳥が飛来して糞によるリン酸の補給ができる　⑤イトミミズなどさまざまな水生動物がふえるなどの効果があるとされる。

山形県の佐藤秀雄氏の冬期湛水の方法は、十一月下旬に、ボカシ・ミネラル肥料・天然塩・リン酸肥料を散布し、その後は水を張りっぱなしにしておく。すると、微生物が繁殖して、クリーム状のトロトロ層が盛り上がってくる。稲わらや雑草の種はトロトロ層の下にもぐってしまい、雑草が生えない。さらにトロトロ層のおかげで、代かきをしなくても普通の田植え機で移植することができる。

▼「不耕起トロトロ層を冬からつくって草を抑える、肥料を生み出す」編集部 00年10月号

福島県郡山市の中村和夫さんの冬の田んぼ。田んぼに水をためておくと、昆虫、魚、渡り鳥などさまざまな生物のすみかになる
（撮影　橋本紘二）

秋起こし

イネの収穫の終わった秋に荒起こしするのが秋起こし（秋耕）で、田植え前の春に起こすのが春起こし（春耕）。荒起こしで表面のわらなどを土中にすき込み、適度な水分状態が保たれると分解がすすむ。田んぼの窒素成分の多くは有機体窒素として存在しており、

山形県・佐藤秀雄さんの田植え作業。土がトロトロで、不耕起なのに普通の田植え機で植えられる。前年の稲の刈り株の上でも活着する
（撮影　倉持正実）

そのままではイネが吸収しにくい。有機物が微生物に分解されることで、窒素がイネに吸収されやすくなる。

荒起こしするときに地中深くに有機物を埋没させると、逆に分解しにくくなるので浅めに耕起する。また、ガスわきしやすい田（有機物が多い、排水不良など）では、秋のうちに石灰窒素や**鶏糞**、**米ぬか**などを投入して耕うんすると、有機物の分解が早くなる。

荒起こしをしてからの期間が長いほど、あるいは温度が高いほど有機物の分解が進むので、一般には寒地では秋起こしがよく、逆に暖地では、地力の消耗をまねくので春起こしがよいとされる。しかし、寒地でも、冬場に降水量が多く、かつ重粘土の田んぼでは、秋耕すると春に田んぼが乾きにくく作業がやりづらいので、秋耕しない地方もある。有機物の分解や窒素の発現のしかたは、土質・乾湿・地力・腐植・温度・積雪など複雑な要因がからんでいるので、自分の田や栽培法にあった方法を見つけることが大切である。

さらに秋のプラウ耕は、ヒエなどの雑草の種を土中に埋めて発芽を抑制する効果がある。あるいは、**ドライブハロー**を深めにかけて、クログアイやオモダカなど宿根性の雑草の塊茎を爪で砕いたり、傷をつけて枯らすという方法もある。

▼「春耕一回で秋耕を兼ねる！」長島文次94年11月号

「白い根」稲作

イネの根は、田んぼの状態によって、白くなったり赤くなったり、あるいは黒くなったりする。一般的には排水のよい田は白く、悪い田は赤くなる。排水の悪い田は**還元**状態（酸素が少なく酸性に傾きやすい）になりやすく、土壌鉱物中の鉄などが溶出する。イネの根からは酸素が出ているので、根の回りに酸化鉄が付着して赤くなる。また、還元状態でかつ土中に有機物が多いと、硫酸還元菌など嫌気性微生物が働いて硫化水素が発生する。溶出した鉄と硫化水素が反応して硫化鉄ができると、土や根が黒くなる（硫化水素は根を痛めるが、硫化鉄になると不活性化する）。

小祝政明氏（ジャパンバイオファーム）は、酸化鉄が根の表面に固着して赤くなると、ミネラルの吸収力が下がると考え、「白い根」をつくる稲作を提案している。白い根は**マグネシウム**など**ミネラル**を吸収しやすく、**食味**が向上し秋落ちしにくくなるという。「白い根」づくりの方法は、おもに次の二つである。

①秋にわら処理をしっかりやっておく。土中にわらが多く残っていると、還元状態になりやすい。還元化した土中では硫化水素がわきやすくなり、根傷みの危険が高まる。そこで、秋のできるだけ早いうちに窒素分を施し（**C/N比**を低くする）て浅く耕うんし、わらの分解を早める。

②元肥に**石灰**や**苦土**（マグネシウム）を入れて、**土壌pH**を六～六・五に調整する。酸性化をふせぐことで、土壌鉱物中からの鉄などの溶出が少なくなる。また、**石灰**は細胞の壁や膜の構造を堅固にし、マグネシウムは食味を向上させる。

左が長野県中坪宏明さんの「白い根」稲作の根。右は他の人の慣行栽培のイネ（撮影　倉持正実）

ただし、石灰や苦土が土壌中にかなり貯まっている田もあり、用水からも供給されるので、土壌診断によってあらかじめ自分の田の状態を知っておくことが必要である。「白い根」稲作に取り組んでいる農家は、ドクターソイルなどを用い、土壌中の窒素、石灰、苦土の成分量を調べてから、元肥の種類と量を決めるようにしている。

▼「石灰と苦土を効かせて、『白い根』でおいしい米」編集部03年1月号／『有機栽培のイネつくり』小祝政明著

晩植え

田植えを地域の慣行よりも遅くすること。かつては積雪地帯以外では、イネ、麦、レンゲなどの多毛作が行なわれており、田植えは麦刈のあとで「晩植え」がふつうであった。

戦後、食料不足を少しでも緩和するために、イネの単作地帯では早植え化が奨励され、保温折衷苗代の普及がそれを可能にした。六〇年代には、アメリカの余剰穀物であった麦の輸入が急増し、北海道・群馬・佐賀など一部の地域を除いて麦作は放棄されてしまった。田植え機や電熱育苗法が普及し、秋の台風を避けるために全国的な早植え化が進んだ。

ところが九九年ごろから、北陸・山陰・南東北などで**乳白米**が問題になり、その原因は、八月上旬の異常高温と登熟期が重なるためとみられた。また、九三年、二〇〇三年の冷夏には、出穂の遅いイネほど減数分裂期と低温期がずれ、**冷害**をまぬがれる傾向があった。

これらの経験を受けて、出穂時期を遅くするために晩植えが奨励されるようになった。また、晩植えすると田植えから出穂までの期間が少し短くなり、過剰分げつが抑制される効果もあると考えられている。

▼「晩植え・疎植は暑さだけでなく冷夏にも強かった」堀田和則04年1月号

レンゲ

化学肥料がない昔は、地力作物であるマメ科の植物が、イネの裏作として栽培されていた（九州では青刈り大豆、富山ではレンゲ、島根ではウマゴヤシ）。

レンゲの窒素固定能力はかなり高いが、その含有率はすき込み時期・草丈・栽植密度によって大きく異なるという性質がある（表）。正確な窒素の量を計るには、坪刈りして生草の重量を計り、おおよその成分量を計算する。

九五年からレンゲ米を生産しているJAにしみのの場合は、レンゲの花が咲いて草丈一

レンゲの栄養成分の変化（乾物当たり％　富山農試1963）

成分	刈取時期（月／日）						
	4／11	4／18	4／25	5／2	5／9	5／16	5／23
全チッソ	4.60	4.80	4.28	3.73	3.45	3.20	2.63
水溶性チッソ	0.21	0.24	0.20	0.18	—	0.15	0.15
リン	0.43	0.42	0.34	0.36	0.33	0.32	0.30
カリ	1.88	1.88	1.44	1.44	1.38	1.50	1.50
イオウ	0.57	0.35	0.28	0.28	0.42	0.35	0.39

※乾物重は、生草重のおよそ1/10が目安

水田のレンゲ（撮影　倉持正実）

五～二〇cmくらいになったら、ロータリーで浅く起こす（四月上～中旬）。一〇～一五日間放置して乾かし、窒素を減らす。草丈一五～二〇cmで、生草重量は一・五～二t（反当）になる。窒素成分は生草の〇・三～〇・四％で六～八kg、実際に効くのはその半分の三～四kgと概算している。窒素が多そうだと感じたら、干す期間を延ばして減らす。

また、レンゲを雑草の抑草に利用することも試みられている。稲葉光國氏（民間稲作研究所）は、レンゲ田に水を入れて**ドライブハロー**をかけている。あるいは、**ハンマーナイフモア**で刈ったあと浅くすき込み、七～一〇日後に田植えする。レンゲが水中で分解したときに生成する**有機酸**の働きで、雑草の生育を抑えることができるという。

また、レンゲ草生の**不耕起**栽培によって、レンゲのマルチ効果を利用する人もいる。ただし、**不耕起**栽培ではレンゲの連作障害がでやすいので、一年おきに耕うんする。

レンゲは発芽のときに適度な水分を必要とするので、播種時期は稲刈り前の落水直後がよい。種子に砂を入れて手でもんで種の表面に傷をつけると、吸水性がよくなる。ミスト機を使うときは、湿らせた川砂を種に混ぜるとよい。ふつう、レンゲの播種量は反当一・五～三kgとされているが、このような工夫をすれば、一kgで十分という（稲葉氏）。なお、レンゲは中国の長江流域が原産で、現在でも種子は中国から輸入されている。

▼「探訪　レンゲ稲作の魅力と不安・レンゲ除草（レンゲマルチの場合）」横田不二子01年4月号

菜の花

菜種は地中海原産のアブラナ科植物で、日本でも古来より栽培されてきた。菜種油が搾られるようになったのは室町時代といわれ、その搾りかすも肥料として重宝されたことから、全国で栽培されるようになった。アブラナ科の菜種は冬作なので、水田ではイネの裏作、畑地では大豆などの裏作として都合がよい。しかし、菜種が輸入されるようになった現在ではほとんど栽培されていない。

除草剤を使わない稲づくりを試行していた赤木歳通さん（岡山市）は、「人が喜んで見にきてくれるような緑肥をやってみたい」と

岡山市の赤木歳通さんと菜の花緑肥の田んぼ。看板を立てておくと子どもたちがおおぜいやってくる（撮影　赤松富仁、下も）

菜の花の大量の有機物がゆっくり分解し、抑草効果はきわめて高い。雑草はほぼゼロで、米ぬか除草をやめても大丈夫

赤木さんの菜の花緑肥の手順

時　期	作業工程など	作業概要
秋～冬	高低ならし・耕耘	高低差をなくしておく
冬	元肥散布	鶏糞反当300kg程度をブロードキャスターで散布
2月	菜の花等を播種	播種直前に砕土。反当1～2kgを手回し散粒器で。鎮圧ローラー掛け。明渠で排水対策
4月中旬	開花開始	緑肥用カラシナ、西洋カラシナ、ナタネの順に咲く
5月上旬	圃場開放	ナタネが肌にやさしい。看板を立てる
5月下旬	すき込み	モア使用。耕耘はロータリ最低回転で、走行は速めに
6月上旬	再耕耘	ヒエを小さいうちにたたく
6月中旬	入水・代かき	必ずヒタヒタ水で行なう。深水厳禁
代かきの2～3日後	田植え	35日ポット苗を坪33株、2～3本植え。直ちに10cm程度の水深保持が絶対条件

の思いから菜種の栽培をはじめた。

　菜種は**米ぬか**や**レンゲ**に比べて分解がゆっくりで、**有機酸**の抑草効果が長続きする。また、ガスも一度ではなくじょじょに発生するので、イネの根が障害を受けにくい。葉は早く分解するが、茎のほうは芯が綿状になって土中に長く残り、土をふかふかにする。**イトミミズ**やカブトエビなど水生生物も多く生息し、**トロトロ層**が発達するなどの効果が報告されている。そして、たくさんの人が田んぼを訪れ、「花の中で遊んでいいよ」と書いておくと、子どもたち安心してかけ回ってくれる。

　また、赤木さんは、成苗**ポット**苗の**疎植**、田植え直後の**深水**管理で、への字の生育になるように工夫している。菜種による除草法は、五月上旬に田植えする地方では、菜種の播種を秋まきにするほうがよい。また、多雪地方や冬に田が乾かない田んぼでは困難である。

▼「やっぱり効いたぞ『菜の花』抑草」赤木歳通03年11月号

有機元肥一発

　兵庫県の井原豊さんが提唱した**への字稲作**を、牛糞堆肥や**鶏糞**、**米ぬか**、**緑肥**（麦、レンゲ、菜種…）などを利用して実現させる方法。井原さんは人に説明するときには「元肥窒素ゼロ、出穂五五～四〇日前の硫安一発施肥」と語っていたが、自身の田では、冬期に牛糞堆肥を投入してそれ以外の施肥はいっさいやらないという「有機元肥一発」であった。

　有機物中の窒素成分は、微生物によって無機化され作物に吸収されやすくなる（イネの場合はおもにアンモニア態窒素）。有機物の種類によって分解のスピードはさまざまで、米ぬかなどは早く腐るが、オガクズなどは遅い。分解には適度な水分が必要で、温度が高いほど分解しやすい。

　さらに、肥効の現われ方は、前作や田んぼの地力、保肥力によっても違うし、荒起こしの時期などによっても変わる。有機物を肥料として利用するには、自分の田んぼの条件に適した量や種類を見つけ出すことが大切である。また、初期の茎数確保が難しい寒地では、元肥に化学肥料を組み合わせるなどの方法もとられる。

　井原さんの場合は、毎年一～二月に牛糞堆肥を反当四～五t散布し、じっさいに作物に吸収される窒素の量を、堆肥一tにつき窒素一kgと概算していた。連年投入すると前年に残った分が貯まるので、三年に一回休むか量を減らす。牛糞堆肥ではなく、元肥に米ぬかを使うときは、田植え一カ月前以内にコシヒカリで反当二〇〇kg、短稈種で四〇〇kg投入する。

　また、青刈り麦を緑肥に利用する場合は、十～十一月に尿素を反当二〇kgと小麦の種二〇～三〇kgをふりまいて、五cmほどの浅耕をする。春には反当四～五t分の葉茎ができるので、四月下旬にすき込む。麦を収穫する場合は、秋に尿素を反当三〇kg散布し、実を収穫したあとの麦稈を全量うない込む。麦わらの量は七〇〇～八〇〇kgにもなるので、これを腐熟させるために反当一五kgの尿素と、過リン酸二〇～三〇kgを一緒にすき込む。田植えのあと、すごいガスわきがおこり初期分げつは抑えられ、雑草も生えない。この方法で典型的なへの字育ちにすることができ、晩生稲ほど増収するという。

▼「への字育ちを実現する牛ふん堆肥の散布時期・量」井原豊1996年4月号

合鴨水稲同時作

カモを水田に放して除草させたり、糞を肥料に利用する方法は、中国では古代から行なわれていたという。日本でも明治・大正期には、新潟県でアヒルを水田放飼していた。しかし、放飼したアヒルが野犬などに襲われやすく、その後はほとんど姿を消してしまう。

八五年ころ富山県の荒田清耕氏は、合鴨を放した圃場を網で囲う方法を考案し、その後、福岡県の古野隆雄氏が、田んぼを電気柵で囲って雛のうちから二四時間放飼する方法（合鴨水稲同時作）を確立した。合鴨は野生のマガモと家禽のアヒルの交雑種で、マガモのように飛ぶことはなく、身体が小さくてよく動きまわる。

古野氏は合鴨水稲同時作の実践を続けるなかで、①除草効果 ②害虫や**ジャンボタニシ**まで食べ尽くす害虫防除効果 ③糞が肥料になる養分供給効果 ④くちばしで稲株や根をつついてイネをズングリ開張形に育てる刺激効果 ⑤足で常に水と泥をかき混ぜながら泳ぐフルタイム中耕濁水効果 ⑥合鴨肉の生産などさまざまな効果を検証した。さらに、アゾラや**直播栽培**との組み合わせなど、新しい理念と方法を次々と提案した。

合鴨水稲同時作の作業暦

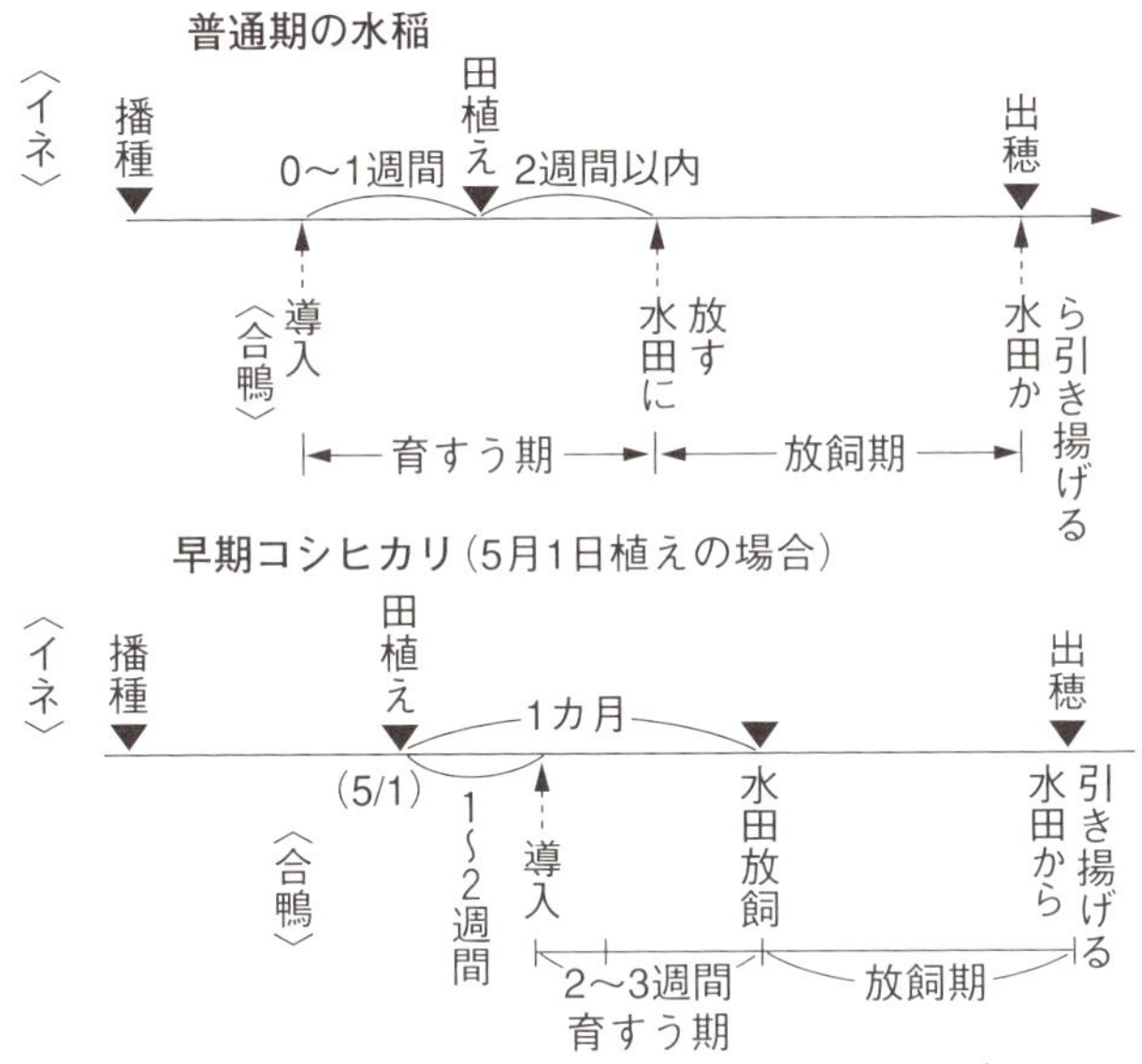

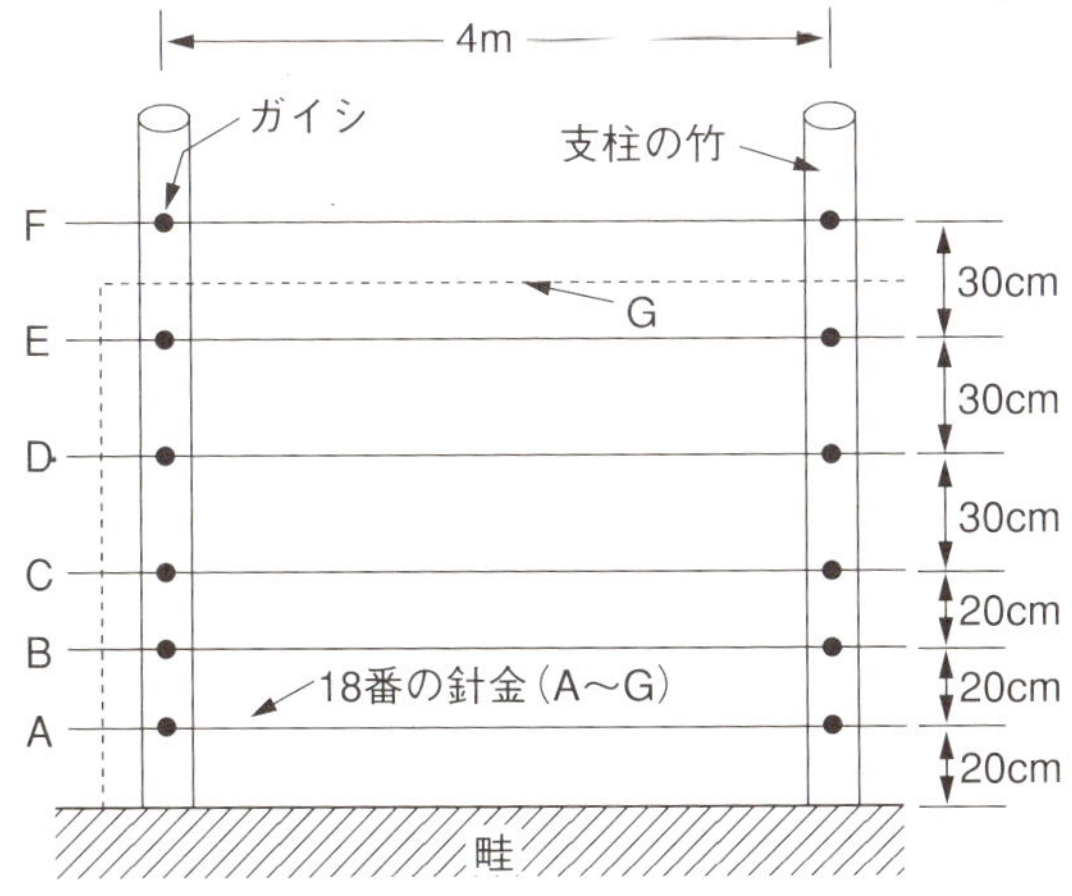

電気柵のはり方

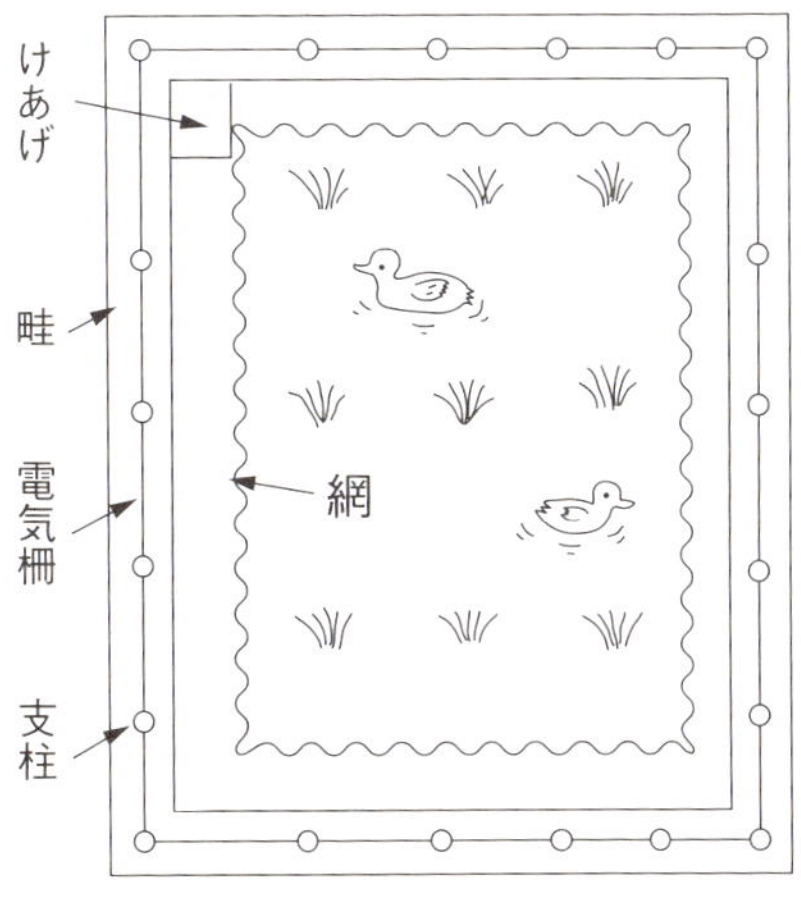

電気柵で囲う方法

現在では合鴨水稲同時作は、韓国・中国・ベトナムなどアジア各地に広がりをみせている。

また、柵で田んぼを囲う合鴨放飼は、大規模経営では困難と思われてきたが、秋田県大潟村の井手教義氏は、小屋の周囲だけを電気柵で囲い、本田は囲わない方法で一六haの放飼に成功している。

▼「続・続 アイガモ水稲同時作・愉快！イネとアイガモと魚とイチジクのとれる田んぼ」古野隆雄01年3月号／『無限に拡がる アイガモ水稲同時作』古野隆雄著

香りの畦みち

近年、カメムシの食害による**斑点米**の増加が、水稲農家の大きな悩みになっている。

カメムシは出穂後のもみを吸汁し、それ以外の期間は、あぜなど田んぼ周辺のイネ科雑草に生息していると考えられている。そこで、北海道美唄市の今橋道夫氏は、あぜのイネ科雑草を減らすために、シソ科のハーブのミントを植えることを思いついた（八九年）。定植したミントは三年であぜの七割以上をおおい、四年目からは農薬散布なしでも一等米がとれるという。その後、地域の仲間と共同でミントの栽植に取り組み、現在では地元の峰延農協の全戸の農家がミントを植えるまでになっている。

また、一年目はアジュガ（シソ科のカバープランツ）を植え、翌年同じあぜにミントを混植するやり方もある。アジュガはミントの陰でもよく育ち、のり面の水際や農道の砂利道にも生えるので、水際の草刈りが不要になる。ミントとアジュガであぜのカメムシが減る一方、天敵のクモやハチやカエルがふえ、**バンカープランツ**としての役割も果たしている。さらには、農村景観を美しく保つ効果もある。

▼「カメムシ」今橋道夫02年6月号

畦で満開になったミント（提供　今橋道夫）

ミントの植え方

品種	安定度の高いアップルミント、スペアミント主体
栽植密度	1畦1列植えで、株間は1m。生育が劣るときは70cm
苗	7.5cmポットを使用。紙筒ポット苗やプラグ苗は生育スピードが劣る
定植時期	4月下旬～5月上旬。雨上がりなど畔が湿っているとき
定植方法	スコップなどで30cmくらい掘り起こして植える
施肥	肥料は必要ないが、生育が遅い時は植え穴に化成肥料をひとつまみ
雑草対策	雑草が多いときは、定植前に除草剤で枯らしておくか、取り除いておく
初年目の管理	植えてから2カ月間の管理が重要。1回目と2回目の草刈り時にミントを刈らない。3回目は全面刈取りでよい
2年目からの管理	通常の草刈りと同様に、全面刈取りで良い。花を咲かせると寿命が短くなる
耐用年数	10年くらい。花を咲かせたいときは場所を変える

育苗

種もみ処理

『現代農業』では、種もみを化学農薬によって殺菌・殺虫処理する「種子消毒」に対し、薬剤以外の方法で病原菌の活動を抑えたり、種子の活力を高めたりする方法を「種もみ処理」と呼んできた。

これまで、有機栽培や減農薬栽培に取り組む農家を中心に、**天恵緑汁**・玄米酢・**木酢**・**竹酢**・**海水**・**光合成細菌**・**土着菌**培養液など、さまざまな種もみ処理の方法が工夫されてきた。**酵母菌**を培養した液に種もみを漬けると病原菌の繁殖が抑えられ、しかももみの周りについた酵母菌の働きで苗の生育もよくなる、という農家の実践も報告されている。

九九年には民間稲作研究所と山形農試らによって、**温湯処理**の技術が確立し、近年は農薬メーカーも、トリコデルマ菌などを利用した微生物農薬を開発するに至っている。

薬剤を使わない種もみ処理の場合は、薄播き、**プール育苗**、本田では初期生育を抑え過繁茂にしないなど、病害虫が発生しにくい育苗法や栽培管理と組み合わせることが大切である。

▼「酵母菌で種子処理」中坪宏明04年3月号

比重選（塩水選）

種もみ由来の病気を防ぐうえでもっとも基本になるのは、昔から行なわれている比重選（塩水選）である。いもち病・もみ枯れ細菌病・苗立枯病などに侵された種もみは、一・一五～一・一七の強めの比重選によって除くことができる（普通は一・一三）。ばか苗病だけはわずかに残るが、多発地帯でないかぎり比重選だけで十分だという。なお、比重選は乾いた種もみで行なう。

比重選後は、六℃前後の冷水で二〇日間浸種する。冷水管理できない地域では、一二～一五℃の地下水を掛け流すかこまめに水を交換し、一〇日前後の浸種でもよい。浸種温度が高いと、病原菌が繁殖しやすくなったり、もみの呼吸量が多くなり寒さに対する抵抗力が弱まる。

▼「化学肥料・化学農薬なしの育苗は難しくない」本田強00年4月

比重選（塩水選）　正確に量るためにボーメ度比重計を使用する（撮影　倉持正実）

温湯処理（温湯浸法）

種もみを六〇℃前後のお湯に一〇分ほど浸して、病原菌を低温殺菌する方法。もみ枯れ細菌病・ばか苗病・苗いもち病・苗立枯れ細菌病・イネシンガレセンチュウなどに対して、化学農薬に劣らない効果がある。

温湯に種もみを浸けると、殺菌殺虫効果があることは昔から知られていたが、一定の温度を保つのが難しく、さらに塩水選のあとに温湯処理すると発芽率が極端に悪くなるという問題があった。九九年に、民間稲作研究所らによって、温湯処理機と効果的な温湯処理法が開発された。温湯処理は、①化学農薬のような残効性がない　②消毒廃液の処理が不要　③発芽抑制物質が不活性化し、発芽率が高まるなどの利点があり、急速に普及している。

温湯処理の前に**塩水選**を行ない、長時間浸種すると発芽率が悪くなる（コシヒカリでは一時間、はえぬきは三〇分）。これは、種もみに水がしみこんでいると、温湯処理時に急激にもみ内部の温度が上昇して種子が不活性化してしまうからである。これを防ぐためには、（a）温湯処理してから塩水選をする（b）あらかじめ塩水選をしておいて脱水・乾燥させてから温湯処理する（c）塩水選を三〇分以内にすませて温湯処理などの方法をとる。

また、温湯に種もみを入れたときに温度降下するので、湯の量を多めにしたり、湯を足したり、室温を高くしてもみを暖めておくなどの工夫が必要である。あるいは、温湯処理機（「湯芽工房」㈱タイガーカワシマ）を利用する。さらに、熱ムラをなくすため、種もみ袋をよくゆすることもポイントである。

減農薬・有機で20町歩のイネをつくる滋賀県の奥村次一さんは9年前から種もみを温湯処理している（撮影　倉持正実）

温湯処理は農薬のような残効がまったくないので、病原菌が生き残る可能性がゼロではない。万が一生き残った病原菌が繁殖しないように、浸種は一五℃以下の冷水で行い、二～三日おきに水をとりかえる。また、催芽処理（種もみを鳩胸状にすること）も、二五℃四八時間の低温催芽のほうが安全とされる（ふつうは三二℃二〇～二四時間）。

▼「温湯処理のカンドコロ」編集部03年3月号

平置き出芽

出芽とは、催芽した種もみを苗箱に播種し、加温して一斉に芽を出す作業である。手植えの時代には出芽作業は不要であったが、苗を田植え機で移植するためには、生育をそろえる必要が生じた。

従来は、育苗器に入れるか、苗箱を積み重ねてシートなどでくるむ方法がとられてきた。しかし、温度を一様にするために、苗箱を積み替えたり、出芽後にトンネルや育苗ハウスに並べ替えなくてはならず、かなりの重労働である。また、温度・湿度が上がりすぎる傾向があることも以前から指摘されてきた。

近年、育苗ハウスの普及によって、播種後すぐに苗箱を平らに並べる平置き出芽がふえている。この出芽法のもっともよい点は、重い苗箱を何度も移動する必要がないことである。

福島県　藤田忠内さんの太陽シート平置き発芽　光や熱を反射する太陽シートを使えば、ハウスを開閉しなくても35℃以上の高温になることはないという（撮影　倉持正実）

平置き出芽では、いかに出芽に適した温度

を保つかということがポイントで、その調節には被覆シートが使われる。日中、直射日光が差しても温度が上がり過ぎないように、太陽シートやシルバーポリで遮光する。逆に夜間の低温に対しては、有効ポリや保温マットを重ねて使う。地域の気温や日照にあわせて被覆シートを選択したり、組み合わせたりする。さらに、北東北のような寒冷地では、早く温度が上がるように、朝のあいだは太陽シートをはいでおくとよい。

　また、自分の経営にあった苗質にするための工夫も必要である。一般には、出芽温度が高いほど出芽時間は短くなる。病原菌は温度が高いほど、出芽期間が長いほど繁殖する可能性は高くなる。さらに、温度が高いほど、出芽期間が長いほど苗が徒長する。

　ふつうは節間がつまったがっちりした苗が望ましいが、稚苗を植える場合はあまりに背が低すぎると田植えのときに転び苗がでてしまう。そこで、JA盛岡市の場合では、稚苗なら一〇㎜、中苗なら五㎜で出芽を終了し、被覆シートをはがすように農家にアドバイスしている。

※育苗は気温に大きく左右されるので、寒地と暖地ではやり方が大きく異なる。ここでふれているのはおもに育苗にハウスを利用する地域での方法である。

▼「太陽シート使いこなしの質問箱」藤田忠内02年4月号／「太陽シート&プール育苗」編集部03年4月号

育苗期の温度と日変化の幅、危険温度域

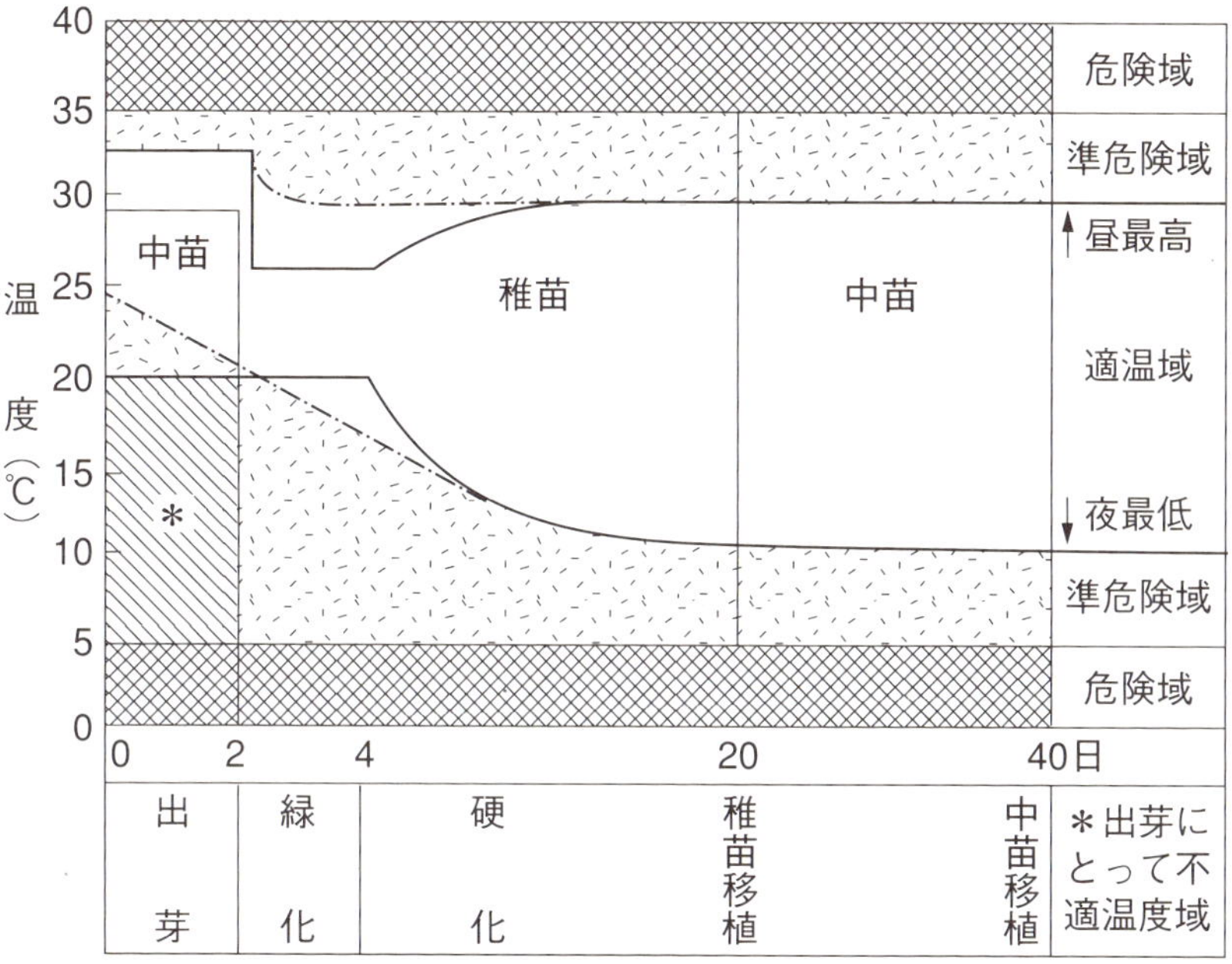

出芽の適温は24～33℃で、最適条件は32℃・48時間とされている。また、緑化以降の最適な環境は、昼は30℃ちかくに上がっても夜は20～10℃を保つような範囲で、日較差があるのがよい。昼35℃以上、あるいは夜20℃以上の高温は、徒長と呼吸による消耗のため生育が悪くなる。また夜5℃近くまで低下すると生育が抑制され、4℃以下に数時間おくとむれ苗になる。とくに、4℃以下の夜温、翌日の30～40℃の高温というような温度の激変が、むれ苗発生のひきがねになる。（参考　星川清親氏　農業技術大系作物編）

プール育苗

育苗ハウスの中にビニールや木枠などでプールをつくり、水をためて育苗する方法。

　昔の育苗法は水苗代がふつうであり、寒地や高冷地では稲作は困難であった。戦後、長野県軽井沢町の荻原豊次氏が考案した保温折衷苗代が広く普及し、寒地稲作に大きな貢献をした。

　その後、田植え機用のマット育苗に変わり、出芽させた苗箱を育苗ハウスにならべて手でかん水するようになった（暖地では出芽後の苗箱をすぐに田にならべるのがふつう）。しかし、この方法は、水やりやハウスの開け閉めに手間がかかり、もみ枯細菌病や苗立枯細菌病も発生しやすくなるという問題があった。

プール育苗の特徴は、①プールに水をためるだけなのでかん水の手間が激減する　②水温の変動が少ないため入水後はハウスを開けっ放しで開閉が不要　③むれ苗が発生しくい　④無消毒の床土でも病気が発生しにくい　⑤苗の草丈が長く、根量も多くなるので根がらみがよいなどである。

作業のポイントは、①入水する時期は一・五葉期　②育苗の後期など温度が上がりすぎるときは水を交換　③根が絡みやすいので、コテなどで切ってやるか、あらかじめペーパーなどを敷く　④水を吸った苗箱を運ぶのは重いので、田植え日よりちょっと早めに落水しておくとよい。

『現代農業』にプール育苗の記事が初めて登場したのは、九二年の宮城県農業センター（二瓶信男氏）による報告で、その後寒地では、プール育苗にする農家が急増している。

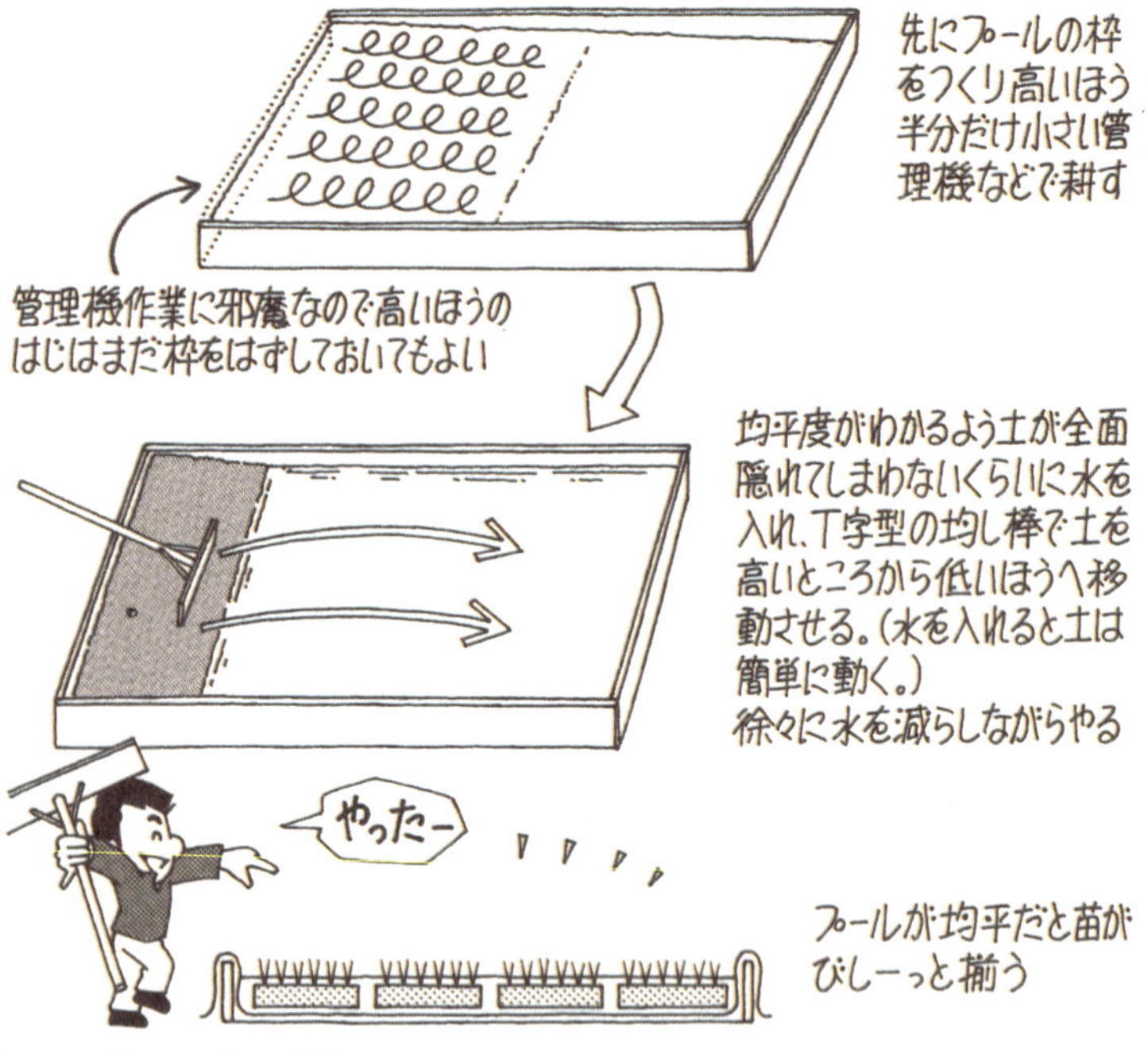
先にプールの枠をつくり高いほう半分だけ小さい管理機などで耕す
管理機作業に邪魔なので高いほうのはじはまだ枠をはずしておいてもよい
均平度がわかるよう土が全面隠れてしまわないくらいに水を入れ、T字型の均し棒で土を高いところから低いほうへ移動させる。（水を入れると土は簡単に動く。）
徐々に水を減らしながらやる
やったー
プールが均平だと苗がぴしーっと揃う
プールを均平にする方法（福島県・古川清衛さん）

山形県南陽市で露地プール育苗を実践している渡沢賢一さん。排水溝を兼ねてプールのまわりを溝掘りすれば、ブロック状の土塊が掘れる。これを何十cmかおきに置いてビニールを巻けば立派なプールに。

▼『だれでもできるイネのプール育苗』（農文協編）

薄播き

種もみを苗箱に粗くまくことを薄播き、厚く播くことを厚播きという。手植え苗を苗代で育苗していたころの播種量は一㎡当たり一〇〇g以下（育苗箱に換算すると約二〇g）であった。田植え機稲作になってからは、育苗箱（三〇×六〇㎝）当たり、稚苗で二〇〇g、中苗で一〇〇〜一八〇g、成苗では四〇〜六〇gが標準とされている。

厚播きするほど田植え後の欠株は少なくなるが、密植のために株元が混み合い、下位分けつが退化する。この状態で中期に肥効がでると、下位節間が伸長して倒伏の危険が増す。そこで最近では稚苗でも一五〇g以下の薄播きが一般的となっている。

成苗二本植研究会（現在は民間稲作研究所、代表・稲葉光國氏）では、厚さ五㎜の塩ビ板に直径四・五㎜の孔をあけ、裏側に直径五・八㎜の孔をもつスライド板を取り付けて、種もみを一粒ずつ正確にすじ播きできるようにした。これでマット苗でも四〇gの播種量が実現され、欠株率も稚苗のばら播きと変わらない成果をあげている。

▼「新・増収時代の苗つくり」編集部88年4月号

ポット育苗

（成苗ポット苗）

四四八個（一四×三二穴）の播種穴がある育苗箱（大きさ三〇×六〇cm）で、成苗に育てる育苗法である。

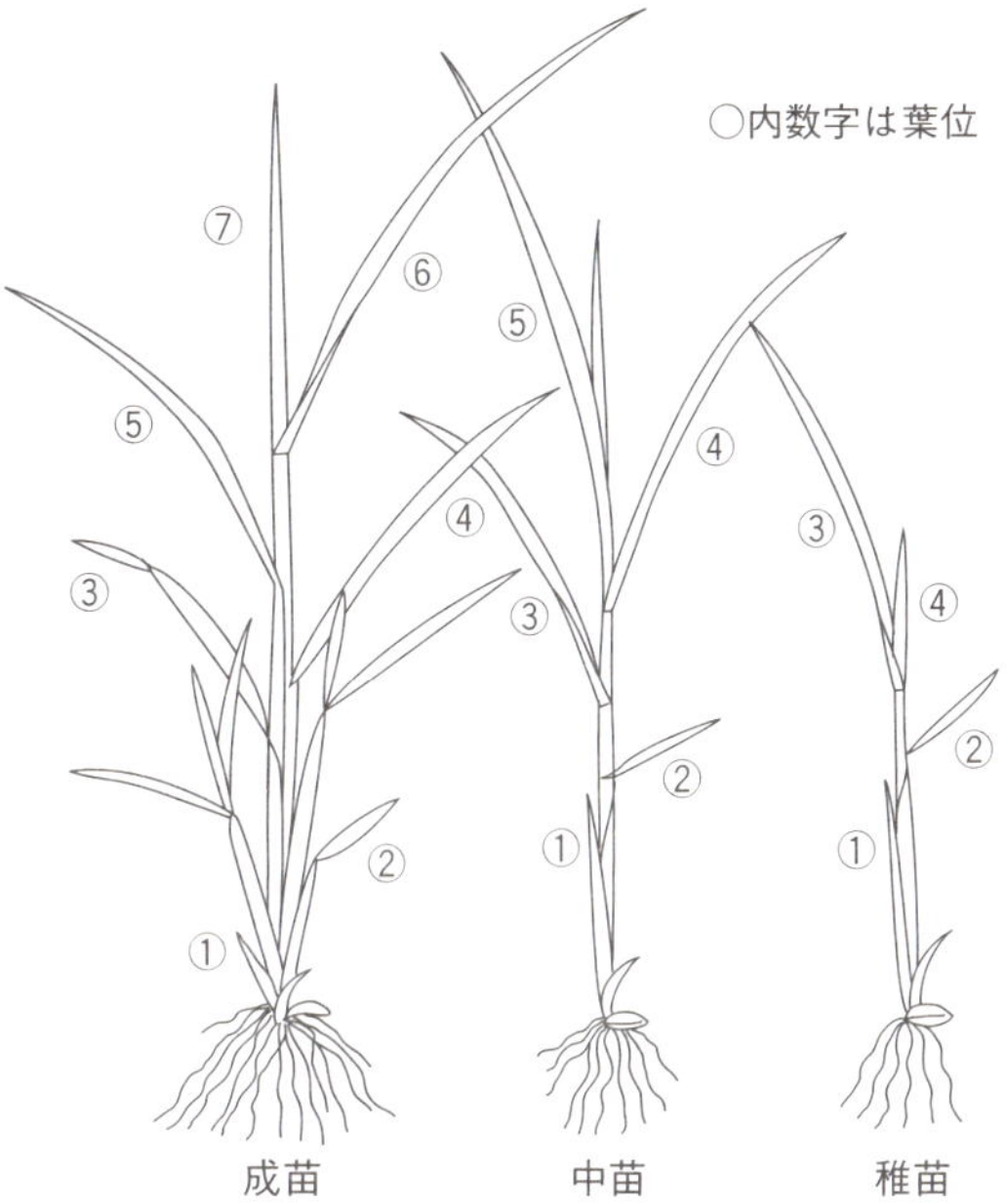

稚苗は3.2齢で苗丈12～15cmが標準。中苗は5.5齢、苗丈14～18cmで、第6葉が4～6cm抽出している。成苗は6.5齢、苗丈は15～19cmで1号分げつが出ている
（星川清親氏　農業技術大系作物編）

田植え機の普及によって稚苗のマット苗を密植する方法が一般的になったが、北海道など寒冷地では、成苗のほうが冷害に強いことは当初から知られていた。八〇年に北海道の農業試験場によって成苗ポット苗が開発され、みのる式（共立式）ポット苗田植え機で、成苗を欠株なく移植する方式が実用化された。播種量は一穴一～三粒で、一箱当たり一五～四〇gである。また、育苗期間は三〇～三五日である。

成苗を植えることの利点は、①低温による出穂遅延を軽減できる　②移植時期の幅が広がる（麦、タバコ、玉ねぎ、イグサなどの後作でも出穂が早く登熟が安定する）　③ガスわきに強い　④湛水状態で田植えできるので水の貴重な地方にむく（田植え時に水を落とさなくてもよい）　⑤田植え時の根傷みが少なく活着が良い　⑥一号分げつから確実に発生する　⑦田植え直後からの**深水**管理が可能　⑧疎植・元肥減肥で目標茎数をゆっくり確保し、太茎・大穂のイネつくりに適しているなどである。

現在、北海道では約半数の農家が成苗ポット苗を利用していると言われ、『現代農業』に登場する、井原豊氏、薄井勝利氏、赤木歳道氏、後藤清人氏、古野隆雄氏などもこれを

ポット苗用の育苗箱に1粒播きした苗
（撮影　岩下守、下も）

薄井勝利さんの成苗ポット苗。苗丈20cm以上、分げつ3本以上の太茎苗にする

採用している。ただ問題は、苗箱・播種機・田植え機などを、すべて買い換えなければならないことである。

▼「『苗踏み』で驚異の根張り、深水に早くできる太茎苗」薄井勝利98年4月号

乳苗

葉齢が〇・八〜一・五、苗丈は七〜九cmほどで、稚苗よりもさらに小さい苗。まだ胚乳が五〇％ほど残っているので、水温が多少低くても活着しやすい、冠水にも強く、分げつ力も強いという性質がある。

苗箱当たり二〇〇〜二五〇gの厚播きができるので（一株三〜四本植え）、一〇a当たり一〇〜一六枚の苗箱ですむ。育苗は、加温育苗器を利用して室内で五〜七日間でできるので、手間が大幅に軽減できる。

ただし、乳苗は根張りが不十分なので、乳苗用のロックウールマットを底に敷く。山土でつくる場合は、硬化状態（保温条件から自然の気象条件にさらすこと）で五〜六日長くおき、田植え直前のかん水は控えると苗マットがバラケにくくなる。家の北側などの直射日光の当たらないところに置いておけば、一週間くらい貯蔵できるので作業を分散できる。黄色い「イエロー苗」で移植しても問題ないが、育苗器内で五〇％遮光し二七℃で半日から一日、日に当てて緑化するとよい。

田植えのときは、乳苗専用爪に取り替え、落水してヒタヒタ水の状態で植える。苗が浮きやすいので、三〜四cmの深植えにする。乳苗は分げつ力がきわめて旺盛なので、過繁茂になりやすい。そのため、**疎植**で元肥を減らし、茎数をゆっくり確保する生育にすることが重要である。問題は疎植にできる田植え機が少ないことだが、最近はポット苗で乳苗を作る人もいる。

▼「ラクラク『乳苗稲作』で秋まさりイネ（上）」編集部03年4月号／『乳苗稲作の実際』（農文協）

30cm×50cmくらいの大きさの水槽に電熱器をとりつける

乳苗の育苗　覆土には粒の粗い粒状培土を使う。積み重ねて32℃48時間で出芽させる。育苗するときは育苗器に1段おきに苗箱を置けば、そのまま使うことができる。苗運搬棚を買ってきて、ブロックの上にのせるだけでも十分使える。加温装置は出芽のときに使ったものと同じものを兼用でき、温度設定を25℃に下げ、8〜9cmになるまで育てる（提供　金佐貞行）

生育・障害

幼穂形成期

イネの穂は出穂三〇日前に穂首分化し始め、出穂二五～二〇日前（幼穂長一～二mm）に一次・二次枝梗や穎花が分化し終わる。その後、出穂前一八日（幼穂長八～一五mm）には花粉が分化し始め、出穂前一二日（幼穂長八cm）には減数分裂を開始する。減数分裂は分化した穎花が栄養状態や環境条件によって退化すること。

とくに、幼穂長が肉眼で確認できる一～二mmの時期を幼穂形成期と呼んでいる。**穂肥**の適期や量を判断するうえで、幼穂の観察と診断はもっとも大切な作業である。

▼「幼穂形成期までにデンプンをしっかりため込んだイネは、不稔もイモチも少ない」編集部03年11月号

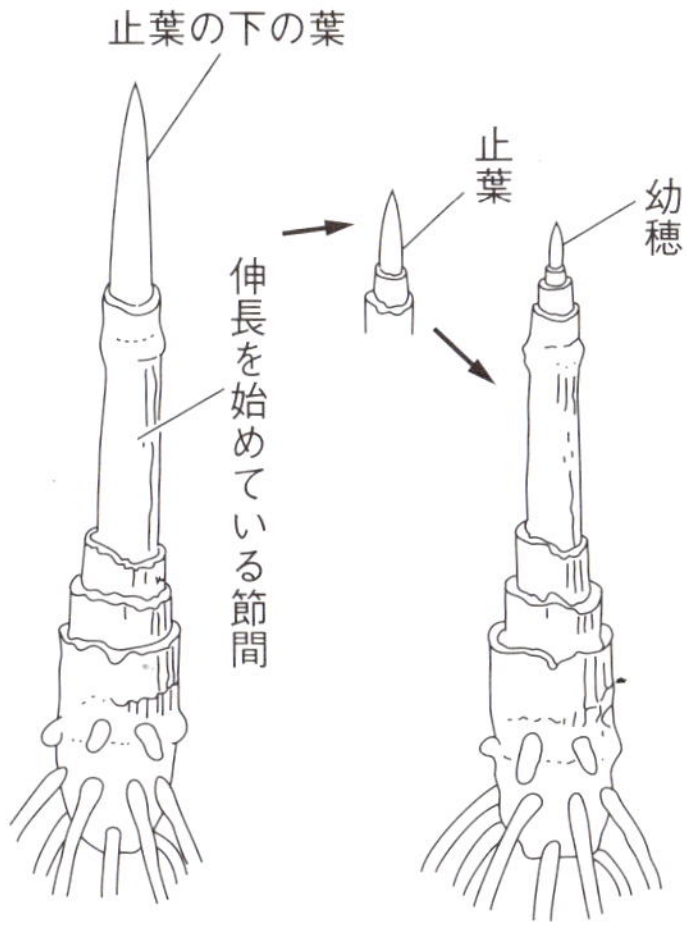

葉鞘をむいて幼穂の形によって発育程度を調査

出穂

イネの穂が出ることを出穂という。出穂期とはおよそ半数の茎が出穂した日をいい、すべての穂が出た日を穂ぞろい期といっている。出穂期は地域・品種・作期・天候・苗質などによって異なるが、稲づくりでは出穂予定日から起算して、追肥や水管理の時期を判断する。

健全なイネは出穂後葉色が濃くなり次々に開花・受精し、一〇日もすると穂が垂れ始める。出穂二〇日後にはほぼもみの中の玄米が肥大し終え、四〇～五〇日後には収穫期となる。この登熟期間の積算温度は九〇〇～一〇〇〇℃とされ、これ以上出穂が遅れると登熟不十分となる日を限界出穂期という。出穂から四〇日間の平均気温が二〇℃になる日などを目安に決めている。

二〇〇三年の**冷害**では出穂期の早いイネに障害型冷害が発生し、また北陸地方などでは登熟期の**高温障害**が問題になっている。温暖化や気象変動のなかで、出穂時期・作期の再検討が求められている。

▼「出穂期を遅らせたほうが安定多収できる地域が多い」稲葉光國91年1月号

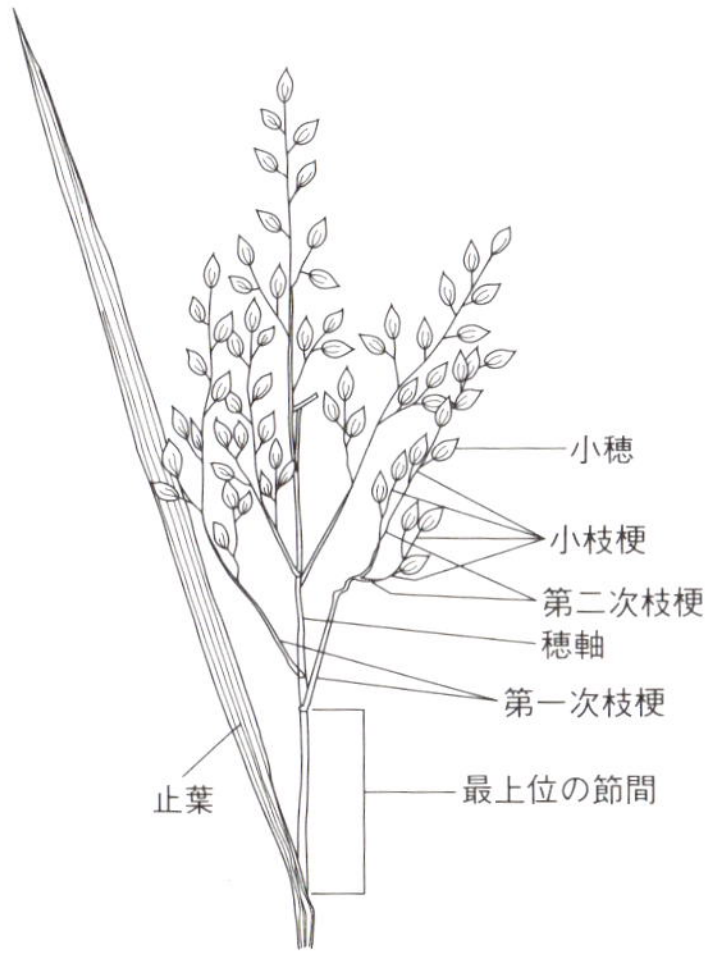

イネの穂の形態　穂軸の上半分は除いてある(大曽根兼一氏　農業技術大系作物編)

葉齢

イネの稈には節があり、節の部分から一枚の葉と分けつと根が発生する。葉齢はイネの生育ステージを主稈（親茎）の葉の枚数で表現したもの。イネの主稈の枚数は疎植にすると一枚多くなることが多く、異常気象の年は増減するが、通常は品種によってほぼ決まっている。学術的には葉身のない不完全葉を第一葉としているが、一般的には葉身の着いた本葉を第一葉と呼ぶことが多い。

茎肥を施す出穂前四五～四〇日は「総葉数

マイナス五」、**穂肥**を施す**幼穂形成期**は「総葉数マイナス三」、というように、葉齢によって追肥時期など管理適期を判断する。葉齢を調査するときは、イネの葉は五～七日おきに一枚出るので一週間おきに主稈の最上位の葉に油性マジックで印を付け、たとえば五枚目が半分ほど抽出しているときは「四・五」と記録する。

深水栽培で「うまい米づくり」に取り組む福島県霊山町では、六葉期と九葉期に追肥するなど、葉齢調査にもとづく肥培管理で増収を実現している。

▼「増収もカンタン　深水で、誰でもできる『うまい米つくり』」編集部04年7月号

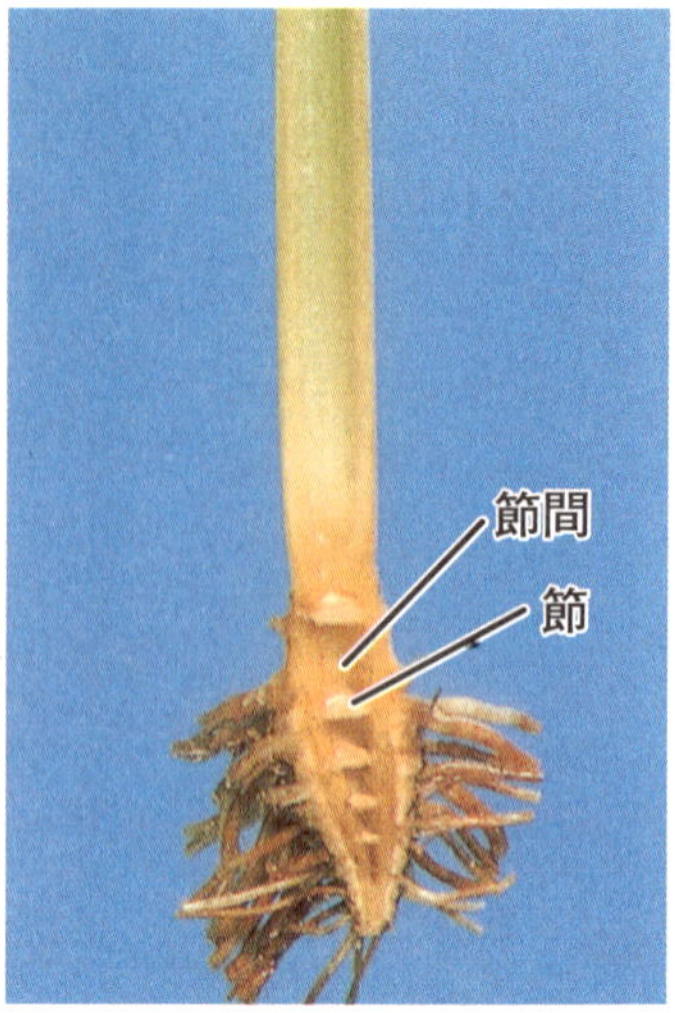

イネの稈（親茎）の断面。

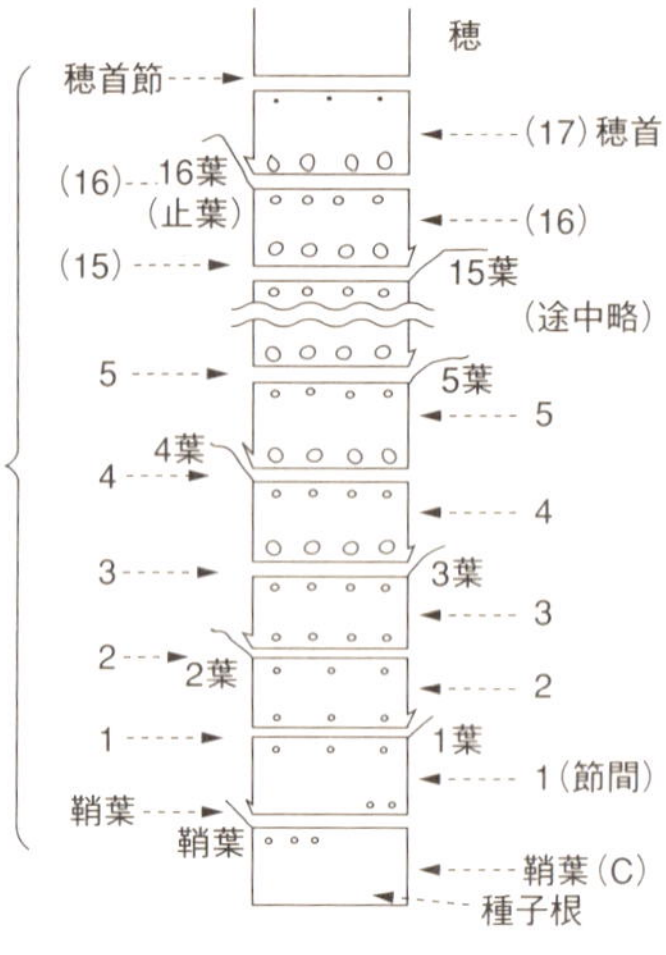

イネの稈の構造と葉齢

冷害

冷害には北日本の太平洋側にやませが吹いておこるタイプと、北日本全体が寒気に覆われるタイプがある。また、イネの生育からみて遅延型と障害型がある。

遅延型冷害はイネの生育中のさまざまな時期の低温によって、生育が遅延することで起きる。生育前半が低温だと茎数・もみ数が不足するし、後半の低温は登熟の不良による品質の低下につながる。

障害型冷害は、幼穂形成期から穂ぞろい期までの低温によってひきおこされる。花粉などの生殖細胞が障害を受け、不稔もみが多発する。障害型冷害の危険期は、第一期が幼穂形成期後の穎花分化期（出穂前二五～一五日）、第二期が花粉などの生殖細胞ができる減数分裂期（出穂前一四～六日）、第三期は出穂後の開花受精期（出穂から一〇日前後）の三期ある。このうち第二期の低温がもっとも深刻な障害となる。また、冷害年にはいも

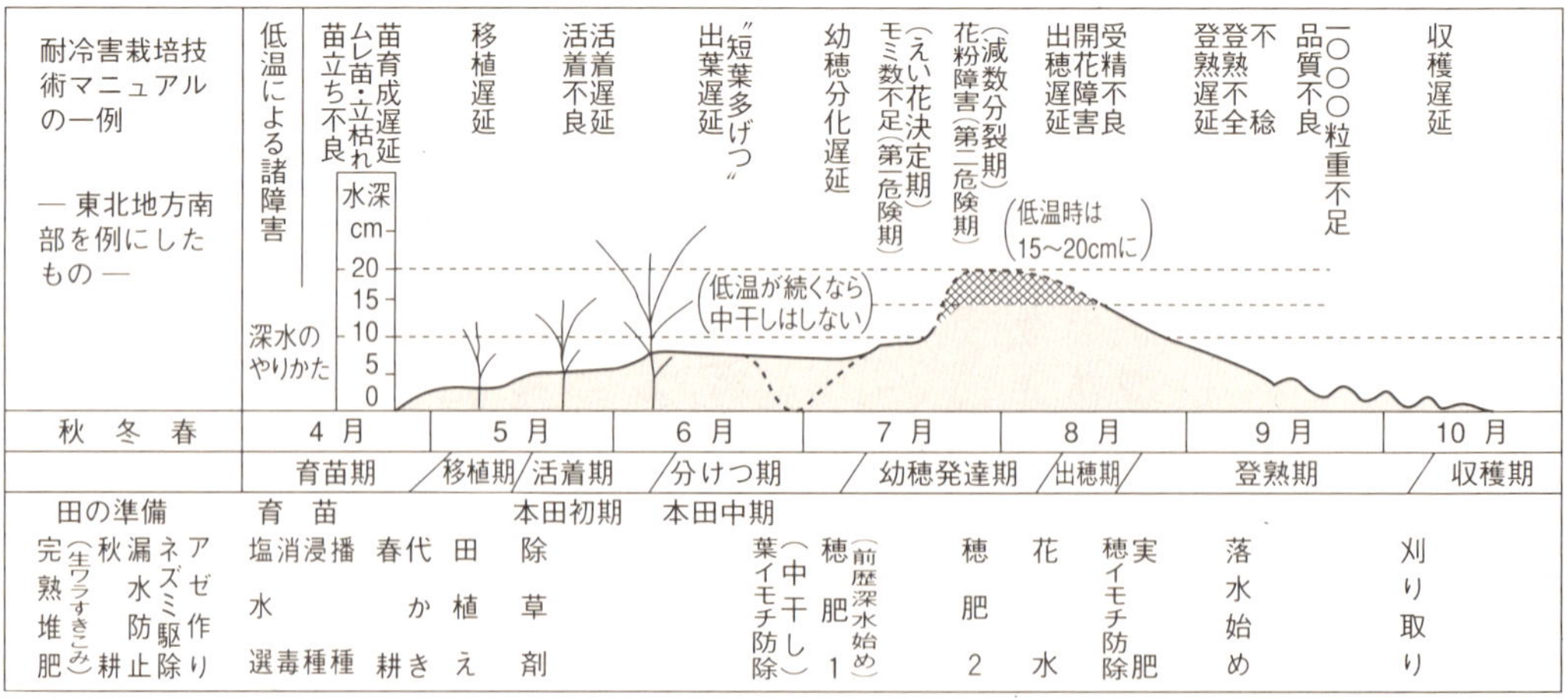

星川清親氏が作成した耐冷害栽培技術マニュアル　中干しせず全期間深水にする（作物編）

ち病も発生しやすく、複合型の冷害になることが多い。

障害型の冷害を回避するには、第一期から五〜一〇cmの**深水**にし、第二期からは一〇cm以上の深水にして幼穂を保温する。中干しもやらない。

そのほかに①第二期がやませの発生する七月下旬に重なるため、田植えを遅くして出穂を一週間くらいずらす　②元肥を減らし根を深く張らせ分けつをゆっくり確保する　③危険期に肥料不足になると低温抵抗性が低下するので、**穂肥**を効かせる　④とくに穂首分化期から出穂期にリン酸追肥をする、などの方法が有効とされる。

▼「冷害―不稔のメカニズムと防ぎ方」星川清親94年7月号／『冷害はなぜ繰り返し起きるのか？』卜蔵建治著

高温障害

育苗期の高温多湿は立枯れ細菌病などの発生原因になる。減数分裂期から登熟期にかけての高温、とくに夜温の高温は、呼吸量の増加をまねき登熟歩合の低下、**乳白米**や腹白米発生の原因となる。日中に生産したでんぷんが呼吸で消費されてしまい、穂や根に転流される量が少なくなるとされる。根が弱ると、蒸散を防ごうと早くに気孔が閉じられるために、ますます光合成の効率が落ちる。

高温障害を防ぐには、飽水管理や夜間かん水が有効であるが、そのほかにも**幼穂形成期**から**出穂**までの生育中期に、葉色を濃く維持することが肝要である。窒素が切れて消耗すると、充実した根群や生殖細胞ができず、高温障害を助長するからである。そのためには、元肥減と**疎植**で、初期生育を過繁茂にせず、安心して**穂肥**がやれるようにすることが重要である。

近年は八月上旬の異常高温と登熟期が重なるのを避けるため、**晩植え**が奨励されている。

▼「出穂二五〜一五日前の葉色で見る高温障害に強いイネ」佐藤雄幸04年7月号

乳白米（白未熟粒）

受精したもみはまず細胞分裂し、その後、細胞にでんぷんがつまっていく。この時期にでんぷんの生産が不足すると、細胞に空気の隙間ができ、これが光を乱反射して白く見える。この白く見える粒を乳白米と呼ぶ。正式には未熟粒のうち、乳白粒・心白粒・腹白未熟粒・背白粒・基部未熟粒が白未熟粒とされている。シラタとも呼ばれる。

品種により差はあるが、出穂〇〜二〇日後の登熟期の平均気温が二六℃を超えるようになると乳白米が発生しやすくなる。背白米・基白米は登熟後期の高温でふえるとされる。暖地の場合は、温度よりも登熟期の日照不足の影響が大きいと考えられている。一般的な対策としては、登熟期と高温期が重ならないように作期を遅くする方法がある。また、あ

乳白米などシラタ（白未熟粒）が発生するしくみ

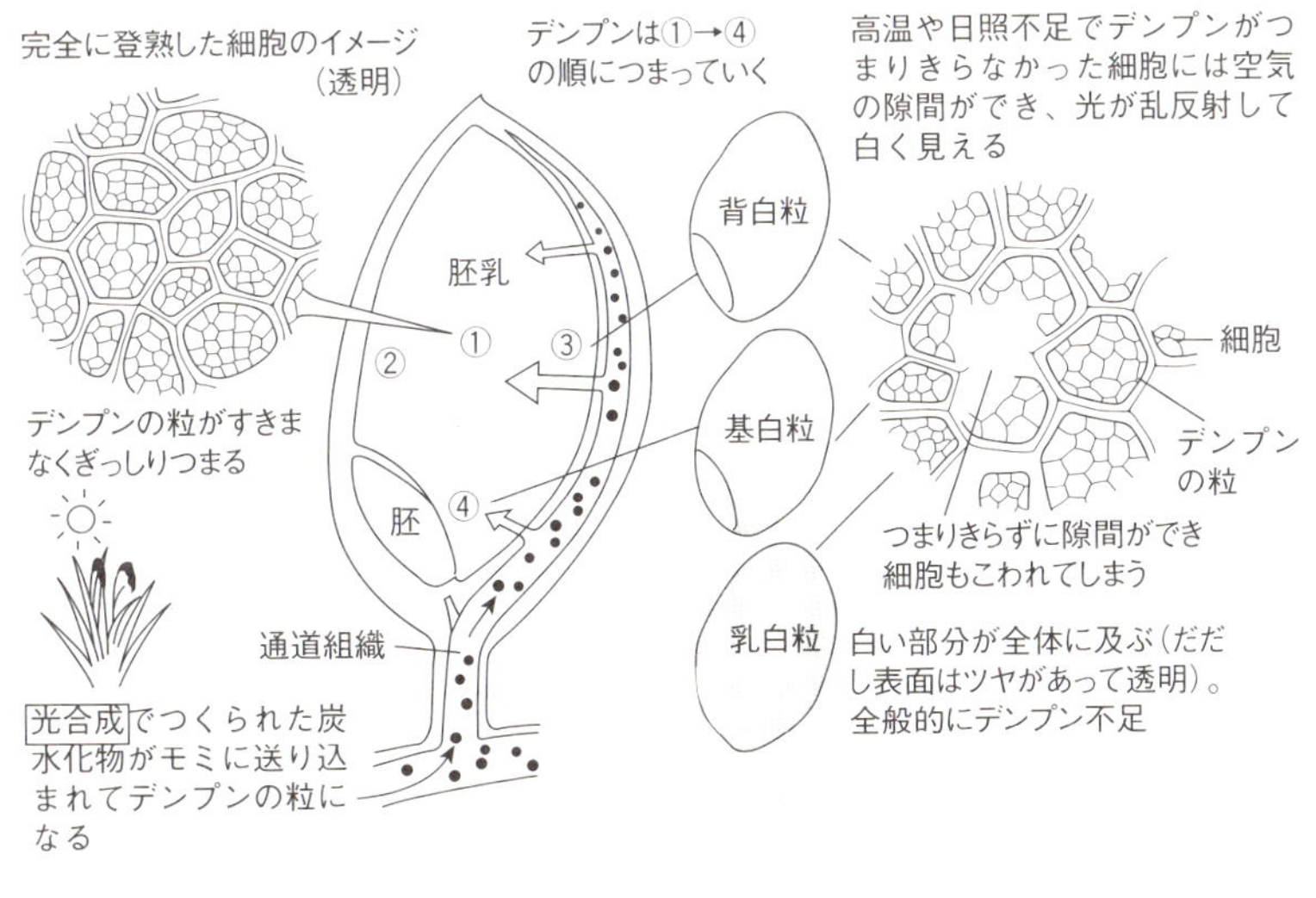

まり早く落水せず出穂後三〇日ごろまで間断かん水を続ける。

直接的な引き金は気象条件だが、イネの側から見ると、光合成能力に対して、面積当たりの粒数が多いイネほど発生しやすくなる。茎数が多いV字稲作の場合は、出穂三〇日前ごろに追肥すると粒数がふえすぎて乳白につながるので、出穂二〇日前と一〇日前の穂肥にする。また、**穂肥**の量が少なすぎても栄養不足になり乳白につながる。イネの生育の状態や土壌の地力の判断が重要である。

一方、**への字稲作**など茎数をゆっくり確保する栽培法では、中期の生育を充実させながら、イネの受光姿勢をよくすることを大きな目的としている。光合成能力が高いことに加えて、イネの体力や天候にみあった粒数に自然になるので、乳白米は発生しにくいといわれる。

▼「シラタが発生するしくみ」編集部03年8月号

斑点米

玄米にしたとき、斑点状に異常着色があるものを斑点米という。斑点米は近年急増しており、原因はカメムシ類の成虫または幼虫の吸汁によるものとされている。斑点米が〇・一%混入するとイネの等級、価格が下がるので農家にとっては大きなダメージとなる。

カメムシはおもに、あぜなど水田周辺のイネ科雑草に生息していると考えられ、出穂期以降にイネのもみに被害を与える。防除には、あぜ草刈りと集中的な農薬散布が欠かせず、農家にとっては労力とコストが大きな負担となっている。

減農薬や無農薬に取りくむ農家の間では、ハーブやグランドカバープランツであぜを覆いイネ科雑草を減らす、火炎放射器で卵を焼く、乳熟期のイネに**木酢**を散布するなど、さまざまな工夫が続けられている。

▼「イネのカメムシ」柴田義彦04年6月号

斑点米（撮影　湯浅和宏、下2枚も）

ホソハリカメムシ

アカスジカスミカメ

ジャンボタニシ

ジャンボタニシは熱帯・亜熱帯原産の淡水性の巻貝で、スクミリンゴガイともいう。八〇年代に、食用に輸入されたものが野生化して各地に広がった。現在では関東以南の各県で、田植えあとのイネに食害がみられる。雑食性で、イネよりもくずナスやくずレタス、スイカを好むので、これらを田んぼに入れて集まったところを捕獲する農家もある。

いっぽう、ジャンボタニシの旺盛な食欲を、水田雑草の除草に利用している農家もある。まず、田面をできるだけ均平にし、中苗以上の大きな苗を植える。田植え直後から一五～二〇日間は一cm以下の極浅水にする。ジャンボタニシは一cmの水深で行動が著しく鈍り、

ジャンボタニシで除草するときは、田面をできるだけ均平にすること。上の写真の場所はきれいに雑草だけ食べているが、田面の高低差が大きかったところ（下）は雑草が残った（福岡県前原市　田中幸成さん）（撮影　赤松富仁）

さらに水が減ると土中に潜って休眠したようになる。田植え後二〇日以上すぎ、イネが大きくなったらふつうの水管理にもどせばよい。ジャンボタニシはイネを食害せず雑草だけきれいに食べる。

あるいは、田植え直後は水張りをほぼゼロとし、一日一㎜ずつ水位を上げながら雑草の芽を食べさせ、一〇日後に五cmの深さにするというやり方もある。

▼「微妙な水管理で、ジャンボタニシ除草」赤松富仁 02年5月号

食味

食味を測るには、じっさいに人が食べて採点する官能検査法と、粘り・アミロース・たんぱく質・ミネラルの含量を測る機器測定法を併せて行なう。

米の主成分はでんぷんとたんぱく質で、でんぷんはアミロースと、アミロペクチンからなる。アミロースもアミロペクチンもグルコース（単糖）がα螺旋状に連結したものだが、アミロースが直鎖状なのに対し、アミロペクチンは樹状構造になっていると考えられている。アミロース含量が高いほど粘りがなくなり、食味が悪くなる。もち米のアミロース含量はゼロで、一〇〇％アミロペクチンである。アミロース含量を決定する要因は品種、気候、栄養状態であるが、もっとも大きいのは品種である。

次に、たんぱく質含量が高いほど、炊いたときの粘りがなくなり食味は悪くなる。たんぱく質含量は、遺伝的性質（品種）よりも気候や施肥に大きく左右される。登熟期前半に高温が続くと、光合成によって生成された炭水化物のもみへの転流量が減り、結果的にたんぱく含量が高まる。また、遅い**穂肥**や**実肥**もたんぱくを高める。

さらに寒冷地では、登熟期に地力窒素が発現してしまうことも問題になっている。しかし、あまりにも窒素を控えると、収量が下がったり粒張りが悪くなる。

三つめは**ミネラル**で、なかでも**マグネシウム**は食味を高め、カリウムは食味を低めるとされる。そこでMg／K比を高めるために、苦土、リン酸などを中期以降に効かせると食味向上につながる。**海のミネラル**の食味向上効果も報告されている。

精米の仕方も重要である。米のうまみ成分であるミネラルやグルタミン酸、ショ糖、マルトオリゴ糖（上質の甘味をもつ）などは、白米の表層部分に多く含まれており、精米のときに搗《つ》きすぎると、うまみが多い部分を削ってしまうことになる。

良食味米の基本は、登熟期に根や葉などの活力を高く保ち、光合成能力の高い稲をつくることである。そのためには、**疎植**と元肥減で茎数をゆっくりと確保し、**茎肥**や出穂三〇日前ころの早い**穂肥**を思い切って打てるような生育とすべきである。

▼「食味計で測れるもの測れないもの」編集部03年1月号／『おいしいお米の栽培指針』堀野俊郎著

野菜・花の用語

うね立てっぱなし栽培（連続うね利用栽培）

一度立てたうねを崩さず、数年間利用するイチゴの栽培法。イチゴ栽培では多くの労力が必要で、うね立て作業も手間がかかる作業の一つである。せっかく作った大きなうねも、定植までに風雨で崩れたりして、農家には大きな負担となっている。

愛知県幸田町のイチゴ名人・藤江充氏は、高齢になって作業がきつくなったために、ハウスを減らそうとした。しかし、せっかくあるハウスを空けるのはもったいなく、うねの本数を減らし、かつ立てっぱなしにしてみた（八八年）。その結果、作業が大幅に軽減され、収穫量は以前と変わらず、反当六tをあげることができた。

うねを壊さないと、前作の根穴が保存されるので、三相分布（固相・液相・気相）や土の硬さは慣行と変わらない。透水性は逆に増し、年々膨軟になってくる。元肥は窒素換算で反当七〜八kgしか施さず、草勢を見ながら液肥または葉面散布剤を追肥する（窒素で六〜八kg）。これは慣行の窒素の施用量に比べて半分ほどである。定植後のイチゴは初期生育がおとなしく、とくに、「とちおとめ」のような初期の管理が難しい品種に適しているという。

連年でうねを使うとだんだんと細くなってくるので、四年に一度うねを立替え、下層土までリン酸、石灰、堆肥を補給する。

▼「六tだっていける！広がるイチゴ・うね立てっぱなし栽培」編集部99年7月号

藤江充さんの耕うん作業　小型の管理機でうねの中央部だけを耕うんし、外側は少し残す。雨で土が流れるのを防ぐことができ、肥料分のないうねの肩の方にイチゴの根が伸びるので、樹ボケしないという（撮影　赤松富仁）

除　塩
前作の地上部を刈り取る。ハウスのビニルを取り雨に当てて除塩する
土 壌 消 毒
うねをビニルで被覆してクロルピクリンと太陽熱消毒を併用する。乾燥を避けるためかんチューブでときどきかん水する
肥料分の少ない土壌改良資材
肥料分は、通常の約1/3
堆肥・基肥施用
うねの上に堆肥、元肥を施用する。その後、小型の管理機でうねの上を耕うんする。定植とそれ以降の管理は通常のうね立て栽培と同じ

藤江さんの作業手順

鎮圧

　ふつう、畑に種をまいたあとは、くわや手で土を抑えたり、鎮圧ローラーで踏み固める。このような鎮圧作業の一番の目的は、適度な土壌水分を保つことである。発芽のときに水分が必要な作物や、晴天続きで土が乾燥しているような場合に鎮圧の効果が高い。二つめは種が発芽するときに、種の下側の地面が固く上側の土が柔らかいと、伸びた根によって種自体が浮いてしまう。これを防ぐために、鎮圧して土の圧力を一様にする。また、大麦やビートなどでは、鎮圧によって土壌の空隙が少なくなり、土壌病原菌の繁殖が抑制されるという報告もある。

　埼玉県のトマト農家・養田昇さんは、このような鎮圧の効果をハウスのトマト栽培に応用している。まず、うねを作らずに定植前の畑をトラクタで踏み固める。こうすると土の表面からの水分の蒸散が抑えられ、地下水と毛管水がつながって土壌湿度が安定する。トマトの定植後はほとんどかん水せず、水を与えるときも点滴かん水でわずかに土が湿る程度にする。必要な水分は、トマトが自分で地下から吸い上げるのにまかせる。養田さんの圃場は利根川近くの沖積土地帯にあり、昔は田んぼだったところだ。ふだんの地下水位は二mほどだが、周囲の水田に水が入る時期は七〇cmくらいになる。トマトはこの地下の水を求めて深くに根を伸ばしていく。さらに、鎮圧すると地下水の影響で、冬は暖かく夏は涼しくというように地温が安定する効果もあるという。

　養田さんもトマトを作り始めたころは、ふつうにかん水していたが、表層型の根で過湿になって病気ばかりが出る。そこで、かん水を少なくし、代わりに土の中の水分を保つためにうねを立てずに鎮圧するという方法にたどり着いた。これで、根が地下深くまでもぐるようになり、病気が減ってトマトの生育が安定するようになった。

　一見するとトマト栽培の常識はずれの養田さんのやり方は、限られた自分の圃場の条件の下で、いかに病気を減らして味のよいトマトをつくるかを試行錯誤してきた結果だ。現在では、より根が入りやすいように不耕起栽培にしている。

埼玉県の養田昇さんは、不耕起でトマトを栽培している。表面の土が堅いため、定植するときは電気ドリルで穴をあける

堅い土にもかかわらず、太い根が1m以上伸びている。掘っていくと土が塊状になっており、根は土塊どうしの間にできたすき間や、前年の根が通った根穴を通って下に伸びているようだ

トマト名人といわれてきた養田昇さん　不耕起トマトは糖度が高く大玉ぞろい（撮影　赤松富仁、上2枚も）

▼「鎮圧でトマトはもっとラクにとれる」編集部02年8月号／『高風味・無病のトマトつくり』養田昇著

不耕起・半不耕起・部分耕

まったく耕さない不耕起、土壌の表層だけを耕す半不耕起、あるいは畑の特定の場所だけ耕す部分耕など、堆肥や肥料を畑全面に施用しロータリやプラウで深く耕すという従来の耕し方とはちがった、できるだけ耕耘を減らすやり方が、水田や水田転換畑だけでなく、野菜や畑作でも注目を集めている。

耕すための労力や燃費が大幅に減らせるうえに、不耕起・半不耕起の大きな利点は、前作の根がつくる「根穴構造」（二六ページ参照）や小動物などがつくる大小の穴（「バイオポア」）を耕耘によって破壊せず、保持することで、排水性がよくなることである。長雨の後でもすぐに畑の水が引くようになったとか、露地ナス畑の通路部分を不耕起にしたら雨あがりに歩いても靴跡さえつかずスニーカーで作業できるようになったなど、仕事をしやすくする効果は大きい。さらに、不耕起・半不耕起に**有機物マルチ**などを組み合わせれば、森林土壌のように上から土をつくることができる。有機物マルチは保水効果もあり、根にとっても微生物にとってもよい環境がつくられ、**土ごと発酵**も進む。「不耕起栽培は、表層から深さ七・五cmまで、土壌に生息するすべての微生物種が著しく増大する」という研究報告もある。

不耕起通路は雨の翌日でも水たまりなし（右側）。靴跡もつかない。いっぽう耕起通路には水たまりができてしまった（左側）。（撮影　赤松富仁）

不耕起の難点は、耕さないために雑草が増えやすいこと。施設では太陽熱処理やポリマルチの利用で雑草はそれほど大きな問題にはならないが、露地では雑草が問題になる。これに対し、うね全体をぶ厚く**もみがら**でマルチするなどの工夫がみられる。

もう一つの課題は施肥。耕さないので肥料を土壌の中に入れにくいわけだが、これに対し表面に肥料をふって管理機で軽く土にかき混ぜたり、穴をあけて肥料を入れる穴肥、あるいは液肥の利用などの工夫がみられる。

不耕起・半不耕起のやり方は栽培様式や土壌条件、作物の種類などによっていろいろ。不耕起を基本において、必要に応じて必要なだけ畑を耕す。不耕起がつくる土壌構造への評価は、従来の耕し方を見直し多様にする大きな力になっている。

▼「うちの畑は雨に強い！　不耕起で水のやれるトマトになった」05年7月号／『家庭菜園の不耕起栽培』水口文夫著

溝底播種

東北農試にいた小沢聖氏らは、冬期の北東北で、簡便かつコストがかからない野菜栽培の開発に着手していた（九一年）。無加温の雨よけハウスで、**べたがけ**資材で被覆してコマツナを栽培していたところ、足跡のくぼみの中のコマツナの生育が良いことに気がついた。そこで、播種機のうしろにソロバン玉状の鎮圧具をつけ、播種しながら溝がつくれる栽培法を考案した。これを「溝底播種法」あるいは「べたがけ溝底播種」と呼んだ。

溝底に播種すると生育がよくなる要因は、温度の変化とされている。溝底では平床にくらべて日中は温度が低いが、夜間には一〜二℃高くなる。夜間の低温が生育阻害の要因になっているので、作物の生育にとっては大きな差となる。

その後、暖地の夏まきのホウレンソウ（雨よけハウス）、コマツナ（べたがけ）、露地ニンジンでも溝底に播種すると生育がよくなることが報告された。この場合は、溝底では日中の気温が上がらないこと、湿度が保たれることが作用している。また、塩類が集積した圃場では、うねの山の部分に塩分が集中し、少ない溝底では**塩類障害**がおきにくくなることがわかっている。

また、ニンジンの場合は雨に打たれて自然に土に埋まることで、土寄せしなくても変形や青首が大幅に減少するという効果もあった（ただし雨が多いときは過湿になり発芽率が悪くなる）。

▼「長靴の足跡に生えた菜っぱがヤケに生育がよかったから」小沢聖95年12月号／『べたがけを使いこなす』岡田益己・小沢聖編

「冬に緑の菜っ葉を食べられるなんて…」。冬季は本州でもっとも気温が低い陸中山間地でも、べたがけ溝底播種なら無加温で冬野菜が収穫できる（岩手県山形村）

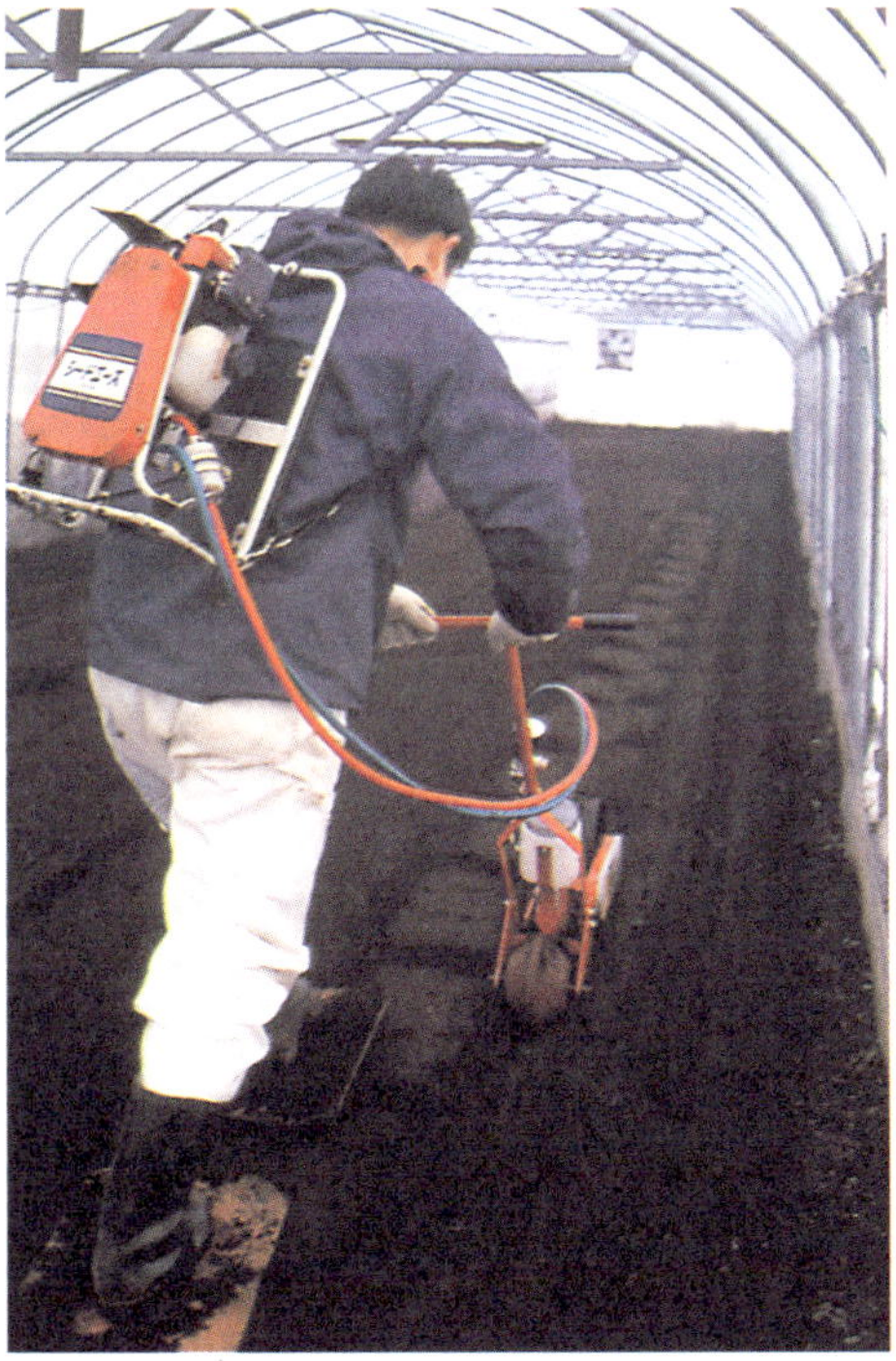
くわで溝をつけてもできるが、播種機の鎮圧輪をソロバン玉に換えるのがよい（自分で木を削るか木工所で作ってもらう）。押していくだけで播種、溝作り、鎮圧がいっぺんにできる（撮影　赤松富仁、上も）

直挿し

キクは宿根草で、ふつうは腋芽《えきが》（茎のわきから出る芽）を赤土・山土・川砂などの挿し床に挿して育苗する。床に挿し穂する苗には、冬至芽苗と挿し芽苗の二とおりがある。挿し芽苗では、切り株から発生した冬至芽を秋に植え付けて親株にし、二〜三回**摘心**して腋芽を発生させ、挿し穂として使用する。

直挿し栽培は、挿し穂を床ではなく、直接本圃に挿し芽する栽培法で、育苗をしないので作業を大幅に軽減できる。これを考案したのは愛知県赤羽根町のキク農家・河合清治氏で、河合さんは発根の悪い苗を通路に捨てていたところそれが自然に活着し、定植したものよりもむしろ生育が旺盛になることに気がついた。そこで、安定的に直挿しできるやり方を探究していった。

直挿し栽培では省力のみならず、発根時に苗の間隔が広いため太くて勢いのある茎や根ができる、二度切り栽培での品質が向上するなどの効果もある。最初は発根しやすい精雲で直挿しが行なわれていたが、現在では秀芳の力、スプレーギクなどにも広がっている。

▼「秀芳の力、精雲で成功した愛知、河合清治さん」編集部93年7月号

土中緑化

キュウリやカボチャ、メロンなど暗発芽の種をまくとき、ふつうは種の四~五倍の厚さの土で覆う。これは、光を遮るというよりはむしろ温床の温度を均一にして発芽のそろいをよくするためで、とくに昔の踏み込み温床では温度管理に熟練を要したため、習慣化したといわれる。覆土が厚いため、発芽したばかりの子葉は白く、やがて光を浴び

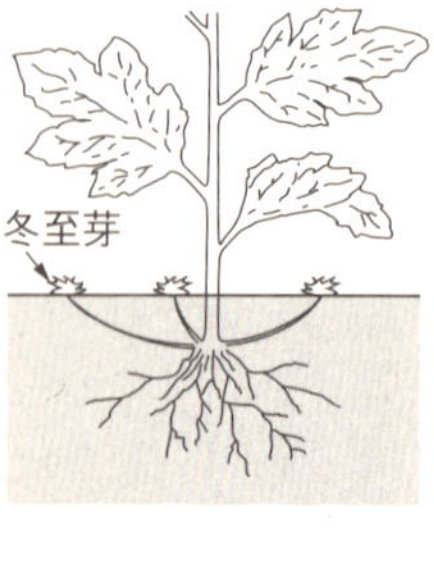

左官屋さんが使う小型のコテで穴をあけ、穂を挿して土を寄せる（精雲）（撮影　赤松富仁）

河合清治さんのキクの直挿し栽培の方法

親株	精雲は切り株を改植して冬至芽から採穂し親株にする。秀芳の力は農協から購入した苗を元親株とし、収穫後の冬至芽を摘心、採穂し親株とする。穂は10cmくらいの長さで採る
冷蔵	精雲は20日程度。秀芳の力は7月ごろの定植では7～20日、10月以降の定植では40日以上。数分間日なたに広げて乾燥させ、コンテナにバラバラに詰め、新聞紙をのせてコンテナごとポリフィルムで密閉しない程度にくるんで冷蔵庫に入れる。設定温度は2～3℃
穂の水揚げ	水揚げの前に下葉を取り、大小に大きさを分ける。秀芳の力は、定植の1週間前に冷蔵庫から取り出し、発根剤と殺菌剤を混ぜた液に浸漬し、水を切ってポリフィルムでくるみ、下の角に余分な水を排出するための穴をあけて、冷蔵庫に入れる。そして定植日の前日に再び同じ方法で処理したものを室温下に置く。精雲は前日の1回のみ
定植	左官用の小型のコテで穴を開け、穂を約3cmの深さで挿し、コテで基部の土を軽く押さえる。途中、ホースでよくかん水する。
栽植密度	秀芳の力で株間13cm、条間15cmの6条植え。栽植密度は秀芳の力が坪当たり110本、精雲が120本。ベッドの中央に大きい穂を、外側には小さな穂を植える。通路幅は25cmと狭くすると腋芽が少なくなり、芽かき作業がラクになる
べた被覆	頭上かん水装置で5分間かん水し、一晩おいてから穴あきポリフィルムでべた被覆する。秀芳の力は10日前後、精雲は4～5日
遮光	夏期は朝8時から夕方5時までシェードカーテンで100％遮光する。時間帯は天候や季節に応じて調節する。温室の側部も西日のあたる部分には黒寒冷紗で遮光する。べた被覆を外してからも1週間ほど遮光し、温度に馴らす
換気	夏期は天窓、側窓を昼夜開放しておく。とくに盛夏期には換気扇、空気循環装置、暖房機の送風を同時に利用する

て緑化してくるのがふつうである。しかし、これではもやしのような軟化栽培と同じで、健苗とはいえない。栃木の野菜名人といわれた小島重定氏（一九〇二〜）によれば、本来は覆土の厚さは、種の大きさと同じくらいでよいとされる。

小島重定翁のやり方は、種が発芽して盛り上がってきたら、そこの部分の覆土を指ではねのけて、種が見えるか見えないかの状態にしてやる。その上に乾燥した粗めの腐植土を、光がとおって種にとどくくらいまばらにかぶせる。発芽しはじめた子葉に、かすかに光があたると苗が堅くなる。このとき、種のまわりが乾燥しすぎると皮がとれにくくなるので、葉水ていどにわずかにかん水してやる。その上からふたたび古新聞紙をかけて、弱光線が入るようにする。こうして、子葉はすでに土の中で青くなりはじめ、地表に芽がでたときにはいっせいに青くなっている。この育苗法を「土中緑化」と呼んだ。

この栽培法は、ごみ捨て場に捨てられたキュウリから自然発芽した株が、きわめて旺盛な生育をするという観察が基になっている。発芽時の環境を自然の状態に近づければいいわけで、はじめからごく粗い腐植土を薄く覆っておけば、これらの作業はやらなくても自然に緑化した健苗ができる。

茨城県の石島友ヱ門氏（故人）の場合は、播種した種の上にシートをかぶせ、その上に四〜五cmの分厚い覆土を乗せる。二日後にシートをはいで一日太陽の光にあて、ふたたび一〜二cm覆土するという方法で土中緑化させ、一〇万本もの苗を育てていたという。

▼「発芽率九九％の土中緑化育苗」編集部93年1月号

茨城県・阿久津勝則さんの土中緑化のやり方　①種播きが終わった苗床を敷きつめ、上からラブシートをかける②その上から4〜5cm覆土し、たっぷりかん水③2日後の早朝に発根確認したらラブシートごと覆土をとりたっぷりかん水。その日1日、太陽にあてて緑化させる④緑化確認後、夕方普通の厚さに覆土し発芽させる（撮影　赤松富仁）

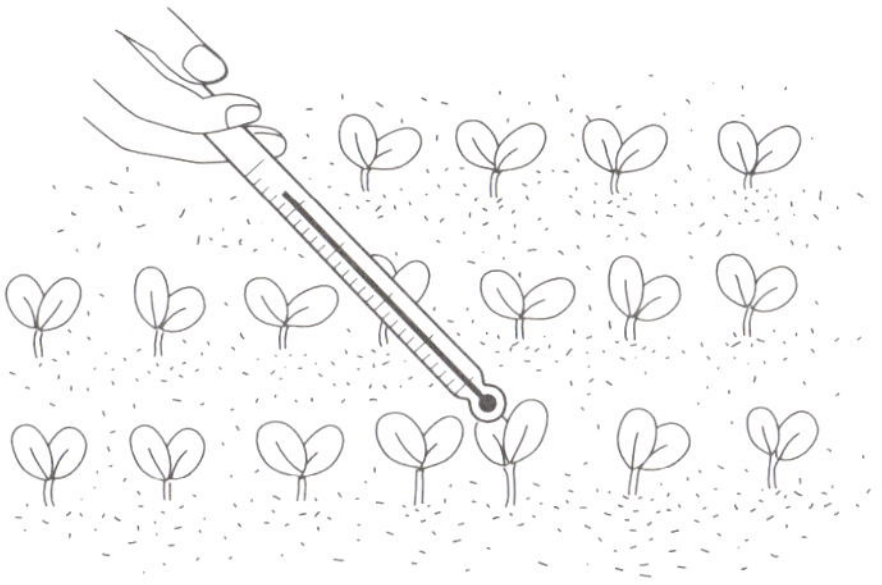

千葉県・若梅健司さんの土中緑化の方法　種の3倍くらいの厚さに覆土して、発芽がそろったら、温度計などを苗箱の底まで差し込んで耕し、光が差し込むようにする

接ぎ木

作物を連作すると土壌病害虫が発生しやすくなる。これを防ぐために、多くの果菜類で「接ぎ木」が行なわれている。キュウリ・メロン・スイカではカボチャ・トウガン・ユウガオ・抵抗性の共台など、トマト・ナスでは多種の抵抗性共台やアカナス・トルバムなど野生種が台木として利用されている。

接ぎ木のやり方もいろいろあり、大きく分けると、①穂木の根を残す呼び接ぎ　②穂木の根を切り落とす、挿し接ぎ・割り接ぎ・合わせ接ぎが行なわれてきた。近年では③セル成型苗による断根接ぎ（穂木も台木も根を切断する）もふえている。作型や土壌病害の種類でやり方を選択し

トマトの断根接ぎ

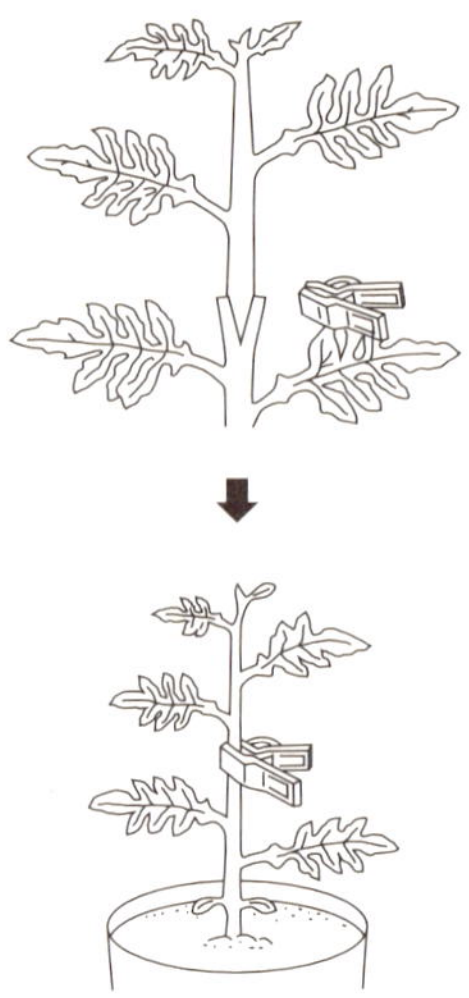

トマトの割り接ぎ

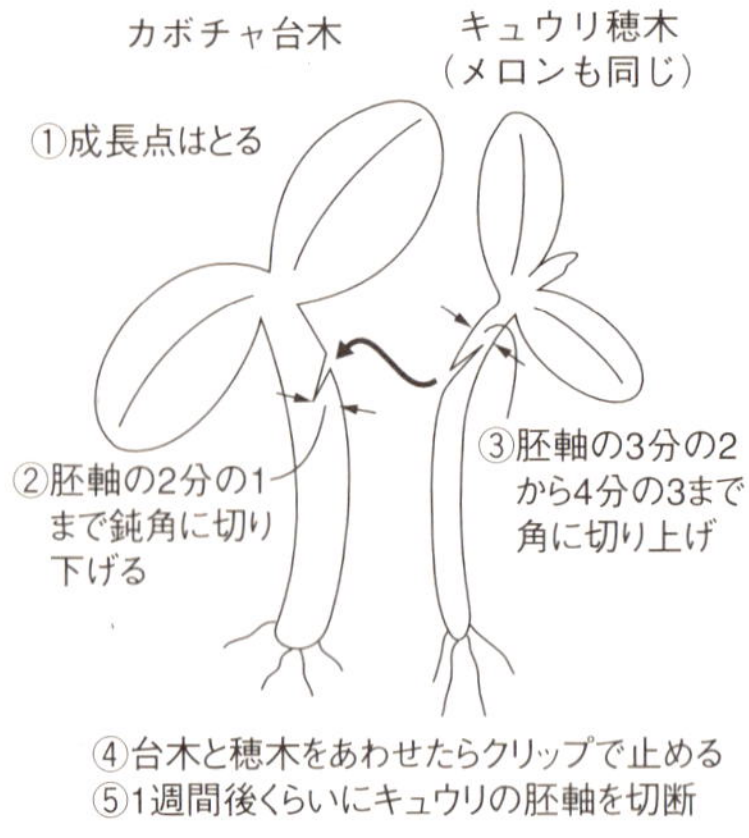

カボチャ台木
キュウリ穂木
（メロンも同じ）
①成長点はとる
②胚軸の2分の1まで鈍角に切り下げる
③胚軸の3分の2から4分の3まで角に切り上げ
④台木と穂木をあわせたらクリップで止める
⑤1週間後くらいにキュウリの胚軸を切断

キュウリの呼び接ぎ

ている。

呼び接ぎの場合は、切れ込みの深さをちょうどよくして、台木も穂木もやや水不足にして樹液にねばりを持たせると接合しやすくなる。割り接ぎ・挿し接ぎでは、糖度計で診断して台木よりも穂木の樹液濃度が高くなるようにする。穂木の糖度が低いときは、かん水を控えたり、葉面散布などで調整する。遮光下で順化する断根接ぎは苗が養分不足になりやすいので、樹体の養分が高めておくために接ぎ木当日と前日が晴天の日の午後に作業をするのがよい。

▼「接ぎ木直後はしおれたほうがいい」白木己歳05年1月号

浅植え・深植え

苗を苗床からポットに鉢上げするときや、ポットから本圃に定植する際に、株を浅く植えるのを浅植え、深く植えるのを深植えという。一般には、浅植えにすると、土の表層域ほど通気性がいいのでスムーズに発根・活着が進むとされる。とくにウリ科やナス科、アブラナ科などで浅植えの効果が高い。そもそも自然の状態では、ほとんどの種子植物は地面の表面近くで発芽・活着するので、浅植えのほうが植物の生理にかなっているのであろう。

ただし、イチゴの場合には、浅植えにするとクラウンや根茎が土とよく接触しないので、一次根の発生が悪くなる。自然状態のイ

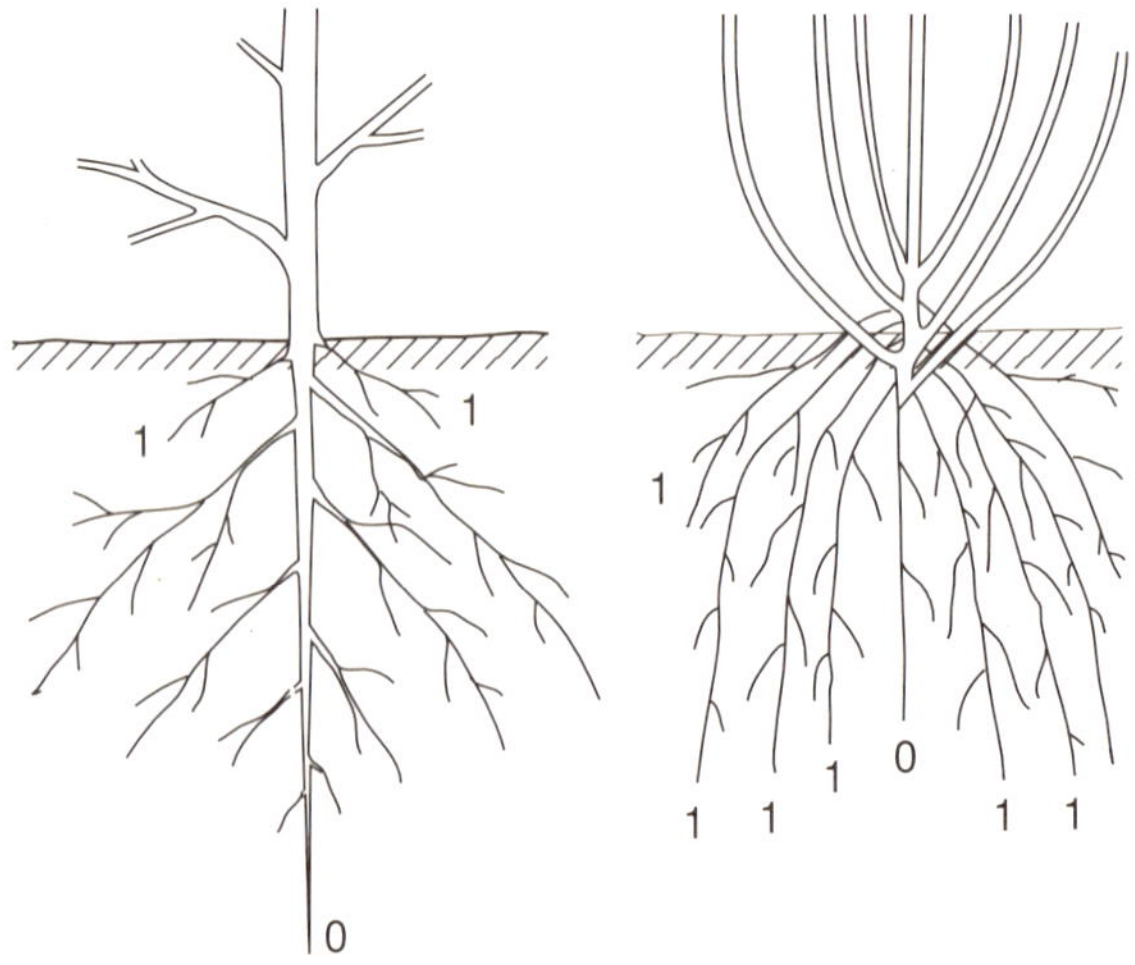

1
1
0
1
1
1
0
1
1
1

植物の根系は大きく2とおりとされる。主根型（左）は、種子根が発達した主根と主根から出た側根とからなる。裸子植物と双子葉植物の根系がこれに属する。もう一方は、ひげ根型（右）で、種子根が発達せず、根の大部分は茎から出る不定根が占める。イネ科、ネギ科、ユリ科、ヤマノイモ科、サトイモ科など単子葉植物がこれに属する
0：主根（種子根）、1：不定根（茎から出る根）、その他はすべて側根（山崎1984）。

チゴの子株を見ても、根に引き込まれてかなり深植えの状態になっているという。

山形県村山市のスイカ農家・門脇栄悦さんは、根元が地上に出ている松の木は元気がよく見えることから、「根上がり育苗」を思いついた。苗を浅植えにしてポットに鉢上げし、かん水のたびに上に盛り上がった部分の土が流れて根が洗われ出るようにした。門脇さんによれば、不定根が多いスイカは定植時の活着がよく、初期生育も旺盛になるが、途中で病気や天気に負けやすいという。そこで、「根上がり育苗」にすることで、不定根を出さずに種子根を深く土の中へ入れるようにしている。

▼「不定根を出させない根上がり育苗で、樹勢の落ちないスイカができた」編集部96年12月号

若苗・老化苗

育苗日数の短い苗を若苗という。若い苗は発根力が強く、根の活力も高い。そのため、移植時の根いたみや活着不良が少なく、条件の悪い時期や圃場でも定植することができる。根の活力が高いと、根で作られる**植物ホルモン**のサイトカイニンが多く生産され、地上部に移動して葉茎の生育も旺盛になる。養水分の吸収力が高いため、全体に草勢が強くなり多収となるとされる。ただし、トマトなどでは、若苗を直接定植して水分・養分が多い管理をすると、栄養生長過多で樹ぼけとなる危険もある。

いっぽう、ポットなどで長期間育苗した大苗は、発根力や根の活力が弱くなる。活着は遅れやすいが落ち着いた生育となり、花芽も着果も安定する。ただし、根の活力が弱いので樹勢が弱く推移し、後半にスタミナ切れしやすい。

これに対し老化苗とは、育苗容器の大きさに対して育苗日数が長すぎ、根巻きをおこした状態をさす。育苗日数の短いセル成型苗でも老化苗はある。根量が多くても発根力や根の活性は低く活着が悪い。

近年普及しているセル成型苗は床土の容量が少ないために、苗の老化が早い。トマトなどのセル成型苗を直接圃場に定植しようとした場合、定植適期の幅が狭くなる。さらに、定植してから収穫が始まるまでの期間が長いので、作型によっては直接定植ができないことも多い。そこで、セル成型苗をわざわざポットに鉢上げ（二次育苗）して、大苗に育てる農家が多い。宮崎総農試の白木己歳氏はこれらの欠点を補うために、セル成型苗を断根接ぎした直後の穂木を流通させ、これを成型トレイではなく、ポットに挿して育苗する方法を提案している。

▼「鉢上げは苗を寝かせろ」白木己歳05年4月号

あらかじめポットの上に、断根接ぎされた穂木をならべておき、片手で上の鉢土をつかんでポットに穂木を横たえて土を戻す。「寝かせ浅植え」にする。作業のスピードは速く胚軸が少ししか土の上に顔を出さないので丈の低い苗になる。発根が早く、根量も多いので倒伏しにくい（提供　白木己歳）

しおれ活着

桃太郎のような根の活力・吸収力が強い品種は、全体的に旺盛な生育をたどるが、従来のような管理をすると根が細根型になりやすい。細根型の根では、生育初期には暴走して異常茎が多くなり、逆に四～五段目のころになるとスタミナ切れをおこして着果不足になる。

千葉県横芝町の若梅健司さんは、トマトの定植後一カ月間はしれおるほどの節水管理にして太い根を深く張らせ、初期の暴走と後半のスタミナ切れを解決しようとした。しかし、単に節水するだけでは根は深くに張ってはくれない。そこで、若梅さんはより巧妙な方法をとっている。この管理のやり方を「しおれ活着」と呼んだ。

若梅ざんの作型は、春先のメロンのあと、八月にトマトを定植する。前作のメロンを植える前に、ベッドの中央に深さ五〇cm幅三〇cmの溝を掘り、わらと**米ぬか**（または窒素肥料）を投入しておく。これがメロンを作っているときには温床となり、トマトの生育時には分解して養水分の貯蔵庫となる。トマトの定植前にたっぷりと（数時間）かん水して、ＥＣを下げると同時に地中に水分を含ませる。トマトを定植後一カ月間（第三花房開花ころまで）はかん水せず、しおれた状態を維持する。晴天が続く時だけ、動噴で葉水ていどにごく少量かける。元肥ゼロでスタートしているので、トマトは水分と養分を求めて、地中深くに必死に根を伸ばしていく。さらに、長く伸びた根の先端には細根が発達する。第三花房が最盛期を迎えるころから、元肥の分を上乗せして追肥・かん水を始める。

セル成型苗のような根の活力が強い若苗を直接本圃に定植する場合も、しおれ活着が有効という。

▼「浅根性の桃太郎に、しおれ活着で広く深く根を張らせる」若梅健司91年3月号／『トマト　ダイレクトセル苗でつくりこなす』若梅健司著

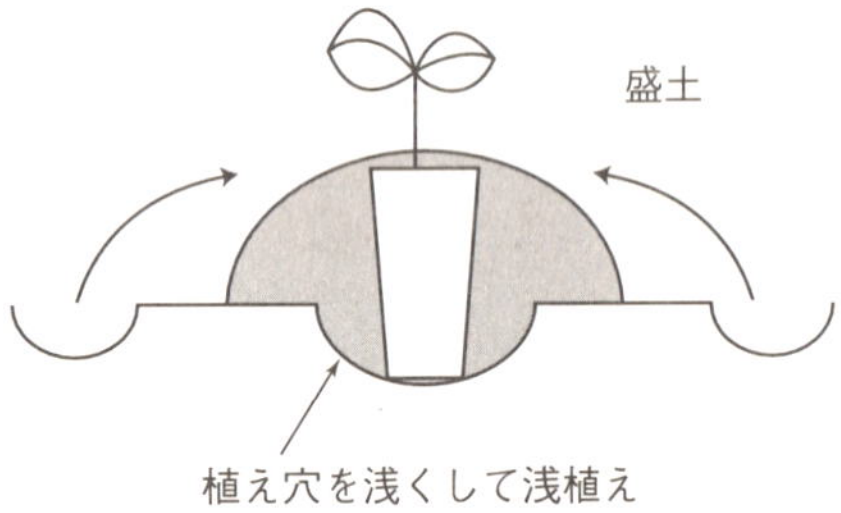

根洗い

トマト、ナス、ピーマンなどのナス科の作物を定植後、株元の土を水で洗い流すことを根洗いという。病気に強くなったり、幹が太くなって細根がふえたり、着果性がよくなることが報告されている。やり方のポイントは、定植のときに**浅植え**にしておくこと。水だけでも根洗いはできるが、殺菌剤・発根剤をまぜたり、**木酢液**をまぜてもよい。根洗いして

ピーマンの株元を根洗い。水が白いのは殺菌剤を混ぜているため

根洗いをして10日後の根（撮影　赤松富仁）

しばらくすると株元が露出して白い根が緑色になり、不定根の発生が少なくなる。

岩男吉昭氏（㈱ジャット）によれば、根洗いのタイミングは、トマトでは三〜四段めの花が開花したころ。ナス、ピーマンでは三番果収穫のころがよいという。

トマトの原産地はアンデス山地の乾燥地帯で、その野生種は河川の水辺に生えていたと言われる。また、ピーマンの原産地は標高二〇〇〇mの多雨地帯である。生育の途中に、流水や豪雨で「根が洗われる」環境に適した性質を、遺伝的に備えているのかもしれない。

▼「ナス科夏秋野菜の病気は『根洗い』で防げ」編集部01年4月号

摘心（ピンチ）

植物には頂芽が一番早くかつ旺盛に伸長する性質があり、頂芽が伸びている最中には側芽の発生が適度に抑えられている（**頂芽優勢**）。ところが、頂芽を摘心（ピンチ）すると、この束縛が解かれて、側芽や花芽の形成が促進され、側枝がいっせいに伸びてくる。

摘心は、株のボリュームをだしたり、花や実の数をふやすにはきわめて有効な方法であり、さまざまな手法がある。

本葉が5枚になった時に摘心したエダマメ。倍ちかいサヤがとれた（右）。（撮影　小倉かよ、松村昭宏）

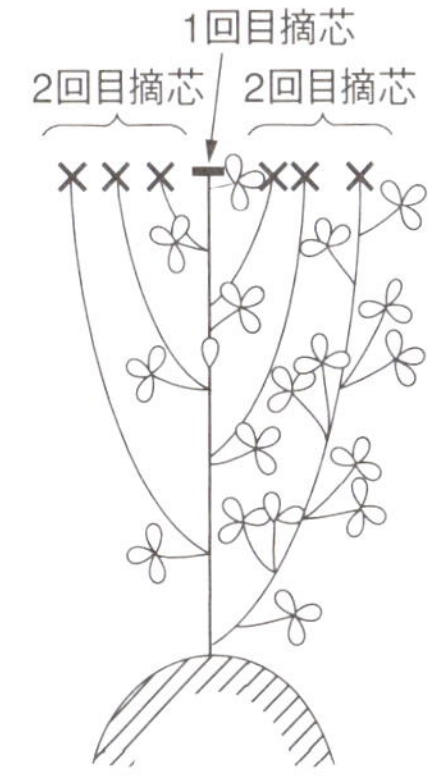

ダイズの摘芯の方法

ダイズの摘心栽培では、本葉七〜八枚出たころに一回目の摘心を行なう。すると茎から六〜七本の枝芽（側芽）が出て、ボリュームのある姿になる。さらに枝芽が伸びて幹の高さと同じになったら、二回目の摘心を行ない、枝芽の先端も全部摘む。するとさらに枝芽が出て、倍以上の量の実がつくという。

▼「エダマメおばさんのおばけエダマメづくり」編集部05年5月号

栄養生長と生殖生長

葉・茎・根など（栄養器官）が生長することを栄養生長といい、花芽・花房・果実・種子など（生殖器官）が生長することを生殖生長という。

栽培植物には、大きくわけて、①栄養生長だけで収穫する葉菜類　②茎葉を生長させながら果実も肥大する同時進行型　③栄養生長から生殖生長に転換して開花・結実するものがあるとされる。

栄養生長から生殖生長への移行は温度、日長、樹体内養分、窒素やリン酸などの肥料、

栄養生長と生殖生長からみた作物のタイプ（相馬1985）

作物のタイプ			主な野菜	養分吸収パターン
①栄養生長型			シュンギク、コマツナ、ホウレンソウなど	連続
②栄養生長・生殖生長同時進行型			トマト、ナス、ピーマン、キュウリなど	連続
③栄養生長・生殖生長転換型	不完全転換型	間接的結球型	ハクサイ、レタス、キャベツ	連続
		直接的結球型	タマネギ	中期にピーク
		根肥大型	直根型　ダイコン、ニンジン、カブ	中期にピーク
			塊根型　サツマイモ、ジャガイモ	中期にピーク
	完全転換型		トウモロコシ	中期にピーク

植物ホルモンなどさまざまな要因が複雑にからみあっており、作物によっても生理が大きく異なる。詳細なメカニズムはよくわかっていない。また、トマトやキュウリなどもともとほふく性の植物を直立に仕立てると、栄養生長が強くなる。そこで茎を斜めに誘引する、つり下げる、花房近くの茎を折り曲げる、摘心するなどの整枝をすると、生殖生長への転換がスムーズに進んで着果しやすくなる。これにはエチレンなど植物ホルモンが作用していると考えられている。

また、タイプによって、肥料の吸収の仕方が異なり、一般には①や②のように、作物が生長を続けている途中で収穫するタイプは、収穫間際まで肥料を吸収する。③のタイプは、収穫のころにはほとんど肥料を吸収しないとされる。

▼「野菜のタイプと施肥」相馬暁　農業技術大系土壌施肥編

成り疲れ

果菜類では着果がはじまるころに、それまで元気だった株が急に衰弱してしまうことがある。これは、果実のほうに同化養分の多くがまわり、根に転流する養分が急に少なくなるために起こるもので、「成り疲れ」と呼ばれる。

成り疲れが多いのは、イチゴ、キュウリ、スイカ、トマトなど、根量に対して着果量の多い作物である。これを直接的に防ぐには不良果実を除去したり、早どりをする方法が一般的である。しかし、収穫量を確保するには、着果までに根の生長を充実させて、太い根を多数確保し、根の養分を高めておくことが大切である。

ウリ類では、カボチャ台木を**接ぎ木**すると、太い根が出て成り疲れを防ぐことができる。イチゴの場合は、定植時に深植えや斜め植えで発根量をふやしたり、無仮植にしたりすることで成り疲れを防ぐ効果があるとされる。

▼「成りづかれ現象とは」木村雅行　農業技術大系野菜編

寒じめ

ホウレンソウやコマツナは、冬の寒気にあたると葉が厚く開張型になり、さらに温度が下がると葉や柄の中の水分が凍って破裂したりする。このような野菜には市場価値がないとされてきた。しかし、味のほうはむしろ甘くおいしくなることが経験的に知られており、糖分のほかにもビタミンC、ビタミンE、β—カロテンなどが増加し、逆に悪い成分の

シュウ酸は若干少なくなることがわかっている。この現象は、樹体内の糖が高まったり水分が急減することによっておこり、植物が寒さに耐えるためにそなえている仕組みといわれる。

東北農試の加藤忠司氏らは、北東北で冬期に野菜を栽培する方法を探求する中で、あえて厳寒期に野菜を寒気にさらして、「寒じめ野菜」として売り出すことを提案した。

やり方は、まず、平均気温が五度を下回る時期に出荷可能な大きさになるように、ホウレンソウやコマツナを播種しておく（盛岡なら九月下旬〜）。播種時期の温度が低くなったら**べたがけ溝底播種**する。施肥や管理は通常どおりである。収穫できる大きさまで生長したら、ハウスの両袖や出入り口を昼夜開放し、外の寒気にあててから出荷する。ホウレンソウは五℃以下になると伸長を停止するので、三月上旬頃までならいつでも収穫・出荷できるのも大きな利点である。

▼『寒じめ』で、糖度・ビタミンアップの健康野菜を地元の人へ」加藤忠司96年1月号／『べたがけを使いこなす』岡田益己・小沢聖編

寒さで凍ったホウレンソウ　見ばえは悪いが甘くて栄養価も高い

東北寒冷地域での寒じめホウレンソウのつくり方

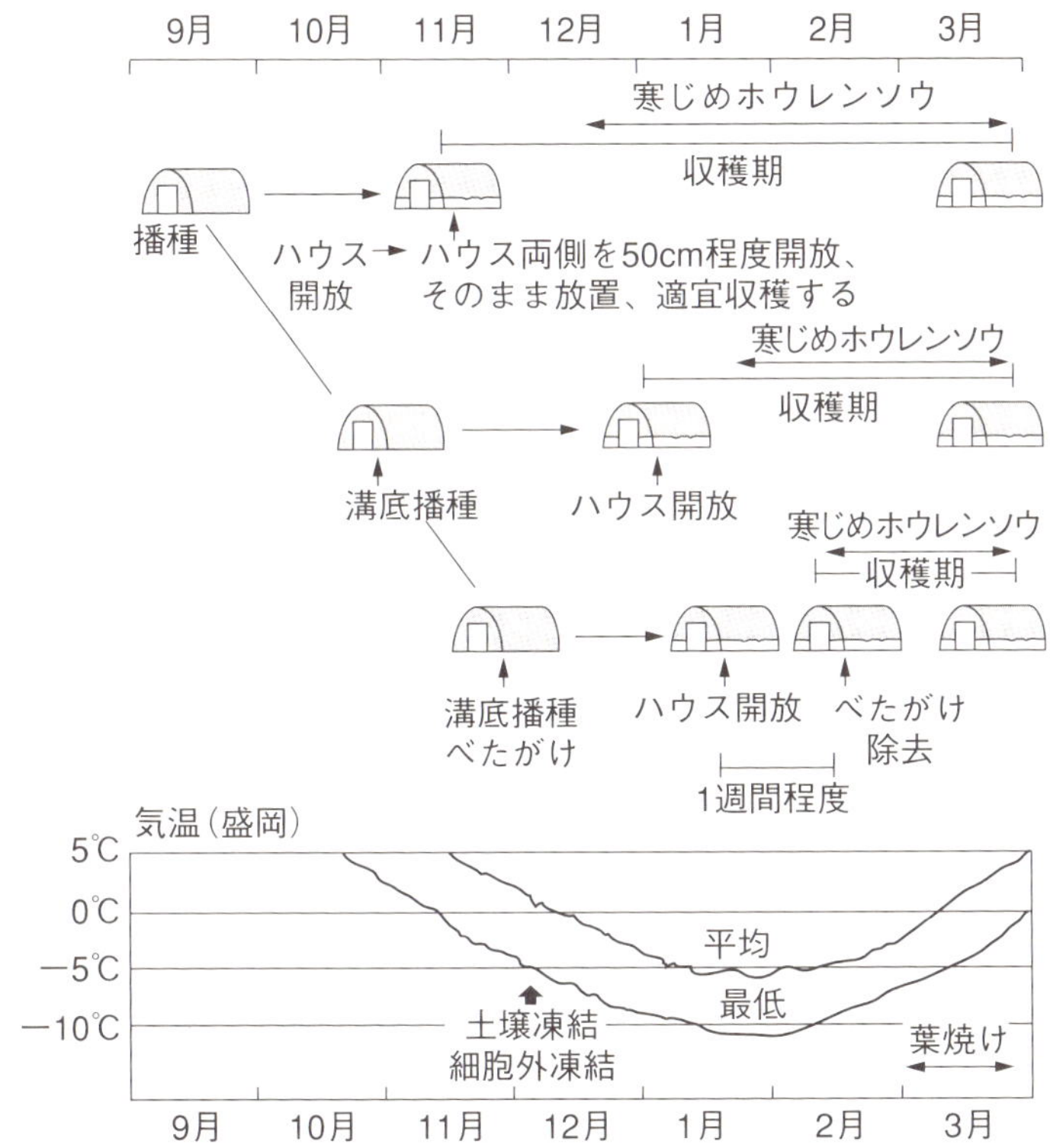

露点温度

空気は温度が高いほど水分を多く保持することができる。暖かい空気の中に冷たい物体を置くと、その表面で結露がおこり水滴ができる。結露しはじめるときの、物体の表面の温度を露点温度という。

施設園芸ではハウスを密閉して暖房によって温度を高く保ち、作物にはかん水するので、施設内が高温多湿となりやすい。夜間、放射冷却によって作物の温度が露点温度より下がると、作物の表面に結露がおこり濡れる。また、外気温が低くなるとハウスのビニルやポリの内側に結露

をおこし、水滴がぽたぽた落ちて作物が濡れてしまう。

作物が濡れた状態になると軟弱徒長しやすくなる上、べと病や灰かび病、すすかび病など多湿を好む病原菌が繁殖しやすくなる。逆にいえば、結露がコントロールできればこれらの病気はかなり防げる。結露を防ぐには、かん水を控える、換気する、マルチをはる、夜間の温度設定を高くする、暖房機の送風などで空気を動かすなどの方法をとる。

宮崎県都城市のバラ農家・矢野正美さんは、結露しやすい初秋から初夏までは、毎夜十時～十一時に温度・湿度を観測して、結露を防いでいる。やり方は①乾球湿球の湿度計を温室中央部、地上一・五mに設置 ②観測時の気温と湿度を測り、露点温度表より露点温度を読み取る ③露点温度より暖房のセット温度が高ければＯＫ ④露点温度と暖房温度が同じか近い場合には、つねに送風の状態にして温室内の空気を動かしたり、天窓を少し開けたまま暖房する。この方法で結露をほとんど防ぐことができ、病気の発生はきわめて少なくなったという。予防消毒も必要なくなった。

▼「露点温度を知れば百人力 極端に減ったバラのベト病・ウドンコ病」矢野正美04年11月号

露点温度表（温度と湿度が交わる点の数値が露点温度）

温度(℃) \ 湿度(%)	40%	50%	60%	70%	80%	90%
5					1.8	3.5
6					2.8	4.5
7				1.9	3.8	5.5
8				2.9	4.8	6.5
9			1.6	3.8	5.7	7.4
10			2.6	4.8	6.7	8.4
11			3.5	5.7	7.7	9.4
12		1.9	4.5	6.7	8.7	10.4
13		2.8	5.4	7.7	9.6	11.4
14		3.7	6.4	8.6	10.6	12.4
15	1.5	4.7	7.3	9.6	11.6	13.4
16	2.4	5.6	8.2	10.5	12.6	14.4
17	3.3	6.5	9.2	11.5	13.5	15.3
18	4.2	7.4	10.1	12.4	14.5	16.3
19	5.1	8.4	11.1	13.4	15.5	17.3
20	6.0	9.3	12.0	14.4	16.4	18.3
21	6.9	10.2	12.9	15.3	17.4	19.3
22	7.8	11.1	13.9	16.3	18.4	20.3
23	8.7	12.0	14.8	17.2	19.4	21.3
24	9.6	12.9	15.8	18.2	20.3	22.3
25	10.5	13.9	16.7	19.1	21.3	23.2

マルチムギ

麦類の原産地である西アジアは、夏は乾燥して暑く、秋から冬が温暖で雨が多い。麦は、土が湿る秋に発芽して冬を越し、春に開花、初夏に実るので、生育の途中で五℃以下の低温にあわないと正常な頴花分化・出穂をしない性質がある。このため、ふつうの麦を春にまくと、茎葉は生育するが穂は出ず（座止現象）、やがて倒伏して枯れてしまう。この性質を利用して、春に、カボチャ・スイカなどのつるを這わせる場所に麦をまけば、敷きわらがわりにできる。これをマルチムギという。

マルチムギの利用法を考案したのは、愛知県豊橋市の水口文夫さんだ（九一年）。水口さんがまだ普及員を務めていた一九五〇年ころ、小麦をわざと春先にまき、小麦のうね間にマクワウリを植えて小麦が出穂すると青刈りする農家たちがいたという。当時はマクワウリの間には大麦をまいてこれを収穫するのが普通で、水口さんはどうして青刈り小麦をまくのかわからなかった。しかし、コンバインインの普及によって稲わらの入手が難しくなり、秋まき性の強い品種の麦を植えれば、青刈りしなくても稲わらマルチの代りになるのではないかと思いついた。

じっさいにやってみると、敷きわらを敷く手間がいらない、稲わらのように風でとばないなど予想どおりの効果があったが、その他にも、①つるは細く伸びも悪いのに着果・肥大がよい　②葉が小さくなる　③つるの寿命が長くなり収量がふえる　④糖度があがる　⑤側枝があまり発生せず、発生しても伸びない　⑥たて根となり細根が発達するなど、不思議な効果が現われた。これは、麦の**アレロパシー（他感作用）**効果の影響ではないかと考えられている。

カボチャのマルチムギ栽培（提供　室井義広）

近年ではコンニャク栽培にもマルチムギが導入され、雑草の抑制、アブラムシによるえそ萎縮病の予防、根腐病の予防などの効果があることが報告されている。あるいは、レタスの通路にマルチムギをまいて泥のぬかるみを防ぐ人もいる。

麦の座止現象を利用するために、秋まき性が強い品種を春に播種することが肝心である。さらに、葉色が淡く、ほふく性の強い性質のものがよい。催芽した種をまいて、発芽数日後にレーキや竹ぼうきをかけると雑草を防ぐことができる。また厚播きにすると、麦が立ちやすくなるので、できるだけ薄播きにする。

▼「マルチムギの不思議な力」水口文夫91年11月号

るんるんベンチ

山口県の野菜専技であった棟居延雄氏（故人）は、定年退職後、柳井市でイチゴ栽培に取り組んでいた。高齢になってもイチゴ栽培が続けられるように高設栽培の導入を検討していたとき、イチゴ栽培の培地に**もみがら**が利用できることを知った。そこで、もみがら（半年以上雨ざらしして吸水性のあるもの）六、ピートモス三、真砂土〇・五、バーク堆肥〇・五を混ぜて培土を自家配合し、波トタンとハウス用の鉄パイプを利用してベンチを自作した。

るんるんベンチのイチゴは初期収量が土耕に比べて多く、後半に気温が上がってからは果形がいいのが特徴。これは5月下旬の状態（撮影　赤松富仁）

この「田布施方式モミガラ高設栽培」を、広島県福山市の小野高義氏がレッドパール用に改良して、「ラクラク高設イチゴ栽培」と名づけた。平波トタンをU字型にし、外成り

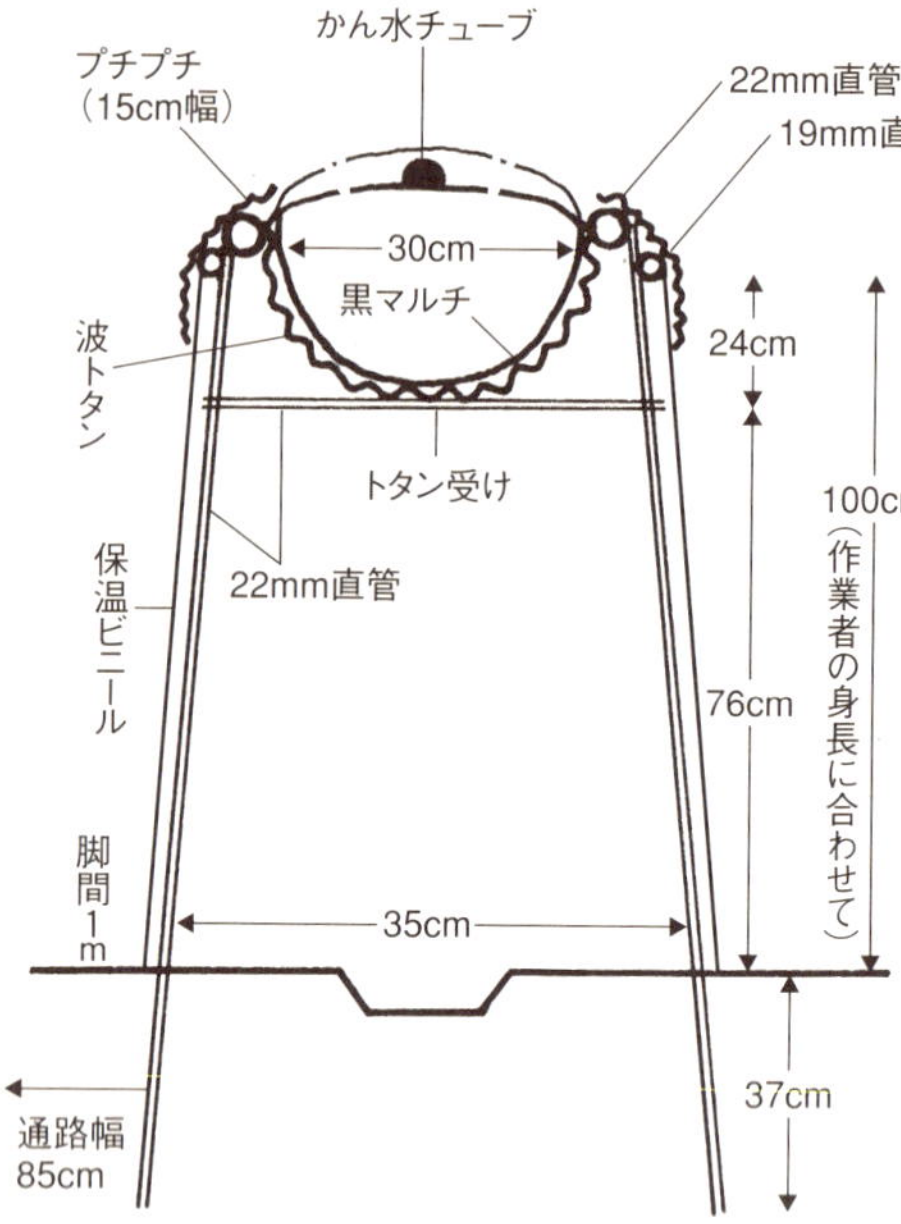

イチゴのるんるんベンチの構造

にしたのがおもな改良点である。愛媛県宇和島地区の赤松保孝氏らが、これにさらに改良を重ね、「るんるんベンチ」と呼ばれるようになった。

るんるんベンチは、①立ったままでほとんどの作業ができるので、足腰の負担が少ない ②収量が土耕と変わらない ③設置コストが安価（一〇a当たり一〇〇万円以下） ④培地量が多い（一株当たり八ℓ）ので、元肥施用方式にできる。土耕の施肥技術が生かせ、高価な培養液管理システムは不要 ⑤培地を毎年入れ替える必要がなく減量分だけ補充すればよい ⑥培地の六割を占めるもみがらは入手しやすく、使用後は堆肥にできる ⑦自分で作れるので、圃場や地域の気候の条件に合わせて自由に改良できるなどの特徴がある。

二〇〇四年には「るんるんベンチ全国大会」が開催され、注目度がますます高まっている。

▼「モミガラ高設イチゴ　るんるんシステム快調！」赤松保孝01年5月号

養液土耕・点滴かん水

養液土耕は、①かん水と施肥を同時に行ない（元肥なし）、②点滴かん水チューブを使って、③土をそのまま培地に利用するという施設園芸の方式である。さらに、リアルタイムで行なわれる栄養診断・土壌溶液診断を基に、作物の生育ステージに合わせて過不足なく水と肥料（液肥）を与える。施肥量や施肥のタイミングは、作目ごとにコンピュータによって制御され、作業も自動化されている。

もともとはイスラエル（ネタフィム社）で開発されたかん水と施肥を同時に行なうシステムが、日本に導入されたときに、「養液土耕」と名づけられた。「点滴かん水施肥栽培」ともいう。

養液土耕では、従来の土耕栽培に比べて、かん水量・施肥量をかなり少なくすることができる。すなわち低コストで、塩類集積や環境への負荷も少なくすむ。また、他の養液栽培システムに比べれば、土の良さである緩衝能、養分供給力、養分保持力などを生かすことができ、しかも低コストである。

土の物理性が悪くなると、点滴かん水の水がうまく横に広がらないので、窒素分を含まない堆肥などを投入して土づくりを行なう。もみがらなど腐植の多い有機物を利用する農家もいる。

また、養液土耕の普及によって、点滴かん水の有利性が知られるようになった。点滴かん水では水がじわじわと土中に拡がるので、少量の水でも根が好む土壌水分を保つことができる。このため、少雨地帯のカンキツ栽培などにも利用されている。施設園芸では、点滴が落ちる部分以外の地表面は乾いていて施設内が過湿にならず、多湿を好む病原菌が繁殖しにくい環境を保つことができる。

▼「養液土耕もかん水施肥も、物理性の改良と、リアルタイム診断は欠かせない」加藤俊博99年1月号／『野菜・花卉の養液土耕』六本木和夫・加藤俊博著

うね（畝・畦）の起源

農耕の起源は一二〇〇〇年前の西アジアとされている。最初に栽培化されたのは麦で、麦作と山羊・羊（乾燥に強い）を飼育する農業が拡がっていった（近年、長江中流域で西アジアと同じくらい古い稲作跡が発見されている）。最初のころはクワで溝を掘って麦を播き、鳥や虫などの食害を防いでいたと思われる。乾燥地帯に麦作が広がり、紀元前三〇〇〇年ごろには家畜に引かせる木製の犂《すき》が使われるようになった。夏場に犂でよく耕耘して土の毛細管を断ち切り、乾燥を防いだ。雨の多い北ヨーロッパに伝播すると、深く耕して草をすき込むのが犂のおもな目的となった。

黄河流域で使用されていたスキのもっとも古い記録に、殷（紀元前一七～一四世紀）の時代の耒（らい）がある。耒は硬い木でつくられ、先端が二股になっていた。二股の間隔は八cmで、スコップのように片足で踏んで黄土に溝をつくり、そこにアワやキビの種をまいたと考えられている。戦国期（紀元前五～三世紀）には、犂を牛馬に引かせるようになり、播種溝や耕耘に利用していた。

耒（らい）後漢の画像石

一方、うね立て（甽田法）は、周（紀元前一一～八世紀）以来の古法との記録があり、やはりかなり古くから行われていたようだ。紀元前一世紀（前漢）に、高うねを作って溝に播種する「代田法」が考案された。秦漢時代（紀元前三～二世紀）に、大規模な潅漑農業が行われるようになったが、中国では「塩随水来、塩随水去（塩分は水と共に来たり、水と共に去る）」と言われるように、黄河流域の乾燥地帯では塩害が問題になっていた。そこで、高さと幅が一尺の大きなうねを立て、塩類集積の少ない溝の部分に種をまく。作物が育ってくると、除草をかねてうねを崩して株元によせた。次の作付けにはうねを立てる場所を変えるため、代田法と呼ばれた。

うねを立てると、溝の部分では湿度が保たれ、山の部分は排水性がよくなる。水分を好む作物を栽培するときや乾燥地帯の畑地では溝へ播種し、乾燥を好む作物や湿潤地帯では山の部分へ播種するというように、気候や土質、作物に合わせて農法が発達したのであろう。

参考『中国農業史研究』天野元之助

（本田進一郎　本誌）

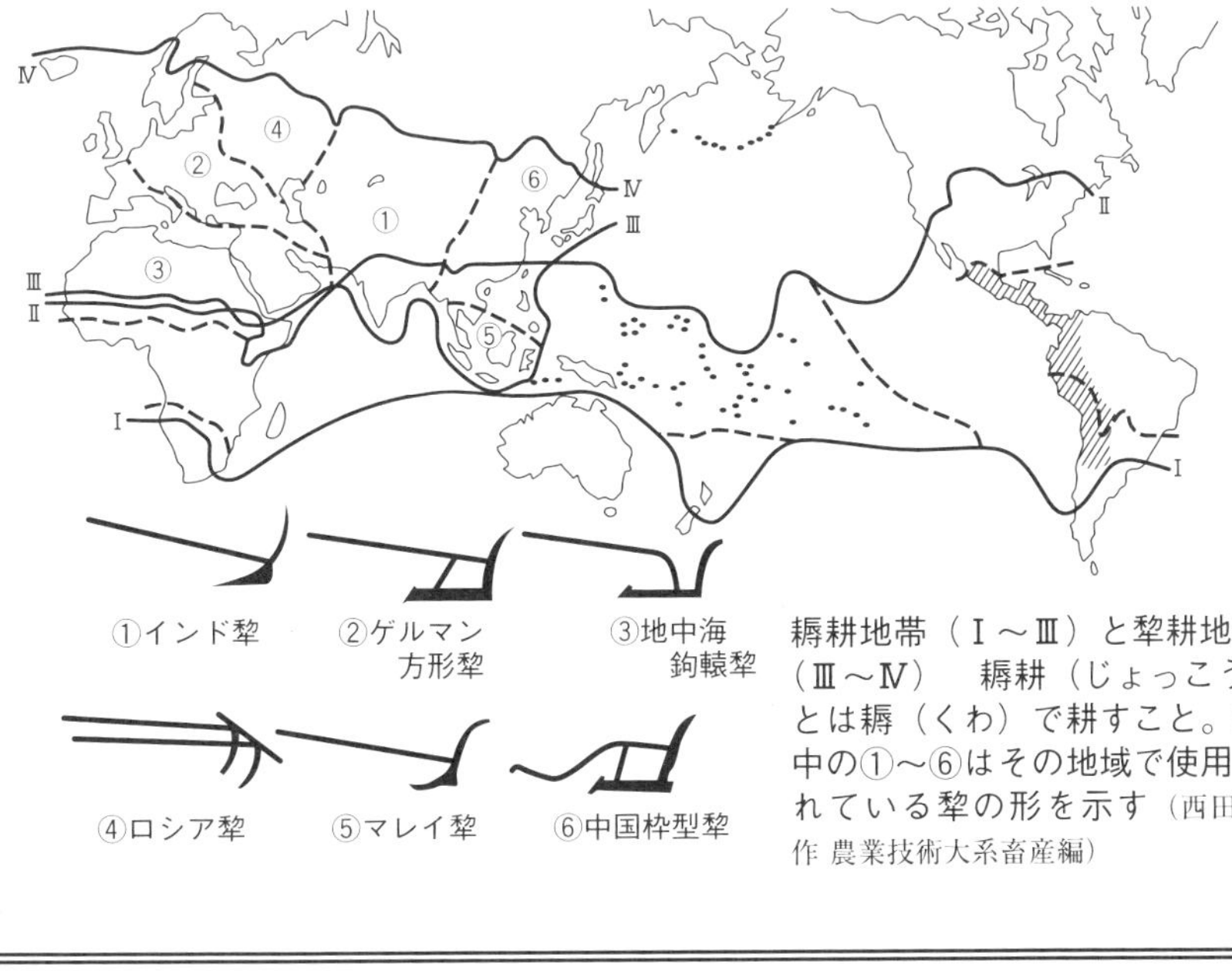

耨耕地帯（Ⅰ～Ⅲ）と犂耕地帯（Ⅲ～Ⅳ）　耨耕（じょっこう）とは耨（くわ）で耕すこと。図中の①～⑥はその地域で使用されている犂の形を示す（西田周作 農業技術大系畜産編）

果樹の用語

樹形

自然の樹木は少しでも多くの日光を受けようとして、より高く、より広く枝を伸ばす。花は樹の外側の枝にたくさん着くが実は小さく、日のあたらない中心部は空洞になる。

いっぽう果樹の栽培では、樹冠内部に日が入り、作業もしやすいように低樹高に仕立てるのがふつうである。ブドウやナシの棚仕立ては日本独特の方法であり、始まったのは江戸時代のことである。リンゴは明治初期に欧米から導入されたが、大正初期には、主幹を切りつめ主枝を横に伸ばす開心形の原型が考案された。いっぽう欧米では、わい性台木を利用する方法が発達してきた。地域や土壌条件、樹種や品種によってさまざまな仕立て方があり、この樹木の姿・形を樹形という。

棚仕立てや開心形は、日本の気候や食文化にそうように、多くの農家が長い時間をかけて作りあげてきた。世界でもきわめてユニークで、優れた樹形なのである。

そして今、高齢化が進むなかで、作業のしやすい低樹高の樹形づくりにむけて、さまざまな工夫が行なわれている。

▼「低樹高にして、産地復興だ」編集部03年11月号

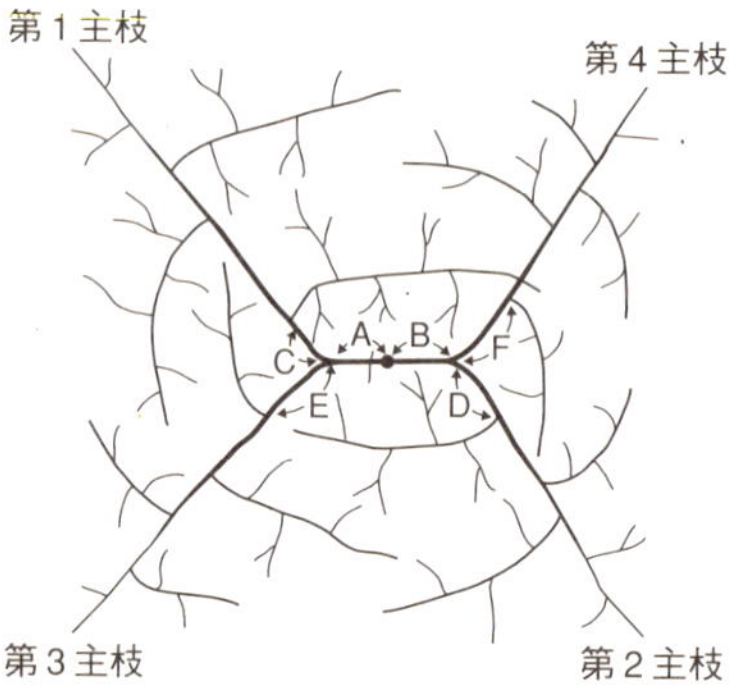

ブドウの棚づくり（長梢剪定）の基本型となっているX型自然形整枝　山梨県勝沼町の土屋長男氏が1947年に発表。自然形整枝では主枝の順位をやかましくいう。負け枝（順位の上の枝（第1主枝）が順位の下の枝（第2主枝や第3主枝）より勢力が弱くなること）を出さないためで、樹形のポイントは、主枝の長さをA＜B、C＜D≦E＜Fとなるようにすること（高橋国昭　農業技術大系果樹編）

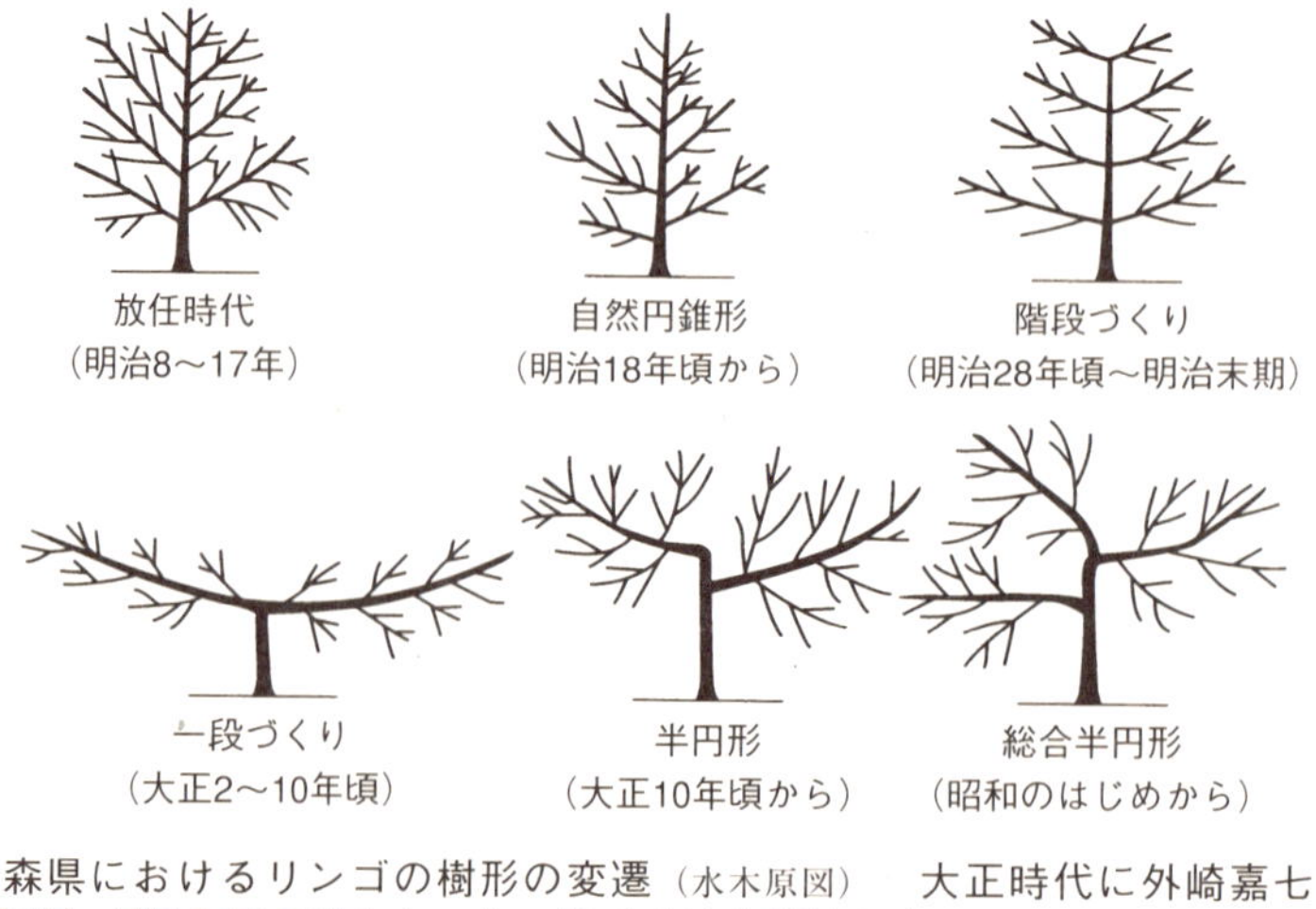

青森県におけるリンゴの樹形の変遷（水木原図）　大正時代に外崎嘉七（弘前）が開心形の基となった一段づくりを創始した（菊池卓郎・塩崎雄之輔著『せん定を科学する』）

せん定

目的の樹形に樹を育てることを整枝とい

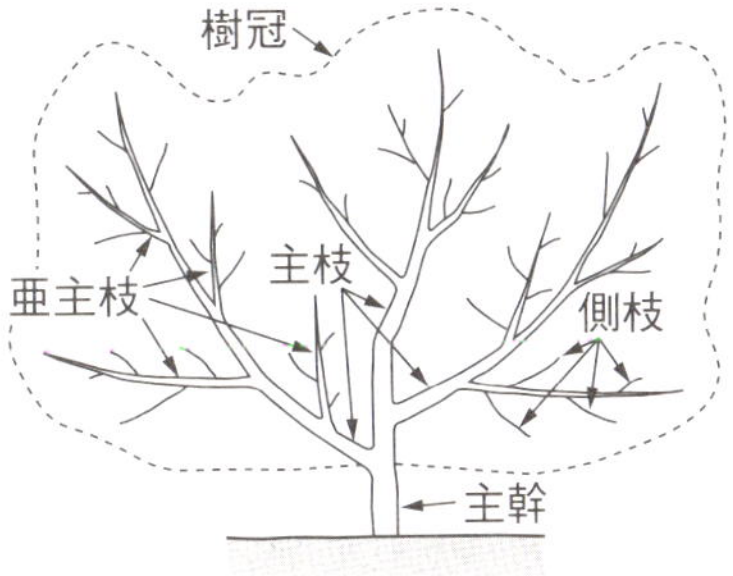

果樹の枝の呼び方

い、そのために枝を切ることをせん定という。

　ふつうは、単に「せん定」というときは、冬季（休眠期）のせん定のことをさす。冬季には、前の春に伸びた一番若い枝（一年生枝）の途中で切る「切り返しせん定」と、二年生以上の大きい枝をその基部から切る「間引きせん定」が行なわれる。切り返しせん定を行うと、翌春の新梢が伸びやすくなり、その次の年の花芽ができにくくなるが、間引きせん定の場合は、周辺の枝や花芽への影響が少ない。また、せん定が強いほど、**新梢**がおそくまで伸び、**花芽**が形成されにくい。

　一般に落葉果樹では、成木になって樹勢が安定しているときは、間引きせん定が中心となる。カンキツの成木のせん定は、表年と裏年で方法が異なる。表年では、着果量を減らして新梢の生育を旺盛するように、二～三月に強めの切り返しせん定を行なう。裏年には、三～四月に、間引き中心に弱めのせん定を行なう。

　リンゴやナシでは秋季に行なわれるせん定は、冬季のせん定とほぼ同様の効果を樹に与えるとされ、あまり行なわれない。モモの場合は、収穫してから落葉までの期間が長いので、受光姿勢をよくするために**徒長枝**の秋季せん定が行なわれるようになってきた。

▼『新版　せん定を科学する』菊池卓郎　塩崎雄之輔著／『大判図解　最新果樹のせん定』農文協編

夏季せん定

夏季に葉がついた枝を切ることを夏季せん定という。葉がついた枝を捨てることは貯蔵養分を捨てることで、樹勢低下を招きやすいとされ、忙しい時期でもあるので従来はあまり行なわれなかった。

　開心形のリンゴでは、主枝・亜主枝背面の**徒長枝**切り以外に、夏季せん定はほとんど行なわれない（徒長枝がでないような管理にする）。**わい化栽培**では成木になり樹が混みあってくると、側枝から徒長枝が発生しやすくなるので、夏季せん定を行なって樹冠内に日が入るようにする。

　ナシも主枝上の徒長枝切りを除いて、夏季せん定はあまり行なわれなかったが、近年では、側枝上の新梢を**摘心**する栽培法が注目されている。モモでは、**大草流**や**八名流**など、冬季よりもむしろ初夏から秋にかけての摘心とせん定によって、低樹高化を実現する栽培

密植（わい化）樹の夏季せん定の方法　側枝を水平誘引して発生した徒長枝（上、○印）を、冬季せん定で剪除すると再び徒長枝が発生するので、夏季に整理する。放置すると、徒長枝を境に側枝が細くなって扱いにくくなる（下）

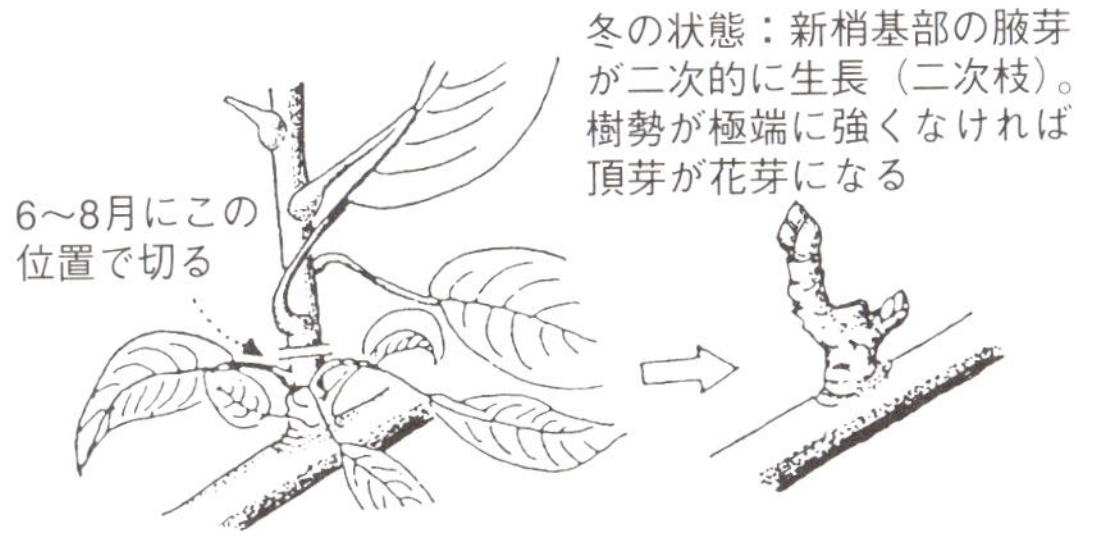

ふじ・王林・ジョナゴールドは5枚程度、陸奥・つがるは7枚程度残して剪除する。また、樹勢が強い場合は標準より少なくする（塩崎雄之輔氏　農業技術大系果樹編）

法が考案されている。クリの超低樹高栽培でも夏季せん定がポイントになっている。
つる性のブドウでは、樹の樹勢が強いと新梢が長大になりやすい。その場合は、枝の伸長につかわれる養分を果実にまわし、棚面の明るさを保つために、夏季に摘心処理を行なう。

▼「クリの超低樹高栽培はカットバック＋夏季せん定で」神尾真司04年11月号

切り上げ・切り下げせん定

ふつう、成り枝として数年使用した枝は、準備していた更新枝（予備枝）のところまで戻って間引きせん定を行なう。このとき、背面から出た立ち枝を残すのを「切り上げ」、腹面から出た枝を残すのが「切り下げ」という。

切り上げは、もともと樹が上に伸びようとしている元気な枝を残すので、残った枝の生育があまり乱されない。逆に切り下げると、背面から徒長枝が多く発生しやすくなる。リンゴ栽培では切り下げはほとんど行なわれず、切り下げたほうが樹形が整うような場合でも、切り上げて誘引する。

カンキツでは、飛鷹邦夫氏（元熊本市役所）が、リンゴのせん定法を参考にして（菊池卓郎著『せん定を科学する』）、樹勢が安定して結実しやすくなる、切り上げせん定の方法を開発している。

▼「ミカン　立ち枝を残した『切り上げせん定』で隔年結果しらず」川田建次00年3月号／『高糖度・連産のミカンつくり』川田建次著

枝の切り方の2つのタイプ

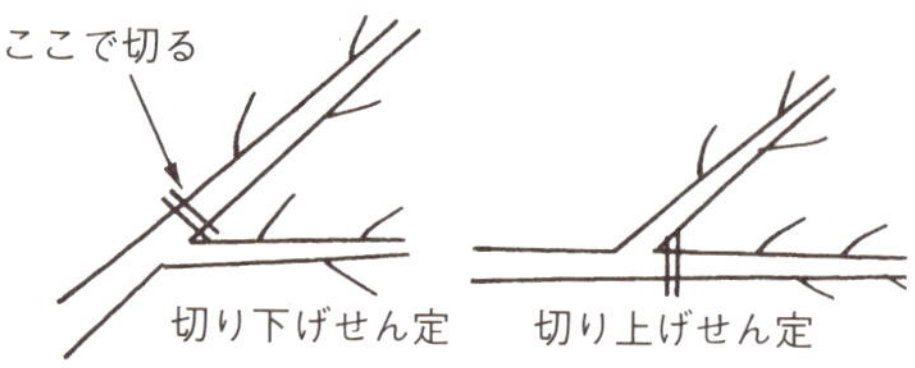

切り上げせん定にすると果肉が柔らかくなり果実の袋が増え、果実が扁平になる。糖度が上がり、浮皮の発生が少なくなる（提供　飛鷹邦夫）

貯蔵養分

落葉果樹は、春先の結実のころまでは、前年に蓄積した貯蔵養分によって枝葉を生長さ

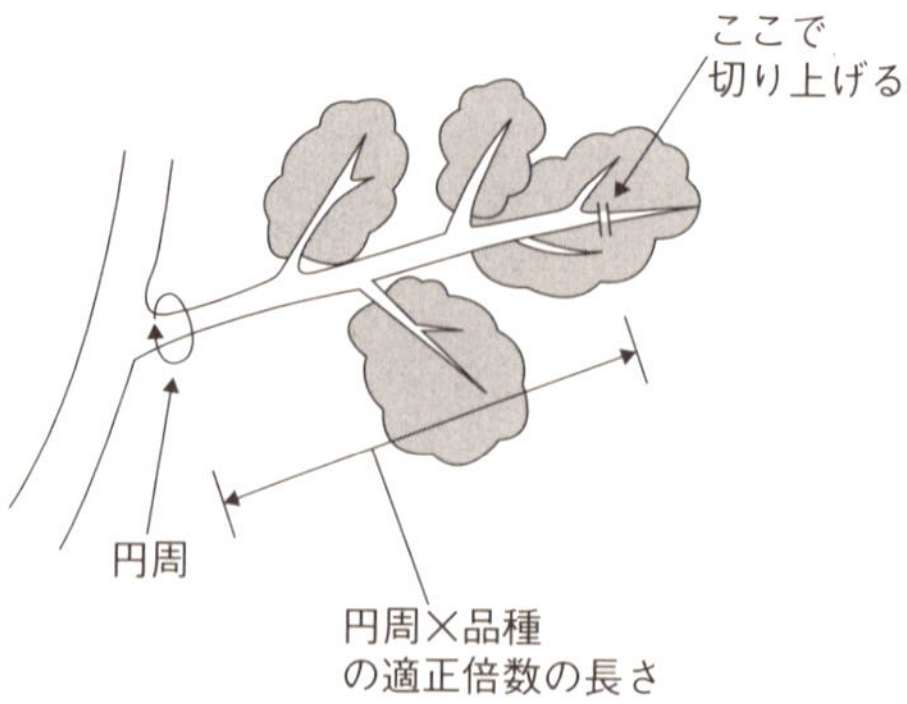

品種別の適正倍数

品　種	適正倍数
日　南	10.5
豊　福	13.4
興　津	10.7
青　島	11.7
金　峯	13.1
大津4号	13.8
デコポン	11.8

（熊本市みかん実験農場）

ミカンの切り上げせん定　枝の付け根の円周に、それぞれの品種の適正倍数をかけた長さで切り上げる（飛鷹邦夫）

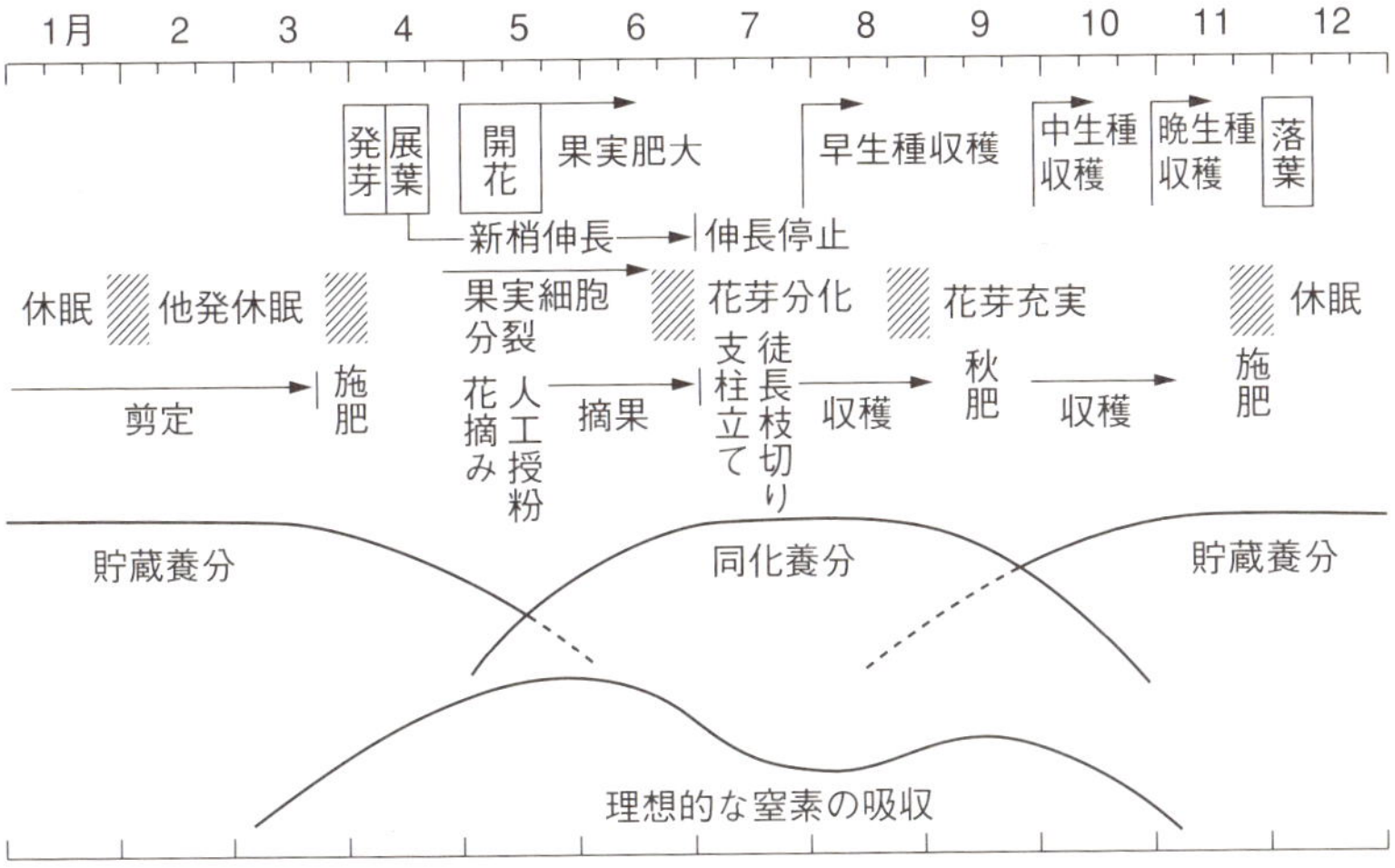

リンゴの年間の生長周期　①発芽から開花期までは葉が少なく、前年の貯蔵養分に全面的に依存している　②結実から生理落果のころに、貯蔵養分から光合成産物を使っての生長に切りかわる　③果実肥大期にはいると、新梢伸長が止まり光合成産物は果実肥大に使われる。翌年の花芽の分化も始まる　④果実成熟期には、光合成産物は貯蔵養分として貯えられる　⑤休眠期、冬の寒さから樹体を守り来春の生長に備える。根は休まずに吸水しつづけている（横田清　農業技術大系果樹編）

せる。貯蔵養分は、おもにでんぷん・糖・たんぱく質・アミノ酸からなり、枝、幹、根に蓄積される。とくに根の役割が重要と考えられている。

果実が肥大している夏季には、葉でつくられた炭水化物の多くは果実に送られるが、根や枝にも貯蔵養分の蓄積が始まっている。果実が成熟すると、炭水化物の多くが貯蔵養分にまわるようになる。春の発芽の勢いは、根や枝の体積に比例するとされ、十分な貯蔵養分を確保し翌年の生育を良好にするためには最後まで光合成が効率よく行なわれることが大事である。

モモやブドウでは、樹勢が強い樹の新梢が秋に二次伸長することがあるが、この場合は貯蔵養分の消耗をまねく。そこでせん定によって、新梢の伸びを停止する。冬季のせん定によって樹全体の芽の数を減らすと、一芽あたりに送られる養分が多くなるので、新梢の伸長が旺盛になる。逆に、芽（とくに一年生枝の頂芽）を多く残せば、樹勢は穏やかになる。これは貯蔵養分が新梢の伸長に大きく関与していることをよく表している。

秋の収穫後の施肥は「お礼肥」と呼ばれ篤農家は重視してきたが、近年では貯蔵養分の蓄積という観点から秋の施肥（**秋元肥**）の重要性が指摘されている。

いっぽう、常緑植物のカンキツでは、春枝の伸長に必要な養分は、おもに旧葉に蓄えられている。カンキツでは落葉果樹と違い、根の生長は葉よりも遅く、葉が展開してからおよそ一カ月後に伸び始める。すなわち、根から吸収される無機養分もすべて旧葉から送られている。カンキツ栽培での**夏肥**は、夏秋枝の伸長や果実の着色には影響せず、そのほとんどが、貯蔵養分化するとされる。

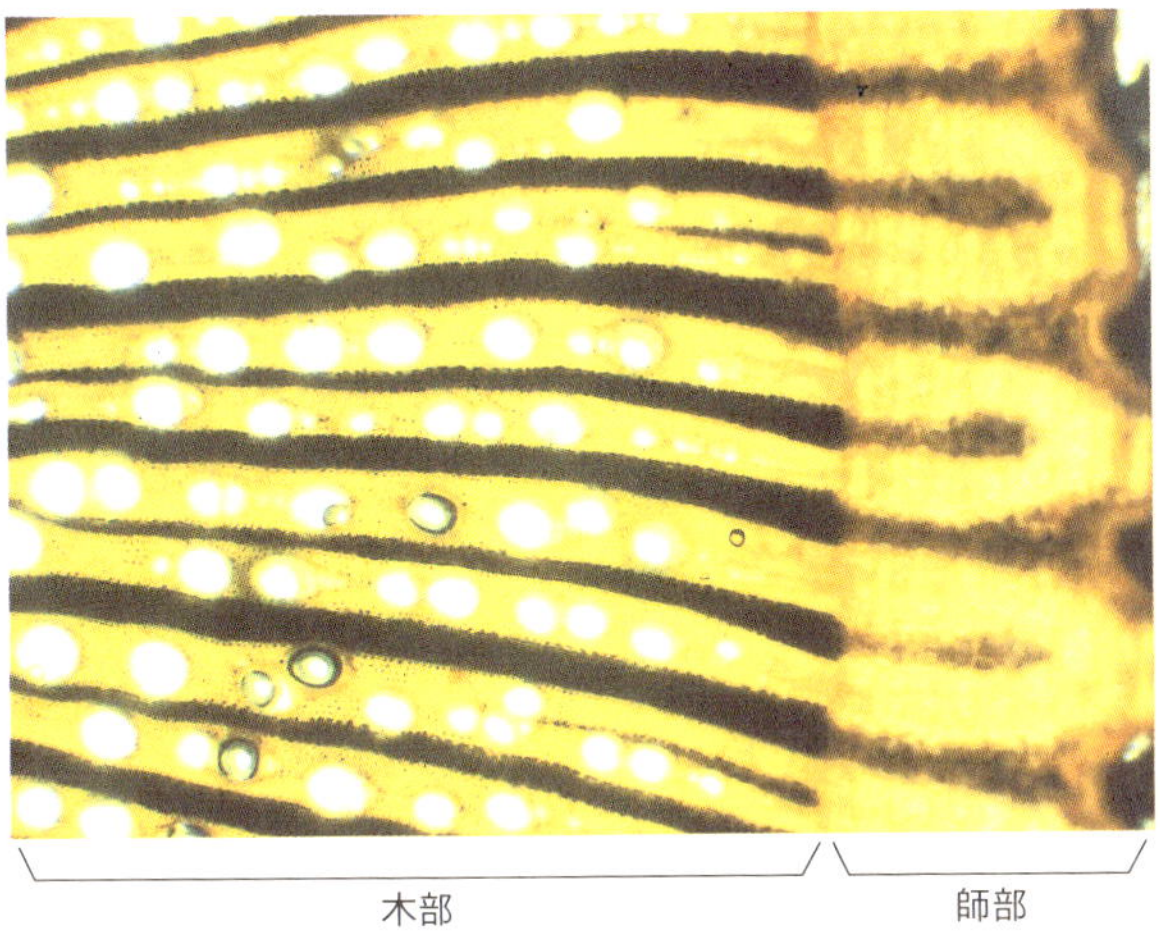

枝に貯蔵されたデンプン　ブドウの側枝を薄く切り、デンプンを染めて顕微鏡で見たもの。黒く見えるのがデンプンで、左の木部にも右の師部にもある。春になると木部のデンプンは糖化して師部に移動し、師部を通って枝の上下に転送される（提供　高橋国昭）

▼「貯蔵養分をふやす・活かす　秋元肥と摘心で変わる果樹」編集部05年1月号／『落葉果樹の高生産技術』高橋国昭著

隔年結果

果樹の多くは、一年おきに豊作不作をくり返す性質があり（隔年結果）、豊作年を表年、不作年を裏年という。

多年生植物の果樹は、枝葉が生長し果実が肥大するのと同時に、枝の中では翌年の花芽が準備されている。現在では、**花芽形成**を直接に左右しているのは、**植物ホルモン**の働きによるという説が有力である。種子で生産されるジベレリンは、枝に移動して（翌年の）花芽の形成を阻害することが明らかにされている。一般に自然状態の果樹は着果数が多いので、そのままにしておくと、多くのジベレリンが生成して翌年の花芽が少なくなる。果実が少ない年はこの逆のことがおこる。

隔年結果をふせぐもっとも直接的な方法は摘蕾・摘果で、樹体にとって適正な果実数にすることである。

また、せっかく多くの花芽ができても、十分な貯蔵養分がなければ、受精せずに落果してしまう。根本的には樹の光合成能力を高めることが必要で、葉や根を充実させることが肝心である。落葉果樹では秋、カンキツでは夏に施肥すると、秋の根に効率よく吸収されて貯蔵養分が高まることがわかっている。

▼「隔年結果はなぜ起こる？対策は？」河瀬憲次02年12月号

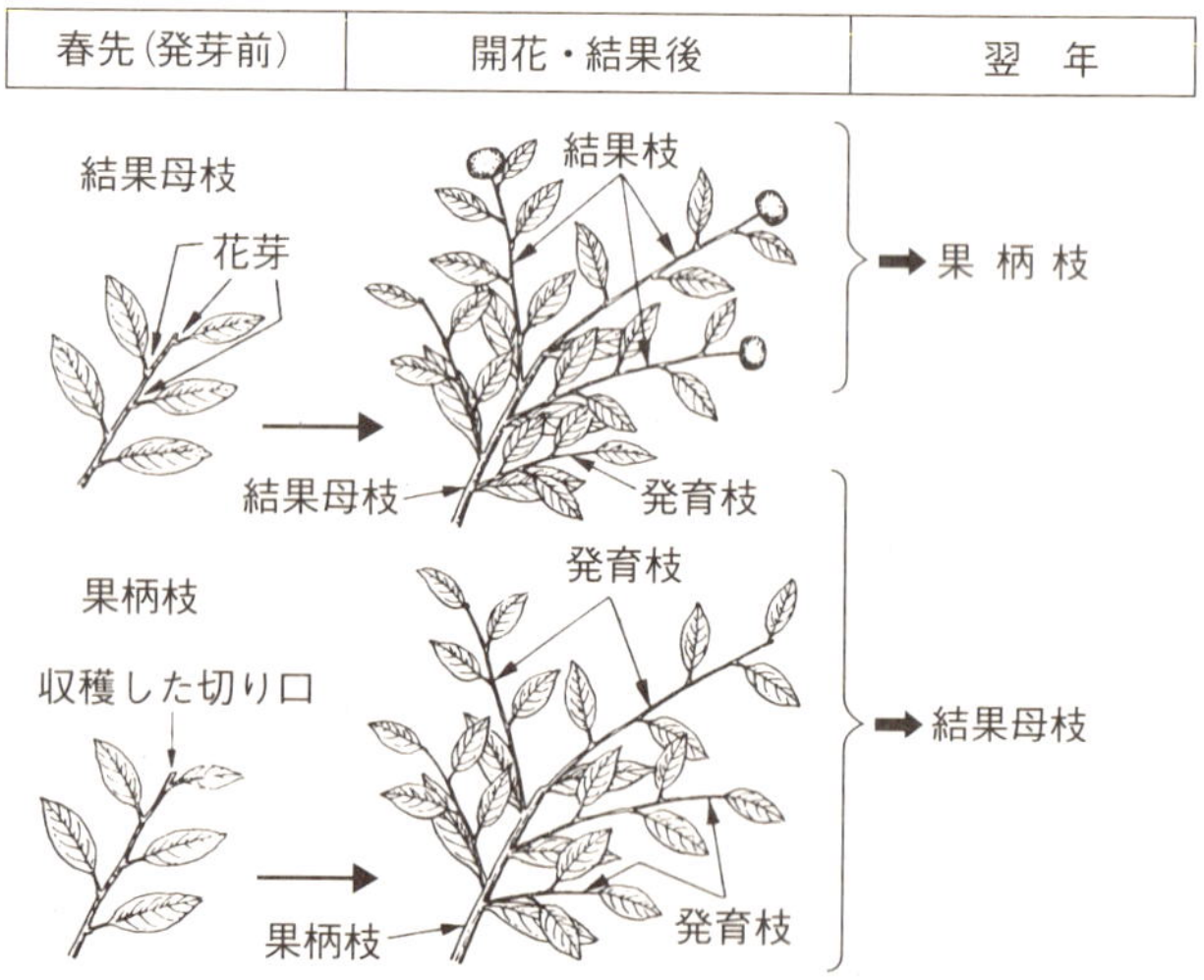

カンキツは、果実をつける枝と、つけない枝が１年おきにくり返すので、結果母枝と果柄枝のバランスをとることを怠ると隔年結果につながる

徒長枝

徒長枝とは、花や果実を着けず強勢で長く伸長した新梢のこと。徒長枝は日陰をつくり病害虫の発生場所になるので、切除するのが基本である。リンゴの開心形では主枝・亜主枝の背面や、太い枝を切り下げた場所に徒長枝が発生しやすい。この場合は、切り株を残さないようにできるだけ短く切る。**わい化栽培**の場合には、側枝の基部がはげ上がりやすいので、一～二cm残して切り、切り株から新梢を発生させやすくする。

ナシでは、主枝・亜主枝の背面に発生する徒長枝は、春先のうちに芽かきしておき、とりきれなかった徒長枝を**夏季せん定**で剪除する。また、ナシは腋花芽がつきやすいので、亜主枝上の発育枝のうち、適切なものを予備枝とし残しておき、三～五年で側枝を更新する。

また、日差しが強い地方では、日焼け防止に主枝の背面の徒長枝をいくらか残しておくとよい。

栽培されている果樹では、低樹高化や密植

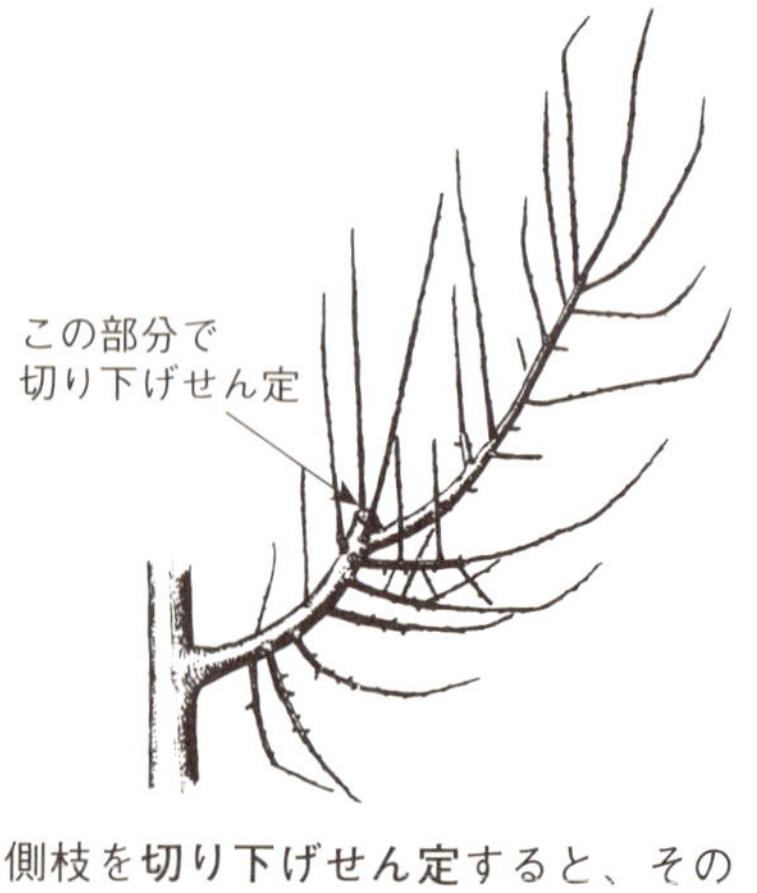

側枝を**切り下げせん定**すると、その周辺から徒長枝が発生しやすい。栄養生長が強く結実しない（菊池卓郎「せん定を科学する」）

のために、人為的に整枝・せん定が行なわれる。本来の樹木の自然な生長を抑えているので、徒長枝が発生するのはさけることはできない。自然の樹では、枝が風で折れるなど不測の事態が起きた時に、近くの潜芽（陰芽）から徒長枝を発生させ、折れた枝と交代させる。逆にいえば、この性質があるからこそ、自在に成り枝を更新することができる。

▼『新版　せん定を科学する』菊池卓郎　塩崎雄之輔著

開心形ふじの主枝上に発生した徒長枝　主枝上の徒長枝を剪除するときは、切り株を残さないようにできるだけ短く切る。残すとのちの徒長枝の量がふえる。成り枝の更新には発育枝（徒長ぎみの枝も含む）を予備枝として用いるので、若干の徒長枝を残したほうがよい場合もある（塩崎雄之輔氏　農業技術大系果樹編）

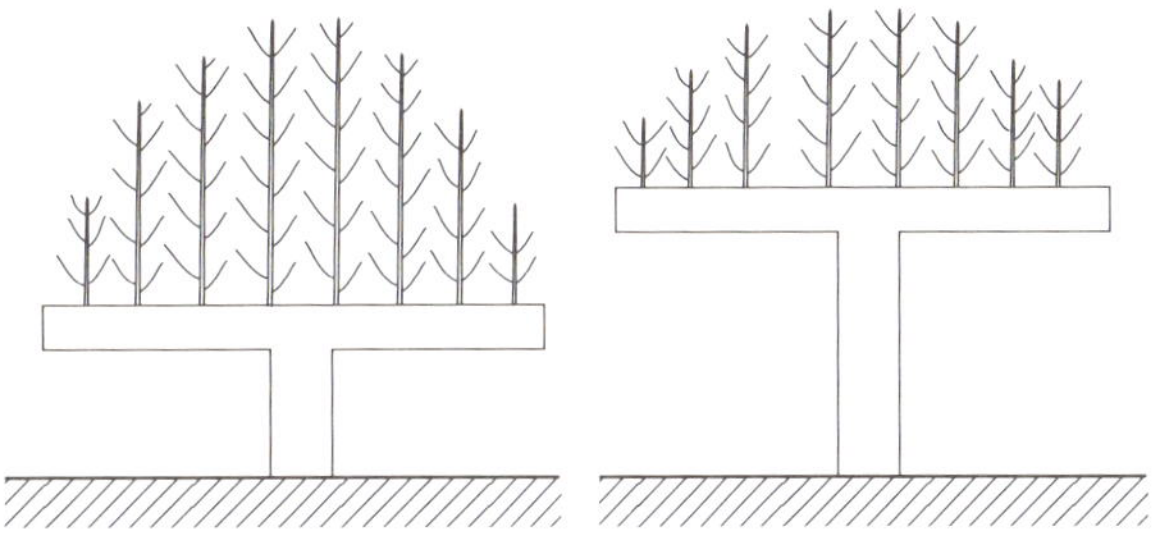

開心形ふじの主枝上に発生した徒長枝　主枝や亜主枝の背面からは強い新梢が伸びる。主幹の真上ほど伸びやすい。また主幹が低いほど強く伸びる（菊池卓郎氏　農業技術大系果樹編）

摘心栽培（ナシ）

日本には樹齢数百年、樹高二〇ｍにも達するナシの大木があるという。栽培されているナシでは、大きくなる性質を抑えて棚仕立てにしているので、主幹の基部に近いほうに、強い枝が伸びやすい。逆に先端部の新梢は弱くなる。これを放置しておくと、樹形が山型になって樹冠内に日光が入らず、充実した花芽がつきにくくなる。

そこで、ナシの理想型の樹相は、「それぞれの樹の発育枝の伸び方が主枝に近い部分がやや短く、主枝先端にゆくにつれて長く伸びている状態」（門井源典氏）といわれる。

このような樹形・樹相を実現するには、従来はおもに冬季のせん定が重視されてきた。**夏季のせん定**は樹勢を弱めるとされ、作業が集中する時期でもあり、あまり好まれなかった。しかし、埼玉県のナシ農家・長谷川茂氏によれば、冬季のせん定だけで先端の弱い樹の樹相を変えるには三年かかるが、初夏に新梢を摘心する方法なら、一年で可能という。

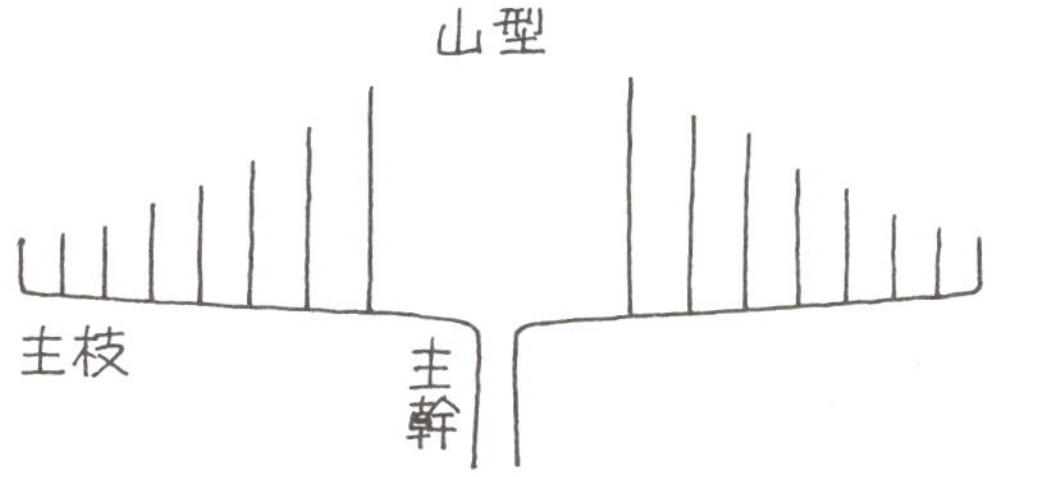

棚栽培のナシは本来の樹形を取り戻そうとして山型になりやすい。こんな樹を変えるのに摘心が有効。

ナシの樹相の理想型

養分が止まっている冬季のせん定では、春の新梢伸長を予想しながら樹をコントロールするのはとてもむずかしい。養分が旺盛に動いている時期の摘心のほうが、樹のコントロールが自由にできる。

摘心する適期は新梢がまだ赤葉で、長さが三〇cmを超えないころ。もし四〇cmを超えてしまったら、誘引に切り替える。摘心を取り入れると、①短果枝が維持され来年も使える側枝ができる ②果実の大きさがそろう ③冬のせん定が少なくすむ ④六月の早期落葉が防げる ⑤基部から徒長枝が出なくなって、樹がいうことを聞いてくれるようになるという。

側枝から出た新梢がまだ赤葉で長さ20cm前後のころ、果そう葉を残して白い突起（不定芽）の上で切る。こうすれば1回で新梢が止まり、翌年は短果枝になる。また、指ではなく必ずハサミで切る

腋花芽1個と頂果芽1個しか花芽がついておらず、栄養生長の強い枝。放っておくと新梢がすべて徒長枝になってしまう（品種は幸水）

先端の3本（豊水の場合は4本）を残して新梢を摘心した。側枝の基部の新梢に流れやすい貯蔵養分が、先端の枝に流れるようになる（長谷川茂さん、撮影　赤松富仁）

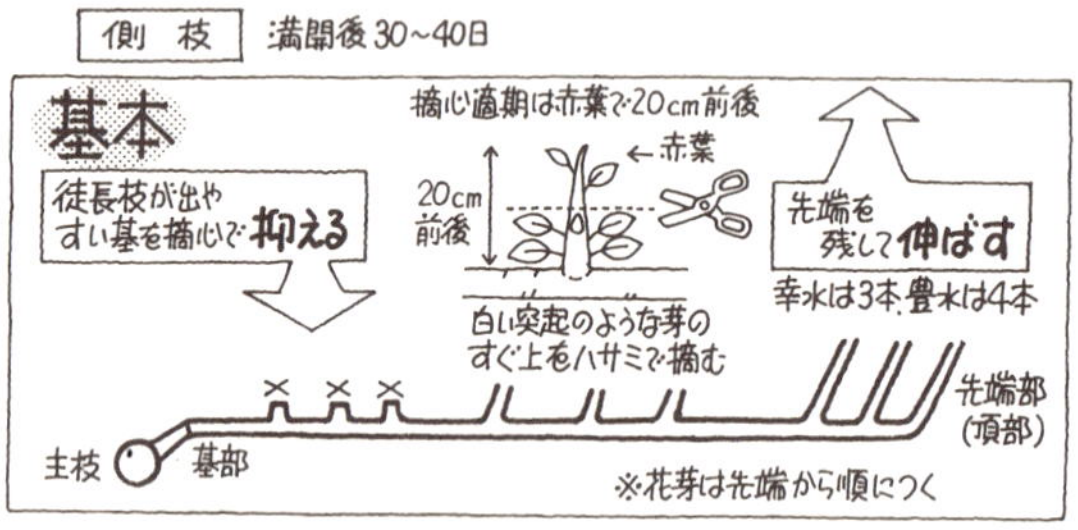

摘心の基本形　花芽が少なく栄養生長が強い枝ほど、摘心する新梢を多くする

▼「摘心で樹はこう変わる」編集部04年7月号

新短梢栽培（ブドウ）

ブドウ栽培では一度植えたら最低でも三〇年は利用するのが普通である。成園化に数年を要するので、日本のように少ない経営面積で最大の収益を上げるには、樹を少しでも長く使用するほうが有利だからである（欧米では七〇～八〇年）。そこで、長梢自然形の大木にして樹勢を安定させ、多収と高品質生産をめざしてきた。ブドウの栽培にはせん定技術などに熟練した農業者の存在が不可欠で、時間とコストがかかる。

山梨県の小川孝郎氏（東山梨農業改良普及センター）は、近年のブドウ価格の低下と労働力不足に対して、早期収穫と低コストを実現する、改良型の短梢栽培を提案した。

基本の樹形は一文字型だが、従来の短梢栽培と違うのは、主枝から伸びた新梢（結果枝）を、一律一～一・二mで**摘心**してしまうこと

新短梢栽培のリザマート（10年生、露地栽培）　基本の樹形は一文字型で、新梢（結果枝）は1～1.2mで摘心する。1樹当たりの主枝の総延長は約15mで、最大樹冠面積は50m²を限度にする

露地では裂果しやすいリザマートもこのとおり　水分を吸い上げる力が大きい先端部を摘心すると成葉ばかりになるので、果実の水分変動が少なくなるのではないかと思われる。また、一律摘心によって同化養分が房に転流し、房伸びもよい（撮影　赤松富仁）

である。果実の充実には各節から発生する副梢葉を活用するために、結果枝の一律カット後に発生する副梢を、本葉二～三枚残して摘心し、小さくて厚く光合成能力の高い葉相にする。さらに、草生管理（冬～春はライムギ+ベッチ、夏～秋は雑草）によって、土の排水性や緩衝能力を高くし、元肥は施さず少肥にする。この新梢の一律摘心・副梢利用・草生管理によって樹勢を安定させ、植付け二年目からの収穫、四年で成園化を可能にしている。

作業の単純化と早期収穫で生産コストを抑え、一〇年で更新することも可能である。そこで、新品種を戦略的に導入するときや、定年帰農など熟練した人でなくても、ブドウ栽培に取り組めるというメリットがある。

▼「ブドウの新・短梢栽培」小川孝郎96年3月号／『ブドウの早仕立て新短梢栽培』小川孝郎著

大草流（モモ）

モモは枝が開きやすい性質があり、大正時代には三本主枝の盃状形仕立てがさかんに行なわれていた。当時は密植であったため、樹が大きくなってくると、冬季に強い切り返しせん定を行なう。すると強勢な徒長枝が発生して枝がはげ上がりやすく、収量が少なかったという。そこで、現在のような樹冠の厚い開心自然形が普及した。

山梨県韮崎市大草町の矢崎辰也氏は、省力化、低樹高化を追及するなかで、二本主枝から骨格枝が広がる、高さ三～四mの仕立て法を考案した。主枝、亜主枝に竹を添え、帆柱から針金でつって重さを支えるので、傘を下向きに開いたような形になる。樹冠下まで軽トラックが入るので、収穫などの作業が効率よくできる。

反当七～九本植えの疎植にもかかわらず、結果枝が多いため、反収三・五tを実現している。さらに受光態勢がよいので、高品質・大玉生産も可能となる。

樹高を低く抑えているため、主枝の背面から徒長枝が発生しやすい。これを根元から剪除すると日やけするので、切り株を五cmほど残して摘心し、翌年の中短果枝に転換する。摘心の対象とするのは、長さ一m以上になる強い徒長枝で、①開花後六〇日ごろ ②収穫一〇～一五日前 ③収穫後（品種により八月下旬～九月上旬）の三回実施している。また、骨格枝の先端部は、強い新梢伸長を誘発させるため弱い新梢管理にする。

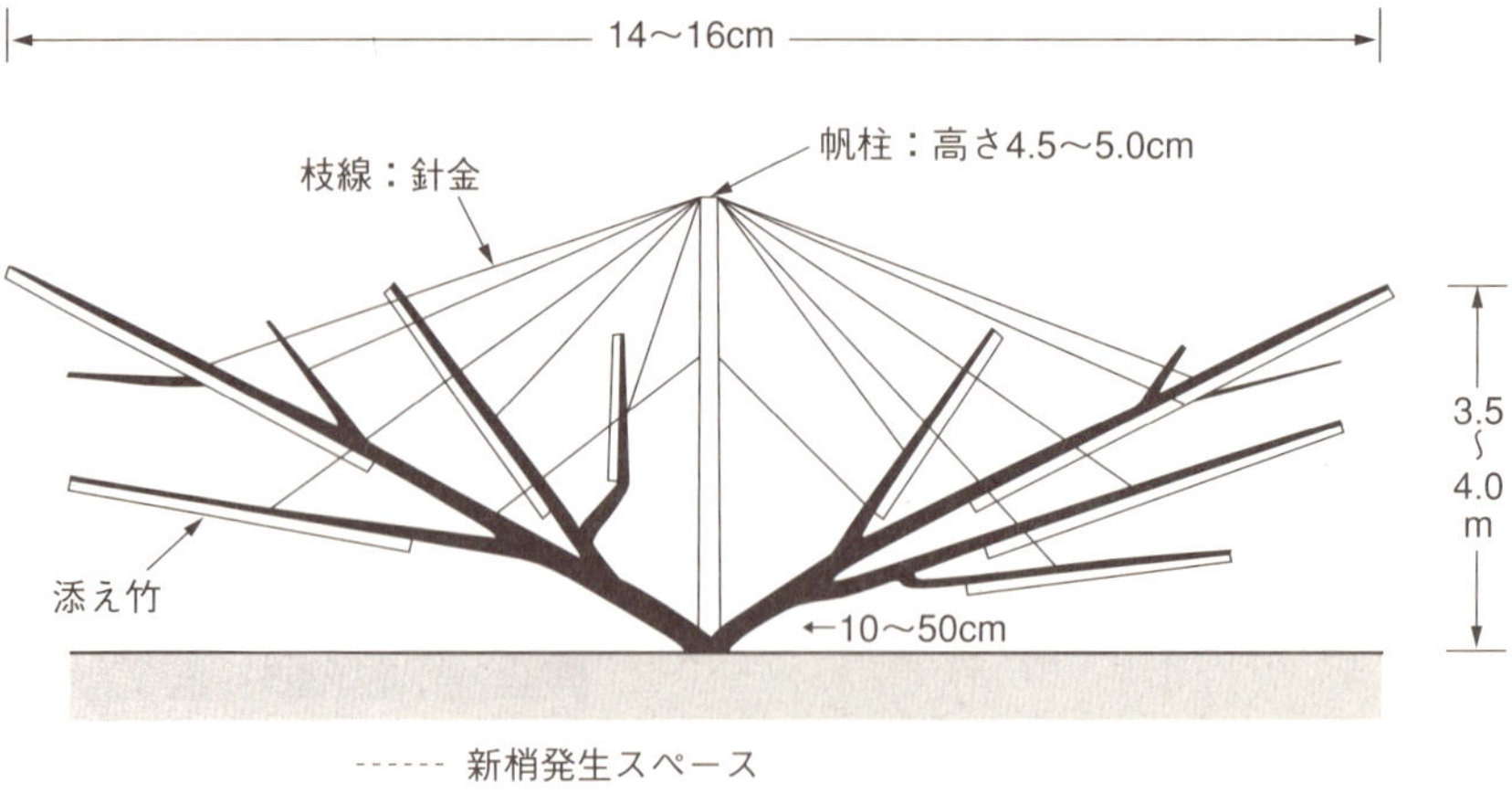

モモ大草流の樹形

夏季のせん定量が多いので、樹勢の維持が重要である。これには、収穫後の秋季せん定がポイントになっている。秋季に受光姿勢を悪くしている徒長枝を剪除し、中・短果枝に十分に日があたるようにする。光合成能力を高めて、貯蔵養分が十分に蓄積されるようにする。

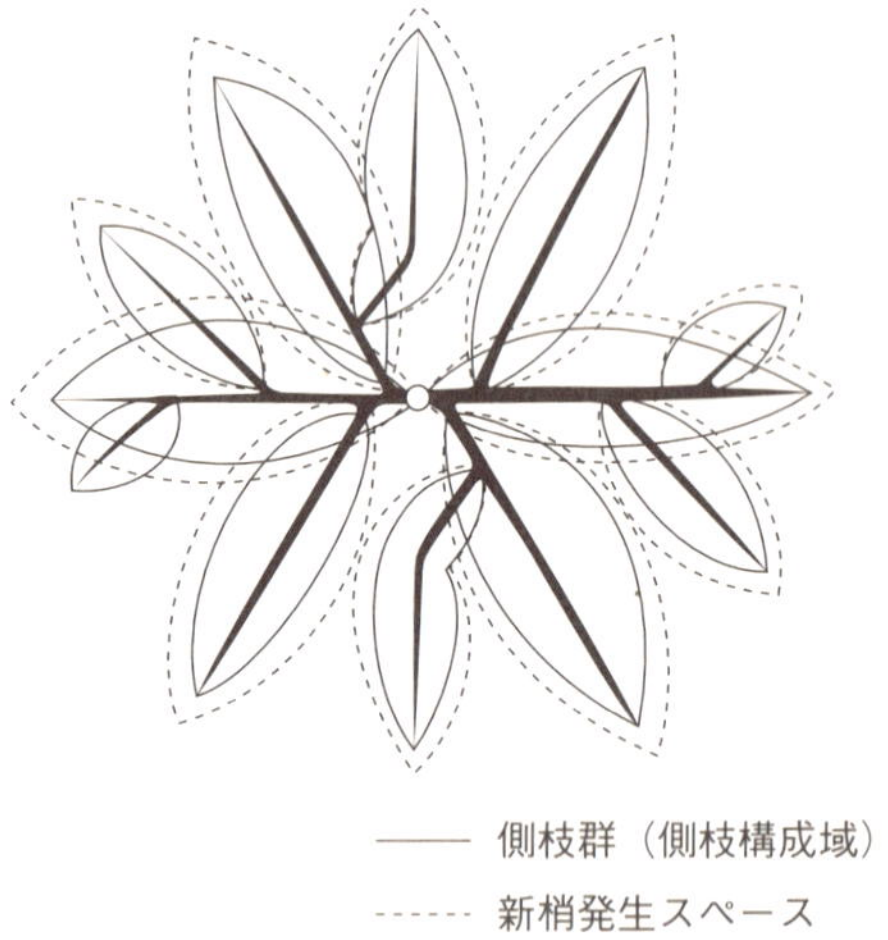

新梢が重ならないように、側枝の間隔を確保する

▼「超低樹高・超多収のモモ『大草流』」編集部99年3月号

八名流（モモ）

愛知県新城市の河部義通さんは、高齢になってもモモ栽培を続けられるように、高さ二メートルの超低樹高の仕立て法を考案した。一文字仕立ての主枝の背面から発生する新梢をすべて**摘心**処理して、充実した短果枝をふやし、反収二・五tを実現している。受光態勢がよく、大玉・高品質生産も可能となっている。

五月に、新梢が一〇cmほどに伸びたら、その先端をすべて摘心する。これを何回もくり返すと、花芽の多い結果母枝ができる。主枝の先端の新梢だけは、樹勢を維持するために四五度の角度をつけて伸ばす。

収穫が近づくと、摘心では追いつかないくらい直立枝が茂るので、袋かけの作業に入る直前に直立枝を根元から全部切り落とす（着果した水平枝はそのまま）。果実に日があたり大玉果になる。

八名流のモモ園を上からみたところ（撮影　赤松富仁）

収穫後に再び、主枝の背面から出る直立枝を切る。日やけ防止に背面枝を多少残しておくが、ここには実をならせず、春にすべて摘蕾する。

▼「目指すは一〇〇歳・健康果樹園　脚立いらずのモモ八名流」河部義通03年4月号

八名流の樹を真上からみたところ

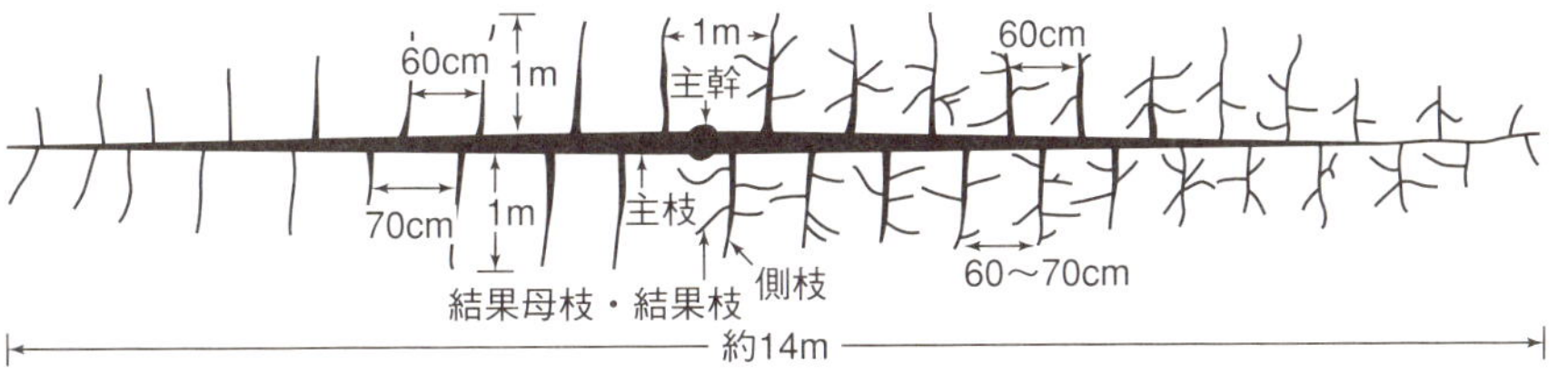

主枝から直接側枝を出させており、アバラ骨のような樹形。側枝の長さは1m、60〜70cm間隔で配置

真横からみたところ

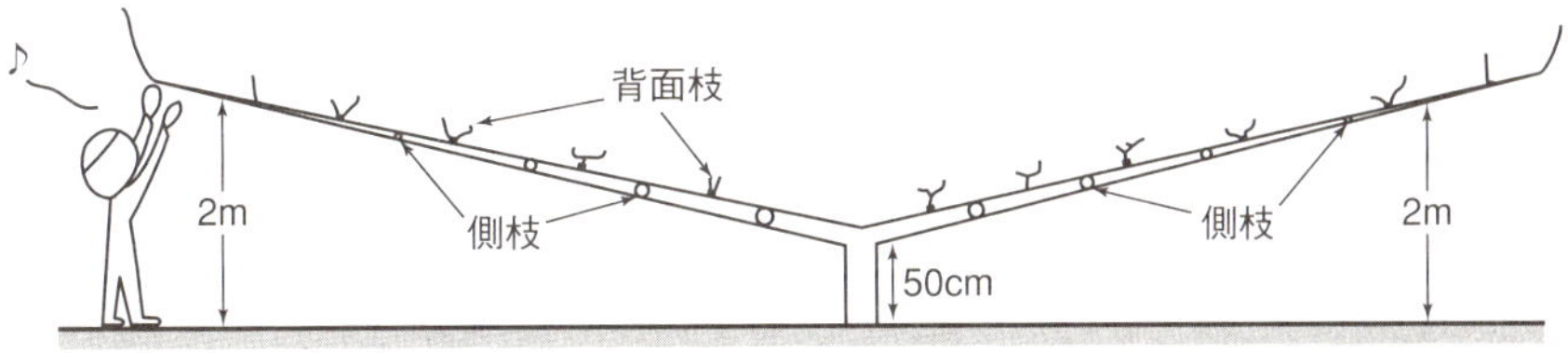

主枝には竹を添え、下から支柱を立てて重さを支える。隣り合う樹の添え木同士、ワイヤーを張って風による主枝の横揺れを防ぐ

夏肥（カンキツ）

カンキツの新梢は、春・夏・秋の三回伸長する。夏枝・秋枝は、若木など樹勢の強い樹で伸びやすい。ふつう結実量が多い樹では、夏秋枝は伸長せず、春枝に充実した花芽がつく。そこで従来は、春の施肥が春枝を充実させ、夏の施肥は夏秋枝を伸ばすので害になると考えられてきた。

これに対し、静岡県柑橘試験場の中間和光氏らは、カンキツの根は夏にもっとも窒素を吸収し、春の新梢や花の生長は、前年の夏〜初秋に吸収・貯蔵された養分でまかなわれていることを明らかにした。

逆に従来重視されてきた春先の施肥は、根を痛める。いっぽう、夏肥は夏秋枝の伸長や果実の着色には悪影響を与えず、肥料のほとんどが九月に伸びる根によって**貯蔵養分**として蓄積される。樹勢が安定し、品質がよくなる。さらに、吸収率が高いので施肥量も少なくてすむことが明らかになっている。

反収を四tとして試算すると、年間の窒素施用量は二〇〜二四kgとなる。そのうち六割を夏季（六月下旬、二次生理落下後）に施し、残り四割を秋（十月）に追肥する。春は施用しない。

夏肥はカンキツの品質向上と連年結果を実現するうえで、きわめて重要な栽培技術のひとつになっている。

▼「一二度・連産の夏肥ミカン・」飛鷹邦夫00年4月号／『ミカンづくりと施肥』中間和光著

秋元肥（落葉果樹）

これまで落葉果樹では、春の発芽を生育の始まりとし、冬〜春先にやる施肥を「元肥」としてきた。秋の施肥は「お礼肥」と呼ばれ、収穫で疲弊した樹体を回復させる目的とされてきた。これに対して、秋に施用した肥料は**貯蔵養分**として蓄積され、それを元に春先に根や新梢が生長し始めるので、秋肥を元肥（＝生育の始まりの施肥）とみなすべきという考え方が提出されている。

八〇年代に福島県果樹試験場の壽松木《すずき》章《あきら》氏（現岩手大学）らによって、貯蔵窒素の蓄積には秋の施肥が有効で、着色など品質への悪影響もないことが明らかにされた。

リンゴの発育と施肥時期（壽松木章氏）

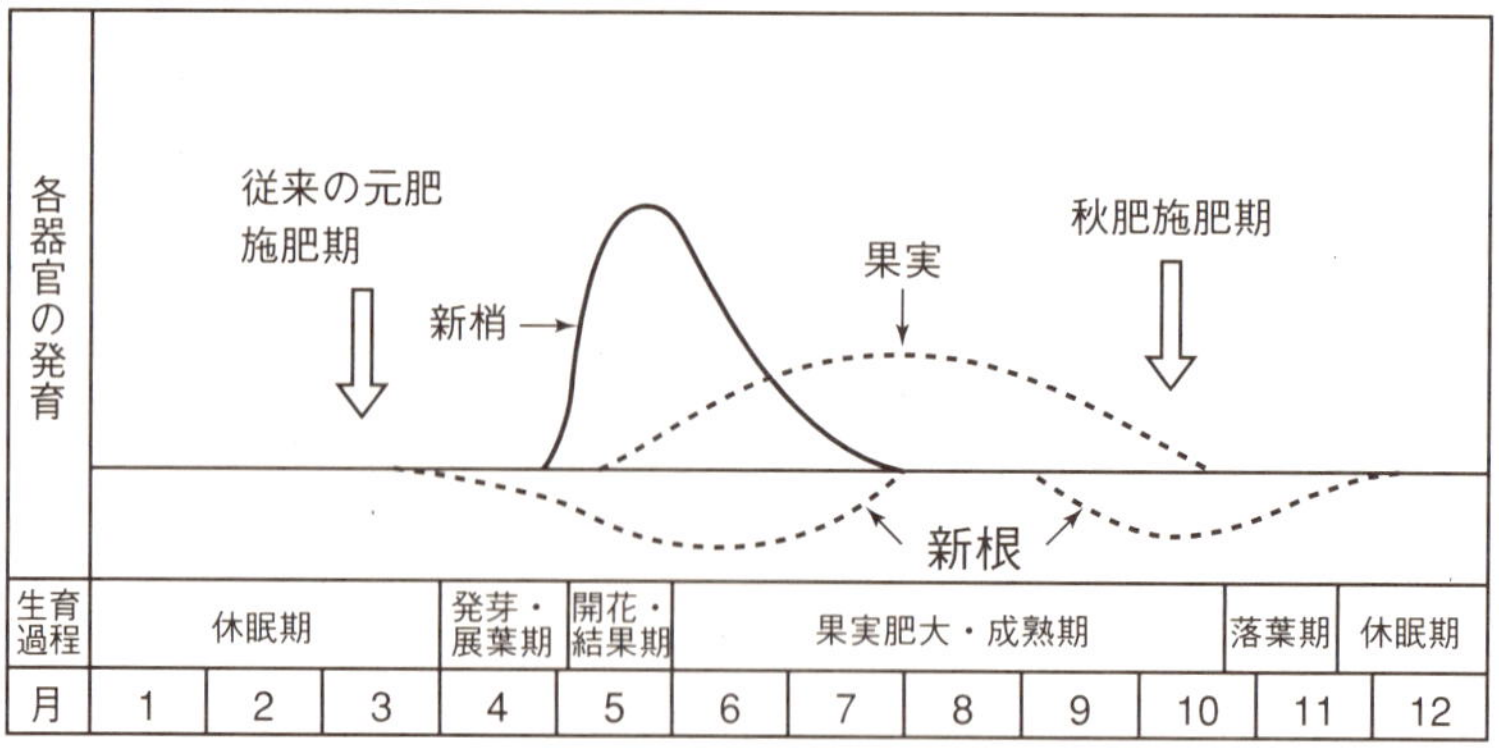

果樹が養分を吸収するのは新根が成長する春と秋。春に吸収された養分は枝葉や果実、新根などの新生部分の生長に使われるが、秋に吸収されると樹体内に蓄積されて、翌年の初期生長に使用される

落葉果樹では、春先にまず根が伸び、遅れて新梢が生長し始める。夏になると根と新梢の生育は停止し、果実が肥大する。そして秋には再び新根が伸びる。春の根が吸収した養分は、枝や葉、果実の生長にすぐに利用され、新梢の伸長など、樹勢を左右する。いっぽう、秋の根が吸収した養分は、地上部の生長にすぐには利用されず、根や枝にいったん貯蔵される。そのため、秋季の新梢の二次伸長や、果実の着色には影響がでない。

強樹勢で新梢の伸長が長く続いたり、二次伸長したりする場合は、春肥を控えて秋肥中心にする。逆に樹勢が弱くなった樹には、春肥をふやすのが有効である。また、有機質肥料を使用する場合は肥効がゆっくり現れるので、施用時期に留意する。

▼特集「来年の春芽、貯蔵養分を考えたら、秋こそ元肥だ」03年10月号／「樹の発育と合っているのは春肥より秋肥」壽松木章03年10月号

草生栽培

果樹園に下草を生やす園地管理法を「草生栽培」といい、除草剤や中耕によって下草を生やさない方法を「清耕栽培」「裸地栽培」という。かつては、中耕してわらで覆う敷きわら法が一般的であったが、コンバインが普及した近年ではわらの入手が難しく、労力もないことから、草生栽培が見直されている。

一般に草生栽培では、①有機物の補給　②

果樹園の草生栽培用草類

●印重要

	種類	生育期		用途
イネ科	イタリアン	春—夏		落葉果樹下草用
	オーチャード			
	チモシー	夏冬—春		夏草防止蔓性果樹用
	カラスムギ			
	麦類			
マメ科	カラスエンドウ	冬—春	●	春草防止常緑樹用
	スズメエンドウ		●	春草防止落葉樹用
	●ヘアリーベッチ		●	夏草防止高木落葉樹用
	●ザートウィッケン		●	
	●モンゴピー	春—夏	●	
	カウピー			
	ササゲ			
	クズ			
	●ラジノクローバー	周年	●	周年草防止全果樹用
	赤・白クローバー			
	●ルーサン		●	
	クリムソン			
	スイート			
	サブタニアン			
	などのクローバー類			
	●ウマゴヤシ	冬—春	●	春草防止夏野菜および果樹用
	●レンゲ	春	●	
	●落花生	春—夏	●	夏草防止（緑肥用）
	●大豆・小豆		●	
	●メナガ小豆		●	
	●ルーピン		●	
	●ソラマメ	冬—春	●	春草防止（緑肥用）
	●エンドウ		●	
	ヤハズソウ	春		春草防止
	ヤブマメ			
	タンキリマメ			
十字科	●大根・カブ	秋—冬		冬草防止全果樹用
	●カラシナ			
	タカナ			
	クロナ			
	ハクサイ			
	●ナタネ			
	その他の菜類			

（福岡正信「緑の哲学」1972年より）

傾斜地などでの土壌流亡の防止 ③機械による踏圧防止に効果があり、清耕栽培では①地温が上がりやすい ②肥効が現われやすい ③草が作業のじゃまにならない ④罹病した落葉を処理しやすいなどの特徴がある。そこで、樹冠下だけを清耕にし、他は草生に管理する方法も広く行なわれている。

草生栽培で多いのは、もともと園地にある雑草を生やす「雑草草生」である。雑草草生はわざわざ種子をまかなくてもよいという利点はあるが、背丈が高くなって作業のじゃまになることが多いので、定期的な草刈がかかせない。クローバー、イタリアンライグラス、ケンタッキーブルーグラス、ライムギ、ヘアリーベッチなどの緑肥も利用されているが、これらは毎年播種しなければならない。そこで、草刈りや播種作業が省力化できる、**ナギナタガヤ**のような草生植物が求められている。

また、かつては草がアブラムシなど害虫の定着場所になるとして清耕栽培が奨励されたが、現在では、害虫を捕食する**天敵**の生息場所にもなることが明らかになってきた。**フェロモン剤**など選択的な防除法と組み合わせて、天敵を保護する草生法の模索が始まっている。

ナギナタガヤ

▼「もっと自在に草生栽培」編集部04年11月号

ナギナタガヤは、西アジア原産のイネ科雑草である（別名ネズミノシッポ、シッポガヤ、ミキクサ）。同じ西アジア原産の麦と同じで、秋に発芽、ゆっくり生長しながら冬を越し、春に出穂、初夏に結実・倒伏して自然に枯れてしまう。日本では、秋まき麦が栽培できる関東以西に自生していると考えられる。

瀬戸内海周辺の一部の果樹農家の間では、かなり以前から草生栽培に利用されていたようであるが、九七年に広島県の道法正徳氏が『現代農業』誌に紹介して以来、全国の果樹農家の注目を集めるようになった。

現在はカンキツを中心にナシ、ウメ、ブドウ、カキなどあらゆる果樹に利用が広がり、不適地と思われる東北地方のリンゴやオウトウでの活用事例もある。さらには、お茶やアスパラガスに利用する農家もいる。

ナギナタガヤ草生には、①**マルチムギ**などと違い毎年播種しなくても繁殖する ②春から夏にかけての雑草をよく抑える ③有機物の補給が多い（乾物で反当八〇〇kg） ④ナギナタガヤの根に**VA菌根菌**が共生し、**リン酸**が吸収されやすくなる ⑤乾燥しにくく水分が安定するので、ミカンなどの品質がよくなる ⑥夏場の地温の上昇を防止する、などの効果が報告されている。傾斜地では滑りやすいが、スパイクのついた地下足袋など滑りにくい靴を履けば問題はない。

ちなみに欧米では、ナギナタガヤはフェスキュー（fescueウシノケグサ）と呼ばれ、昔から牧草や**緑肥**に利用されてきた。

▼「夏には枯れるナギナタガヤ草生で、表層には味を

ナシ園のナギナタガヤ（5月）（撮影　宇佐美卓哉）

生み出す細根ビッシリ」ホンキートンクファーム97年10月号／『高糖度・連産のミカンつくり』川田建次著

わい化栽培

わい化栽培は、わい性の台木（M9、M26など）を使って果樹をわい小化し、密植にする栽培法。おもにリンゴ栽培で普及している。

日本では、低樹高で土地条件に左右されにくく、経済寿命の長い開心形が独自に発展してきた。いっぽう、欧米ではわい性台木によって低樹高を実現する方法が開発され、オランダで発達したスレンダースピンドルが六〇年代に世界中に広まった。日本のわい化園でも、スレンダースピンドルが基本の形になっている。

しかし、スレンダースピンドルの密植栽培は、太陽光線の入射角度が低い高緯度地方に適し、かつ季節労働者の雇用に都合よく考案された方法とされる。一〇年ほどで改植することを前提としているので、土地や地代が高価で経営面積が少なく、家族労働を基本とする日本では経営効率が悪い。たとえわい化栽培であっても、植えた樹を三〇年は利用した

リンゴわい性台木樹の整枝法

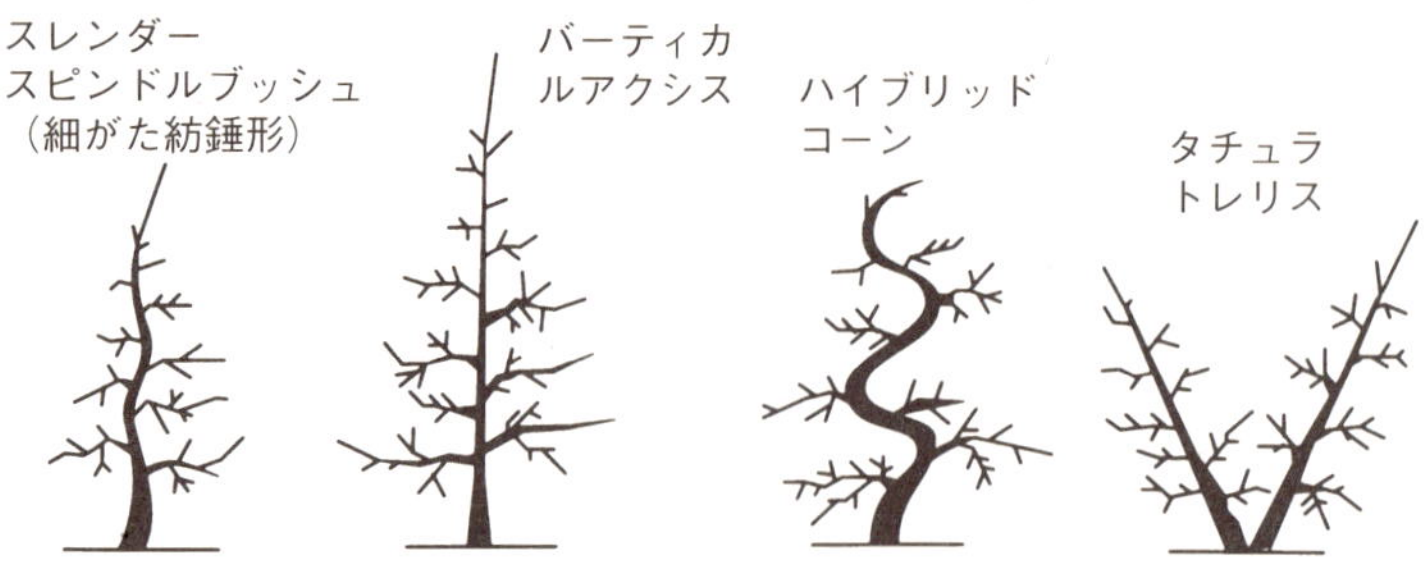

注　タチュラトレリスにはY字形やV字形整枝がある。

福島県の大竹邦弘さんらは、6mぐらいあった20年目のスレンダースピンドルを切り下げ、長幹開心形に変えた。主枝は3～4本で樹高約3.5m
（撮影　赤松富仁）

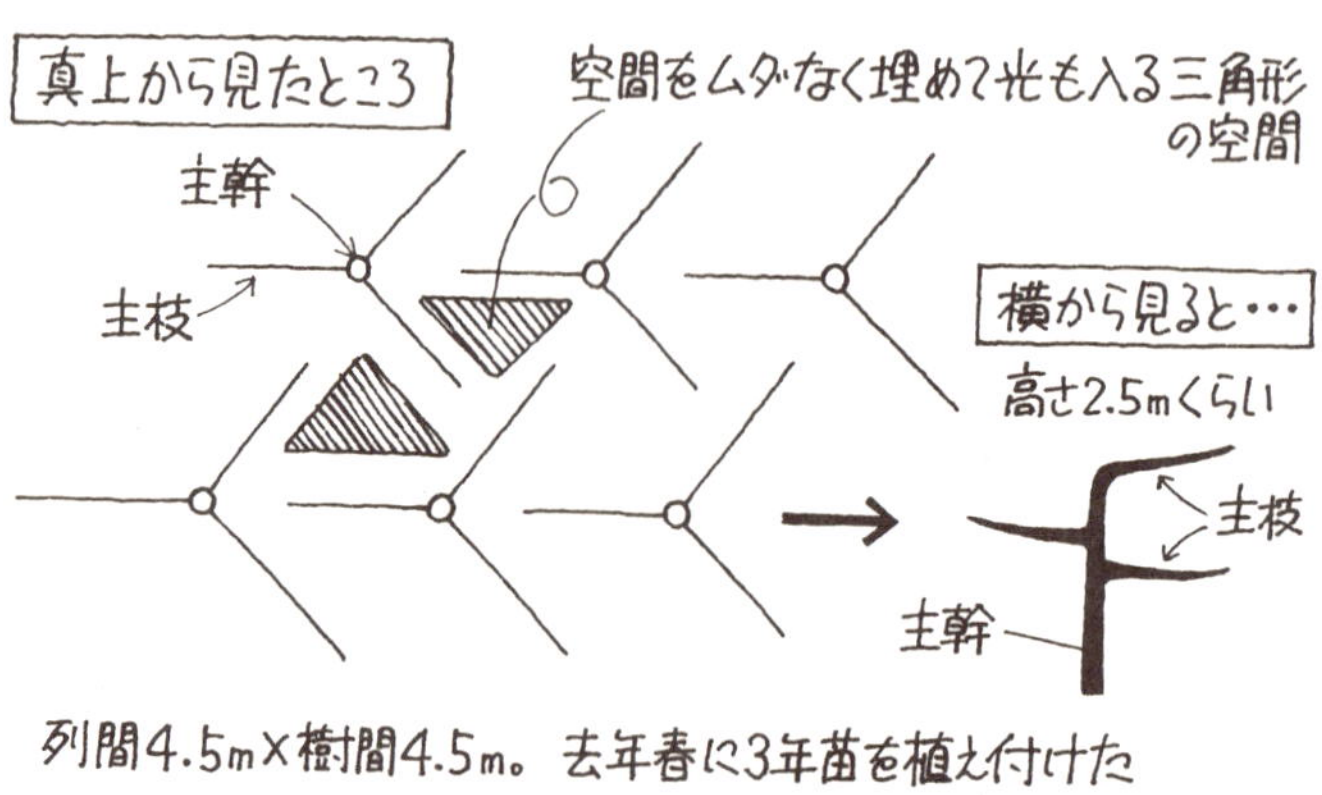

大竹さんの理想形〝3本仕立て〟

いとする農家がほとんどである。

現在はどこの産地でも、わい化木が大型化して、作業効率や受光姿勢が悪くなっている。そこで、日本にもともとあった開心形のノウハウを活用して、間伐や低樹高化のさまざまな取り組みが行なわれている。

▼「わい化リンゴを低樹高に　福島県・大竹邦弘さん」編集部04年12月号／『リンゴの作業便利帳』三上敏弘著

新梢

多年生の植物である樹木は、若いうちは花が咲かず実もならない。栄養生長が強く、樹体を早く大きくするために新梢をいっぱいに伸ばして枝を広げる。

「モモ・クリ三年…」といわれるように、ある樹齢に達すると、開花・結実するようになる。リンゴやナシの成木では、春先に葉が展開して開花・結実し、その間も新梢は生長を続ける。自然状態の成木では、その年に伸びる新梢はわずかであるが、栽培している果樹の場合は、せん定をするので新梢は長く伸びる。

夏になると、自然に新梢と根の伸長が停止

リンゴの新梢と花芽

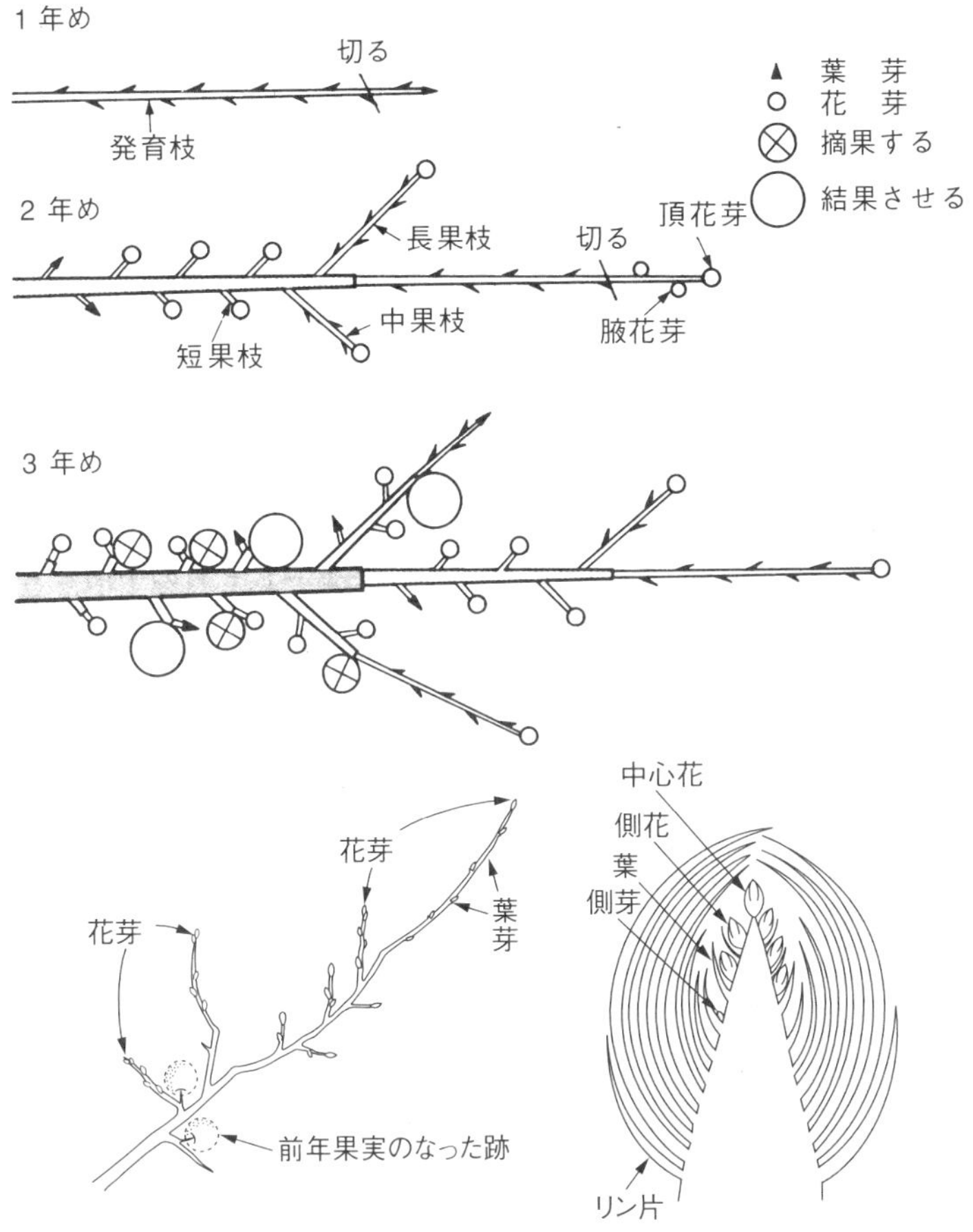

ナシの新梢

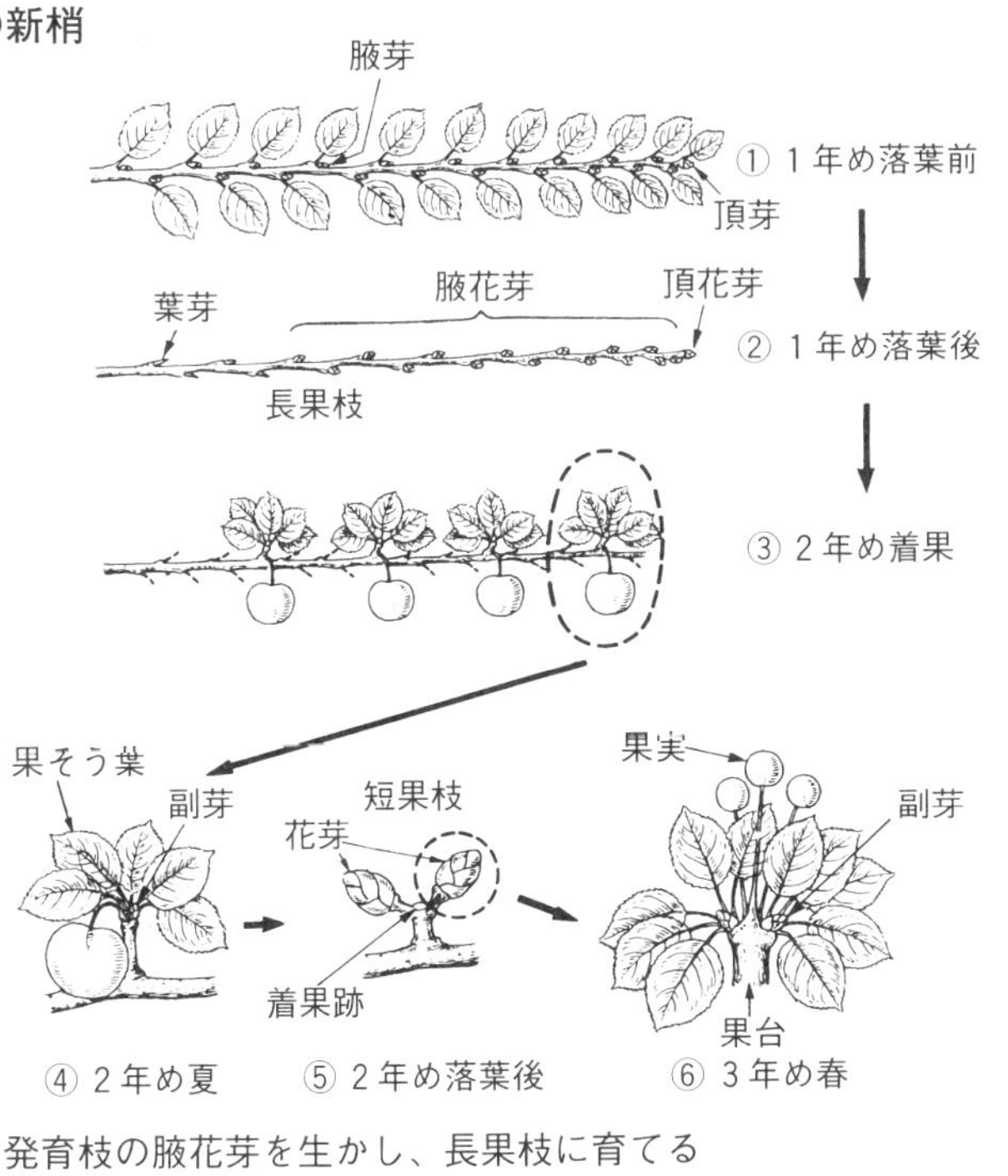

ナシは発育枝の腋花芽を生かし、長果枝に育てる

する。ただし一本の樹の中でも枝の状態（日照・貯蔵養分・せん定の強弱など）によって、新梢が停止する時期はちがう。翌年の花芽は、新梢伸長が停止しないと形成されないので、新梢が早く停止する枝ほど**花芽形成**の時間が長くなり、充実した花芽ができる。また、新梢停止が早い枝が多いほど、全体の花芽の数がふえる（だから自然状態の樹木は花の数が多い）。

前年に花芽が形成されていて果実が成る枝を「結果枝」というが、そのうち新梢の停止が早く短いものを「短果枝」、中程度を「中果枝」、長いものを「長果枝」という。新梢がいつまでも伸びて、結局花芽ができなかったものを「発育枝」、発育枝の中でもとくに長く伸びるものを「**徒長枝**」という。

リンゴ、ナシは新梢の先端（頂芽）に花芽ができるのがふつうだが、発育枝の腋芽にも花芽が着く。これを「腋花芽」という。リンゴでは腋花芽に結実した果実は品質が劣るので、ほとんどが摘果によって除かれる。ナシは、腋花芽がつきやすい性質があり、亜主枝から発生した発育枝を誘引して、長果枝として利用する。

モモやオウトウは生長が早く、花芽が着きやすい性質がある。春先に葉が展開する前に花が咲く。新梢の先端はつねに葉芽で、新梢

モモの新梢

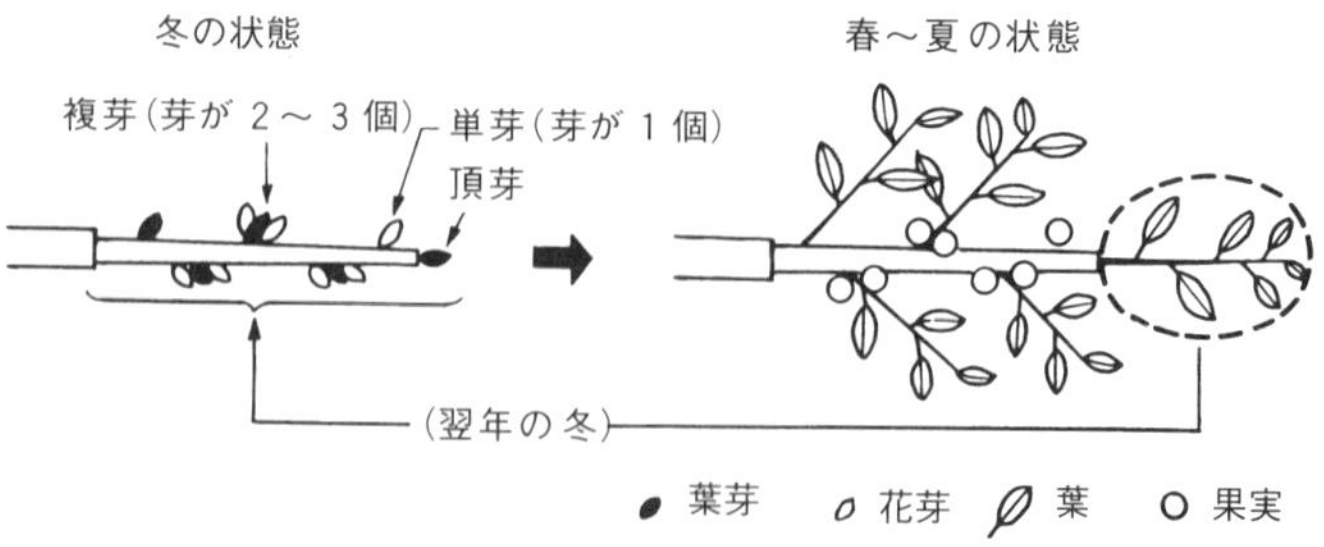

モモは新梢の葉腋に花芽（果実）ができる

ブドウの新梢

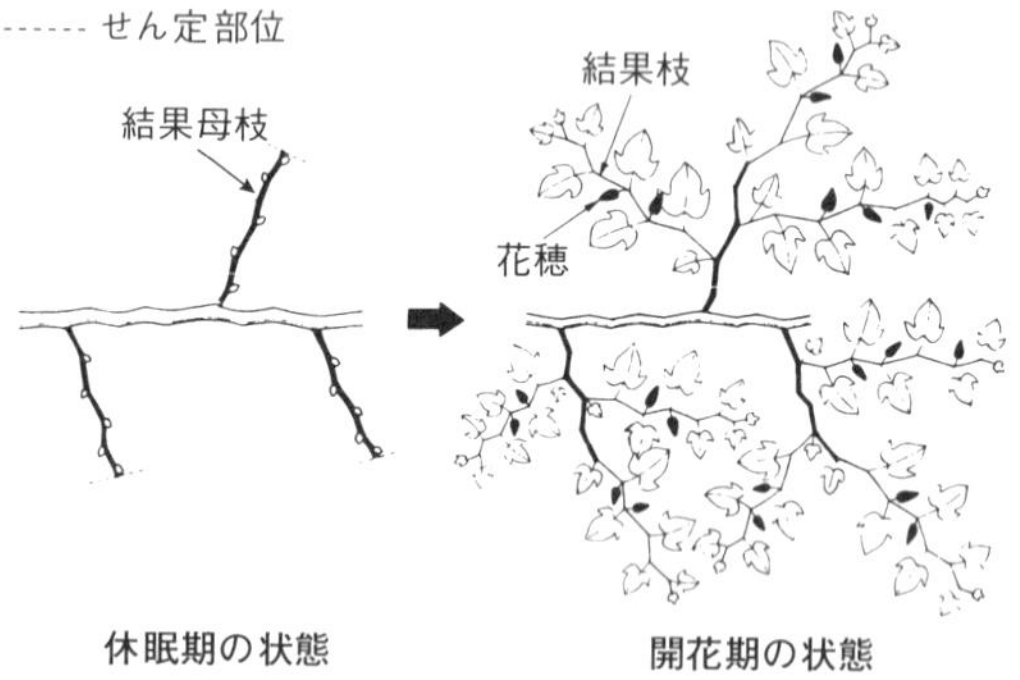

カキの結果母枝

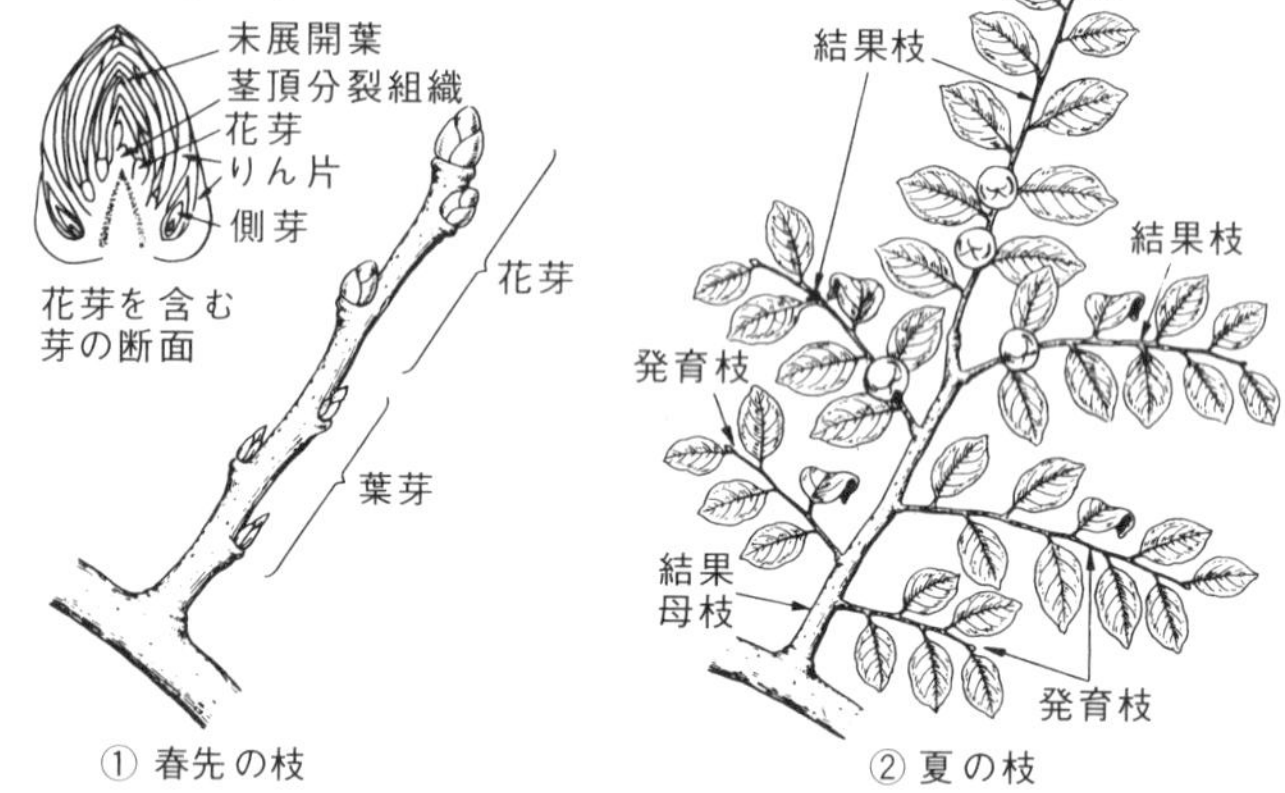

カンキツの新梢

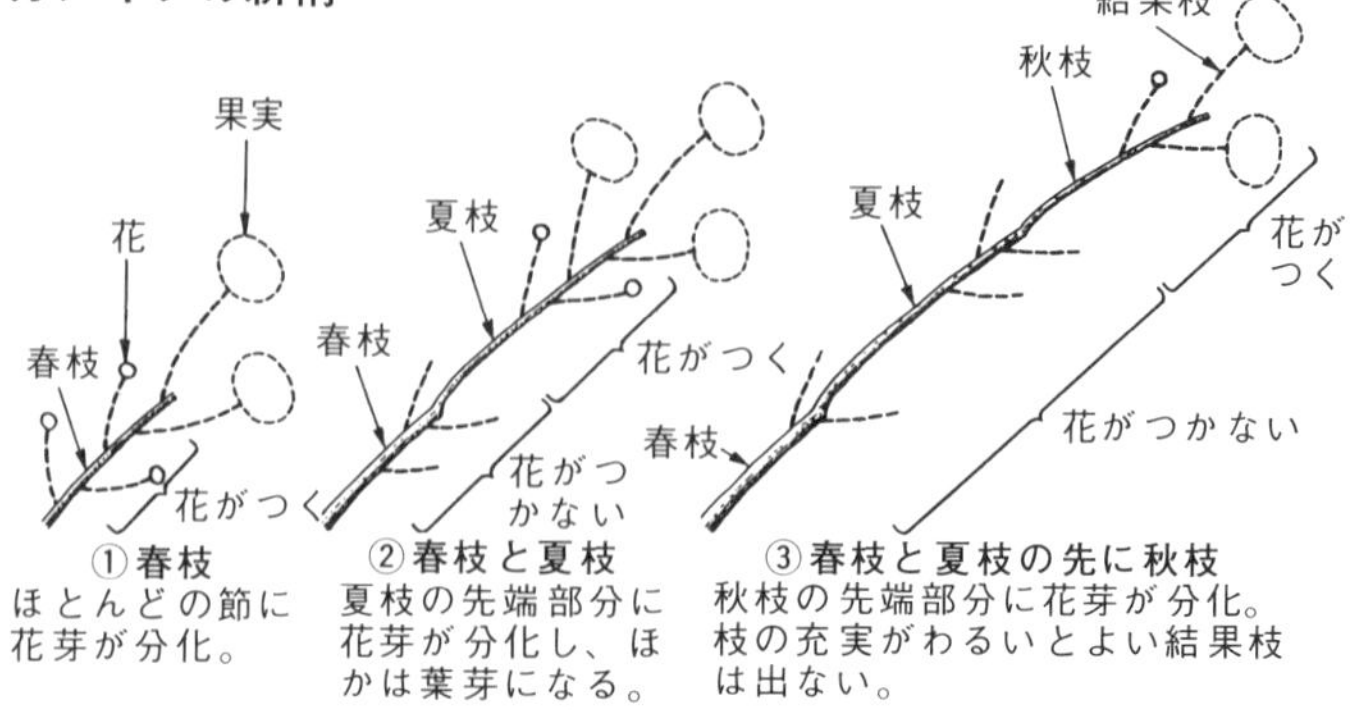

①春枝
ほとんどの節に花芽が分化。
②春枝と夏枝
夏枝の先端部分に花芽が分化し、ほかは葉芽になる。
③春枝と夏枝の先に秋枝
秋枝の先端部分に花芽が分化。枝の充実がわるいとよい結果枝は出ない。

の葉腋に翌年の花芽と葉芽が着生する。また、一つの花芽の中には花が一つしかできない。

　つる性のブドウは、新梢を伸ばしながら、枝分かれして新たな新梢（副梢）を伸ばし、同時に花房や巻きひげを着けていく。花芽の原基ができるのは、前年の春である。花芽の中には、葉・花穂・副芽など複数の結果枝が含まれているので、前年の新梢を「結果母枝」という。

植物ホルモン

　作物体内でつくられ、生長と発育に対して調節作用をもつ生理活性物質を植物ホルモンという。ドイツのザウレ博士は、落葉果樹の新梢と根の伸長の仕組みを、植物ホルモンの働きで説明した。春先に地温が上がってくると、まず根が伸び始める。根で作られたサイトカイニンとジベレリンは、木部の導管を通って枝の先端に送られ、新梢が生長を始める。新梢の先端で作られたオーキシンは、師部を通って下のほうに移動し根に到達する。オーキシンは根の生長を促進し、根から多くのサイトカイニン・ジベレリンが先端に送られて新梢がさらに生長する（正のフィードバック）。

　やがて、根のオーキシン濃度が高まり、根の伸長がとまる。なぜなら、オーキシンは濃度が低い時は生長を促進し、高い時は抑制する働きがあるからだ。すると、根から送られるホルモンが少なくなり、新梢の伸びが停止する。そして根も伸びなくなる（負のフィー

フィーバック説の模式図（Saure,1971「せん定を科学する」）

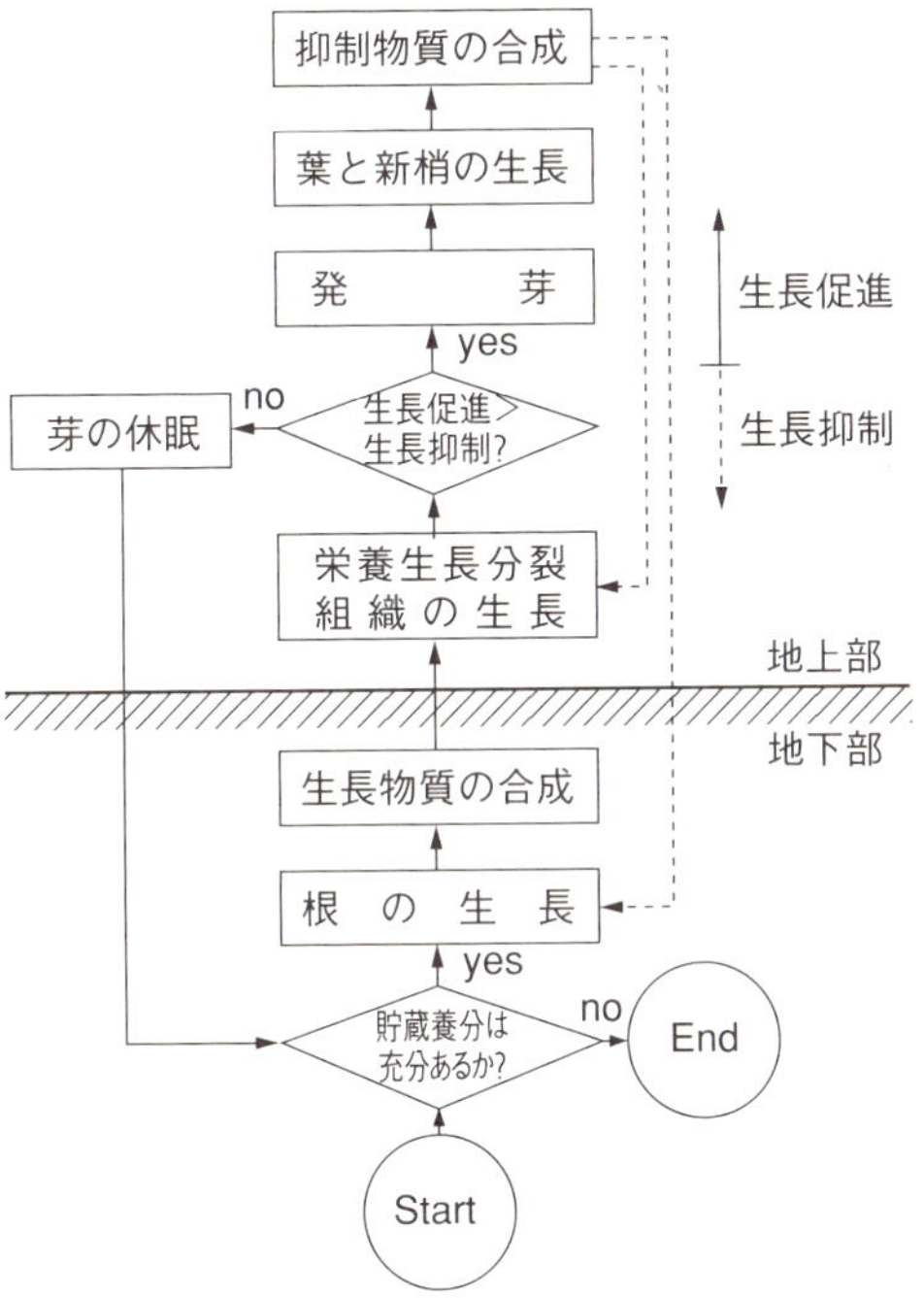

果樹における植物ホルモンの働き（横田清氏　農業技術大系果樹編）

作用	オーキシン	ジベレリン	サイトカイニン	エチレン	アブシジン酸
カルスの形成	促進	阻害の例多い	とくに増殖の促進	促進の例あり	?
根の形成	促進	阻害の例多い	?	促進のばあいあり	?
根の伸長	低濃度で促進	阻害傾向あり	?	高濃度で阻害	?
枝の伸長	低濃度で促進	促進	促進	高濃度で阻害	?
側芽の伸長	阻害	?	促進	?	?
枝の伸長停止	高濃度で促進	阻害	阻害	促進	促進？
休眠の誘起	?	阻害	?	?	促進
休眠の打破	促進？	促進	促進？	?	阻害？
花芽形成	促進	阻害の例多い	促進	促進のばあいあり	?
単為結果の誘起	促進	促進	促進	?	?
果実の肥大	促進	促進	促進	促進のばあいあり	?
成熟の促進	促進	阻害の例多い	?	促進	?
落果の誘起	阻害	?	?	促進	促進？
果実の貯蔵性	?	?	?	低下させる	?
光合成の促進	?	?	促進？	?	?
葉の緑色保持	?	阻害傾向あり	促進	阻害傾向あり	?
気孔の開閉機能	?	?	?	?	促進

ドバック）。

植物ホルモンは極微量で作用するために、実証的な研究が困難だが、このフィードバック説によって、根と新梢の伸長・停止の仕組みをうまく説明できるとされる。

▼『植物ホルモンを生かす』太田保夫著

花芽の形成

昔から果樹栽培では、樹体の窒素（N）濃度が高いと栄養生長が強くなって花芽ができず、炭水化物（C）が多いと生殖生長に移行して花芽が着きやすくなると説明されてきた。これをC―N説という。しかし近年の研究では、窒素が少ないと花芽ができにくくなるので、花芽の形成には炭水化物も窒素も両方必要であるとされている。

現在では、花芽形成には植物ホルモンの働きが大きいと考えられている。花芽形成を促進する植物ホルモンのひとつはサイトカイニンである。サイトカイニンは葉や根でつくられ、枝の先端に移動して芽の生長点の細胞分裂活性を高くする。また、エチレンやアブシジン酸も、芽の生長を促進すると考えられており、これらは枝を曲げるなどのストレスでふえるとされる。

いっぽう、ジベレリンは花芽形成を抑制する。ジベレリンは新梢の先端や種子で作られるので、摘果や新梢先端の摘心によって、花芽分化が促進される。ただし、ジベレリンには、花芽分化を促進するもの（GA4）と抑制するもの（GA3）があることがわかってきた。このジベレリンと、サイトカイニンは牽制しあう関係にある。

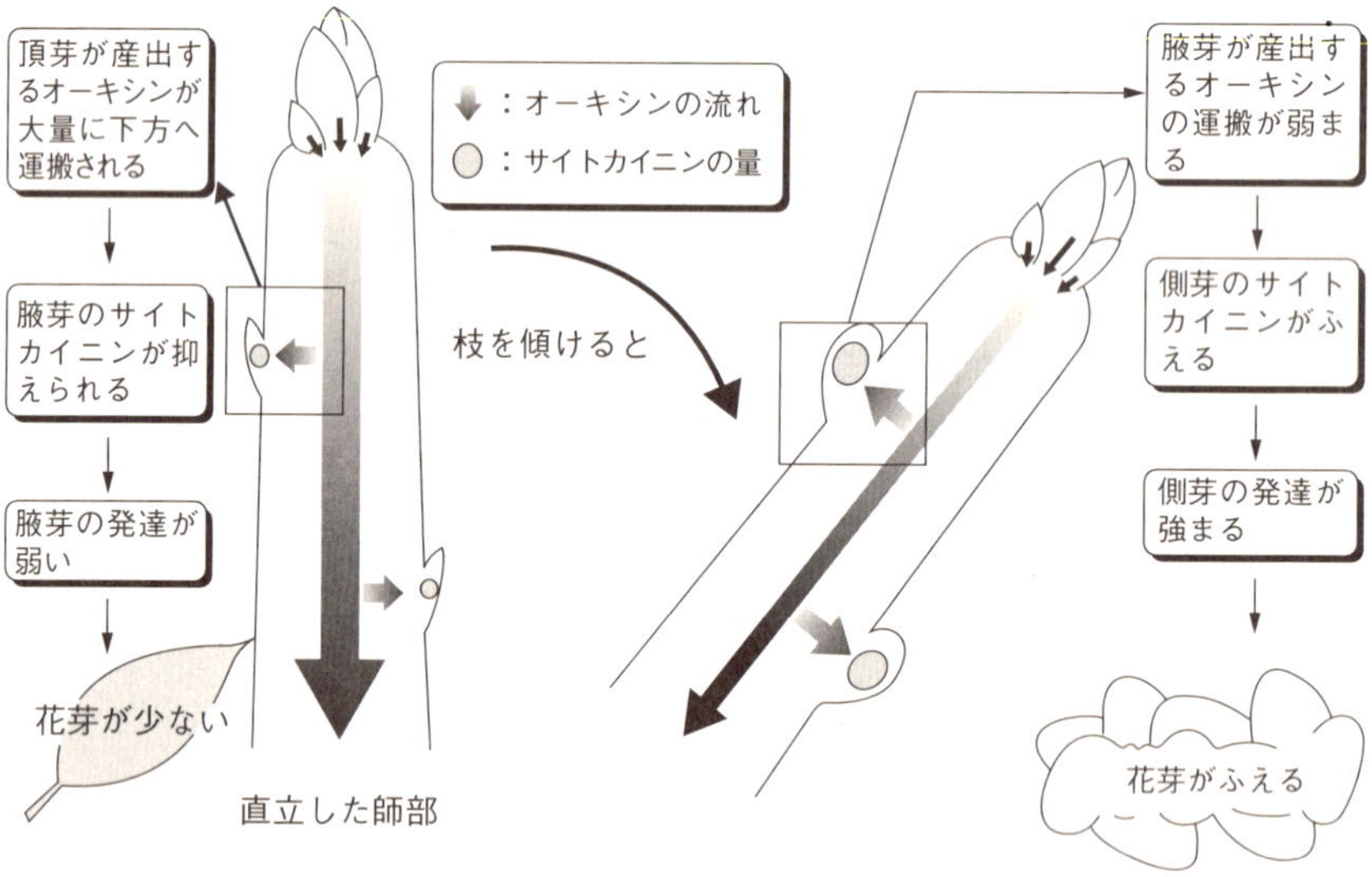

頂芽が産出するオーキシンが大量に下方へ運搬される
腋芽のサイトカイニンが抑えられる
腋芽の発達が弱い
花芽が少ない
直立した師部
：オーキシンの流れ
：サイトカイニンの量
枝を傾けると
腋芽が産出するオーキシンの運搬が弱まる
側芽のサイトカイニンがふえる
側芽の発達が強まる
花芽がふえる

誘引によってナシの花芽が形成される仕組み（伊東明子氏　農業技術大系果樹編）

また、枝の先端部などで生成されるオーキシンは、師部（樹皮の内側）をくだりながら腋芽の発達を抑制する。誘引や摘心によって、オーキシンの量が少なくなると、腋花芽ができやすくなると説明されている。

▼「花になるか、芽になるか」河瀬憲次２００２年１月号

頂部優勢

樹木には、枝の頂部から出た新梢がもっとも強く伸長し、腋芽から出た新梢は生育が抑制され、母枝との角度が広くなるという性質がある。これを頂部優勢という。頂部優勢は、**植物ホルモン**の働きによると考えられている。根から導管を通って頂部に送られたサイトカイニンが新梢の生長を促し、新梢先端でつくられたオーキシンが師部を下りながら、腋芽の生長を抑制する。

一年生枝の先端部を冬季に切り返したり、伸長している新梢を**摘心**すると、腋芽から新梢が発生する。これは、頂芽でつくられていたオーキシンが生成されなくなると同時に、根から送られてきたサイトカイニンが腋芽に集まるからとされる。

また、腋芽の上に目傷をつけると、腋芽が生長しはじめる。これは師部を下ってくるオーキシンが遮断されたためで、枝の角度は鋭角となる。オーキシンがなくなっただけのときは鋭角になり、オーキシンとサイトカイニンが両方とも作用しているときは、鈍角になると考えられている。

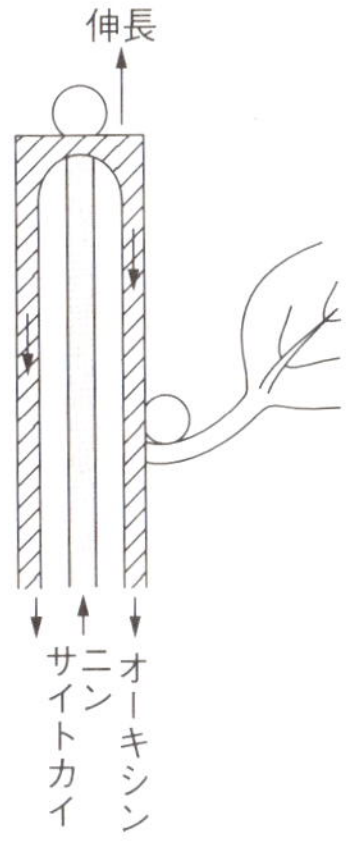

頂部優勢のホルモン説
頂部に送られたサイトカイニンが新梢の生長を促し、新梢先端でつくられたオーキシンが腋芽の生長を抑制する

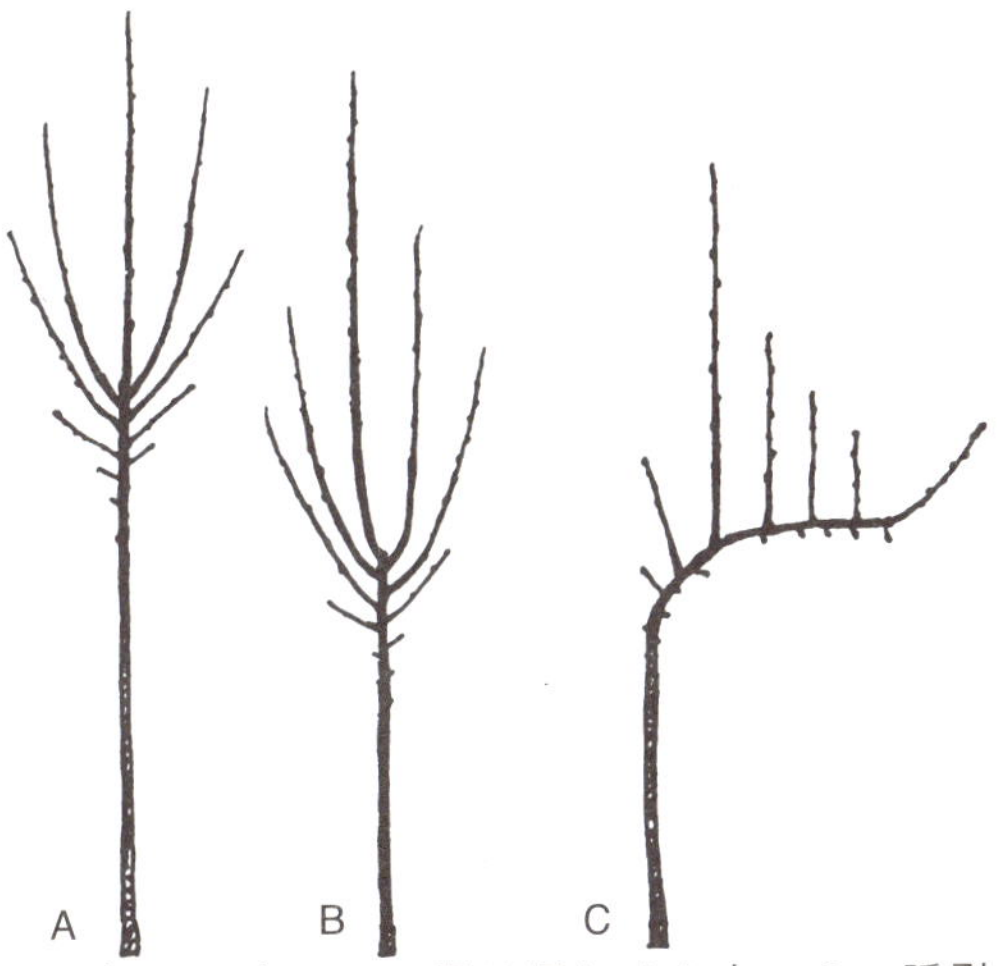

A：無せん定、B：切り返しせん定、C：誘引枝はもとの高さを取り戻そうとする（「せん定を科学する」）

花振い

ブドウの花が開花しても、実が止まらないことを花振いという。また巨峰やピオーネなど、大粒で大きな果房になる品種では、密に着粒せず、成熟しても粒の隙間から果柄が見えるような状態になりやすい。受精や結実の有無にかかわらず、このような状態も花振いという。

受粉・受精がうまくいかない要因の一つは、開花時期の天候である。低温や長雨が続くと不稔となりやすい。また、天候がよくても樹の貯蔵養分が不足していると、着果しにくくなる。さらに、微量要素とくにホウ素の欠乏によって葉や花房に障害がでることがわかっており、葉面散布や土壌施用で補給する。

巨峰など大粒種の花振い防止には、果房の上部と先端部を切除する房つくりが有効である。また、花振いは強樹勢で春先に新梢が強く伸びる樹に多いので、窒素の施用をなくして、冬季は弱せん定にし、春季には新梢の伸長をみながら先端部を摘心する方法がとられている。

▼「生長点を殺すな」赤松富仁 05年8月号

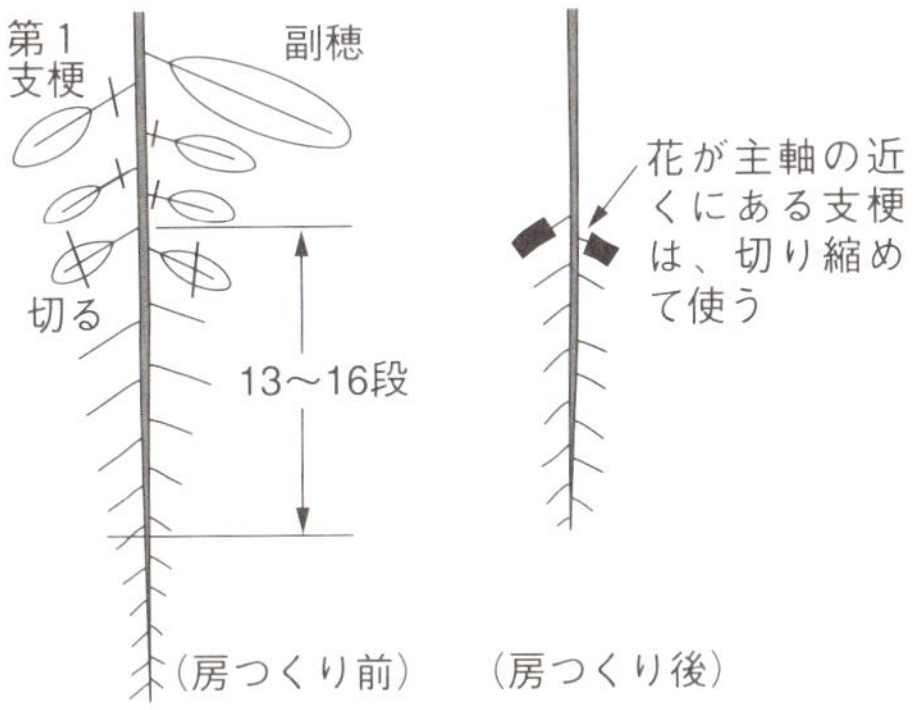

房つくりの例

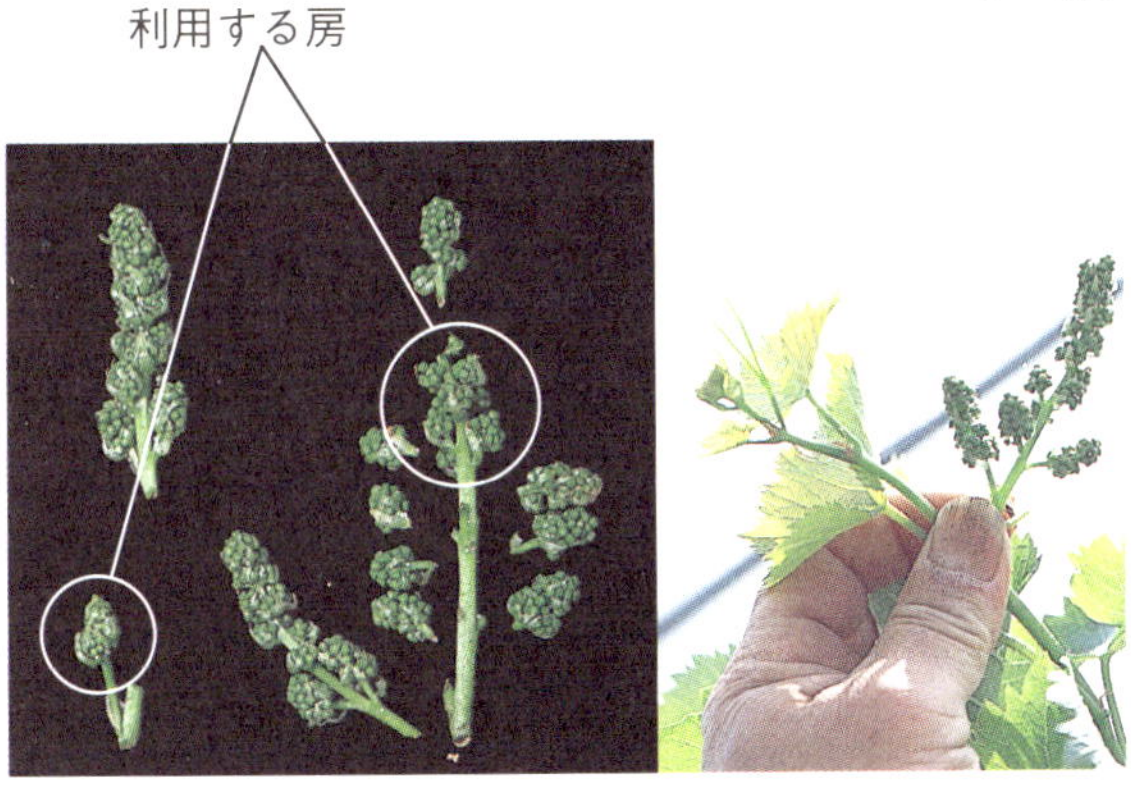

写真右のような花穂を整理するには、写真左のように2とおりの方法がある。山形県の工藤隆弘さんの場合は、ハサミを入れる回数が少なくてすむ左はしのやり方。どちらも品質は同じという（品種はオリンピア）
（撮影　赤松富仁）

畜産の用語

放牧（酪農）

アメリカでは八〇年代に、ＴＭＲ（混合飼料）と飼養標準による乳牛の高泌乳化が広まった。平均乳量一万kgを搾る経営が可能となり、その後日本にも、ＴＭＲ・飼料標準・高泌乳牛が導入された。

しかし、それは割高な輸入飼料、高額のミキサーフィーダーなどへの依存を強めることでもあり、生産コストの上昇につながる。飼料代を抑えるには自給飼料をふやすことが近道だが、刈り取り時期や土壌条件によって牧草の品質が安定せず牛の摂取が悪くなったり、ＴＤＭやＣＰの変動が大きくなる。結局、乳量は八〇〇〇kgで頭打ち、牛の受胎率、産次数の低下、病気の増加で経営が悪化という悪循環に陥る農家も少なくない。

放牧などはもってのほかである。放牧して牛に草を自由に食べさせれば、設計どおりの給餌ができなくなるというのがその理由だ。

広大なアメリカでさえ放牧されている牛は一割にすぎず、農地のせまい日本ではごくまれである。

しかし、ごく少数ではあるが、日本でも山地酪農のような放牧主体の経営もつづけられていた。九〇年代には、北海道中標津町の三友盛行氏らの「マイペース酪農」が注目を集めた。三友氏は一九六八年から、永年草地での粗放型放牧を続けてきた。乳量水準は年間五五〇〇kgほどだが、①放牧によって濃厚飼料が減るので生産原価が下がる　②牧草の刈り取り・乾燥・詰め込みなどの作業を減らせる　③糞出しの仕事を最小限にできる　④牛が健康になり受胎率・産次数があがるなど、作業や暮らし方にゆとりが生まれる。

また、北海道津別町の大矢根憲太郎氏らは、昼夜放牧によってＴＤＮ自給率を六五％確保し、乳量九五〇〇kg、平均産次数三・二を実現している。もともとホルスタイン種は、土壌にカル

北海道江別市百瀬牧場の集約放牧　搾乳牛40頭を9ha（1頭当たり22.5a）に放牧

シウムなどミネラルが多い西欧で育成された品種であり、雨が多くミネラル含量が低い日本の土壌では、牛が牧草を好んで食べないことがある。そこで、土壌のミネラル改善によって摂取量をふやし、さらに牧草だけでは不足する分を、濃厚飼料・繊維類・蛋白質などで補うという方法をとっている（ＰＭＲ＝Part Mixed Ration）。

●ＴＭＲ　Total Mixed Ration　栄養学的に牛が必要とする成分量を満たすように、粗飼料・濃厚飼料・ミネラルなどを混合した飼料。飼料を混合して給餌回数を多くすると、粗飼料・濃厚飼料などを別々に与える（分離給餌法）より、牛が餌を多く食べる。昔から酪農や養豚で行なわれてきた「どぶ飼い」（粗飼料、配合飼料、米ぬか、フスマなどを水で練る）と同じ理屈

●飼養標準　家畜の生産段階（年齢・乳量・体重など）に応じて各種栄養素の要求量を示したもので、飼料給与の基準となっている。乳牛では、乾物摂取量（ＤＭＩ）・エネルギー・蛋白質・無機物・ビタミンなどの基準が示されている。ＮＲＣ（アメリカ国家研究会議）の飼養標準がもっとも権威があるとされる

●ＴＤＮ　Total Digestible Nutrients　可消化養分総量　飼料のエネルギー濃度をあらわす。乳量をふやすには、牛が食べる餌の量（乾物摂取量）をふやすか、高いエネルギー濃度の餌を食べさせればよい。摂取量には限度があるので、エネルギー濃度を高める方法がとられる（濃厚飼料を与える）。しかし、エネルギー濃度が高いほど粗飼料の割合が低くなり、牛の生理に異常がおきやすくなる。高能力牛の泌乳期の適切なＴＤＮ濃度は乾物中の70～78％とされている

●ＣＰ　crude protein　粗蛋白質　飼料中の粗蛋白質の含量をあらわす。高能力牛の泌乳期のＣＰ含量の標準は15％前後とされている

▼「牛が草を食ってくれないのはなぜか?」エリック川辺05年1月号／『マイペース酪農』三友盛行著

放牧養豚

かつて豚の繁殖経営では、母豚（繁殖豚）の足腰をしっかりさせ体力をつけるために、放牧場や運動場での飼育はごくふつうに行なわれていた。しかし、一貫経営や肥育での放牧はまれで、山梨県の中嶋千里氏や群馬県の清水雅祥氏など、ごく一部の生産者が取り組んできたにすぎない。中嶋千里氏の場合は、島根県畜産試験場が作成した「放牧養豚の手引き」（七五年）を参考に、七七年から放牧養豚を行なっている。近年では、ＪＡ富士開拓の松澤文人氏の取り組みなども『現代農業』誌に紹介された。

いっぽう、イギリスでは八〇年代後半～九

野外分娩用のハッチ　母豚は分娩後1週間は単独行動を好むので、1頭に1ハッチ、1区画を与える。色艶がよくなり、母性も強くなる

子豚の育成用ハッチ　1年ごとに移動させて地床を更新し、跡地には緑餌など作付ける（提供　山下哲生氏、上も）

○年代に豚の「野外放牧」が広がった。とくに、育成豚を野外で飼養する離乳期放牧が普及し、子豚生産の三〇%が野外放牧であるという。

養豚コンサルタントの山下哲生氏は、イギリスで発達した「野外放牧」を日本に紹介している。離乳期の子豚は感染症に弱いので、ハッチ（小屋）つきの放牧場で群飼する。舎飼いのようなストレスがかからず、密飼いではないので感染症が広がりにくい。ハッチは床がなく地面なので、一定期間ごとに場所を移動すれば、糞尿処理が不要で衛生的である。跡地は数年耕種利用し、再び放牧場にする。いわば放牧でのオールインオールアウト（感染予防のために、子豚をグループ単位で移動すること）である。また、ハッチでは夏場の換気と冬場の保温が不可欠となる。

育成豚だけでなく、野外でのハッチ飼養で母豚の繁殖成績を上げたり、肥育豚の肉質を向上させる効果もある。

▼「かつての放し飼い、これからの放し飼い」山下哲生 04年7月号

むらごと放牧（里地里山放牧）

中山間地域では減反や高齢化、米価の低迷によって、休耕田や耕作放棄田が増加している。荒廃地がふえると、イノシシやカメムシなどが繁殖し、周辺の農地での営農がさらに困難となる。そこで、千田雅之氏（中央農業総合研究センター）らは、里山や里地を電気牧柵で囲い、家畜を放牧することを提案した。

島根県温泉津町では転作田や周囲の耕作放棄地に、牛と電気牧柵をセットで派遣して、農地の保全管理を行なっている。大田市小山地区では、むらをあげて放牧に取り組み、荒廃地の解消・果樹園の下草管理の省力化・イノシシの防止を実現している。

かつて放牧が行なわれていた入会牧野や公共牧場は、草地の造成や維持に多くの労力が必要であったが、里地放牧の場合は、柵で囲えばすぐに放牧が可能となる。入会権を持たない畜産農家でも放牧が可能で、経営改善につながっている。現在もっとも注目されてい

牛は畑のすぐそばまで「草刈り」してくれるうえ、イノシシの被害もなくなった（鳥取県大田市小山地区　下も）（提供　千田雅之、下も）

牛を見に、子どもたちがたくさん訪れるようになった

るのは、里地放牧によってイノシシやシカなどの防止に効果が高いことである。さらに、家畜がのんびりと草を食む姿は、穏やかで美しい農村景観をつくりだし、たくさんの子どもたちが動物を眺めにやってくる。これも、精神的な豊かさを保つ上ではとても大切な点である。

▼「むらごと放牧で荒地が減った！イノシシ害がなくなった！」編集部02年9月号／『和牛のノシバ放牧』上田孝道著

敷地放牧

長野県の小沢禎一郎さんが提案した方法で、牛舎に隣接する屋敷まわりの敷地いっぱいに牧柵をめぐらし、牛群をわけて放牧する。不要なものを撤去すれば意外と広い。

牛は地面に横たわり、太陽の光を浴びて風に当たり、雨でアカ・ホコリが洗い流される。新鮮な空気、適度な運動によってストレスが少なくなると餌も多く食べるようになる。繁殖障害や起立不能など乳牛の病障害が少なくなる。糞尿は広く薄く撒かれて自然に分解し、肥料になってしまう。悪臭もなく、糞尿処理の手間が軽減される。

現在のほとんどの酪農経営では、牛をつなぎっ放しにしているので、放牧場に放すと最初は戸惑うが、じきに外の環境に馴れる。

▼「わが下有対策は『敷地放牧』」小沢禎一郎03年12月号

屋敷や牛舎のまわりを整理したら、1haの「敷地」ができた。糞は点々と落とされ、すぐに乾燥して臭いもでない。「ここまでくるのに40年かかってしまった。牛を狭いスペースに飼うことしかしてこなかった。鎖でつないで監獄囚と同じだった。牛の習性を知る必要もなかった…」と小沢さんはいう（撮影　赤松富仁）

二本立て給与

千葉県の獣医師・渡辺高俊氏（故人）が二〇万頭の直腸検査にもとづき、乳牛を健康に飼うために編み出した飼料給与法。飼料給与を、粗飼料（基礎飼料）と濃厚飼料（変数飼料）に、また乾乳期と泌乳期に分けて考えるのが特徴。かつては牛の病気や繁殖障害を克服しながら、年間乳量を引き上げる給与法として多くの酪農家に支持された。

渡辺氏はさらに、高能力牛を育成するための「純粗飼料育成」を提唱した。これは、生まれてから初産までの育成期に、母乳・粉乳・乾草・わら・ビートパルプ・ヘイキューブを与え、濃厚飼料ぬきで育てる方法である。

渡辺氏の給与法は、濃厚飼料の多投によって牛の繁殖障害や生理異常が多発し、経営が困難となることが少なくない状況を憂い、わらや牧草など自給飼料を最大限利用して、高泌乳牛を上手に飼う方法を追求してきたものである。アメリカの余剰穀物にどっぷり依存するのではなく、日本の農地を守り、風土を生かすための技術であった。

▼「高泌乳牛を飼いこなす　新二本立て給与法」編集部02年12月号／『乳牛の能力診断と飼養』渡辺高俊著

サンドイッチ交配

宮城県の獣医師・宮下正一氏は枝肉成績を分析する中で、肉質がよい資質系と増体しやすい体積系の種牛を交互に交配した和牛が、高値で取り引きされることに気がついた。系統の組み合わせは、パン（体積系）・具（資質系）・パン（体積系）とするのがよく、サンドイッチのようなイメージになる（「サンドイッチ交配」と最初に名づけたのは栃木県の高久啓二郎氏とされる）。

まず、種牛の系統を体積系（糸桜系・気高系）と、資質系（安福系・茂重波系・田尻系）の2タイプに分ける。交配の組み合わせを三代祖の種牛までさかのぼり、A～F型の六つに分類する。

A型に近づくほど枝肉が高値になり、F型に近づくほど安値になる傾向がある。そこで、資質系には体積系の種牛、体積系には資質系の種牛を選択することで、牛群をA型へと改良していく。

▼「サンドイッチ型交配で牛群改良」宮下正一03年2月号

サンドイッチ型交配の例

父が体積系、**母の父が資質系**、母の母の父が体積系のもの。いわゆるサンドイッチ型に交配されたもので、枝肉成績が一番安定しているA型。

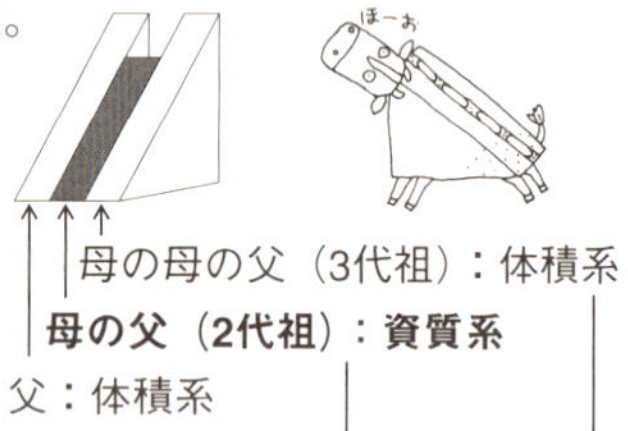

例（北国7-8 × **安福165-9** × 糸光
平茂勝 × **紋次郎** × 景藤）

	父	母の父	母の母の父
A型	体積系	資質系	体積系
	資質系	体積系	資質系
B型	体積系	資質系	資質系
	資質系	体積系	体積系
C型	体積系	資質系	不明
	資質系	体積系	不明

	父	母の父	母の母の父
D型	体積系	体積系	資質系
	資質系	資質系	体積系
E型	体積系	体積系	不明
	資質系	資質系	不明
F型	体積系	体積系	体積系
	資質系	資質系	資質系

自然卵養鶏

岐阜県の中島正氏は、大規模なケージ養鶏に対して、小羽数・平飼いによる自然卵養鶏を提唱した。多羽数をケージ飼養すると、病気にかかりやすくなり、薬剤を多用せざるを得なくなる。自然卵養鶏では、四季を通じて鶏舎を開放し、新鮮な空気・きれいな水・日光・適度な運動・緑草・土との接触を与えることで、にわとりの健全な生育と良質な卵の生産を目指している。飼料は自家配合で自家労力、産直販売などを基本とすることも特徴である。

自然卵養鶏は、現在では有機農業をめざす多くの農家によって取り組まれるようになった。いっぽう、自然卵の生産量が増大するに伴い、個々の農家の売れ行きが落ちたり、品質の低下や病気の発生なども指摘されるようになった。

福岡県の早瀬憲太郎氏は、農家がにわとりの生理や養鶏の技術についてきちんとした知識を持ち、新しい需要を引き起こすアピールの方法を身につける必要性を説いている。そして、安全で品質のよい卵を生産することで、大規模養鶏によってほぼ占有されている市場の一端を、自然卵で担うことを提案している。

▼「自然卵養鶏への提案」早瀬憲太郎04年7月号／

『増補版　自然卵養鶏法』中島正著／『発酵利用の自然養鶏』笹村出著

畜産の土着菌利用

畜産への**土着菌**利用は、韓国自然農業協会・趙漢珪氏が提案した。養豚の場合は、豚舎にオガクズを深さ一m程度に積み、地元の土・**自然塩**・土着菌を加えて床をつくる。ここに豚を入れ、糞尿によって適度な養水分が加わると、微生物が活発に繁殖・発酵を始める。

発酵床はちょうど「ぬか床」のような働きがあり、繁殖した微生物が家畜の病原菌や悪臭・ハエなどの発生を抑える。床は豚が勝手に掘り返すので、切り返さなくても、適度な発酵の状態が保たれる。また、発酵床を豚が食べ、腸内細菌のバランスがとれて健康になる。家畜へのストレスが減り、母豚の繁殖成績、子豚の生存率、肉豚の増体・上物率がアップする。

さらに、豚が食べて床が減少していくので、床の材料を補充するだけで、入れ替える必要はない。きつい糞尿処理の作業を減らせるだけでなく、最後は良質な堆肥として販売できる。

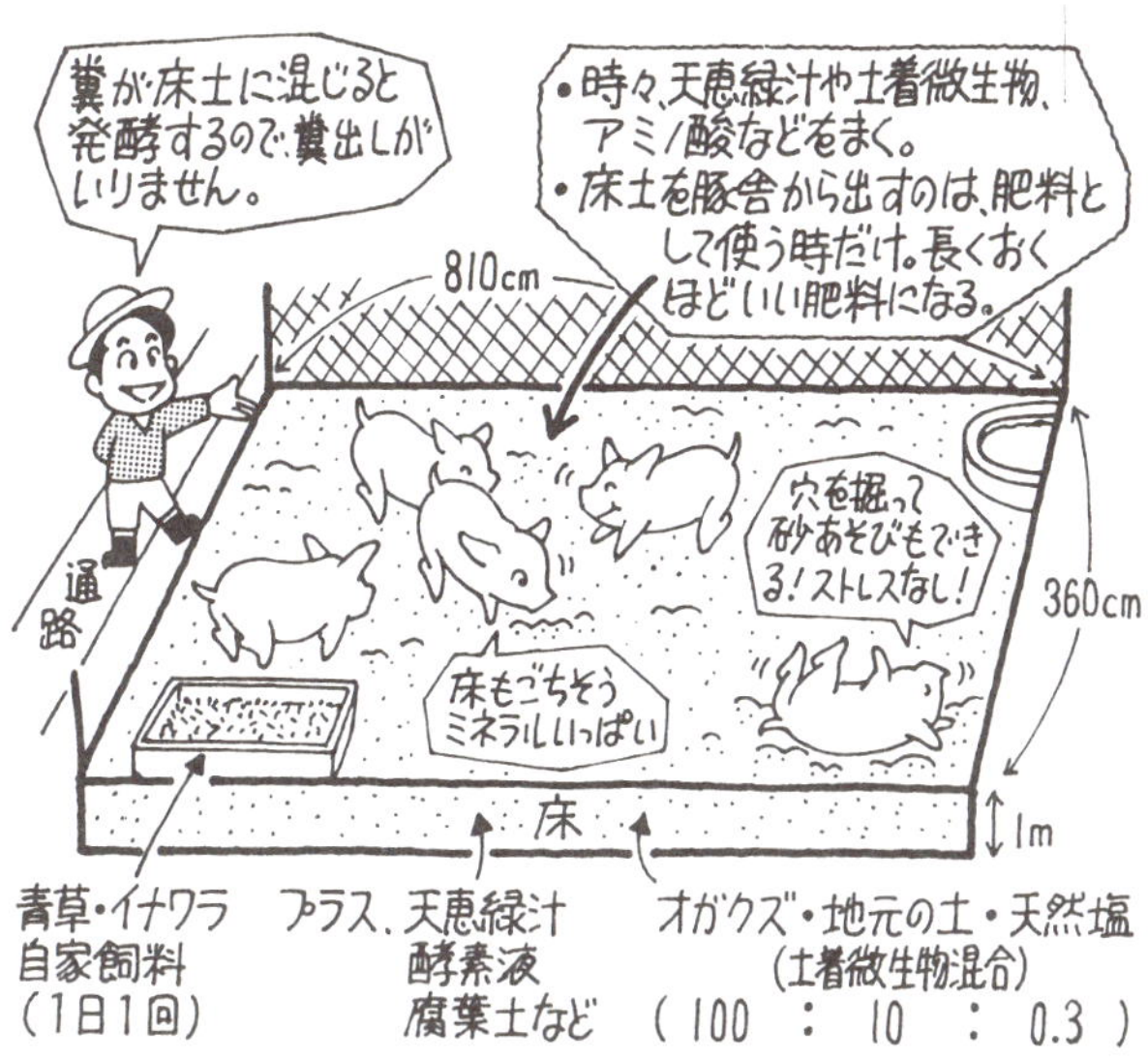

床の発酵が落ち着くまでは、トイレ部分と乾燥部分を混ぜて水分を調節する。とくに冬場は微生物の働きが弱まるので、床の管理に気をつける。水分が多すぎる部分はいったん外に出し、土や土着微生物を加え、環境を整えてから戻してやる。豚が発酵床を食べ床がじょじょに沈んでいくので、床材を補充する

床を掘ると、発酵しているのは表面から40〜50cmで、その下はまっさらなオガクズ。この部分が空気を含んで上層の発酵を促し、大雨が降り込んだ時の水の逃げ場にもなる（提供　姫野祐子）

▼「カネ・テマいらずの発酵床で豚は健康」姫野祐子　04年3月号／『土着微生物を活かす』趙漢珪著

飼料イネ

牛の飼料用にするイネのことで、おもにロール状にして乳酸発酵させたホールクロップサイレージの形で利用される。大豆・麦・飼料作物などの栽培条件に適さない水田での、転作作物として関心が集まっている。

酪農家にとっては、安価で安全な粗飼料が

確保できる、耕種農家にとっては田植え機など手持ちの機械や設備を利用して転作ができるなどのメリットがある。そこで、地域ぐるみで取り組む飼料イネ栽培も、各地で試みられている。

現在は、収穫・調製用の専用機も開発され、「ホシユタカ」や「はまさり」など主力品種の研究や新しい専用品種の改良も進んできた。

▼「転作で飼料イネ」編集部00年3月

つぼ療法

人間の鍼灸療法と同じように、牛や豚のつぼ（経穴）を刺激して、病気や生理障害を予防・治療する療法が行なわれている。

なかでもお灸はやり方が簡単で、効果も安定しているので、実践する畜産農家が多い。たとえば、繁殖障害を改善したいときは、後背～尾部にかけてのつぼの位置に味噌を塗り、その上に丸めたもぐさをのせて火をつける。多少は熱がる牛もいるが、お灸によって牛はリラックスし、よだれをたらしながら排糞・排尿する。味噌やもぐさなど身の回りにあるものを利用でき、薬剤だけに依存せずにすむ。

また、お湯で濡らした手ぬぐいを牛の背中に置き、アルコールを少したらして火をつける「手ぬぐい灸療法」もある。これはお灸ほど熱くなく、温かい程度の温度で二〇～三〇分かけるので、温灸のような効果があるという。

▼「背中のつぼ　体幹のつぼ　三〇カ所のお灸で消化器病に卓効あり」保坂虎重87年12月号

お灸で繁殖障害だけでなく、食滞など他の疾病の治療にも効果を上げている（撮影　平蔵伸洋）

下痢止め

牛や豚の下痢止めに、化学薬剤を用いないさまざまな民間療法が行なわれている。

アワ穀やビワの葉の焼酎漬けや煎じ汁、ポカリスエット粉末をお湯で溶いたもの、正露丸を溶かした柿の葉茶、クマザサの煎じ汁、ウメの砂糖漬け、カロリーメイト缶、ワカマツ錠、ヤクルト、ニラ、バナナ、酢卵、お灸、炭など。ほとんどは、人間が行う民間療法を家畜に応用したものである。

また、**土着菌**を活用した発酵床や市販生菌剤を母親に与えることで、子どもの下痢を改善させる方法もある。子豚は母豚の糞や床をなめることで、母親の腸内細菌を受け継ぐとされる。そこで、まず母親の腸内細菌を改善することで、子豚の健全な腸内細菌が確立できるという。

▼「母豚の腸内を健康にしたら、子豚の下痢が減る！」本薗幸広02年9月号

バイオガス

家畜糞尿や**生ごみ**などの有機物を、酸素の少ない環境下でメタン発酵させると、バイオガス（メタンガス）が発生する。このバイオガスを調理や照明、エンジン用の燃料、発電などに利用することができる。

　また、分解された有機物が液体として残ったものを、バイオガス液肥という。バイオガス液肥は、窒素・リン酸・カリなどの無機栄養成分が豊富なだけでなく、嫌気性微生物がバランスよく繁殖しており、静菌作用があるともいわれる。

　バイオガスプラントは日本ではあまり普及していないが、世界では中国五〇〇万基、インド一二六万基、ネパール六〇〇〇基、ドイツ二〇〇〇基が稼動しているといわれる。化石資源の枯渇や、二酸化炭素の増加による地球温暖化が問題になっている現代では、大きな関心を集めつつある（バイオガスはもともと植物が大気中から固定した二酸化炭素＝有機物を分解・利用しているので、大気中の二酸化炭素濃度をふやしも減らしもしない）。

　バイオガスキャラバン事務局の桑原衛氏らは、ポリチューブを利用した三万円でできる小型のバイオガスプラントを考案し、普及している。また、京都府八木町では、町内の二五戸の畜産農家から出る家畜糞尿と豆腐工場からの**オカラ**を処理するバイオガスプラントが稼動している。

▼「ポリチューブでつくる自前のエネルギープラント・」桑原衛01年4月号

バイオガスプラントの構造例

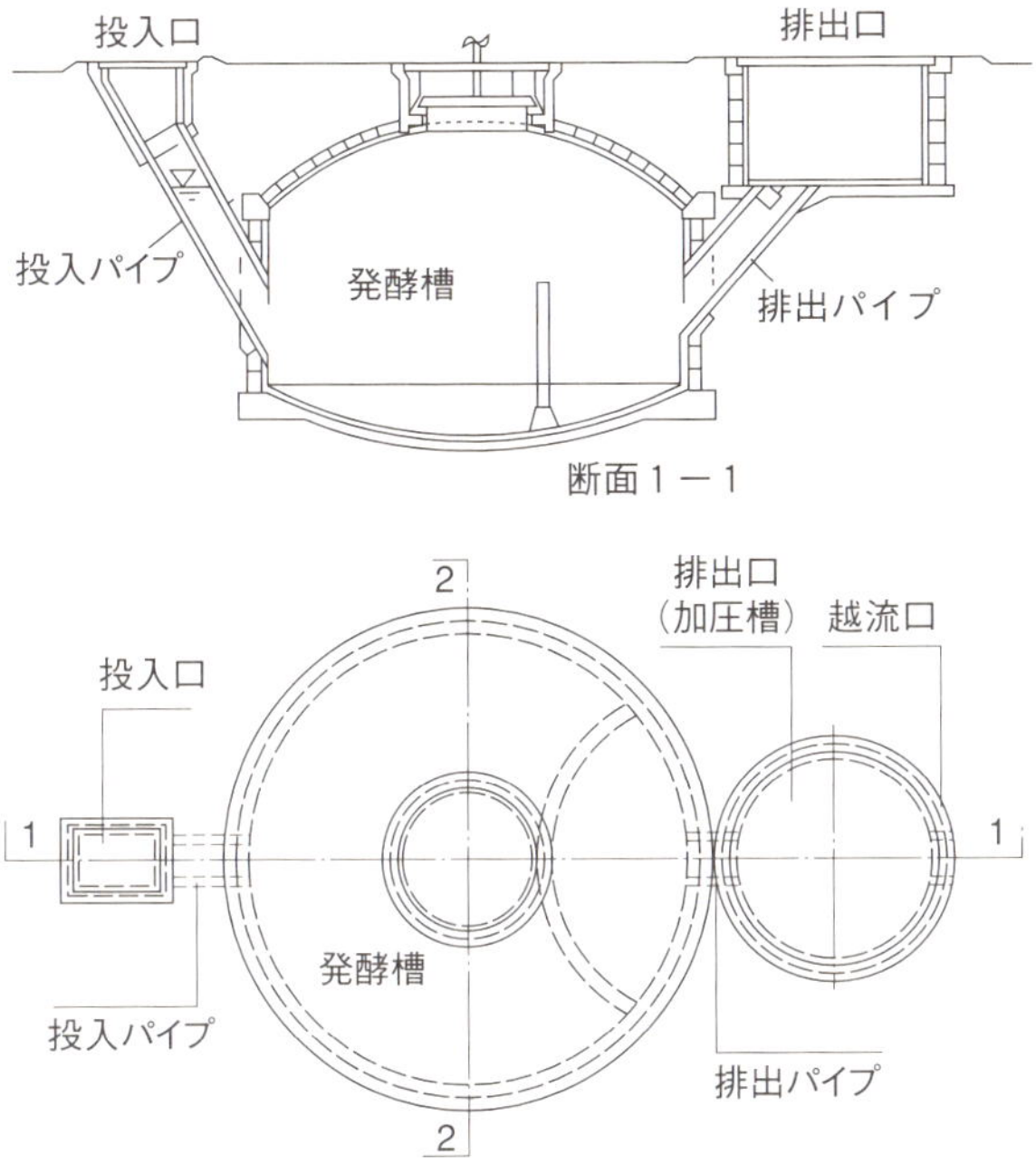

ポリエチレン製のチューブを利用した小型のプラントなら、３万円ほどで自作できる（提供　桑原衛）

土と肥料の用語

土つくり・施肥改善

表面・表層施用

自然の森林や草地では、動植物の遺体が堆積し、微生物の複雑な働きで土壌が形成される。人類はこのような自然がつくった肥沃な土地を切り開いて農地としてきた。肥沃な土壌でも長い間作物を栽培し続けると、土がやせてくるので、**緑肥**を栽培したり有機物や家畜糞尿を投入したりして肥沃さを維持してきた。

近年、トラクターなどの大型機械が普及し、牛馬で耕していたころにくらべて、農家の労力は大幅に軽減された。そして、根域を拡大するために深耕が奨励されてきた。しかし、**未熟の有機物**を地中深くにすき込むと、作物の根に有害な物質が発生したり、微生物が有機物を分解するときに窒素分を取り込み一時的な窒素飢餓が起きるなどの危険が高まる。そこで**完熟堆肥**を入れることが推奨されてきたが、堆肥づくりは重労働である。化学肥料の普及以降は、堆肥を自分でつくる農家は減っていった。畜産経営の大規模化と、北海道や九州地方に畜産産地が移動してしまったこともあり、現在では、毎年堆肥を投入できる田や畑は少ない。逆に、畜産農家では糞尿処理のコストが大きな負担になっている。

『現代農業』では、こうした有機物資源を、より**小力**で生かすことができるような方法を追求してきた。未熟な有機物でも、土の表面におくか、ごく浅く耕して表層においておけば、根傷みや窒素飢餓の危険は少なくなる。むしろ未熟のほうが、**ミミズ**や微生物にとっては栄養分が豊富で、土壌の**団粒化**がすすみやすい。**土ごと発酵**が起こって、土の中の鉱物の**ミネラル**分が溶出しやすくなる。施設園芸では、微生物が放出する二酸化炭素が、作物の光合成に利用される…。

本誌で取り上げている、土ごと発酵、**有機物マルチ**、**堆肥マルチ**などはすべて有機物の表面・表層施用技術といえる。

▼特集「有機物マルチで土ごと発酵」04年10月号

米ぬか十おからを表層施用する愛知県豊橋市の白柳剛さん（撮影　赤松富仁）

有機物マルチ

マルチの目的は、畑の土の表面をわらなどで覆うことで、雑草を抑え温度や湿度を作物の生育に適した状態に保つことである。自然の林や野原の腐葉土の下では、種子の発芽や植物の生育に適した環境が保たれているのと同じ原理である。

昔は稲わらや麦わらが利用されていたが、現在では、ビニルやポリのマルチが広く普及している。このような合成樹脂でできたマルチに対して、有機物を利用したマルチのことを、「有機物マルチ」と呼んでいる。有機物マルチの特徴は、合成樹脂のように収穫後に回収して廃棄する必要がなく、そのまま土に還元することができることである。繊維分の多い有機物は、**ミミズ**など小動物のよいえさとなり、微生物の栄養分にもなって、土の生物性・物理性が高まる。

近年はコンバインの普及によって稲わらが入手しにくいので、堆肥・**落ち葉**・**もみがら**・刈り草・**米ぬか**・**茶がら**・コーヒーかすなどさまざまな素材の有機物マルチが利用されている。和歌山県の山本賢さんは、絨毯工場から無料で入手できる羊毛くずをバラ園の通路に敷きつめて効果を上げている。再生紙を利用した**紙マルチ**や**布マルチ**も市販されるようになった。

さらに、**マルチムギ**・**ヘアリーベッチ**・**ナギナタガヤ**など**緑肥**によるマルチへの関心も高い。緑肥は種をまくだけでいいので手間がかからない上、有機物の入手が困難な農家にも取り組みやすい。とくに果樹では緑肥をマルチにして**草生栽培**を行なうと、**天敵**のすみかとなって害虫の密度を低く抑えるなど、新たな価値も見出されている。

▼特集「有機物でマルチ」04年4月号

定植した苗の株元に、作物の残渣や炭をマルチ（撮影　赤松富仁）

玉ねぎの株元に堆厩肥を施す千葉県丸山町の八代利之さん。30年間有機農業をつづけてきた八代さんは「土が裸になってしまうと、太陽光線によって微生物などの生き物が死んでしまいます。微生物が生きられるようにするには、土の上にマルチしてあげなくてはいけない。有機物のマルチをやらないと、雨が降ったあと地表面に一枚の板ができたようになって、土に空気が入っていかない状態になってしまう。そのまま放置しておくと、今度はひび割れができてしまう…」という（撮影　赤松富仁）

堆肥マルチ

堆肥を地中にすき込むのではなく表面に敷くと、雑草の抑制や温度・水分を適度に保つなど、マルチとしての効果が生まれる。もし使用した堆肥が未熟な場合でも、**表面施用**にすれば害がでる可能性は少ない。しかも、根の周辺に集中して施用すれば、全面すき込みにくらべてはるかに少量ですみ、同等の効果が期待できる。

AML農業経営研究所の武田健氏によれば、良質な堆肥マルチと土の接触面では、①土壌の水分と酸素が一定に保たれる ②微生物や小動物がよく繁殖して静菌作用を高める ③土の**団粒化**がすすみ保肥力が高まるなどの効果があるという。過剰養分のために生育不良をおこしているような畑でも、堆肥マルチを行なうと、根が伸びやすくなって生育が一変するという。

和歌山県の原眞治さんはトマトの株の両側に、かん水のチューブの穴が上に向くように置く。そしてチューブの上に堆肥マルチを敷く（撮影　赤松富仁）

▼「堆肥マルチと土の接触面でスゴイことが起こる」武田健03年10月号／『新しい土壌診断と施肥設計』武田健著

土中ボカシ（土中堆肥）

米ぬか・油かす・魚かすなどを土中にすき込んだり、溝を掘って投入したりして、土の中で有機質肥料を**発酵**・分解させる方法を「土中ボカシ」という。

土中ボカシにすれば、ボカシの材料を何度も切り返したりする必要がなく、畑に材料を投入するだけでよい。さらに、収穫残渣を**米ぬか**や有機質肥料と一緒にすき込んで土中で発酵させれば、残渣処理と土壌改良、施肥がいっぺんにできる。

ただし、土の中は嫌気状態になりやすいので、硫酸還元菌のような**嫌気性菌**が繁殖して、根に害を与えるガスが発生する可能性がある。そこで通常は、安定した発酵・分解を進めるために、**乳酸菌**や**酵母菌**資材（カルスNC-R、ラクトバチルスなど）を散布して、「ぬか床」のような乳酸発酵をさせる。

また、土中ボカシや土中堆肥と同じ方法で**緑肥**や雑草をすき込んで早く分解させることも可能である。乳酸発酵に適した水分状態にするために、緑肥の水分が多すぎるときは少し乾燥させてからすき込む。逆に土が乾燥しすぎる場合にはかん水する。

また、播種・定植は、有機物のすき込み後

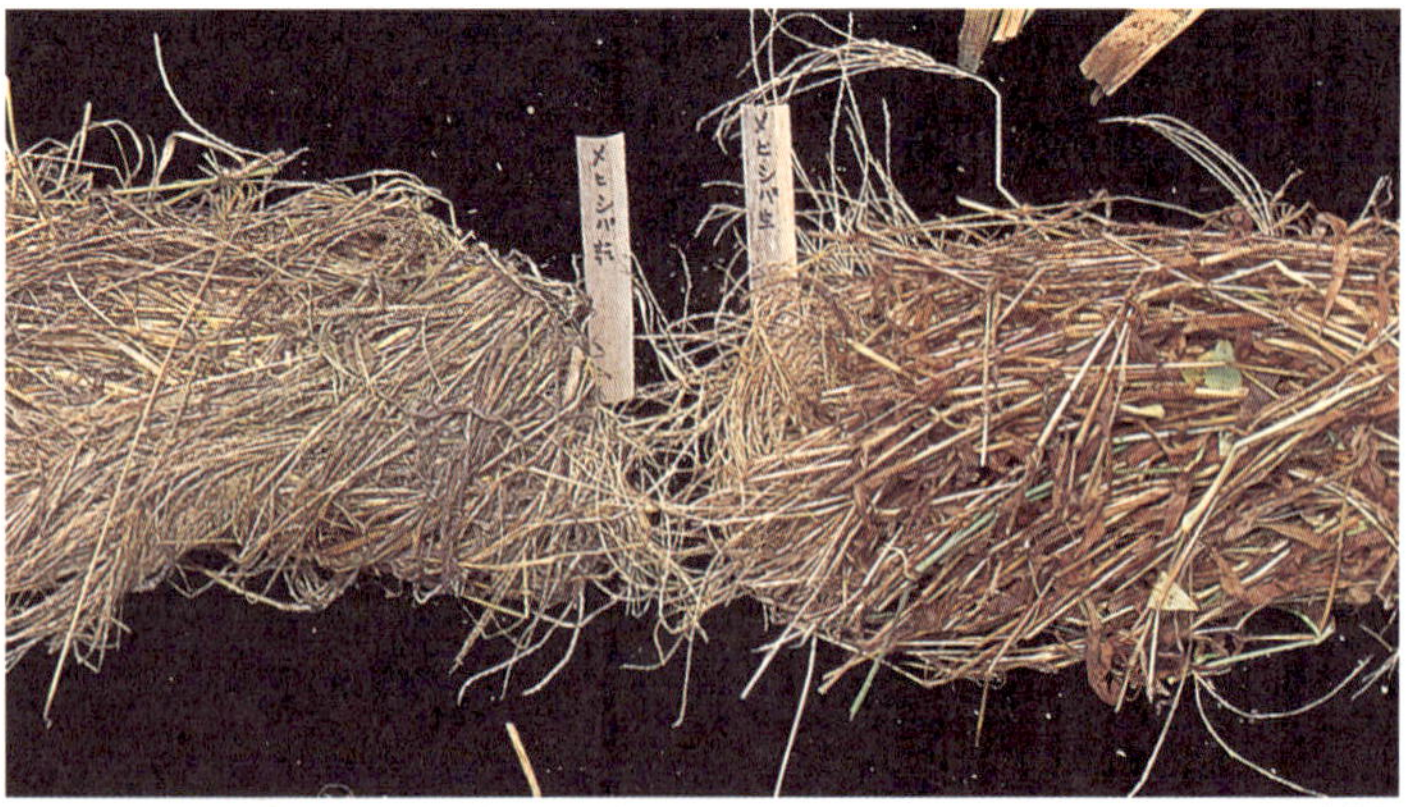

水分が多い緑肥は土の中で腐敗しやすい　生ですき込んだもの（右）は土のなかで腐敗していたが、乾燥させてからすき込んだもの（右）は白くカビがまわり発酵が進んでいた（写真は、すき込んで一週間後のカボチャのツル）（撮影　赤松富仁）

一〜三週間以上たってから行なうのが安全とされる。とくに家畜糞尿を多く含む**未熟有機物**の場合は、三週間以上あけるのがよい。

▼「収穫後の元肥施用でダイコン連作30年」85年12月号／「ボカシ肥のすべて」87年10月号

土中マルチ

愛知県の水口文夫さんによれば、昔は植え床に溝をきり、わら堆肥や麦わらをたっぷり敷いて、その上にスイカやカボチャの苗を定植していたという。当時は農薬などなかったが、この方法でほとんど病気は出なかったそうだ。そこで水口さんは、ふつうはマルチの材料として使われる松葉・ヨシ・麦わらなどを、植え床の底に敷く方法を提案し、これを「土中マルチ」と呼んだ。土中マルチのおもな目的は排水性・通気性の改良で、野菜の細根がふえて病気にかかりにくくなるという。

土中マルチと似たような効果は、昔の踏み込み温床にも見ることができる。うねの下に、稲わら・**もみがら・くん炭・米ぬか・鶏糞**などを入れて、その発酵熱で地温を確保し、後作にはこれが元肥となる。

▼「松葉土中マルチは雨水を切り／根コブ病などをよせつけない」水口文夫88年8月号／『家庭菜園コツのコツ』水口文夫著

水口さんの土中マルチ栽培のようす

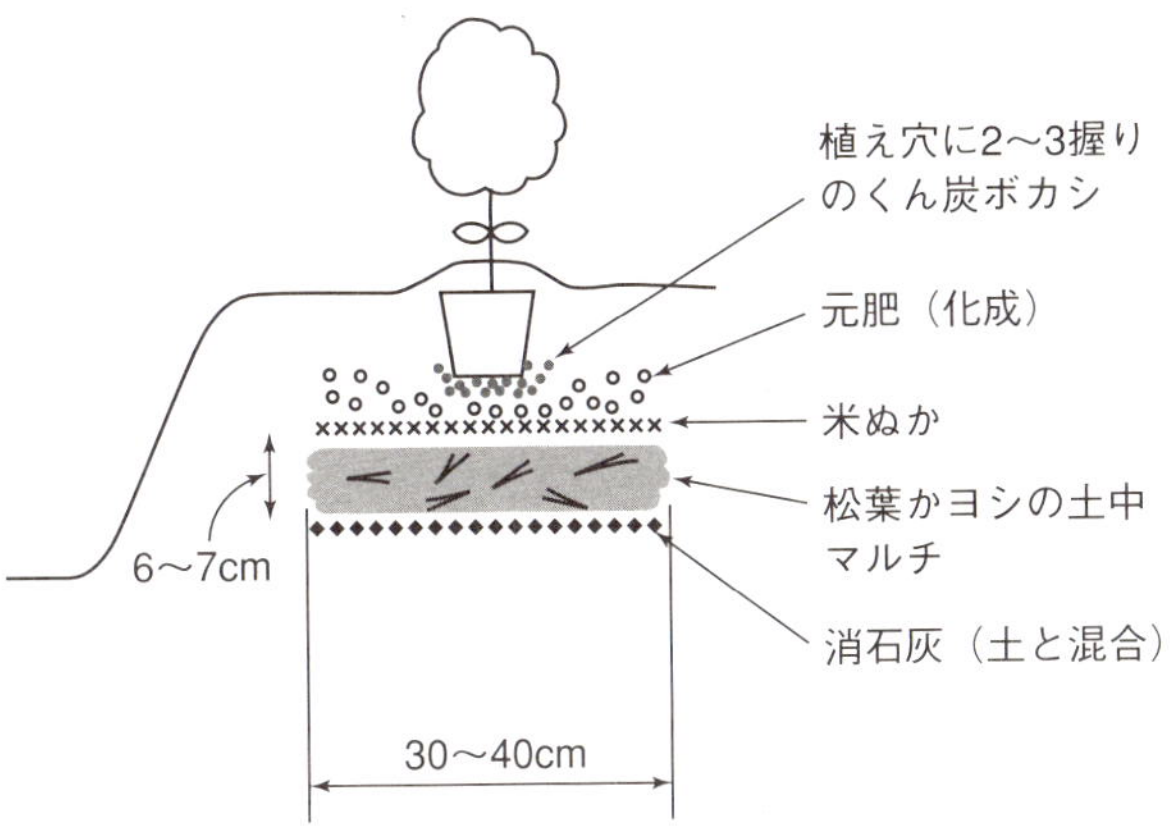

根まわり堆肥

昔から「苗半作」といわれるように、初期の生育の良し悪しが、その後の作物の生長を大きく左右するとされる。そこで、ふつうは植え床に堆肥を十分に施して、定植後の苗の生育を少しでもよくしようとする。

水口文夫さんの場合は、定植のときに苗の根のまわりだけを堆肥でくるむようにしている。こうすると、堆肥を畑全面にすき込んだり溝を掘って中に入れる場合に比べ、施用量が数十分の一ですみ、それで同等もしくはそれ以上の効果があるという。根まわりの土が固結しないでふかふかし、根が伸びるのに必要な酸素が十分補給される。また、根の周辺には多くの微生物が繁殖して、根と**根圏微生物**と土の相互の働きで、根が健全に生育することができる。

▼「二〇分の一の量でも、効果は二倍の根まわり堆肥」水口文夫96年10月号／『図解　60歳からの小力野菜つくり』水口文夫著

植え穴だけの根まわり堆肥

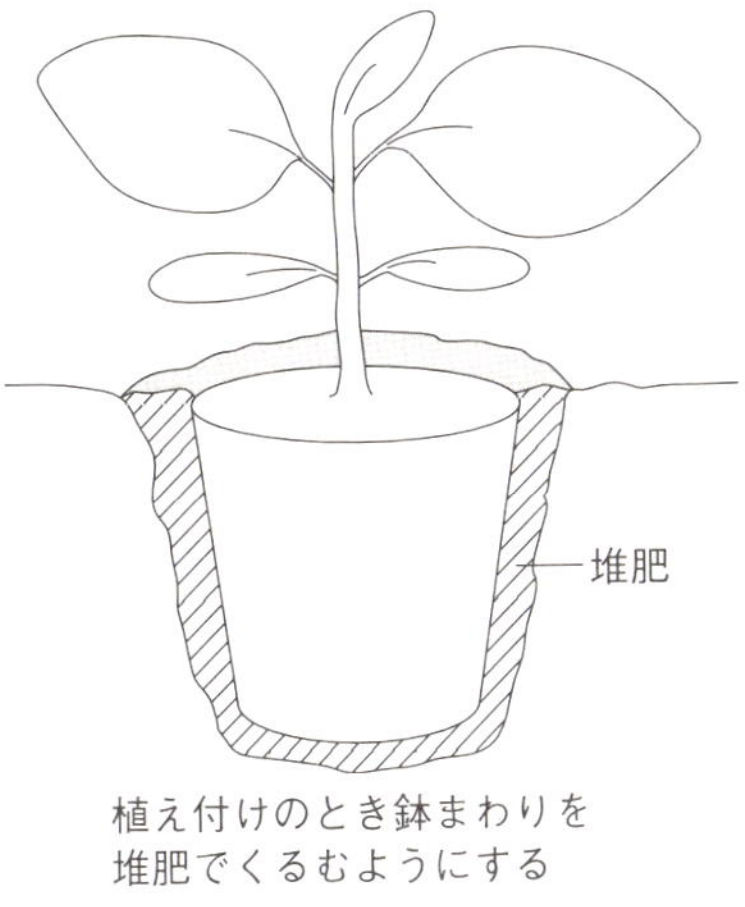

ボカシ肥

　ボカシ肥は、**米ぬか**・油かす・魚かすなどの有機質肥料を一定期間堆積し、微生物の働きによって適度に**発酵**・分解させたものである。ボカシ肥はかなり古くから作られていたようで、大正時代には、**鶏糞**や油かすに山土をまぜて発酵させ、タネバエの発生を防いでいたという。有機質肥料を直接畑に施すと、タネバエがふえてスイカなどの根を食害するためだ。

　ボカシ肥を上手につかうと、化学肥料だけを使用した場合よりも、作物の品質がよくなったり増収したりすることが、多くの農家や研究者によって報告されている。化学肥料は、成分が比較的単純で、肥料分も一〇〇%無機化している。いっぽう、ボカシ肥は、成分や構造が複雑で、無機化率も低い。良質なボカシ肥では、窒素の無機化率は六〇~八〇%で、残りは微生物や**腐植**として存在しているとされている。また、山土や腐植分には肥料を保持する力があるので、肥効がおだやかで長もちする。こうして、長雨や干ばつなど天候の変動に影響されにくく、作物が安定した生育を続けられると考えられる。

　ボカシづくりで大事な点は、**好気性**の微生物が繁殖しやすい水分状態(含水率約六〇%)にすることである。また、発酵の途中で温度が上昇しすぎると、空気中に窒素が飛散してしまう「焼けボカシ」になることがある。そこで、温度が五〇~六〇℃に上がってきたら、水をかけて切り返し、温度を下げてやる。発酵の過程で塩類やリン酸は流亡しないが、窒素はガス化(アンモニア、窒素ガス)して飛散しやすい。そこで、材料に山土や粘土、**炭**を混ぜて、アンモニアを吸着させると揮散を防ぐことができる。

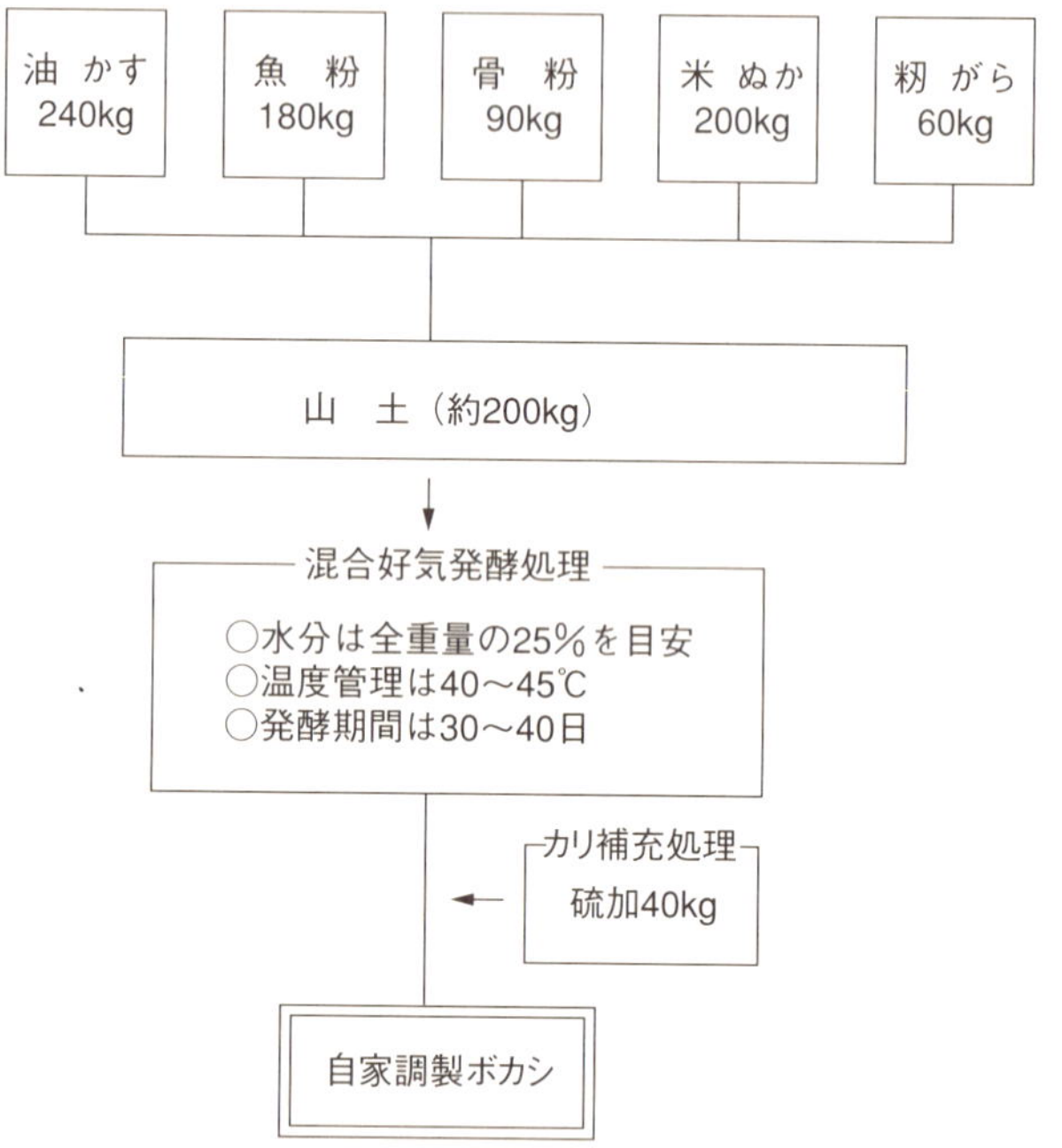

ボカシ肥の標準的なつくり方　含水率は約60%で、材料を握りしめたとき手に水気を感じる程度。おおよそ1週間ごとに水分を補給して切り返し、温度を40~60℃に保つ(橋本崇農業技術大系土壌施肥編)

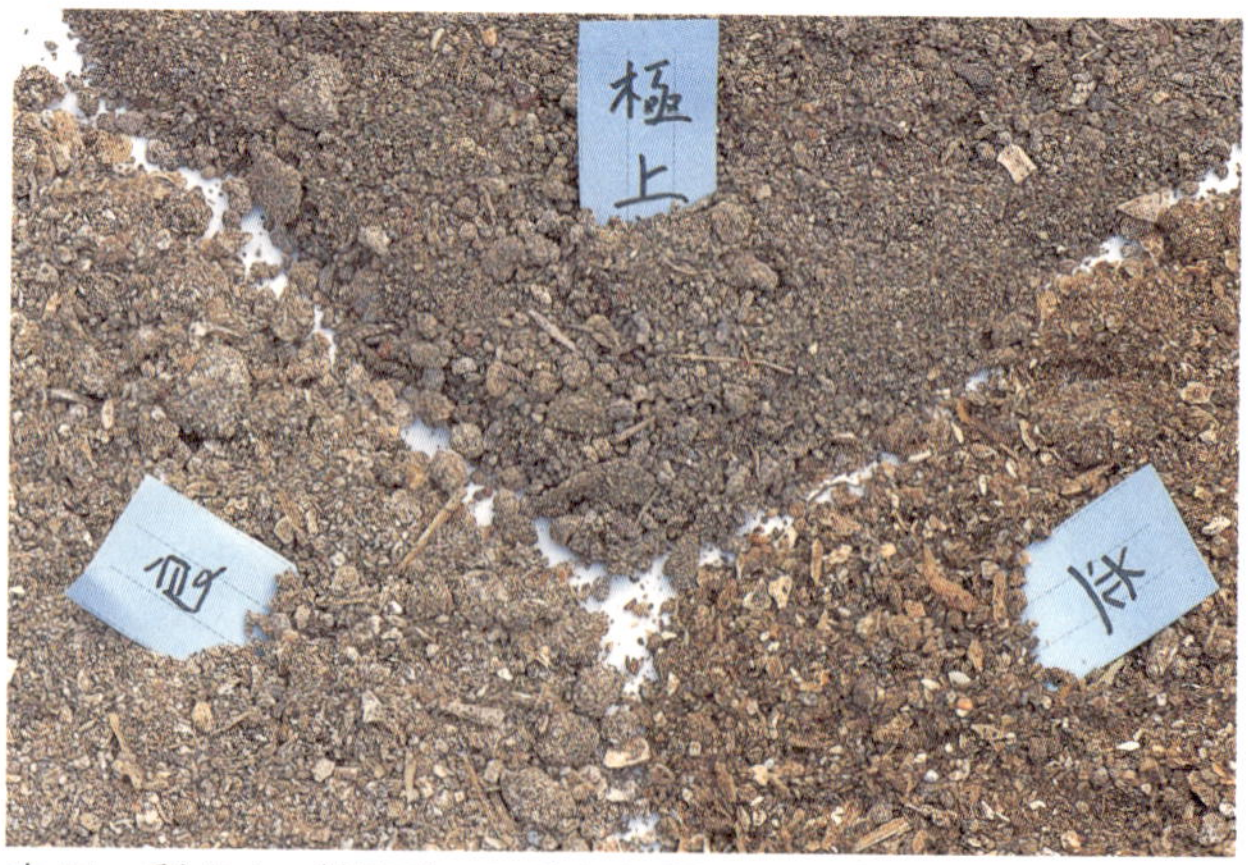

志田一利さん(静岡)のボカシ肥　同じ人間がつくっても、これだけ出来が違う。上のは極上に近く、左は60点、右のは30点だという(撮影　赤松富仁)

▼「図解　ボカシ肥づくり秘伝」編集部00年10月号/『発酵肥料のつくり方・使い方』薄上秀男著/『ボカシ肥のつくり方・使い方』農文協編

化学肥料ボカシ

ふつう、**ボカシ肥**のような有機質の発酵肥料は、化学肥料よりも高価である。しかも、化学肥料にくらべて成分が低い。一般的な発酵肥料の成分は窒素五～八％、リン酸五～七％、カリ一～一・五％で、とくにカリが少ない。また、露地野菜や水田など広い圃場で発酵肥料を使用する場合は、重量が多くなり散布作業が大変である。

いっぽう、化学肥料は、成分の濃度は高いが、構成が単純なので、化学肥料だけを長期に使用すると、**微量要素**が不足しやすいといわれる。また、**腐植**が少ない圃場では無機体のリン酸肥料は土の中で不溶化しやすく、塩基や硝酸態窒素は流亡しやすい。

このような、「有機」と「無機」の両方の欠点を補うために、ボカシ肥を製造する過程で、カリやリン酸などの化学肥料を添加したもの、あるいは、硫安・尿素・**過リン酸石灰**などの単肥に糖蜜や**米ぬか**など、それに微生物資材を混ぜて**発酵**させたものを化学肥料ボカシと呼んでいる。化学肥料ボカシでは、添加した無機栄養分の一部分が微生物の体内に取り込まれて有機化するので、肥効が穏やかになる。土壌のなかで不溶化しにくく、作物が効率よく吸収できるといわれている。

▼特集「化学肥料だって、ボカせば上等有機肥料」95年10月号／『発酵肥料のつくり方・使い方』薄上秀男著

完熟堆肥

化学肥料がない時代には、わらや**落ち葉**などの有機物、家畜の糞尿や**人糞**がもっとも基本的な肥料であった。ただし、窒素成分の高い有機物をそのまま圃場に投入するとアンモニアガスが発生して根に害を与えたり、逆に**炭素率**が高いと、土壌中の窒素を微生物が奪って窒素飢餓がおこることもある。そこで、窒素成分の多い家畜糞尿と、繊維分の多い稲わらやおがくずを適度に混合して堆積し、ある程度まで分解させる方法が行なわれてきた。これが、堆肥や厩肥である。

堆肥化をスタートさせるポイントは、炭素率を三〇～四〇、水分含量を五五～六〇％の状態にすることである。堆肥化が始まると、まず糖・でんぷん・**アミノ酸**・たんぱく質など、微生物が栄養分として利用しやすいものから分解が進む。糖やでんぷんはおもに微生物のエネルギー源となり、最後は二酸化炭素と水に分解される。たんぱく質はアミノ酸を経て、アンモニア（または硝酸、窒素ガス）、二酸化炭素、水、ミネラルになる。これらの分解はおもにカビと細菌によって行なわれる。

次の段階では、有機物が分解されるときに出る熱エネルギーで温度がじょじょに上昇し、やがて七〇～八〇℃に達する。これはおもにセルロースが分解されるときに出る熱によるもので、高温を好むセルロース分解細菌が中心に働いている。ただし、これらの反応は均一に進むわけではなく、堆積している

堆肥の発芽テスト　堆肥に10～20倍の水を加え、60℃で3時間抽出、ろ過する。ろ液10ccをろ紙を敷いたシャーレに入れて、コマツナの種を30～50粒まく。室温に3～6日置いて、発芽率と根を観察する（藤原俊六郎　農業技術大系土壌施肥編）

場所や水分状態によってバラバラで、同時進行的に進んでいく（均質な堆肥を製造する場合は、粉砕と攪拌をていねいに行なう）。

この過程で、二酸化炭素・水分・アンモニアガス等が飛散して、体積が減っていく。高温にすると窒素が揮散しやすく、無駄のようにも思われるが、**牛糞**などには飼料作物や雑草の種子がかなり含まれているので、高温によって種子を不活性化するのが無難である。アンモニアの揮散が多く臭いがきつい時は、**木酢**でアンモニアを中和したり、**硫酸第一鉄**などの資材を利用すると揮散が抑えられる。

その後、温度が下がってくるが、おがくずなどの木質はほとんどそのままで残っている。木質はセルロース・ヘミセルロース・リグニンが複雑にからみあって結合した高分子の物質で、きわめて分解しにくい。これを分解できるのは、きのこの仲間（木材腐朽菌）だけとされている。そこで、温度が下がった堆肥を畑のすみなどに積んで、二次発酵させる。ここできのこの仲間が、木質をゆっくりと分解し熟成がすすむ。

この熟成が適度に進んだ状態のものを完熟堆肥という。完熟堆肥の基準があるわけではないが、作物の根がいたまない程度に分解が進んだもので、かつ土壌中の微生物が繁殖しやすい程度に栄養分が残っているものがよいとされる（**C／N比**が一五〜二〇程度）。安全な堆肥かどうかを判定するには、コマツナなどを使った発芽テストを行なうのがよい。

▼『堆肥のつくり方・使い方』藤原俊六郎著

中熟堆肥（未熟堆肥）

田畑に堆肥を投入するおもな目的は、①作物の生育に必要な養分を供給する（化学性の改善）②土壌中でゆっくり分解し微生物相を豊かにする（生物性の改善）③土壌中の**腐植**の供給源になる（物理性の改善）とされる。

中熟堆肥というのは、いったん高温にして雑草種子などを不活性化させた直後で、二次発酵はさせない状態の堆肥のことをさす場合が多い。まだ微生物の栄養分が多い状態であり、完熟堆肥に比べて生物性の改善の効果が高いと考えられる。

大分県の西文正氏の場合は、**牛糞**にチップ

大分県の西文正さんは、露地ナスの畑に、中熟のチップかす堆肥を反当10～15t、ボカシ肥を500kg施用している（撮影　赤松富仁、下も）

どういうわけか、きのこが生えた年ほどナスの作柄がいいという

かすを混ぜて三カ月間ほど積んで、まだ熱い状態の堆肥を使用している。**完熟堆肥**より中熟堆肥のほうが、栄養分が多く残っているぶん微生物がよく繁殖する。畑にはいろいろなきのこが生え、きのこが多く生えた年ほどナスやトマトがよくできるという。

ただし、堆肥の状態によっては、ガスの発生や窒素飢餓、あるいは肥焼けの危険があるので、土の表面にまくか、表層にだけすき込むのがよい。あるいは、堆肥を投入後、しばらく期間をおいたあとに、播種・定植する。

▼「中熟堆肥を表層での土ごと発酵で活かす」編集部 00年11月号

戻し堆肥

出来あがった堆肥を種堆肥として、これから発酵させる材料に混ぜ、堆肥づくりに利用する方法。完成した堆肥を戻すことで水分調整がやりやすくなり、有用な微生物が入れられるので堆肥の**発酵**が速くすすむ。水分調整などに利用するわらやおがくずの使用量を減らせるので、堆肥づくりの経費を安くすることもできる。

畜舎の床の敷料および水分調整材として堆肥を戻す方法も、戻し堆肥と呼ばれている。①家畜の感染症を抑制 ②糞尿の処理量が減少 ③敷料や水分調整材の購入費を削減できる ④悪臭を防止 ⑤良質な堆肥ができるなど、多くのメリットがある。またこれに、**土着菌**を利用する方法も注目されている。

ただし、家畜の糞尿には**カリウム**やナトリウムなどの塩類が多く含まれており、戻し堆肥をくり返すと、じょじょに塩類の濃度が高まってくることがある。そこで、水分調整に、ある程度はわらやおがくずを使用するのが安全とされる。

▼「土着菌利用で牛でも豚でも病気が減った！」01年6月号

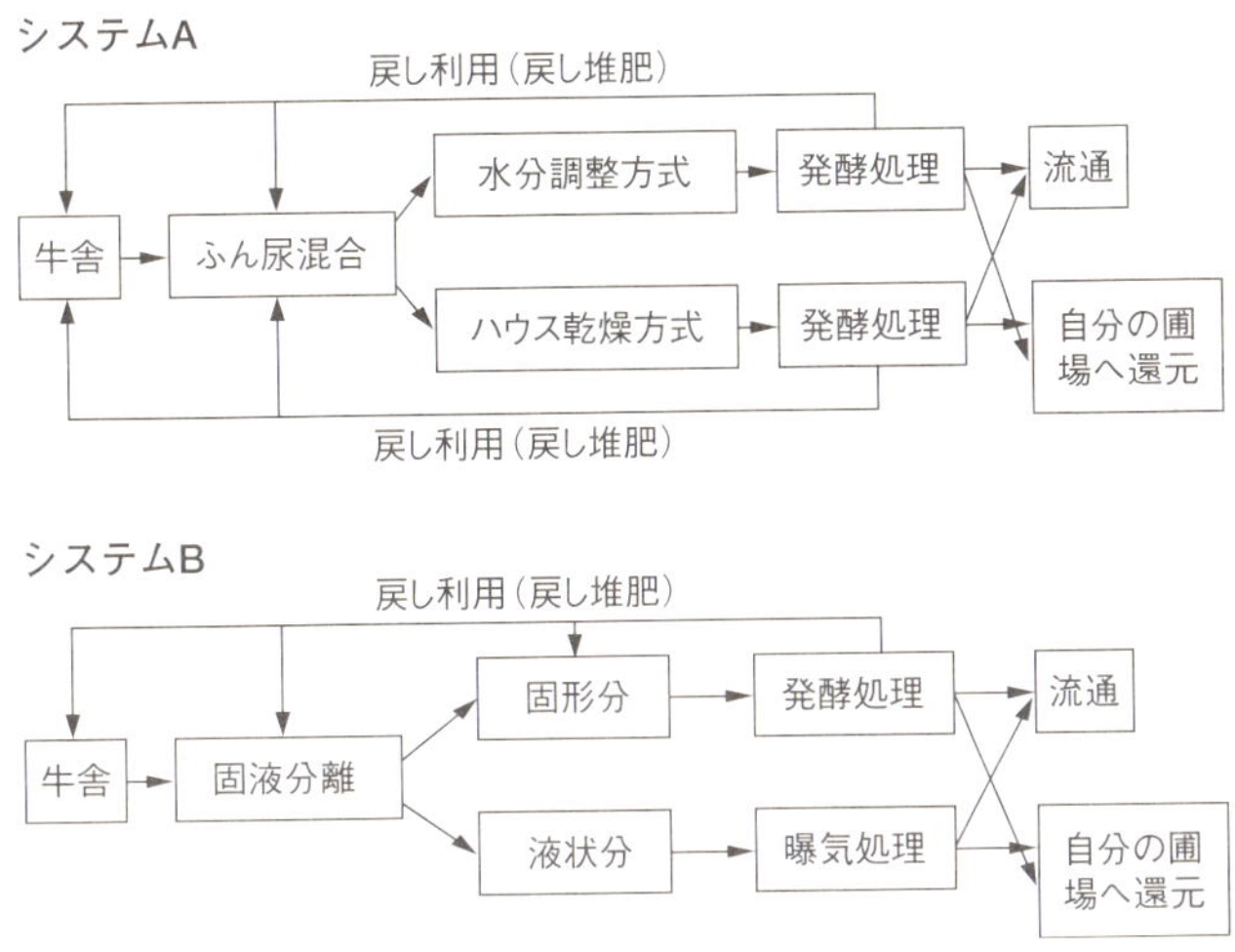

戻し堆肥の方法（畠中哲哉／伊吹俊彦　農業技術大系畜産編）

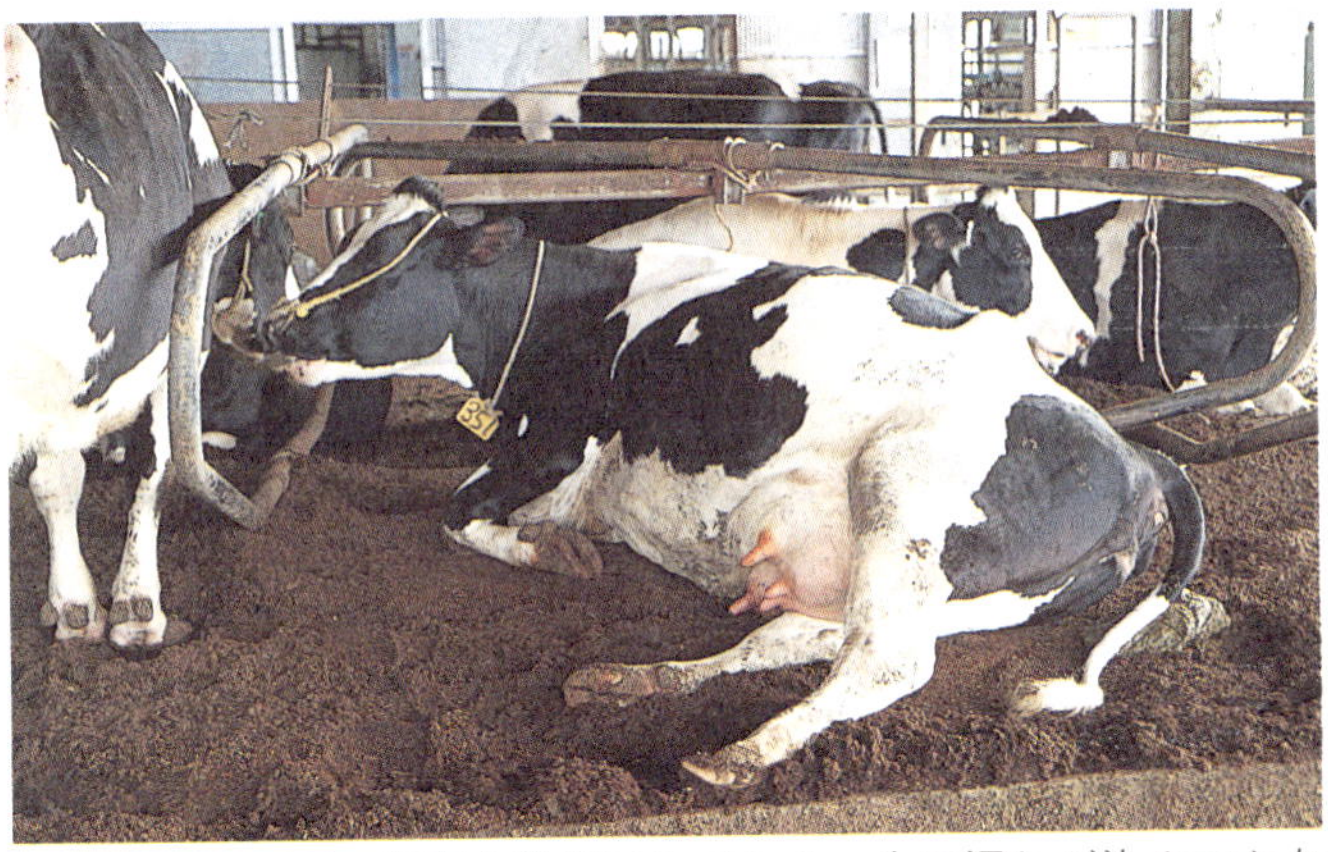
土着菌入りの戻し堆肥を敷料にしてから、牛に汚れが染みつかなくなり、重い乳房炎が出なくなった。鹿児島県・内俊隆さんのフリーストール牛舎

石灰追肥

雨が多い日本の農地では、**カルシウム**などの塩類が流亡しやすく、土の酸性化を中和するために石灰が利用されてきた。とくに、農地の多くを占める黒ボク土壌は酸性化しやすく、**pH**矯正が重要とされる。このため、石灰

は肥料というよりは、むしろ土壌改良剤として施用されることが多かった。

　これに対し、リンゴ・ブドウ・カンキツ・ジャガイモ・トマト・ピーマンなどで、生育の中期に石灰を追肥として施用すると、作物の品質向上や増収につながるという農家の報告が数多くよせられた。この場合は、pH矯正によく使用される炭カルではなく、硫酸石灰や消石灰などの溶けやすい肥料を使用する。**過リン酸石灰**にも、硫酸石灰という効きやすい石灰が多く含まれている。また、生石灰を水に溶いてうね間にかん注したり、第一リン酸カルシウムを溶かした石灰水をうねに穴をあけて施用する農家もいる。リンゴでは、有機酸カルシウム（蟻酸カルシウム・酢酸カルシウムなど）を葉面散布すると、日持ちがよくなったりビターピットの防止効果があることがわかっている。

　カルシウムの吸収は、同じ陽イオンの塩基である**カリ**と**苦土**の影響を強くうけるので、スムーズに吸収させるには、石灰・苦土・カリの**塩基バランス**を適正にすることが大切である。また、石灰は土が乾燥すると効きにくいので**有機物マルチ**で土の湿度を維持したり、堆肥を投入して土の保水力を高めると肥効が高まる。堆肥をつくるときに生石灰や**過石**、石灰窒素を混ぜて一緒に発酵させる方法もある。

▼「カルシウム物語　足りない、吸われていない、どう効かせる？」94年10月号

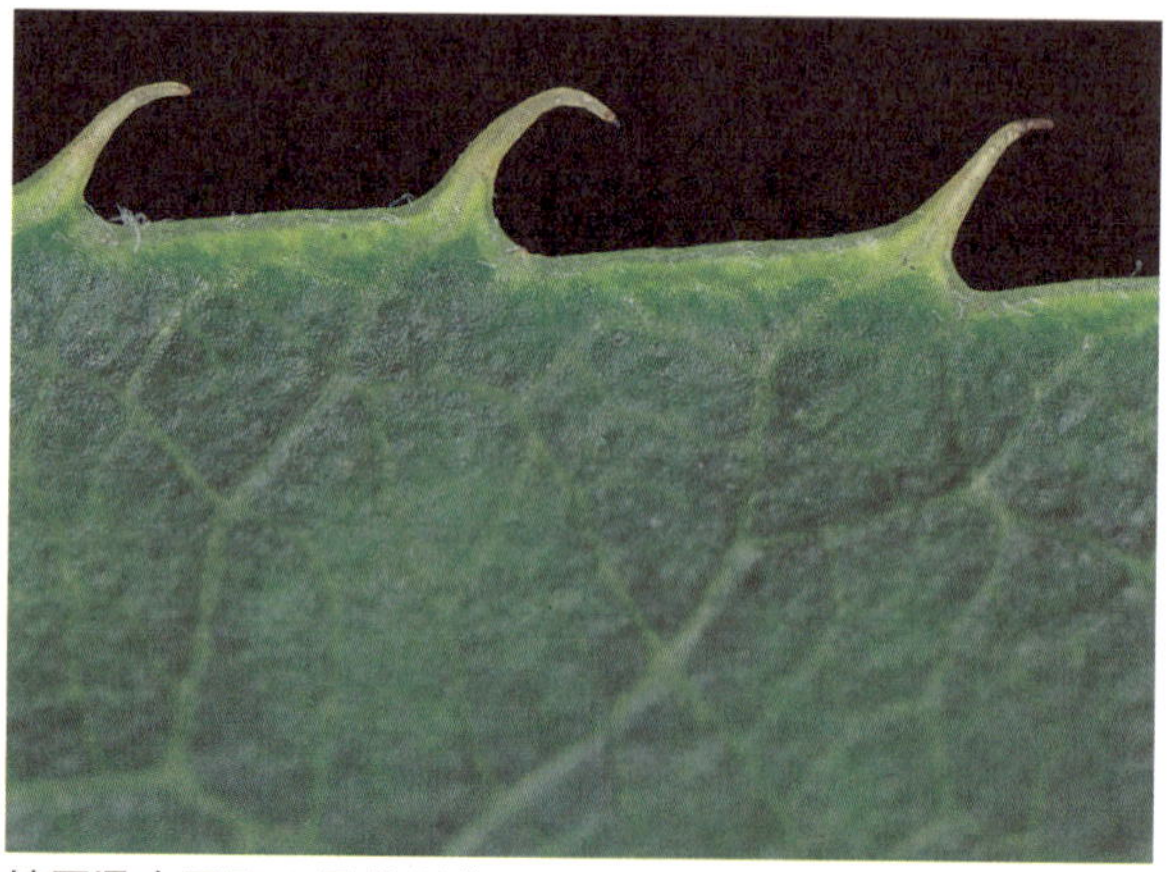

埼玉県白岡町の長谷川茂さんのナシ園は、リン酸過剰と牛糞堆肥施用によるカリ過剰になっていた。そこで、苦土の施肥量を大幅にふやしてみた。すると、かつてなかったほど厚く、葉脈が太く、鋸歯が鋭く、濃い緑色の葉っぱが多くできた（上）。下の写真はふつうの園のナシの葉
（撮影　赤松富仁）

苦土の積極施肥

　周年栽培の施設園芸では、土にあまり雨があたらないので、蒸散する水分と一緒に地下から塩類が引き上げられて**塩類集積**をおこすことがある。また、露地栽培や樹園地でも、カリが多い牛糞堆肥を連年多投すると、カリ過剰につながる。じっさいに土壌診断してみると、**塩基飽和度**は一五〇以上で、カリ、カルシウムが多く、苦土が不足している圃場がかなりあるという。

　従来こういう場合は、まず塩基飽和度を下げるために①雨にあてて除塩する　②客土して土を入れかえる　③CECの高い土壌改良剤を投入するなどの方法がとられてきた。しかし、せっかく施した肥料分を流してしまうのはもったいないし、雨量が多くない地方の果樹園では、塩類が減少するのに時間がかかる。

　AML農業経営研究所の武田健氏らは、塩

基飽和度を適正値まで下げることはひとまず置いておいて、**カリ**や**カルシウム**の多い圃場に**苦土**を施用して、最初に**塩基バランス**を整える方法を提唱した。作物に吸収させながら、全体の塩基の量を減らしていこうという考え方である。土壌診断でカリ・カルシウム過剰と診断された畑に、苦土を施肥すると、急速に生育がよくなったという事例が数多く報告された。苦土（マグネシウム）は葉緑素の中心元素であり、苦土が適切に吸収されると、葉っぱの色や形が急によくなる。

　肥料は、硫酸苦土・水酸化苦土などの単肥で補うのがよい。塩基バランスを整えることでカリやカルシウムの吸収がよくなるだけでなく、苦土肥料は作物のリン酸吸収を促進させる働きがあるともいわれ、不溶化してたまっていた**リン酸**も生かすことができる。なお、これらのことを的確に実行するには、土壌や作物の養分の状態を的確につかむための土壌診断・生育診断が欠かせないことはいうまでもない。

▼特集「苦土は起爆剤」03年10月号

流し込み施肥

　田んぼの水口から肥料を流し込む施肥法。手間がかからない、少量でも均一な施肥が可能、夜間や雨天でも施肥できる、安い単肥が使えるのでコストダウンが可能など、多くの利点がある。**穂肥**のときも、肥料を水口にドサッとあけるだけ。水口前の用水路をせき止め、そこで溶かして流せば水口に肥料が残ることもない。流し込み前に、水深二〜三cmまで落水し、肥料を流したあとも一〇cmくらいまでかん水を続けると均一になる。

　粒状の化学肥料を、大型のポリタンクなどの中であらかじめ水に溶いておき、一〇mmのチューブで水口に落とすといったやり方もある。流し込み専用の肥料も発売されているが、単肥を中心とした、水溶性の比較的安い肥料で充分。家畜尿や海水なども流し込みがよい。

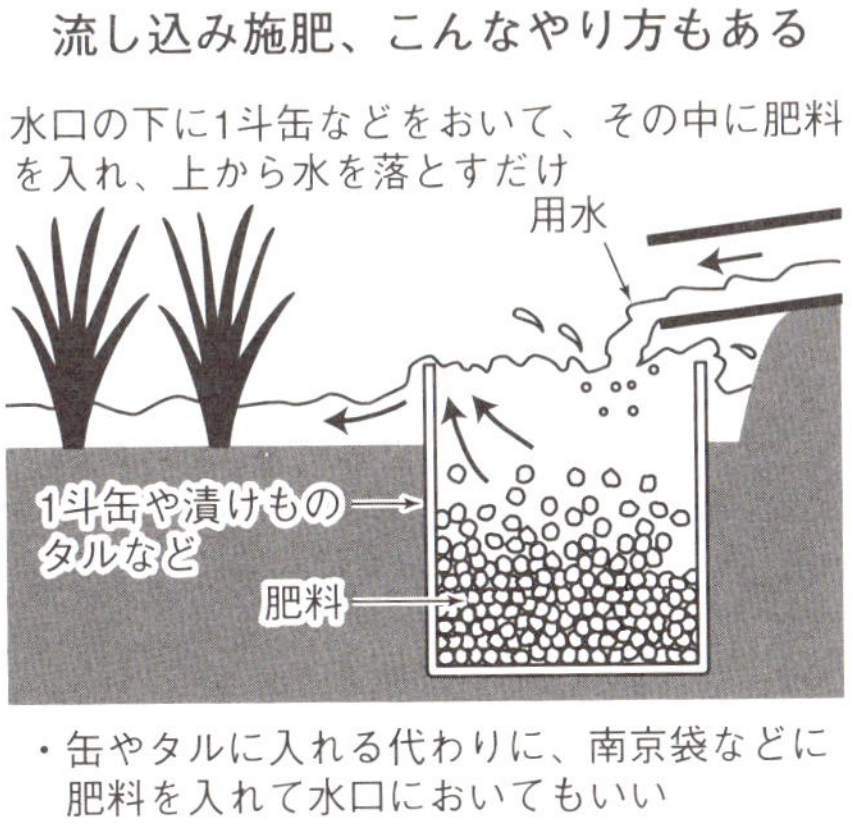

流し込み施肥、こんなやり方もある
水口の下に1斗缶などをおいて、その中に肥料を入れ、上から水を落とすだけ

・缶やタルに入れる代わりに、南京袋などに肥料を入れて水口においてもいい

▼「肥料ふりは水にまかせる　流し込み施肥」98年7月号／「安い、早い、雨でもできる、少量でもふれる流し込み施肥」安部清悟97年7月号

糖度計診断

　糖度計でおおよその作物の栄養状態を判断する方法。従来、栄養診断は葉色や生長点・つるの形状などの観察によって行なわれることがふつうで、熟練した農家の経験と勘にたよってきた。また、計測による樹液診断も時間と手間がかかるのでなかなか迅速な対応が難しかった。糖度計を利用すれば、経験があまりなくても、ある程度は作物の栄養状態が判断できる。現在では多くの農家がこれを利用するようになった。

　植物は葉から水分を蒸散して、浸透圧や濃度勾配によって、水分を根から先端部に送る。また、葉で作られた養分は、生長点に優先して送られる。そこで、正常に生育している作物では、樹体の先端部ほど糖や塩類など代謝物の濃度が高くなる。作物によっても異なるが、最上葉のほうが最下葉よりも一〜二度高くなるのがふつうという。この場合、糖度計は、糖の濃度だけでなく、代謝物全体の濃度を示していると考えられている。

　やり方は、作物の葉の付け根を糖度計の採光板で挟んでつぶし、糖度を読む。同じ場所を計っても朝より夕方のほうが糖度は上がるので、時間帯を決めて計る。自分の目安ができてくれば、早めの対策が打て、慣れてくれば、糖度計がなくても栄養状態がつかめるようになるという。

糖度＝樹液（汁液）濃度または養分濃度であるとして、養分濃度診断と呼ばれることもある。

▼「糖度計診断　どこを計る？どう診断する？どう手を打つ？」片山悦郎00年10月号

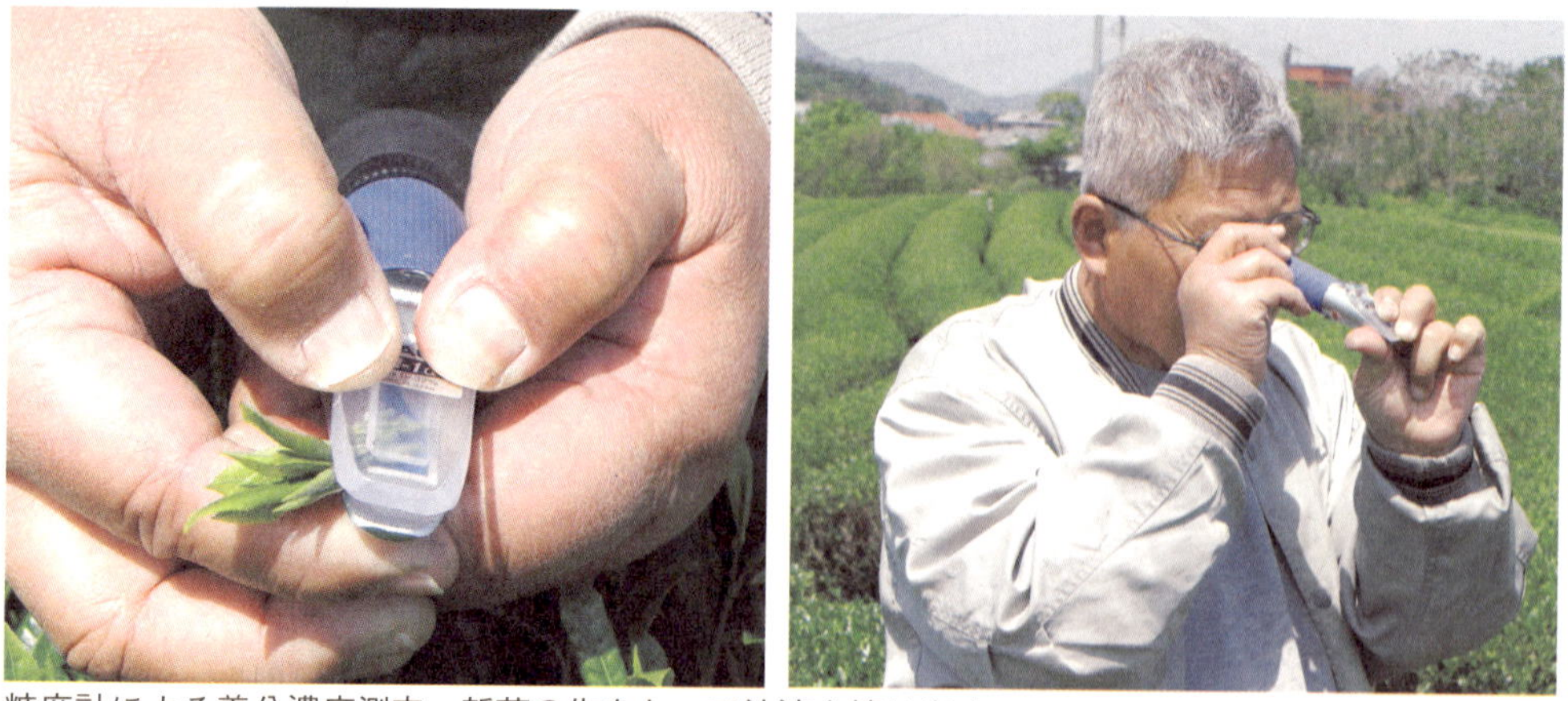

糖度計による養分濃度測定。新芽の先をとって汁液を搾り出す（撮影　山浦信次）

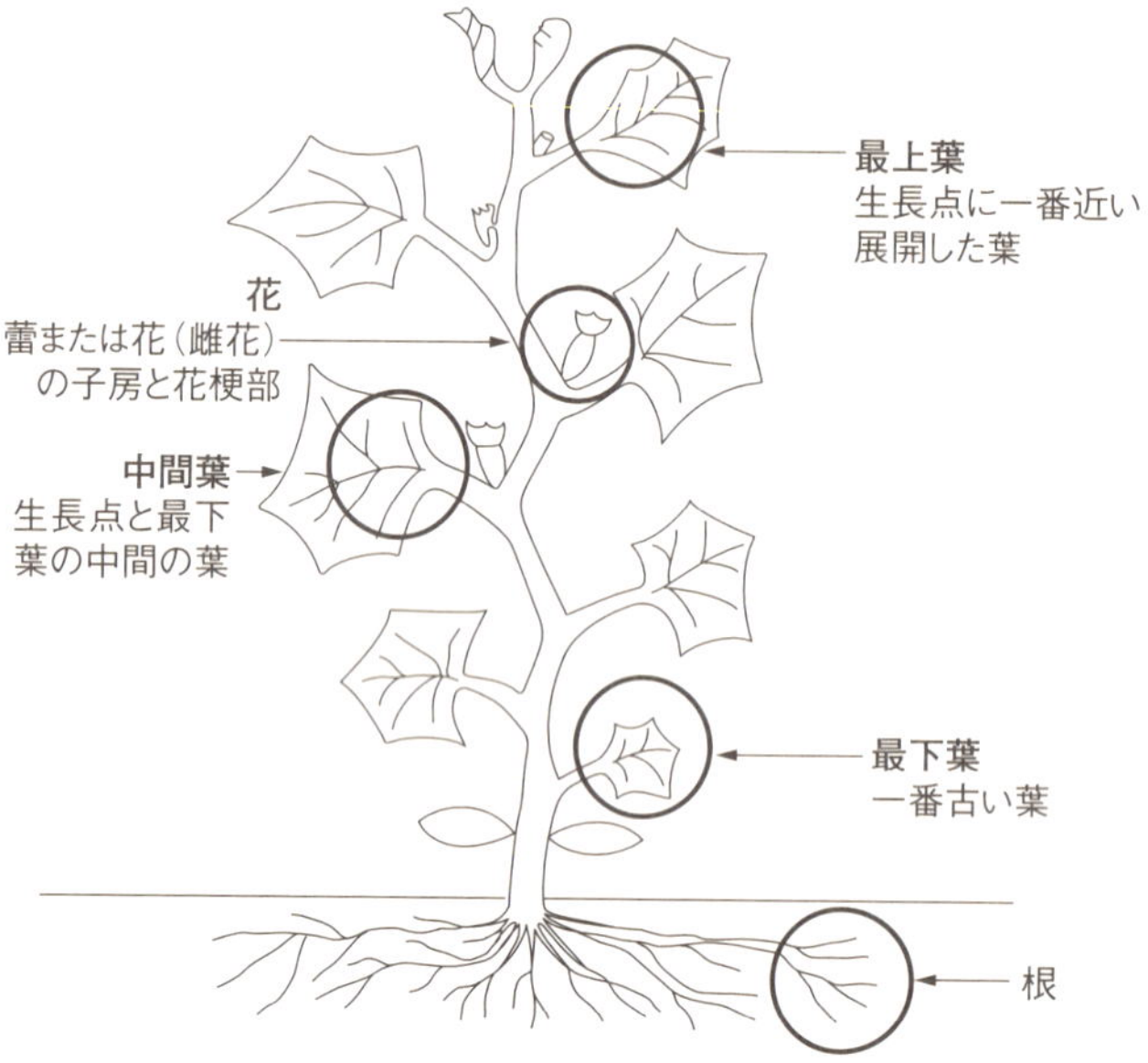

糖度計で調べる位置

基本的な糖度の見方（片山悦郎氏）

計測部位	正常な場合の糖度		異常な場合の糖度	これから起きると思われる現象
最上葉 最下葉 中間葉	最上葉のほうが、最下葉より高い（1～2度の差）中間葉がその中間	a	最上葉が最下葉より2～3度高い	栄養成長に傾き,徒長し葉が拡大。下葉の色が濃くなり始める
		b	最上葉より最下葉のほうが高い	しおれが発生・伸育ストップ・心止まり
		c	最上葉と最下葉の差がないか近い	伸育ストップ・心止まり。病虫害が出やすい。しおれる場合がある
		d	最上葉の糖度が3度以下	病虫害・生理障害が発生しやすい。センチュウ害が出ている可能性がある。葉面散布剤が効きにくい
		e	最上葉と最下葉の差が正常で,中間葉が最下葉より低い	根の活性が低下する。成り疲れ発生。薬害が出やすい
最上葉 花	花が最上葉より高い（最上葉の糖度が正常値）	f	花が最上葉より低い	花が流れる。着果しても奇形果になりやすい。着果しても途中で腐って落果しやすい
		g	花と最上葉の差がないか近い	着果しても肥大がスロー。着果しても奇形果になりやすい
		h	花の糖度が異常に高い	生殖生長に傾きすぎ。心止まりになりやすい
根	根の糖度が2以下	i	根の糖度が2以上	根いたみしている
		j	根の糖度が3.5以上	根いたみしている。病虫害が出やすい。生理障害や微量要素欠乏などが発生しやすい。
		k	根の糖度が5以上	根いたみしている。生育・肥大がストップする

自給肥料・自給資材

米ぬか

玄米を精白すると、約一割の米ぬかがでる。人が普段食べている白米は米の胚乳部で、でんぷんとたんぱく質からなる。米ぬかは米の胚芽と表皮からなり、油脂類・多糖類・食物繊維など、数十種類もの複雑な成分でできている。無機成分でみると、リン酸・カリウム・マグネシウムなど**ミネラル**が豊富で、米ぬかには、生物にとって有用な栄養分が濃縮されている。だからこそ、ぬか漬けやたくあん漬けなど、重要な食品に利用されてきた。

昔から野菜やイネの味をよくする肥料としても重宝され、また微生物による発酵をすすめる力が強く、堆肥や**ボカシ肥**づくりの発酵促進に使われてきた。近年は、田植えあとの水田にまいて雑草を抑えたり、畑にまいて**土ごと発酵**させるなど、新しい利用法が広がっている。

農業生産のために大量の米ぬかが使われるようになった背景に、米の産直の広がりがある。以前は、ほとんどの米は精米業者によって精米され、米ぬかは油脂原料や家畜の飼料に利用されていた。農家の手元に残るのは、自家消費分の飯米からでる米ぬかだけであった。米の産直で農家や農村に米ぬかが残り、自由に大量に使えるようになったことが、今日の米ぬか利用の発端でもあった。

▼「二十一世紀の直前に広がった『米ヌカ農法』の価値」農文協論説委員会00年10月号／『米ヌカを使いこなす』農文協編

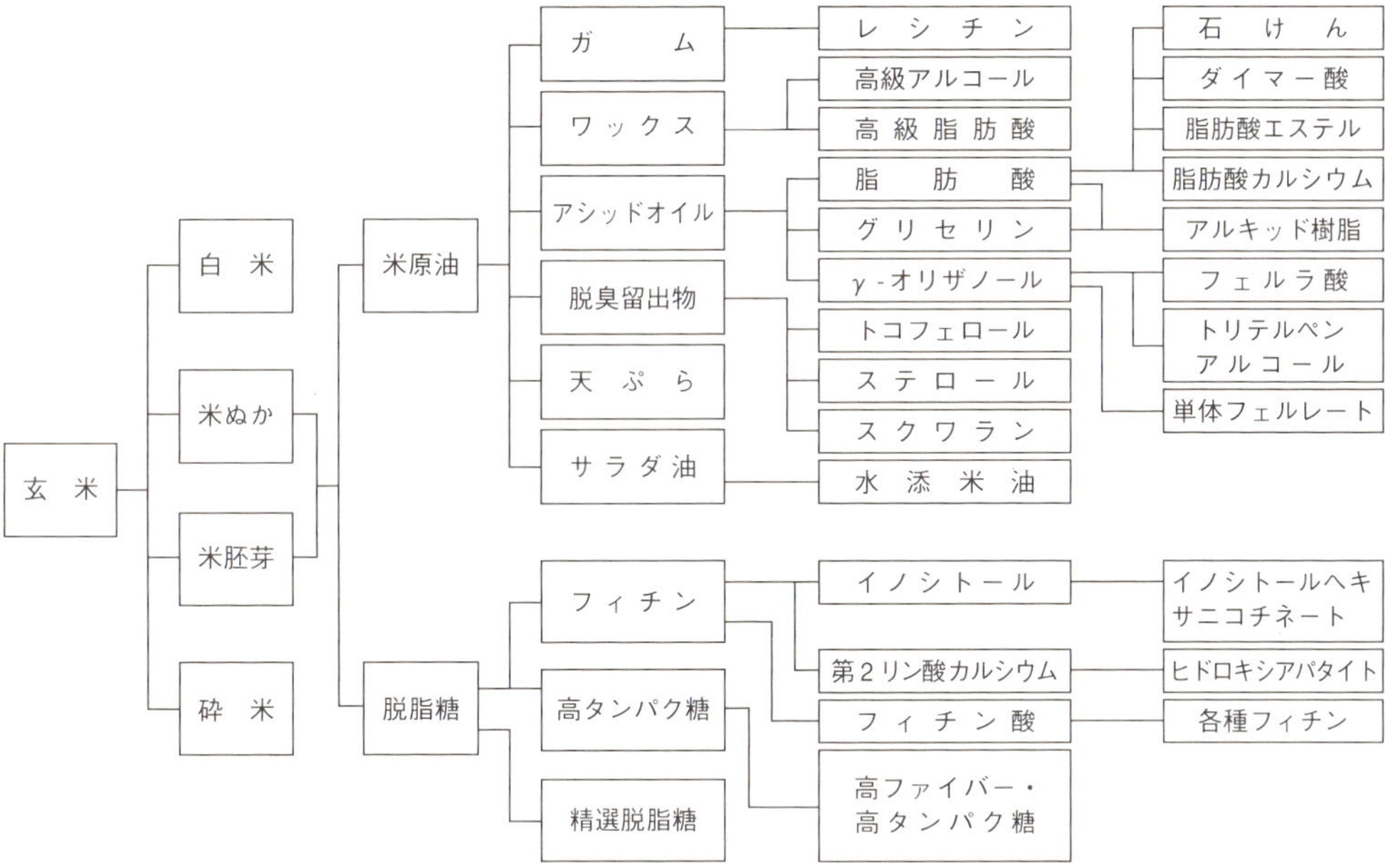

米ぬかの成分　米ぬかにはγ-オリザノール、フェルラ酸、フィチン酸、イノシトールなど多くの機能性成分が含まれているが、この成分の複雑さこそが、米ぬかの生命をはぐくむ力を優れたものにしている（築野食品　1998）

田植え後の水田に米ぬかを散布する　山形県南陽市・島崎眞吉さん（撮影　倉持正美）

北陸地域の米ぬか中の肥料成分含有率（現物％、例）（長谷川和久）

試料	水分	チッソ (N)	リン酸 (P_2O_5)	カリウム (K_2O)	カルシウム (CaO)	マグネシウム (MgO)
1 富山、コシヒカリ 1996年産米 有機栽培 （不耕起、堆肥）	14.3	1.77	2.35	2.94	0.89	1.83
2 石川、かがひかり 1997年産米 慣行栽培	12.6	2.33	3.67	3.03	0.78	0.95
3 石川、コシヒカリ 1997年産米 カルシウム肥料施用	12.3	2.63	4.40	2.55	0.96	1.49
4 石川、雑品種 1997年産米 慣行栽培	14.6	2.19	4.02	3.47	0.78	2.77

フスマ

フスマは小麦を製粉するときに除かれる外皮部と胚芽の部分で、おもに牛の飼料として利用されている。食物繊維（五〇％）、マグネシウム、カルシウムが豊富で、鉄や亜鉛も含まれている。最近は健康食品にも使用されている。

農業利用で注目されているのが**土壌還元消毒**。分解しやすい有機物を十分に土に混入し、水分が多い状態で分解させ、土壌を強い還元状態にして殺菌する方法だが、これにフスマや米ぬかを利用する。

また、**天敵**をふやすのに利用している農家もいる。宮城県の佐々木安正さんは、ハウスの通路に、**もみがら・フスマ・米ぬか**を混ぜて敷きつめている。すると、米ぬかやフスマにカビが生える→カビを食べるコナダニが繁殖する→コナダニを食べてククメリスカブリダニがふえる→ククメリスカブリダニは害虫のアザミウマの天敵でもあり、アザミウマがふえなくなるという。

▼「三〇度以上を二〇日間、で効く土壌還元消毒法」新村昭憲01年6月号

くず大豆

紫斑があったり、小さかったり、割れていたりして食用にならないくず大豆は、飼料や肥料として利用されている。

大豆にはたんぱく質として窒素が五～七％も含まれ、肥料としての効果が高い。マメ科の植物は、根粒の中の窒素固定菌と共生して、空中窒素を固定することができるからだ（窒素分子→アンモニア→グルタミン酸）。各種**アミノ酸**やミネラルも多く、**食味**を高めるなどの効果も期待できる。**穂肥**に利用する農家も多い。また、田植えあとの水田に**米ぬか**と一緒に散布すると、雑草の除草効果が高まる。

表面に硬い皮がついているので、丸のままでは分解しにくい。発芽を防ぎ微生物が食いつきやすくなるように、水に漬ける・煮る・酢に漬ける・粉砕する・発酵させるなどの下処理を行なっておくとよい。また大豆の煮汁も、**ボカシ**に加える水の代わりに使用したり、発酵させて液肥として活用できる。

▼「農家に聞いた失敗しない大豆肥料のつくり方・使

大豆とおからの食品成分（五訂　日本食品標準成分表）

	水分	タンパク質	脂質	炭水化物	灰分
乾燥大豆	12.5	35.3	19.0	28.2	5.0
おから	75.5	6.1	3.6	13.8	1.0

大豆の肥料成分（島本邦彦氏）

種類＼成分	水分	チッソ	リン酸	カリ
大　豆	風乾物	5.34%	1.04%	1.26%
大豆カス(浸出法)	〃	7.06%	1.49%	2.04%
〃	〃	6.67%	1.40%	2.07%

おからの肥料成分（神奈川県農総研）

	含水率	チッソ	リン酸	カリ	炭素率
現物含量	80%	0.9%	0.17%	0.33%	
乾物含量		4.4%	0.8%	1.6%	11

い方」編集部05年1月号

おから

おからは豆腐を作る際、豆乳を搾ったあとに残る搾りかす。栄養価が高く、かつては、食料・飼料・肥料として販売されていた。しかし、現在ではほとんどが無償、あるいは処理料金を支払って引き取ってもらう産業廃棄物扱いになっている。

　このような、栄養価の高いものを肥料として生かさない手はないのだが、含水率八〇%と水分が多いので、腐敗しやすい。窒素の成分が多いので、分解の過程でアンモニアガスが発生して、悪臭をはなつこともある。

　じょうずに、利用するには、①できるだけ早く処理する　②水分の少ない材料と混ぜて水分調整する　③**C／N比**（炭素率）の高い材料と組みあわせて、**ボカシ肥**や堆肥にするとよい。相性がよい材料は、おがくず・**米ぬか**・**もみがら**・乾燥したコーヒーかす、廃菌床など。おからの成分は窒素が多くてリン酸が少なく、乾物は油かすに近い肥料効果をもつ。

　栃木県の室井雅子さんは、水分が多いのを逆に利用して、**乳酸菌**資材（カルスNC―R）を使って乳酸発酵させる。発酵に段ボールを利用することで、水分を上手に調節している。

▼「おから　ダンボールの中で発酵させれば水分が多くても腐らない」03年10月号

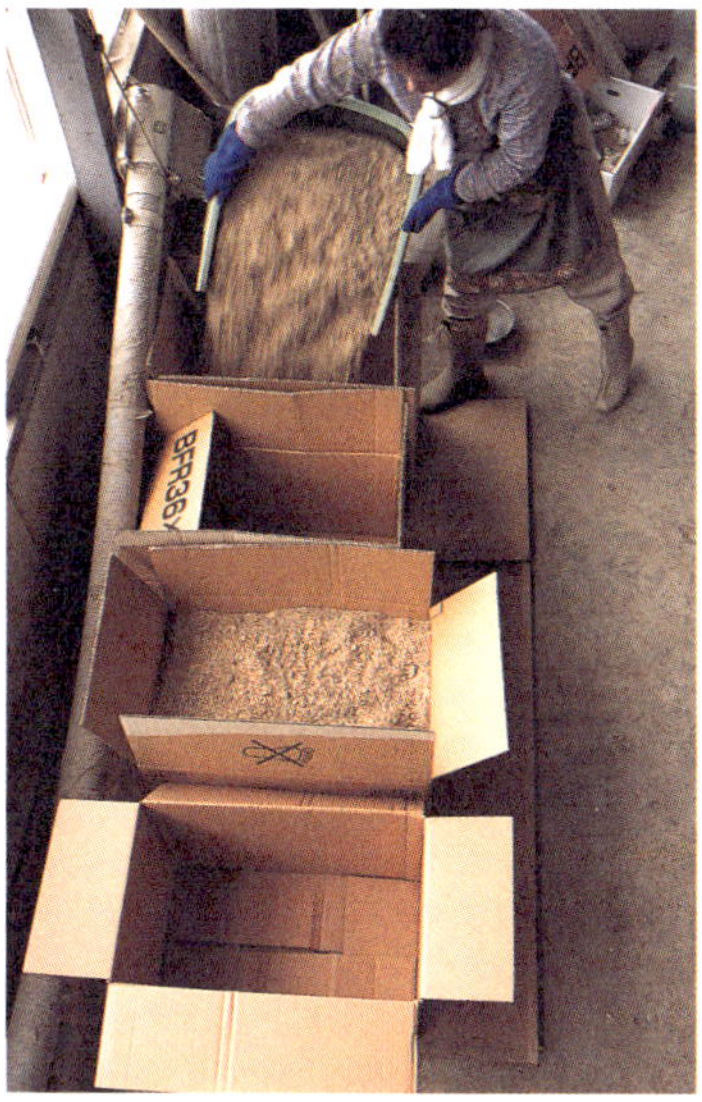

栃木県・室井雅子さんはおからボカシを段ボールで作る。まずつぶした段ボールを床に敷き、段ボール箱を、隣と10cmくらい離して並べる。材料を入れてから軽くフタをし、上から広げた段ボールをかぶせておく。完全密閉しない。材料はおから300kg、油かす40kg、米ぬか40kg、硫安2kg、カルス3kg（撮影　倉持正実）

茶かす・茶がら

緑茶・紅茶・ウーロン茶・数種のブレンド茶など、お茶の搾りかす。飲料メーカーから産業廃棄物として大量に排出されるものを使えば、安定して安価で入手できるので、地域によっては有効な有機物資源の一つである。

　窒素が多く含まれ**C／N比**が低いので窒素飢餓の心配はあまりないが、リン酸とカリは少ない。茶に多く含まれるタンニンは、においを抑える効果があるので、家畜糞尿などと一緒に堆肥化するのがよい。ただし、工場から出た時は水分が八〇%と多いので、あらかじめ乾燥させるか、よく切り替えして通気性をよくし、好気的な条件で発酵・分解させる。

藤原俊六郎氏

茶かすの肥料成分（神奈川県農総研）

	種　類	含水率	チッソ	リン酸	カ　リ	炭素率
現物含量	緑茶カス	84%	0.78%	0.13%	0.12%	
	紅茶カス	80%	0.82%	0.11%	0.11%	
	ウーロン茶カス	80%	0.76%	0.09%	0.10%	
乾物含量	緑茶カス		4.7%	0.8%	0.7%	10
	紅茶カス		4.0%	0.5%	0.5%	12
	ウーロン茶カス		3.7%	0.4%	0.5%	14

（神奈川県農業総合研究所）によれば、茶かすは作物の生育を阻害するフェノール成分を含むため、生のまま土壌にすき込むのは避けたほうがよい。堆肥にするか、そのまま使うときは畑の表面に均一にまいて**有機物マルチ**にすると、雑草を抑える効果があるという。なお、コーヒーかすも同様の効果がある。

▼「まずはクズ類、カス類の性格を知ることだ」藤原俊六郎01年10月号

魚肥料

魚を原料とする肥料には、大きくわけると、魚かす・ソリューブル（煮汁）・干鰯《ほしか》がある。

魚かすは、魚の加工場などから回収したあらを煮て、煮汁を分離し、乾燥・粉砕したものである。このうち細かくふるったものを魚粉という。窒素と**リン酸**分が豊富で、ＢＳＥの発生で肉骨粉の輸入がストップして以来、リン酸を多く含む有機質肥料として重用されている。ふつうは**ボカシ肥**の材料にするか、そのまま土に混ぜて使用する（表面に置くと動物に食べられる）。カリが少ないので、**草木灰**やカリ肥料を一緒に施用するとよい。

ソリューブルは、魚のあらを煮て、魚かす・魚油を分離して残った煮汁である。**アミノ酸**が多くふくまれており、葉面散布剤や液肥など、速効的な肥料として使用される。

干鰯は、小魚を天日で乾燥したもので、かつては代表的な肥料であった。現在はほとんどが輸入品であり、あまり使われていない。

農家が魚屋さんからもらってくる魚のあらは、そのままでは水分が多くて腐りやすいので、**木酢液**や発酵液肥につけ込んで、葉面散布したり、液肥として土壌かん注するのがよい。追肥や味のせ肥料として最適である。

▼「肥料屋さんに聞いてみた　魚肥料の分類と魅力」川合秀実02年10月号

魚かすの肥料成分（％）

種　類	窒素（N）	リン酸（P_2O_5）
イワシかす	9.08	4.11
イワシ頭かす	6.85	8.05
イワシ荒かす	8.62	8.15
ニシンかす	8.96	4.94
タラかす	8.58	9.30
雑魚かす	9.05	5.88
雑魚しめかす	6.85	7.02
雑魚しぼりかす	6.95	8.85

骨が多いとリン酸が、身が多いと窒素が多くなる（山根忠昭　農業技術大系土壌施肥編）

生ごみ

飲食店や学校の給食、家庭の台所などからでる食品くずや残飯を生ごみという。ごみとして出せば焼却炉で燃やされるだけだが、栄養分が豊富で、上手に堆肥やボカシ肥にすれば、上質の有機質肥料として利用できる。ＥＭ米ぬかボカシを使った生ごみ堆肥つくりが話題になり、生ごみを資源として見直すきっかけをつくった。その後、山形県長井市のレインボープランなど、家畜糞尿などと組み合わせた地域的な堆肥つくりの取組みが注目された。

生ごみは水分と窒素分が多いので、堆肥化するときにアンモニア臭やハエが発生しやすい。上手に堆肥化するポイントは他の材料と組み合わせて、水分六〇％、**Ｃ／Ｎ比**（炭素率）二〇程度に調整することである。**落ち葉**やおがくず・**もみがら**・稲わら・堆肥などを混ぜるとよい。

一般の家庭から出る生ごみの堆肥化には、コンポスターが多く使われているが、ポリバケツで乳酸発酵させたり、土のう袋や**ミミズ**を利用する方法もある。

▼「生ごみで極上の堆肥をつくろう！」高橋しんじ02年10月号／『家庭でつくる生ごみ堆肥』藤原俊六郎監

もみがら

修 農文協編

もみがらは**C／N比**が七五前後と高く、**ケイ酸**分が二〇％も含まれている。さらに水をはじく性質があるので、工夫しないと発酵・分解に時間がかかる。水分が少ないので、**生ごみ・おから**・家畜糞など、水分が多くC／N比が低い素材と組み合わせて使うのがよい。

長く形を留めるので、土壌の空隙を多くし、通気性をよくする効果が高く、しかも長くつづく。早く分解させたいときは破砕したり、菌床つくりの攪拌機で練るなどの 方法で水を吸収しやすくする。スペースにゆとりがある場合は、長期間雨ざらしにしたものを使用すればよい。

群馬県の松本勝一さんは、五～六年裏庭に積んでおいたもみがらを育苗用の培土にす

長野県・細井千恵子さんの生ごみ堆肥つくり

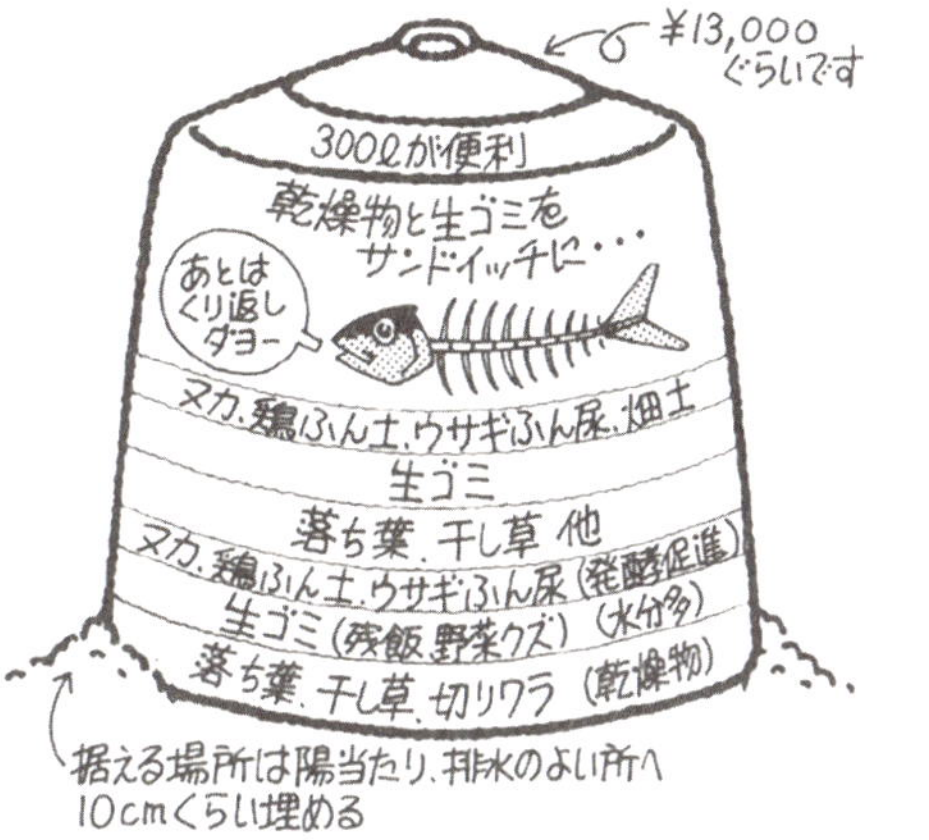

細井千重子さんはにわとりを3羽とうさぎを1匹飼って野菜くずなどを与え、その糞を堆肥づくりに生かしている

長野県の佐藤長雄さんが愛用する発酵モミガラ（撮影 赤松富仁）

群馬県の松本勝一さんは5年間ほっておいたもみがらを培土に使用している。他には何も加えない。無肥料でもキュウリの苗はちゃんと育つ（撮影 赤松富仁）

有機質資材の有機成分組成（乾物当たり％ 彌冨道男 農業技術大系土壌施肥編）

	T－C	T－N	C／N	灰分	粗デンプン	セルロース	リグニン	粗タンパク
鶏ふん	24.7	4.09	6.0	45.0	11.7	10.2	9.5	25.6
余剰汚泥	44.2	6.97	6.3	14.9	11.6	7.5	13.6	43.6
発酵牛ふん	25.8	2.72	9.5	51.4	4.1	5.2	25.1	17.0
下水汚泥	28.6	2.84	10.1	49.4	—	—	—	17.8
完熟堆肥	27.1	2.49	10.9	45.1	6.7	6.8	21.3	15.6
乾燥牛ふん	30.9	1.99	15.5	39.8	10.9	15.9	17.3	12.4
中熟堆肥	31.4	1.95	16.1	37.7	7.9	13.4	25.4	12.2
バーク堆肥	37.6	1.95	19.3	33.2	4.9	12.2	36.7	12.2
未熟堆肥	33.4	1.60	20.9	26.9	11.1	29.6	18.8	10.0
おがくず堆肥	42.2	1.92	22.0	16.2	7.8	30.4	30.3	12.0
発酵製紙かす	31.0	1.09	28.5	43.3	4.2	15.7	24.2	6.8
水稲根	41.1	0.896	45.9	15.5	22.8	31.8	17.1	5.6
稲わら粉末	39.1	0.650	60.2	12.8	25.0	37.0	11.2	4.1
籾がら	40.1	0.541	74.1	18.6	16.3	41.9	20.6	3.4
小麦わら	42.2	0.334	126	10.9	21.6	48.2	15.5	2.1
製紙かす	40.6	0.290	140	18.1	6.8	55.2	15.3	1.8
おがくず	50.4	0.208	242	1.3	10.9	48.2	30.5	1.3

る。他には何も加えず、無肥料でキュウリの苗を育てている。もみがら培土で育苗すると、キュウリは定植後もほとんど病気にかからないという。また長野県の佐藤長雄さんは、イネ苗と高設イチゴの培土に**発酵もみがら**を使い、無肥料無農薬栽培を実現している。

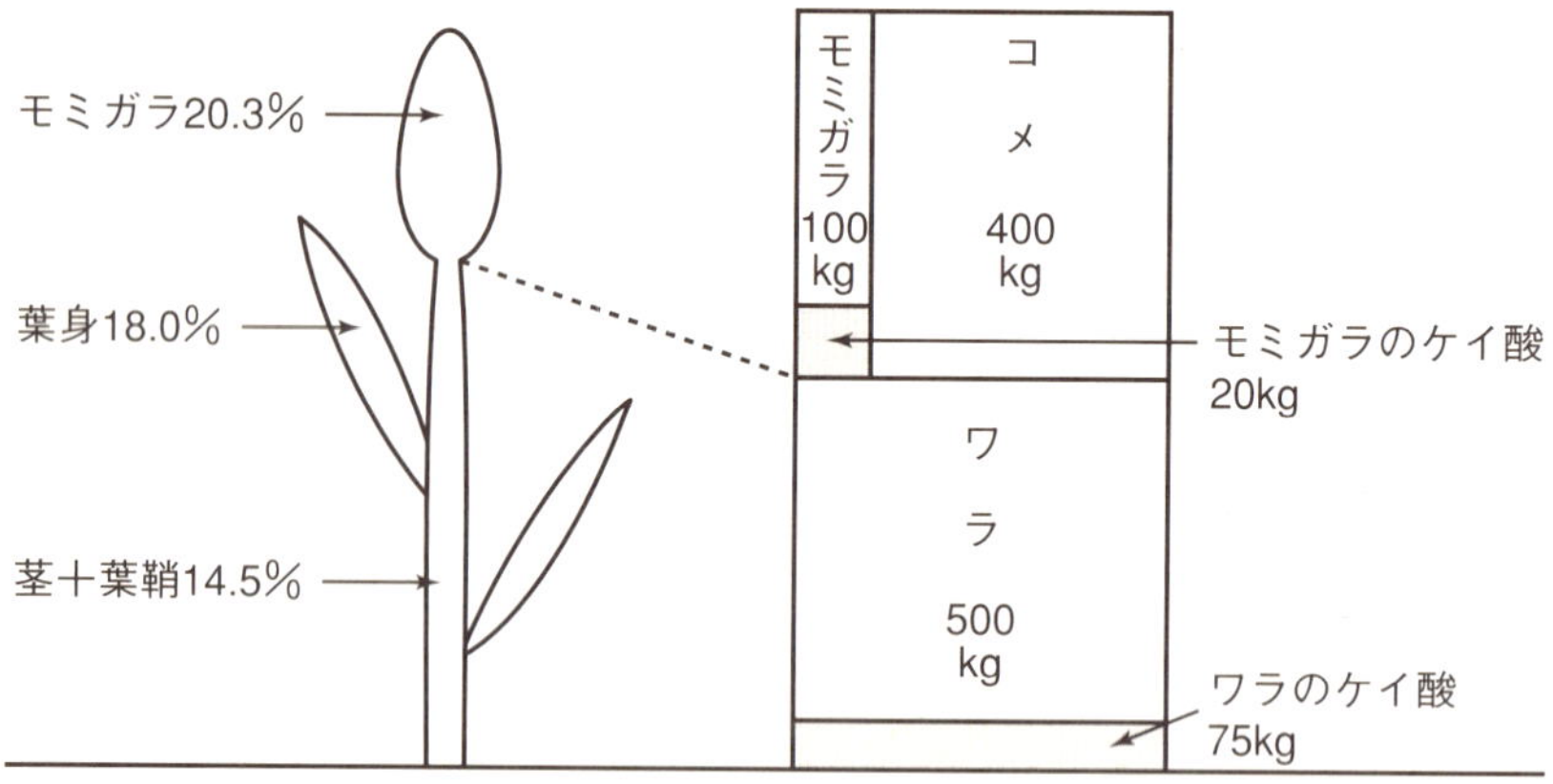

もみがらにはケイ酸が約20%、稲わらには15%も含まれている。上の図は1反あたりの生産量（参考『ケイ酸植物と石灰植物』高橋栄一著）

最近、ケイ酸を施用した作物には、病原菌に対する抗菌性物質が生成されることが明らかにされた。農家がもっとも豊富に利用できる、もみがらの力が見直されている。

▼「モミガラだけで育ったキュウリは、病気をしょわない苗になる」編集部97年3月号

落ち葉

落ち葉の**C／N比**は三〇～五〇ほどで、家畜の糞尿ほど分解しやすいわけではないが、植物質の有機物の中ではきわめて分解しやすい性質をもつ。稲わらのように窒素成分を加えてC／N比を調節しなくても、水で湿らすだけで発酵を始める。またカルシウム・マグネシウムなどの**ミネラル**も比較的多く、多種多様な微生物が付着している。

そもそも森林の土壌は、堆積した落ち葉を微生物が分解して形成されたものなので、落ち葉が発酵・分解しやすいのは当然ともいえる。日本では昔から、堆肥の材料や育苗用の培土、踏み込み温床などに広く使われてきた。

長野県の早川憲男氏は、林道や公園から集めてきた落ち葉を、キュウリ・トマト・インゲンなどのマルチに利用している。落ち葉には、①落ち葉を敷きつめると草が生えにくい　②土が乾燥せずつねに湿気がある　③小動物や微生物がふえる　④多少の風では飛ばされない　⑤収穫後は堆肥として土に施せるなどの効果があるという。

最近では、落ち葉を堆肥製造に積極的に利用する堆肥センターもある。

▼「畑に雑木林を取り込んで実感　土に、根に、味に表れた落ち葉効果」早川憲男04年11月号

落ち葉マルチしたインゲンのハウス。ハウスの中は雑木林の林床のよう（長野県・早川憲男さん）（撮影　赤松富仁）

竹肥料（竹繊維）

竹を**植繊機**などの特殊な機械にかけ、繊維状に細かく粉砕したもので、ピートモスのようにフワフワしている。また竹をこなごなに粉砕した竹粉や、のこぎりくずも同様の効果がある。

竹の大部分を構成しているのは、セルロース、ヘミセルロースなど繊維質（炭水化物）である。窒素、リン酸は少なく、灰分ではカリとケイ素が比較的多い（葉っぱには窒素が多い）。竹は暗渠の材料として利用されるように、もともと分解しにくい素材である。**C／N比**が高く、竹繊維だけを土中に入れると、窒素飢餓をおこす。そこで、家畜糞尿などと組み合わせて堆肥化するか、硫安と一緒に施用して窒素飢餓を防ぐ。

竹繊維の性質を生かす利用法は、マルチとして使うことである。布団のように土の表面を覆うことで、水分や温度を安定させることができる。さらに、腐植化して排水性、保水性など土壌の物理性の改善にも効果がある。また竹を施用すると病害虫に強くなるといわれ、**ケイ酸**の働きによる考えられる。

▼「竹肥料マルチでおいしくなった、休まなくなった」編集部04年10月号

愛媛県松山市・日下武一さんは3～4年に1度、畑に溝を掘ってカワラザサを入れる。その上に土を被せ、生ごみ・おから・腐葉土・石灰・竹炭の粉・鶏糞を少量ふったあと、ホウレンソウを播く。これでその後の窒素肥料はほとんど不要という（撮影　倉持正実）

竹稈などに含まれる三要素の量

（気乾物重当たり％）（『有用竹と筍』上田弘一郎著より）

		チッソ	リン酸	カリ
モウソウチク	葉	2.1	0.2	0.5
	枝と稈	0.3	0.2	0.7
	地下茎と根	0.5	0.2	0.8
マダケ	葉	2.0	0.2	0.6
	枝と稈	0.3	0.2	0.7
	地下茎と根	0.6	0.2	0.7

※「気乾物重」とは大気中で自然に乾燥した重量

竹の灰分（無機塩類、ミネラル）組成

	ケイ酸	硫酸	リン酸	石灰	苦土	マンガン	鉄	カリ	ナトリウム
モウソウチク	14.0	2.2	2.5	2.8	1.5	3.8	8.5	33.9	27.5
マダケ	12.5	2.3	3.3	1.6	4.1			42.4	13.5

灰分は、竹の全乾重量の1～2％を占める。竹類の灰分の特徴は、木材が石灰（ナトリウム）を主要な塩基性成分にしているのに対して、カリウム、ナトリウムが主要な塩基性成分となっている。また、ケイ酸分が多いのが特徴である。

引用文献：土屋穣、福原節雄　日本農芸化学会誌15、p1052（1939）

緑肥

化学肥料が広く普及する以前は、土を肥沃にする方法として、緑肥がきわめて重要な位置を占めていた。代表的なのは窒素固定菌を根粒に共生させるマメ科植物で、ヨーロッパでは家畜の飼料をかねて、クローバー・アルファルファが発達した。東アジアの畑作地帯では古代から大豆が広く栽培されていたし、水田地帯の地力作物としては**レンゲ**やウマゴヤシがある。新大陸ではトウモロコシとインゲンが一緒に栽培されていた。

また、**リン酸**の肥効を高める効果のある緑肥もある。北米原産のヒマワリの根には**ＶＡ菌根菌**が共生して、土壌中のリン酸の吸収を助け、ヒマワリ後の作物がよくできる。インドでも、鉄型リン酸を溶解利用できるキマメと、カルシウム型リン酸を利用できるヒヨコマメが輪作体系に組み込まれてきた。

現在では窒素分は化学肥料で補充するので、地力作物としてのマメ科植物の価値が減じている。代わって利用がふえているのは、**腐植**をふやす効果が高いイネ科植物である。堆肥の製造や散布に手間がかかるので、土の物理性の改善を目的として、ソルゴー・ライグラス・エン麦・麦類が栽培される。冬作物の菜種・カラシナ（アブラナ科、麦類と同じ西アジア原産）なども一部には利用されている。

いっぽう、露地野菜地帯では、センチュウの抑制を目的にヘイオーツ（エン麦）・マリーゴールド（キク科）・エビスグサ・クロタラリア（マメ科）が注目を集め、果樹では抑草効果を目的としたヘアリーベッチ（マメ科）や**ナギナタガヤ**（イネ科）の利用が広がっている。これらの緑肥には**バンカープランツ**として**天敵**をふやす効果も期待されている。

ヘアリーベッチまめ助（雪印種苗）　藤井義晴氏（農業環境技術研究所）によると、ヘアリーベッチのアレロパシー物質はシアナミドで、抑草・種子休眠覚醒・殺虫・抗菌などの効果がある。また、葉の付け根から蜜を出し、これに集まるマメアブラムシを食べにテントウムシ集まるという

緑肥は堆肥の手間をかけずに、抑草や土壌改良ができるし、農閑期に裸地にしないことで、土壌の流亡や侵食を防ぐ効果もある。

▼「この時代、やるっきゃないのだ　減農薬・減化学肥料」編集部03年7月号／『新版　緑肥を使いこなす』橋爪健著

雑草緑肥

畑の雑草をそのまま緑肥として利用すること。市販されている緑肥と違い、種代がかからず、種をまく手間も省けるので、近年は身近な雑草を緑肥として生かそうと考える農家がふえている。

愛知県豊橋市の水口文夫さんは、雑草が生えた夏の畑（豊橋あたりでは夏が端境期）に尿素をふったところ、草勢が旺盛になり、ほかの雑草を抑えてメヒシバ・イヌビエ（イネ科）が優占し、生育がそろった。穂が出るころ、ハンマーナイフモアをかけて細かく粉砕し、二〜三日乾燥させてからすき込んだ。その結果、堆肥・ソルゴーをすき込んだ畑より、後作のカリフラワーの収量がよかった。排水性もよくなった。畑が空いている時期に、雑草をなくそうと耕うんして裸地にすると、地力が消耗して損失が多くなる。「夏の畑耕しや裸地は貧となる」という古老の言い伝えも

あるという。

稲作では稲刈りあとの田んぼに、スズメノテッポウ（イネ科）やカラスノエンドウ（マメ科）が自然にふえるが、これを緑肥としてわざとふやす農家もある。カンキツの**草生栽培**用の緑肥として脚光をあびている**ナギナタガヤ**も、もとは関東以西に勝手に自生していた帰化雑草である。

堆肥や肥料を入れて土づくりした農地が一番肥沃と考えている人が多いが、じっさいには、森林や草地のほうが、炭素・窒素の成分量が多い。植物が何十万年もかけて肥沃にした土地や、河川によってそこから流れ出た肥沃な土壌を生かして農業は営まれてきた。

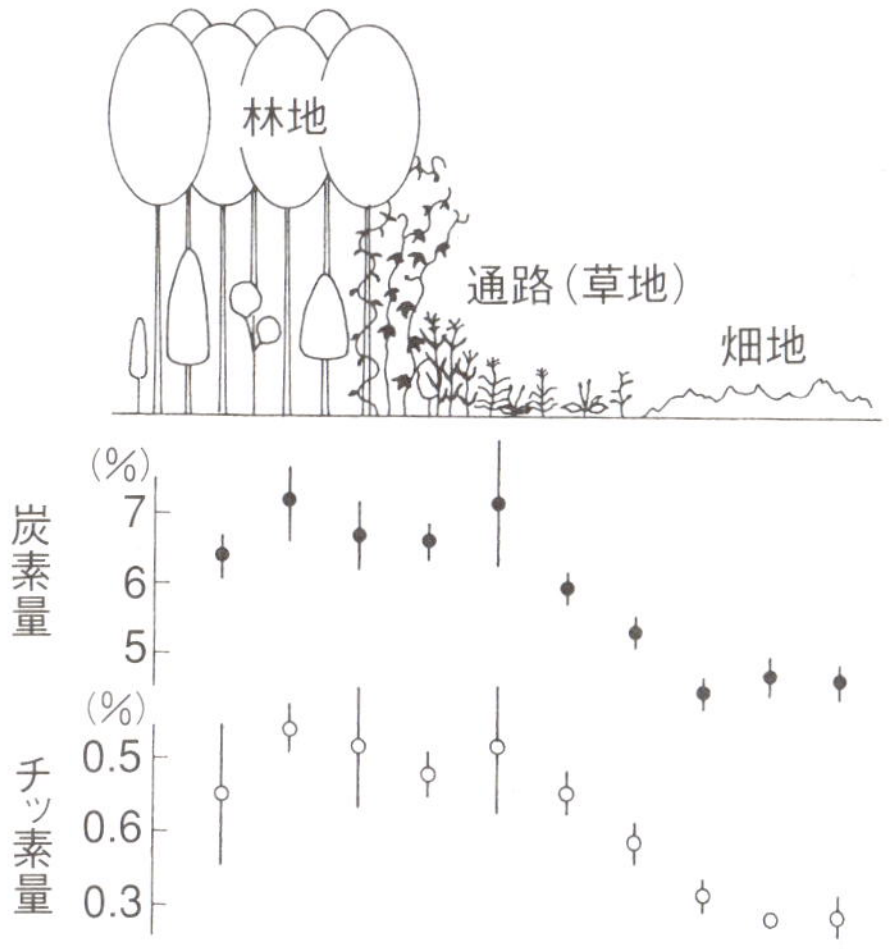

一般に森林や草原の自然の土壌のほうが、農地よりも肥沃である。耕うんや除草剤によって裸地にしておくと、だんだん土がやせていく（寺井謙次「学校園の栽培便利帳」農文協）

▼「土はやせない、手間をかけない、カネもかけない」水口文夫98年7月号

天恵緑汁

ヨモギやクズなどを**黒砂糖**と混ぜて容器に入れておくと、一週間ほどで発酵液ができる。水を入れなくても、黒砂糖で水分や植物体内の栄養分が引き出されて**発酵**しはじめる。こうしてつくられる天恵緑汁では、**乳酸菌**や**酵母菌**の働きで、腐敗菌の繁殖が抑えられている。天恵緑汁は、韓国自然農業協会の趙漢珪氏が、韓国の代表的な発酵食品であるキムチをヒントに考案したものだ。韓国では食前に必ずキムチの汁をスプーン一杯のむ。これで夏バテもしないという。

基本的な利用法は、土の表面にわらや**落ち葉**でマルチしたところへ、天恵緑汁を散布する。深層ではなく、表土層に散布またはかん注して上から土をつくる。また、水で薄めて作物に葉面散布し、病害虫が出にくい環境と体質をつくる。

素材にするものは、季節に応じてその時期に一番勢いのある植物がよい。その地域にあるものを生かすことが大切である。時間帯は、植物の栄養分が地上部に多い、夜明け前がよい。また、アケビの実やイチゴなどの果実と黒砂糖と混ぜ合わせてつくる「果実酵素」もある。

▼「菌の力・植物エキスの力　私はこうやって引き出してます」編集部03年5月号／『天恵緑汁のつくり方と使い方』日韓自然農業交流協会編

夜明け前にとってきた菜の花やカラシナを黒砂糖でまぶす（撮影　倉持正実）

よもぎやせりは、鉄分などミネラルに富む。葉っぱには乳酸菌や酵母菌がいっぱい。

クローバー、麦類など寒さに強い植物もいい。

竹の子や葛など生長の早いもの、きゅうり・かぼちゃ・メロン・すいか等の腋芽。いずれも生長ホルモンがたくさん含まれている。
繊維が浮いて液は沈む。
材料にする植物は、洗わずにそのまま黒砂糖と交互にサンドイッチ状に積み重ねる。黒砂糖の量は材料の１／３くらい。一番上は黒砂糖で覆う。
20度くらいの気温なら、5〜7日でできる。この時、無理に絞るようなことをしてはダメ。

鶏糞

鳥は空を飛ぶために、膀胱がなく腸も短い。糞と尿を一緒に排泄し、鶏糞には窒素・リン酸・カリが多く含まれる。腐植分は少ないので、速効的な肥料としての価値が高い。採卵鶏とブロイラーでは、採卵鶏の鶏糞に水分と**カルシウム**が多い。これは、卵の殻を硬くするためにカルシウムを与えるからである。生の鶏糞は水分が多くにおいもきついが、乾燥させると窒素（アンモニア）が揮散しなくなり、扱いやすくなる。

成分が高いために、作物の根が直接触れると、根傷みすることがある。堆肥の材料としても適し、その場合は、**腐植**の多いわらや**もみがら**、おがくずなどと組み合わせるとよい。

茨城県の野菜農家・松沼憲治さんは、地元で豊富に入手できる、**もみがら**と鶏糞を組み合わせて良質の堆肥をつくり、ハウスキュウリ四〇年連作を実現している。性質が異なる**牛糞**との組み合わせも魅力的で、牛糞+鶏糞で、早くから遅くまで肥効が持続し成分のバランスもいい堆肥をつくる工夫もみられる。

鳥類は「飛ぶ」とき多くのエネルギーを必要とするので、体内でエネルギー伝達体のＡＴＰ（アデノシン三リン酸）が多くつくられ、糞にもリン酸が多く含まれている。そこで、冬季の水田に水をはりカモなどの野鳥が集まると、**リン酸**の補給ができる。

▼「困りもの有機物を大量に施してキュウリ連作三八年」松沼憲治97年10月号

豚糞

豚糞は牛糞よりも肥料成分が高く、かつ作物に吸収されやすい。しかし、豚糞尿はにおいがかなりきつく、扱いに苦労する。

広島県の養豚家・渡辺泉さんは、堆肥舎に積んだ豚糞に、白いカビが生えてよく乾き、臭いがなくなっているのを見つけた。これは、ムコール属という菌で紫外線と水気に弱いということがわかった。そこで屋根に紫外線カットフィルムを張った乾燥場を建設し、良質な豚糞堆肥づくりを実現した。

九〇年代には、糞と尿を分離して糞はもみがら等をまぜて堆肥化し、尿は微生物・岩石**ミネラル**を利用して曝気法で液肥（活性水）にする、ＢＭＷ技術に関心があつまった。近年は、**土着菌**を利用した発酵床にする方法への関心も高い。

▼「石と生命そして農業は切っても切れない関係」長崎浩92年8月号

鶏糞と厩肥の成分

種類		水分	N	P_2O_5	K_2O	CaO	MgO
採卵鶏	生糞	73.7	2.24	1.88	1.12	3.99	0.52
	乾燥糞	19.0	2.96	5.19	2.43	9.14	1.15
	おがくず入り厩肥	54.1	0.89	1.72	1.12	3.27	0.39
ブロイラー	生糞	40.4	2.38	2.65	1.77	0.95	0.46
	乾燥糞	15.0	3.01	4.67	2.90	4.22	1.77
	おがくず入り厩肥	43.6	2.26	2.69	1.57	3.09	1.43

豚糞と厩肥の成分

種類	水分	N	P_2O_5	K_2O	CaO	MgO
生糞	69.4	1.10	1.70	0.46	1.26	0.48
乾燥糞	24.3	2.60	4.56	1.51	3.30	1.20
おがくず入り厩肥	57.8	0.95	1.39	0.65	1.28	0.42
稲わら入り厩肥	69.7	0.89	1.80	1.44	0.42	0.26
液状厩肥	95.9	0.41	0.22	0.20	0.12	0.06
生尿	94.0	0.50	0.05	1.00	0.02	0.08

牛糞と厩肥の成分

種類	水分	N	P_2O_5	K_2O	CaO	MgO
生糞	80.1	0.44	0.35	0.35	0.34	0.17
乾燥糞	28.0	1.65	1.84	1.74	1.61	0.76
おがくず入り厩肥	65.5	0.59	0.62	0.68	1.02	0.24
稲わら入り厩肥	77.6	0.48	0.48	0.52	0.52	0.22
液状厩肥	91.9	0.37	0.19	0.42	0.23	0.09
生尿	92.5	1.00	0.01	1.50	0.03	0.01

注　農業研究叢書第7号（1985）より作成、生尿は肥料施用総典（1956）より引用

牛糞

牛は草などの粗飼料を多く食べるため、牛糞の肥料成分は他の家畜糞にくらべると低い。その代わり、セルロースやリグニンなど土の中で**腐植**となる成分が多いので、土壌改良資材としての価値が高い。

成分的には、窒素やリン酸に比較して、カリの含有率が高い。牛が排せつしたばかりの牛糞は水分が多く、敷料を充分使っている場合が別だが、堆肥にするには、**おがくず・もみがら**などを混合して、水分を調節する。また、飼料や牧草の種子が含まれていることが多いので、堆肥化の際に温度が低いと雑草の種子が不活性化せず、見た事のない草が畑に生えることがある。

牛糞で上質の堆肥ができれば、まさに地域の宝。しかし、耕種農家に受け入れられる良質な堆肥を、大量かつ安定的につくるには、堆肥化の主役である微生物が活動する条件を整えることが重要である。栃木県茂木町の堆肥センターでは、地域の生ごみ、落ち葉、もみがら、それに牛糞を活用して良質堆肥をつくり、地域の活性化に活かしている。水分と**C/N比**の調整を徹底し、短期間で良質な堆肥をつくって地域の耕種農家にも喜ばれている。

▼「大人気！落ち葉入り牛糞・生ごみ堆肥」矢野健司04年11月号

家畜尿

家畜尿には、窒素分が〇・五〜一％含まれており、速効性肥料としてきわめて有効である。しかし、悪臭がひどく、液状のものは扱いにくいので、畜産農家にとってはやっかいものとなっている。とくに尿の量が多い養豚では、その処理に難渋してきた。

簡易な曝気装置　手前のブロアーで空気を送り、1〜2カ月曝気すると活性汚泥（微生物のかたまり）ができてくる（提供　澤田寿和）

臭いをある程度抑えるには、曝気処理が一般的である。空気を送って好気的な微生物を繁殖させ、アンモニア（NH_3）→亜硝酸（NO_2）→硝酸（NO_3）と酸化させると臭いはおさまる（環境に放出する場合は最後に嫌気的な条件にして脱窒菌によって硝酸を還元し、窒素ガス（N_2）にする）。

臭いがあまり問題にならない地域では、尿をそのまま水田に**流し込む**方法もある。もともとイネは窒素をアンモニア態で吸収するので、きわめて肥料効率がよい。佐賀県杵島地区では、尿一ｔに対し、リン酸を二・五ℓ添加して、アンモニアの飛散を抑えると同時にリン酸分を補給し、良食味の米づくりを実現している。

あるいは、消臭剤の**硫酸第一鉄**（$FeSO_4$）を添加して、アンモニア（NH_3）を硫安（$(NH_4)_2SO_4$）に変え、さらに悪臭成分である硫化水素（H_2S）やメルカプタン（CH_3SH）などを硫化鉄（FeS）にして、不活性化させる方法もある。

▼「超低コスト曝気装置でできるにおわない液肥」澤田寿和04年10月号

下肥（人糞尿）

人糞尿を肥料として利用する下肥は、中国では少なくとも唐（七〜十世紀）以前に、水田の肥料として利用されていたという。日本では鎌倉時代に広まったとされる。江戸時代にはすべての糞尿が肥料として利用され、都市で回収された下肥が売買されていた。明治以降はコレラの流行、下水道、化学肥料の普及によって、じょじょに使われなくなっていった。現在は、人糞尿の多くは下水として処理され、下水汚泥の四一％が埋め立て、三三％が緑農地へ還元、二三％が建設資材への利用となっている。

現在、人糞尿を使う農家は少ないが、自分の家の人糞尿に天然の**ミネラル**や微生物資材を混ぜて人糞尿発酵液肥をつくっている農家や、**落ち葉**に「コンポスト・トイレ」の内容物（糞尿に発酵菌入りおがくずや、**米ぬか**を混ぜて撹拌したもの）をかけて積み、野菜の育苗培土をつくっている農家もいる。岡山の赤木歳道さんは、枠のなかに五〇㎝以上の厚さで**もみがら**を入れ、その上から人糞尿をかけてもみがら堆肥をつくる。そのままではにおうので人糞を入れたら全体に水をかける。圧のかかった水をかけると固形物はもみがらの中に浸透する。においがどうしても気になる時は、食酢か**木酢液**をジョロでさっとかけるとよいという。

▼「米ヌカボカシ＋人糞尿発酵液肥で米ナス増収」02

年10月号

草木灰

昔から灰は貴重な肥やしで、江戸時代には、灰集め・灰問屋がすべての灰を都市から回収し、農家に販売していた。岸本定吉氏によると、灰には窒素をのぞいて植物の生長に必要なすべての無機成分がバランスよく含まれているという。植物が多く必要とする成分は多く、微量な成分は微量にと、ことごとく含まれている。成分の主体は炭酸カリウム（K_2CO_3）で、水溶性のカリが五％程度、リン酸が一～二％程度含まれている。ただし、成分量は原料により違う。塩基が多いので強いアルカリ性を示す。

つかい方の基本は、うね立ての前に植溝に施しすぐに撹拌する。こうすれば風に飛ばされず、雨でもあまり流亡しない。施用量は反当二〇〇kg以上とされる。また、アルカリが強く、堆肥中のアンモニアが揮散しやすくなるので、堆肥との混用をさける。追肥で使うときは、溝に施すか、土寄せのときに土といっしょに株元へ寄せるとよい。反当一〇〇kg以上施すと、効果が高いという。

熊本県の古賀綱行さんは、草木灰を**自然農薬**として使っている。材料は、雑草から木の小枝まで使えるが、杉・松・柿・竹などの柔らかい木がよい。穴を掘ったら、そこへ材料を少しずつ入れて、いぶすように低温で焼き、黒白灰に仕上がるようにする。焼き上がったら、雨水が入らないようにトタンなどをかけて一晩おき、目の細かい篩にかけて保存しておく。野菜が若いころ、朝露が残っているうちに数回まくと、害虫を寄せ付けないという。

▼「ハスモンヨトウ退治あの手、この手　朝露のあるうちに五日おき二回の草木灰散布で予防」古賀綱行89年9月号

穴を掘って伏せ焼き　直径1.8m、深さ１mほどの穴を掘り、火をつける。底におきができたら、せん定枝などどんどん放り込んで燃やす。雑草やもみがらをかぶせて火の勢いを抑え、土をかぶせる。空気を遮断して、炭化させる。１日おいて、水をかけながら取り出す。（愛知県・水口文夫さん）（撮影　赤松富仁）

炭（木炭・竹炭）の畑での使い方

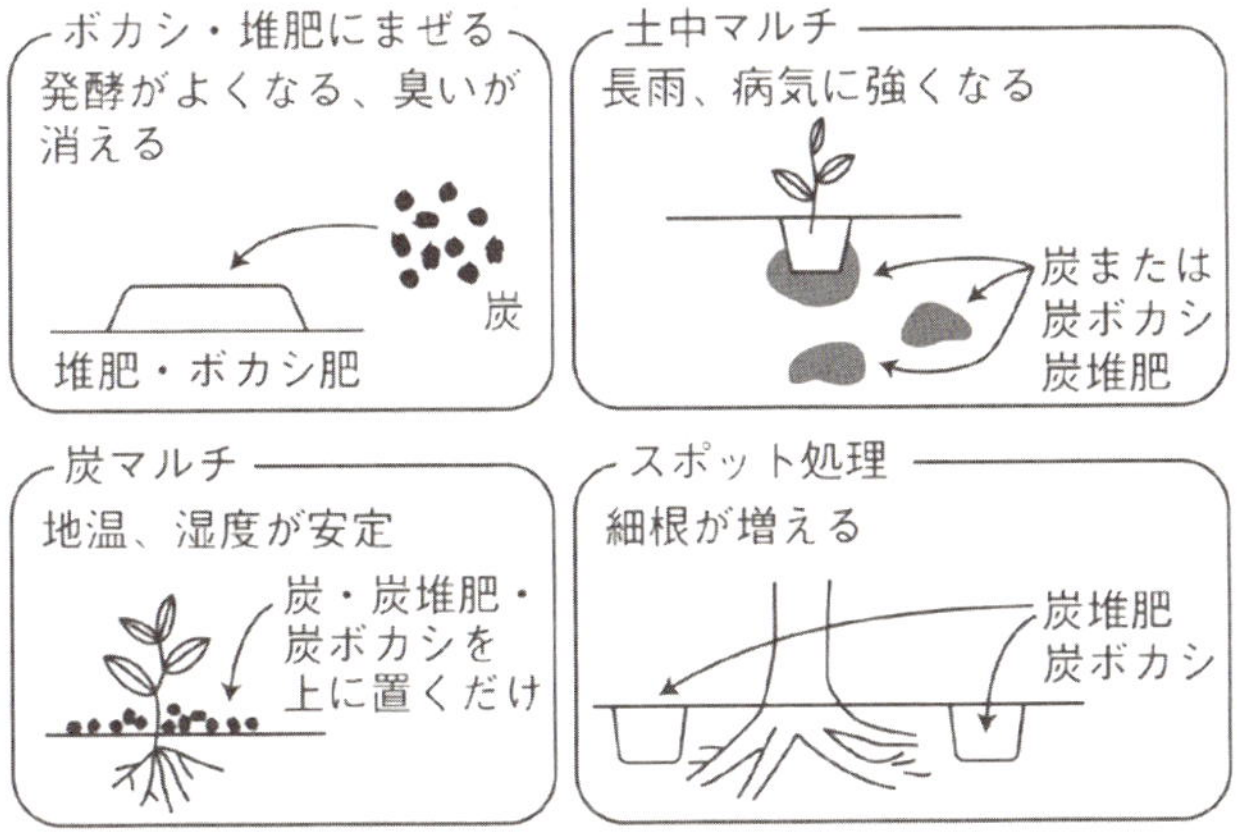

木炭・竹炭

地球温暖化が大きな環境問題となり、植物由来のエネルギー源である、炭の価値が近年見直されている。農業への炭の利用も、かなり広く行なわれるようになってきた。

炭は炭化温度によって保水性・pH・CECの値などにかなり差があるが、農業利用には、五〇〇～六〇〇℃の低温で焼いたものがむしろ望ましいとされる。農家が自分で農業用に

焼く場合、もっとも簡便なのは伏せ焼きで、立て穴を掘り、せん定枝などをどんどんくべて、最後に土をかぶせ炭化する。

炭は表面積・空隙が多く、土に施すと地温を安定させたり、通気性、透水性、保水性を高める効果がある。また、炭に含まれる灰分には、カリ・リン酸・カルシウムなど、植物に必要な**ミネラル**がバランスよく含まれている。そして、もっとも注目されているのは、炭が微生物をふやす働きである。松橋通生氏（元東海大学教授）によると、炭からでる音波をたよりに、好炭素菌（バチルス属が多い）が炭の周囲にあつまり、どんどん増殖するという。さらに、**リン酸**吸収を高める**VA菌根菌**などがふえることも明らかになっている。

炭の力をうまく引き出すには、炭単独で使用するよりも、①ボカシ肥や堆肥にまぜる　②アルカリ性なので**木酢**や**過リン酸石灰**と一緒に使う　③リン酸が少ないのでリン酸肥料を一緒に施すとよい。

この他にも、家畜の**下痢止め**や糞尿の悪臭除去、水質浄化、農薬の吸着など、さまざまな炭の利用法がある。

▼「特集　もっと使えるぞ！炭」04年1月号／『竹炭・竹酢液のつくり方と使い方』岸本定吉監修　池嶋庸元著

もみがらくん炭

もみがらくん炭は、酸素を遮断して低温で焼くと形がくずれずきれいにやける。形が残っているほど空隙が多く、土に施した時の物理性の改善の効果が高い。逆に高温（五〇〇℃以上）で焼くと形がくずれ、灰化が進んで強いアルカリ性を示す。

温度や水分を安定させるので、昔からイネや野菜の育苗培土の材料によく使われてきた。軽いので、苗の移動・運搬もラクにできる。注意する点は、アルカリ性なので、水洗いするか**過リン酸石灰**などで中和する。また、完全に乾かすと、撥水性が高くなって水をはじいてしまうため、使用する前に十分に湿らせておく。

灰分には**ケイ酸**分や**ミネラル**が豊富で、木炭にくらべてリン酸が多い。もみがらを低温（野焼き程度）で焼くと、溶解性の高いケイ酸分が多く含まれるという。くん炭を毎年入れてきた田んぼでは、イネの葉先を握るとバリバリ感じるほど丈夫になり、いもち病などの病気に強くなる。ミネラル効果をねらって、わざと空気にあてて焼き、「灰混じりくん炭」を施用することもできる。

もみがらくん炭のいいところは、材料のもみがらが豊富にあることである。

▼「モミガラのミネラルとケイ酸を生かす　イネの苗にはくん炭入り覆土」松沼憲治04年1月号

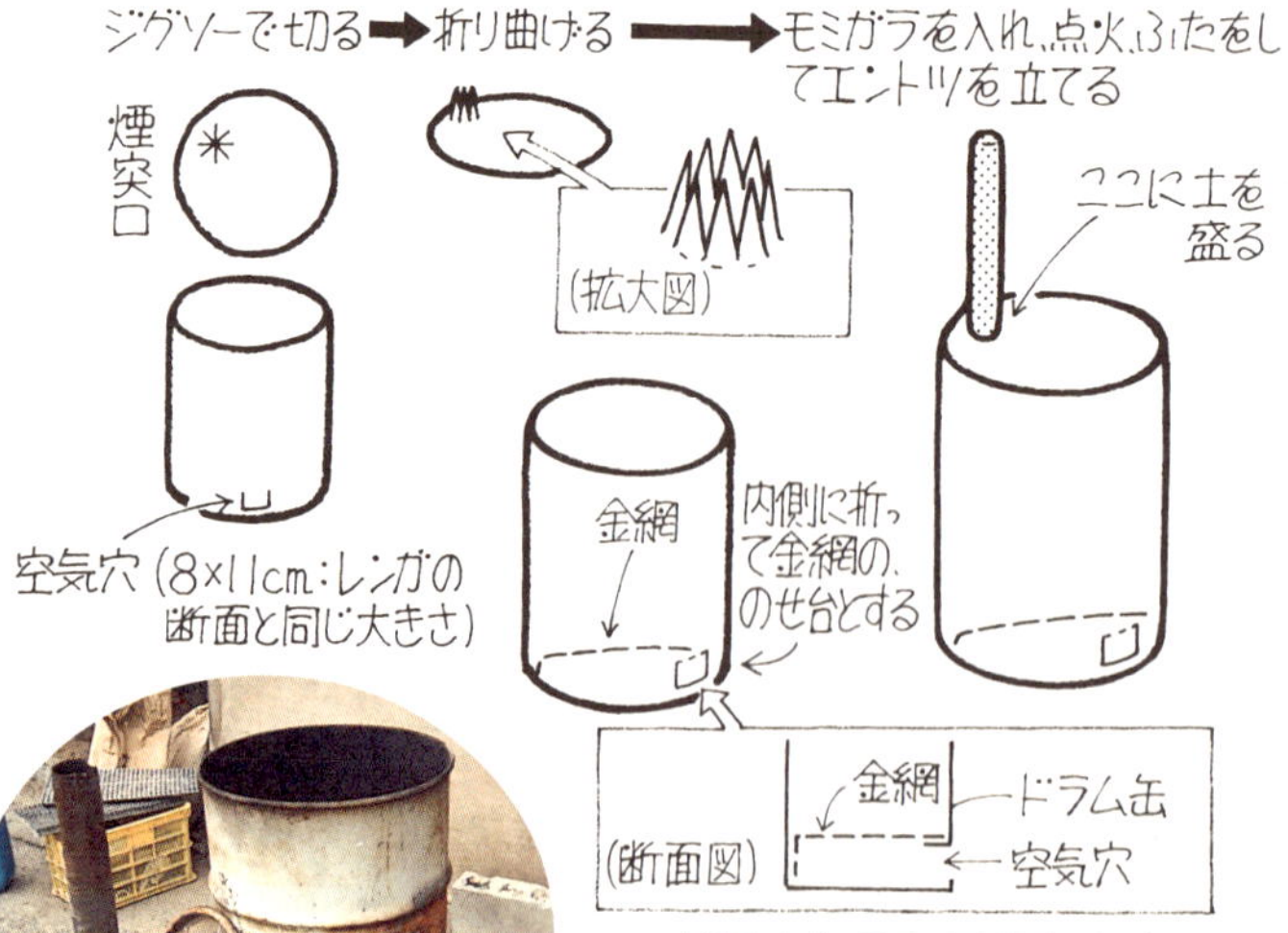

ドラム缶の加工のしかた

ふた、煙突、金網を取り外したところ

ドラムカンでくん炭器を自作する　酸素を遮断できるので、とてもきれいにやける（兵庫県姫路市　山下正範）

木酢液・竹酢液

木酢液は、炭窯の煙突部からでる煙を冷却して得られる液体。もともとは松根油を採取して燃料にする目的で開発されたらしいが、戦後はソーセージなど燻製食品の添加物や、消臭剤として利用されてきた。現在では、農業での利用が広がっている。

木材はセルロース、ヘミセルロース、リグニンからなり（九五％）、これが熱分解したものが木酢である（炭と灰分が炭窯に残る）。水分をのぞいて、木酢にもっとも多い成分は酢酸で、全体の三～七％、有機物含有量の五〇～六〇％を占めている。その他、**有機酸**類・フェノール類・アルコール類など、二〇〇種類以上の成分を含む。

主成分は酢酸なので、濃度が高いときは静菌作用があるが、農薬のような殺菌・殺虫効果はない（原液をかければ菌や虫が死ぬこともあるが、作物も枯れてしまう）。薄い倍率でかん注したり散布したりして、微生物の繁殖や作物の生育を促進させ、病害虫にかかりにくい環境や体質にするのが基本である。

効果的な使い方は、①土壌にかん注して、微生物の繁殖を促進したり、アルカリ化した多肥土壌の化学性を改善する ②浸透力・展着力が強いので、農薬散布のときに混用する ③アミノ酸葉面散布剤や尿素とまぜて使うと効果が高まる ④害虫の忌避効果をねらうときは、ニンニクやトウガラシを浸ける ⑤**ボカシ肥**や堆肥づくりのときに散布するとアンモニアの揮散を抑えられる ⑥**木炭**や**もみがらくん炭**に混ぜると、中和されて化学性がよくなる ⑦畜舎の床にまくと、臭いがおさまる ⑧家畜の餌にまぜると、腸内細菌の形成を促進（やりすぎに注意）などである。

農業用の木酢は炭窯があれば自分で採取することができるが、伝統的な炭窯から採取されたものがもっとも品質がよいとされている。また、静置・ろ過して木タール分をのぞいたものを利用するのが基本である。業界では木酢液の規格を定めている。

木竹酢液認証協議会http://www.mokutikusaku.net/
▼「木酢は『成分の複雑さ』を活かして使う」木嶋利男01年6月号／『木酢・炭で減農薬』岸本定吉監修 農文協編／『竹炭・竹酢液のつくり方と使い方』岸本定吉監修 池嶋庸元著

魚腸木酢

木酢液に魚のあらを数カ月漬け込んだもので、熊本県天水町のミカン農家・中本弘昭氏がその効果を報告して注目が集まった。木酢液と魚のあらに多く含まれる**アミノ酸**（窒素）・**リン酸**の相乗効果がいかんなく発揮され、品質のよいミカンを生産している。魚の油脂も多くギトギトしているが、かえってこれがアカダニに有効だという。

中本さんのつくり方は、木酢液三に対し、新鮮な魚のあら一を漬ける（重量比、できれば青魚）。一日一回かきまわして、二～六カ月漬け込む。この他にも、ニンニク・キトサン・トウガラシ・**カキ殻**を木酢に漬け込ん

熊本県の中本弘昭さんは、木酢液と魚のあらを3：1で混ぜて6カ月つけこみミカンに散布している（撮影　赤松富仁）

で、用途によって使い分けている。

使うときは、網でこして五〇〇倍に薄め、鉄砲ノズルで反当一二〇〇ℓかける。散布のこつは、土にもかけるつもりで、ミカンの木全体にたっぷりかけること。隔年結果もなく、扁平で袋がうすく、ジュースが一杯につまったミカンができるという。

▼「中本弘昭さんの魚腸木酢フル活用指南」編集部01年8月号

もみ酢

もみがらくん炭を焼くときに出る煙を冷やして採れた液体。**木酢**液同様、主成分は酢酸で、pH三・五～四・〇の強酸性をしめす。もみ酢の使いかたも木酢液と同様だが、原料の**もみがら**が入手しやすいので、豊富に使用できることが特徴である。

茨城県の松沼憲治さんは、二〇年近くもみ酢を愛用している。一年間にトラック一〇台分のもみがらをくん炭に焼き、一〇〇〇ℓのもみ酢を採取する。二〇〇ℓのポリ容器で静置し、木タールを取り除き、中層は葉面散布用に、上層と下層は土つくりに使用している。

おもな使用法は、①もみ酢に**カキ殻**を溶かした「カキ殻もみ酢」を一〇倍に薄めて、作

木酢エキスのつくり方

魚腸木酢	木酢液と新鮮な魚のあらを3：1の割合で、2～6カ月漬け込む
ニンニク木酢	木酢液20ℓに2kgのニンニクを約3カ月漬け込む
キトサン木酢	150～200gのキトサンに木酢液20ℓを混ぜて2日ほどかけて溶かす
トウガラシ木酢	木酢液20ℓに50～70gのトウガラシを約3カ月漬け込む
カキ殻木酢	カキ殻を木酢液20ℓに約3カ月漬け込む

中本弘昭さんがミカンへ散布するときの目安

時期（月）	混ぜる割合	倍率	ねらいと散布の頻度の目安
1～2	魚腸木酢　1 木酢　9	400～500	花づくり 1/25～2/5に1～2回
3～4	魚腸木酢　3 ニンニク木酢　7	〃	芽づくり 約2週間おきに3回
5～6	魚腸木酢　3 キトサン木酢　7	〃	花カスをきれいに落とす（灰カビ予防） 1週間～10日おき
7	魚腸木酢　2 ニンニク木酢　8	〃	樹に栄養を与える 1週間～10日おき
8～9	魚腸木酢　1 トウガラシ木酢　9	〃	アカダニが出たときにかける
9	カキ殻木酢	300	カルシウム剤 9月中に2回
収穫後	魚腸木酢　5 木酢液　5	400～500	お礼肥として 収穫後すぐ、1回

葉面散布に適度な濃度をつかむために、霧吹きで300～500倍液をつくって1株ずつテストする。毎年、霧吹きテストは続けているという

松沼憲治さんは、年間100日以上もみがらくん炭を焼き、もみ酢を採取する（撮影　橋本紘二）

付け前の畑の土に散布 ②キュウリの定植前のベットに、カキ殻もみ酢を水で薄めながらかん水チューブでかん注。カキ殻もみ酢の量は反当四〇ℓ ③キュウリの収穫ピーク時にカキ殻もみ酢を反当五ℓチューブでかん注 ④イネにはもみ酢の原液を、田植え後一カ月後に水口から**流し込む** ⑤もみ酢を五〇〇倍にうすめて農薬と混用 ⑥ペットボトルにもみ酢原液を入れてハウスの反当五～六本つるして、害虫忌避 ⑦原液を雑草にかけて除草するなどである。松沼さんは自給しているからこそ、自由に使えるという。

▼「私の自給資材 モミ酢の徹底活用術」松沼憲治03年4月号／『発酵利用の減農薬・有機栽培』松沼憲治著

柿酢

柿酢は柿の果実を発酵させた醸造酢で、酢酸が主成分。熟した柿を瓶に漬け込んでおくと、**酵母菌**の働きでアルコール発酵し、さらに**酢酸菌**の働きで酢になる。渋柿でも甘柿でもよいが、なるべく熟した糖度の高い実がよい（同様にブドウやリンゴ、モモなどでも果実酢ができる）。

できあがった酢は飲用にしたり、料理に使うだけでなく、作物の栽培に利用することもできる。愛知県新城市のカキ・モモ農家の河部義通さんは、モモの農薬散布八回のうち、三回は一五〇倍に薄めた柿酢を、反当三〇〇ℓほど混用しているという。また、モモの収穫を終えた八月下旬と九月中旬にも単用で三〇〇ℓ散布する。減農薬になり、葉が大きくなって色艶がよく、病気に強い樹になるという。

▼「秋の果物で酢をつくる 健康にも酢防除にも」編集部02年9月号

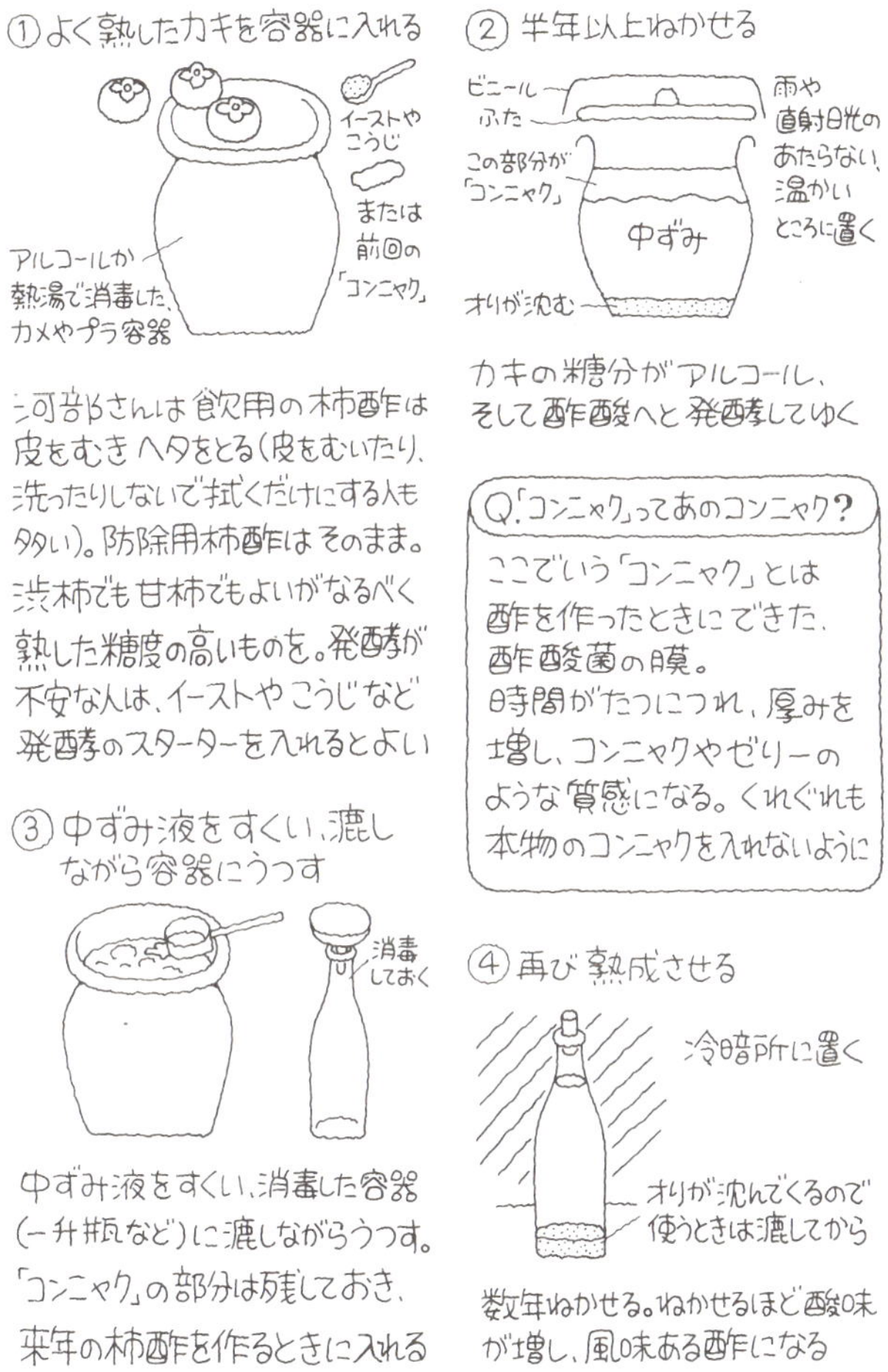
①よく熟したカキを容器に入れる
イーストやこうじ
または前回の「コンニャク」
アルコールか熱湯で消毒した、カメやプラ容器
河部さんは飲用の柿酢は皮をむきヘタをとる（皮をむいたり、洗ったりしないで拭くだけにする人も多い）。防除用柿酢はそのまま。渋柿でも甘柿でもよいがなるべく熟した糖度の高いものを。発酵が不安な人は、イーストやこうじなど発酵のスターターを入れるとよい
②半年以上ねかせる
ビニール
ふた
雨や直射日光のあたらない、温かいところに置く
この部分が「コンニャク」
中ずみ
オリが沈む
カキの糖分がアルコール、そして酢酸へと発酵してゆく
Q.「コンニャク」ってあのコンニャク？
ここでいう「コンニャク」とは酢を作ったときにできた、酢酸菌の膜。
時間がたつにつれ、厚みを増し、コンニャクやゼリーのような質感になる。くれぐれも本物のコンニャクを入れないように
③中ずみ液をすくい、漉しながら容器にうつす
消毒しておく
中ずみ液をすくい、消毒した容器（一升瓶など）に漉しながらうつす。「コンニャク」の部分は残しておき、来年の柿酢を作るときに入れる
④再び熟成させる
冷暗所に置く
オリが沈んでくるので使うときは漉してから
数年ねかせる。ねかせるほど酸味が増し、風味ある酢になる

柿酢の元となる「コンニャク」 柿酢を半年ほど寝かせると表面に酢酸菌の白い膜が張ってきて、だんだん厚くなりコンニャクのようになる（撮影 赤松富仁）

化学肥料・ミネラル資材

LP肥料

緩やかな窒素肥効を実現するために開発されたコーティング（被覆）肥料で、尿素を使うことが多い。樹脂などで被覆しており、温度が上がるにつれて被覆材が溶けるようになっている。三〇～一八〇日タイプと種類もさまざま。追肥をしない元肥一発施肥でも生育に合わせて徐々に効かせることができ、への字型稲作に似た山型の肥効を実現しやすいシグモイド型の肥料もあり注目されている。ミカンなどでは**夏肥**として効かせるために愛用する農家もいる。

▼「じっくり型稲作の考え方で開発した元肥一発肥料」小川昭夫02年10月

シグモイド型のLP肥料の肥効

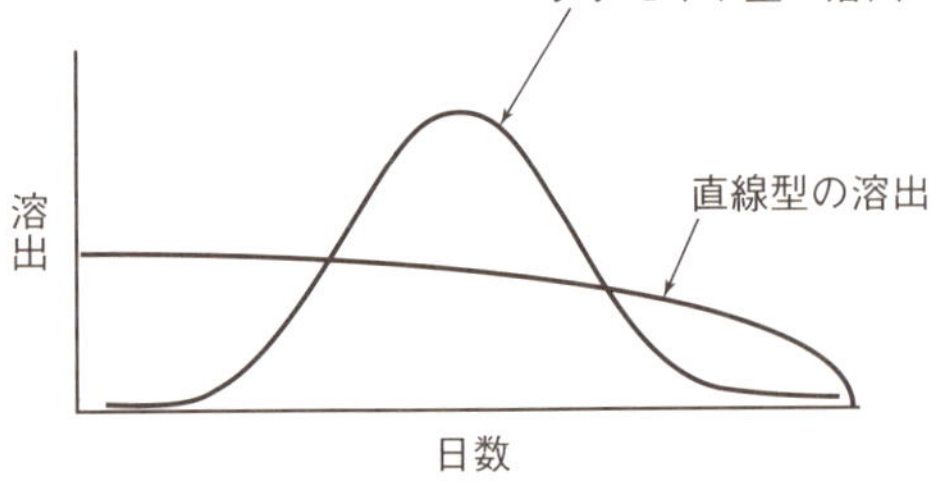

従来の直線型では最初からジワジワと肥料が溶出するが、シグモイド型ではある時期以後に急激な肥効の山をつることができる

過リン酸石灰（過石）

過リン酸石灰は、第一リン酸カルシウム（$Ca(H_2PO_4)_2$・H_2O）と硫酸カルシウム（石膏$CaSO_4$）の混合物で、水溶性**リン酸**を多く含む速効性肥料である。肥効が高いが、施用すると、土壌中のアルミニウムなどと結合して不溶化し、植物に吸われないかたちになりやすい。そこで、施肥の仕方に工夫がいる。堆肥や**ボカシ肥**、**米ぬか**等の有機物に包んで使う方法、なるべく土と触れないように一定の深さにかためて施肥する方法（過石層状施肥）などがある。また、過石を水に溶かした過石水を直接葉面散布する方法も効果的。への字稲作の井原豊さんは、副成分の硫酸石灰に注目し、**カルシウム**を効かせ**食味**を上げる**石灰追肥**用の肥料として愛用していた。

▼「『過石層状施肥』ですこやか野菜づくり」門脇栄悦

リン酸の施肥位置と生育（農学技術大系　土壌施肥編）

同じ施肥量でも生育が違う。なぜ？

同一施肥量でリン酸施肥位置を変えてインゲンマメを育てたところ、生育に大きな差がでた。土壌中で移動しにくく不可給化しやすいリン酸は、根の近くに層状に施すと肥効が高まる。

ポットの土全体に混ぜて施用　　種子近くに層状に施用（その部分の根が多い）

87年8月号

硫マグ・水マグ

苦土の代表的な単肥。海水に生石灰（酸化カルシウムCaO）を混ぜると水マグ（水酸化マグネシウム$Mg(OH)_2$）ができ、この水マグに硫酸を加えると硫マグ（硫酸マグネシウムMg_2SO_4）ができる。蛇紋岩などに硫酸を加えても硫マグができる。どちらも微量なミネラルを豊富に含む。**苦土の積極施肥**にも便利な単肥だが、性質が異なり、土の条件によって使い分けたい。

硫マグは水に溶けて酸性を示すので、中性またはアルカリ土壌にむく。元肥でもいいが、水溶性で速効タイプなので、ここぞというときの追肥にむいている。いっぽう水マグは塩基性で、土壌の酸性を中和できる（**pH**を上げる）ので、酸性土壌むき。ク溶性※でゆっくりと効くタイプなので、元肥にむいている。

※ク溶性　クエン酸二％液で溶ける性質のこと。根から出る根酸など弱い酸ではすぐに溶けないが、徐々に溶け出すためゆっくり効く

▼「苦土肥料一覧―つくられ方と使い方―」編集部03年10月号

消石灰（水酸化カルシウム）

石灰石（炭酸カルシウムが主成分）を加熱してつくられる生石灰に水を加えて製造する（$CaO+H_2O \rightarrow Ca(OH)_2$）。石灰質肥料のなかでは、比較的溶けやすいのが特徴。石灰石を粉砕してつくられる炭カル（炭酸カルシウム$CaCO_3$）よりも効きやすく、酸性を中和する土壌改良資材というよりは、カルシウムを補給する肥料としての価値が高い。**石灰追肥**に使う農家も多い。

施肥以外の使い方もあり、植え穴処理で一時的に根回りを高pHにして根こぶ病対策に使ったり、牛舎の殺菌、ネズミ・モグラ除け（においが嫌い）、ナメクジ退治などにも使われている。

▼「施肥改善のための化学肥料の基礎知識　石灰質肥料」編集部89年10月号

新潟県新穂村のトキ環境稲作研究グループは、地域に豊富にあるカキ殻をミネラルとして利用している。養殖ガキの殻は山積みで、これをもらってくればタダ。粉砕したものでも1ｔ1500円で手に入る

カキ殻

カキの殻で、ふつうはこれを粉砕して肥料にする。消石灰の原料である石灰岩と比較すると、主成分の炭酸カルシウムは四七％で約七％少ないが、石灰岩にはほとんどない窒素、リン酸、カリ、マグネシウムが含まれ、マンガン、ホウ素、亜鉛などの**微量要素**も石灰岩に比べて非常に多く含んでいる。すなわち**海のミネラル力**をもった石灰質肥料であり、さらに二％程度ではあるが有機物も含まれている。新潟県新穂村のトキ環境稲作研究グループでは、カキ殻満杯のドラム缶をとおした水

を田んぼに入れ、良**食味**米の生産に活かしている。

一〇〇〇度以上の高温で焼成したものは水溶性石灰肥料として販売されており、**石灰追肥**に使う人も多い。

▼「カキ殻稲作でめざす打倒魚沼コシヒカリ」編集部02年8月

貝化石

古代の海生貝類などが隆起・陸地化に伴って化石化し、地中に堆積したもので、粉砕して肥料にする。主成分は炭酸カルシウムだが、苦土のほか有機物や微量要素が含まれており、カキ殻同様、**海のミネラル力**をそなえている。イネでは**食味**がよくなったり、リンゴでは土の通気性がよくなるという農家もいる。堆肥やボカシ肥をつくるときにまぜれば、成分のバランスがよい肥料ができる。

▼「酸性改良、樹勢アップを貝化石で同時に実現」編集部89年10月号

カニ殻

カニの殻で、粉砕して肥料にする。窒素やリン酸とともに、カルシウム、マグネシウムなど海のミネラルも豊富だが、それとともに特徴的なのはキチン質を豊富に含むこと。カニガラを構成するキチン質は、土壌中で根粒菌を増殖させるとともに、他の成分の肥効も高める。また、キチン質を好む**放線菌**の急速な繁殖を促し、その放線菌はキチナーゼという酵素を分泌して、フザリウムなどキチン質でできている病原菌の表皮細胞壁を分解するともいわれる。イチゴ萎黄病、キュウリなどウリ類のつる割病、ダイコンの萎黄病、トマトの萎ちょう病などで成果があがっている。**米ぬか**などと混ぜて発酵させれば放線菌の多いボカシができる。

ちなみに、エビガラも同様の効果が期待できる。

▼「カニガラ　粉砕でキチン質いっぱいの肥料に、とれた野菜は旅館に」吉岡義隆03年10月号

丹後地域全体の旅館からでるカニ殻は年間では150tにもなり、その処理に苦労している。そこで旅館からでるカニ殻を、回収して、野菜に施用したところ生育も順調で、糖度や味もよくなった。上はカニ殻を乾燥して粉砕する機械で、旅館に設置する予定（カニ殻活用研究会）

ゼオライト

主には保肥力の向上を目的に使用される土壌改良資材で、沸石（ふっせき）ともいわれる。成分のケイ酸とアルミナがジャングルジムのような構造になっており、その隙間にちょうどアンモニアやカリウムイオンがはまり込む大きさになっている。高い吸着力を発揮して、天然ゼオライトの**CEC（塩基置換容量）**は一五〇〜二〇〇にも達する。

塩基をカリウム＞ナトリウム＞カルシウム＞マグネシウムの順で吸着し、アンモニウムイオンもよくつかまえるので、肥料分が流亡

しにくく肥効が促進される。また、水分も引き付けるので保水性が高まる。ただし、一度に多く入れすぎると保肥力が上がりすぎて窒素が効きにくくなり、失敗する場合もある。

福島県南会津花づくりの会の星久光さんは、**ボカシ肥**にゼオライトを混ぜているが、水分調整がしやすいうえに、畑に直接入れる場合の三分の一の量で、同じ程度の保肥力向上効果が得られるという。また、堆肥や育苗培土にまぜるのも有効である。

▼「天然ゼオライトの基礎知識」後藤逸男90年1月号

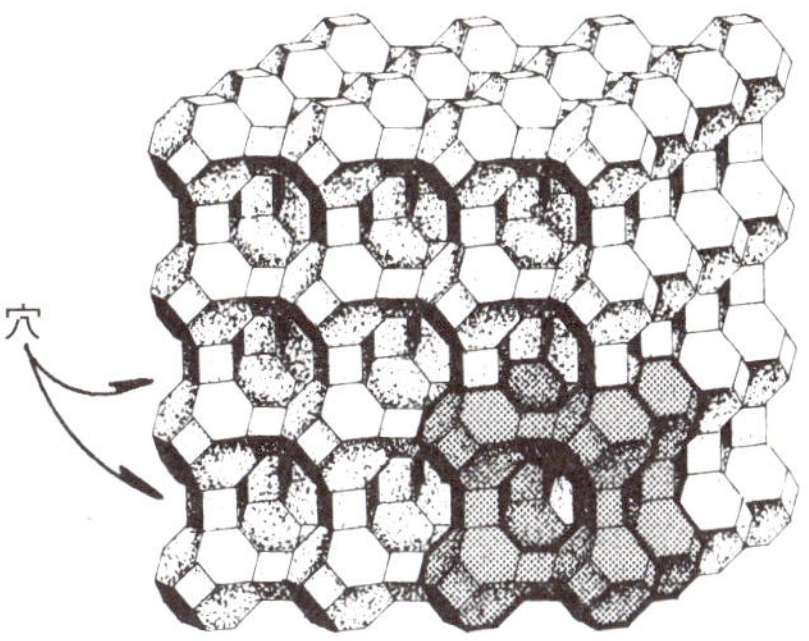

ゼオライトはジャングルジム構造で、縦・横・上下に穴が空いており、穴の大きさはちょうどアンモニアイオン、カリウムイオンが入り込む大きさになっている（後藤逸男氏）

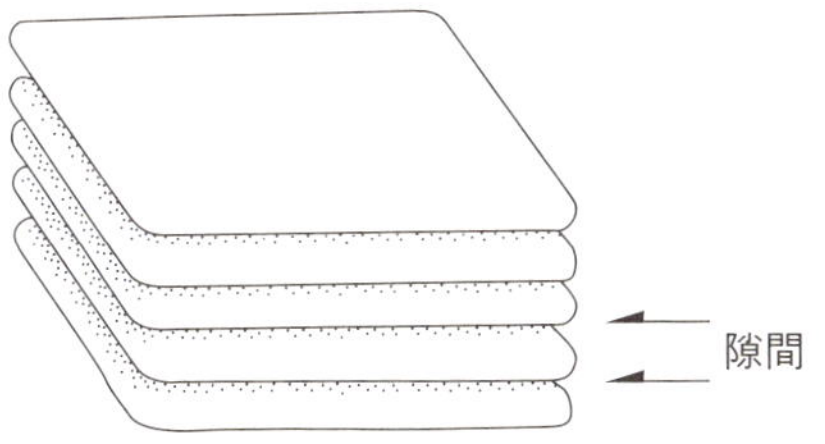

粘土のモンモリロナイトはケイ酸とアルミナがトタン板構造になっており、この隙間を水やイオンが出入りする

黒砂糖

精製されていない黒い砂糖で未精製の分、ミネラルも豊富。神奈川県の早藤巌さんが提唱した「黒砂糖・酢農法」は、黒砂糖をバイエム酵素で発酵させて米酢とともに葉果面散布する方法で、作物の活力を高め、病害虫防除効果も高い。植物エキスを抽出することもでき、天恵緑汁に利用される。焼酎や酢でも植物エキスを抽出できるが、黒砂糖を使うと発酵を促し微生物の代謝物をも引き出す効果が期待できる。

▼「『黒砂糖＋米酢＋微量要素』の葉果面散布」早藤巌87年12月号／『新版 黒砂糖・酢農法』早藤巌著

自然塩

塩には製法によっていろいろな種類があるが、一般的には食塩以外を自然塩と呼んでいる場合が多い。塩化ナトリウムだけでなく海水由来のさまざまな微量のミネラル、にがりにあたる成分を含む塩。**海水**と同様、水で薄めて散布することで土壌中の微生物や作物の生育を活性化する効果が期待できる。海水由来の**海のミネラル**の効果と考えられる。

湛水状態の水田の場合はそのまま散布されることもある。また、稲刈り後、**米ぬか**などといっしょにまけば稲わらの分解を促進したり、**冬期湛水**中に**トロトロ層**の形成を促進する効果もあるといわれる。また、田植え後に行なう米ぬか除草で、自然塩が加わると除草

海水中の塩分の割合

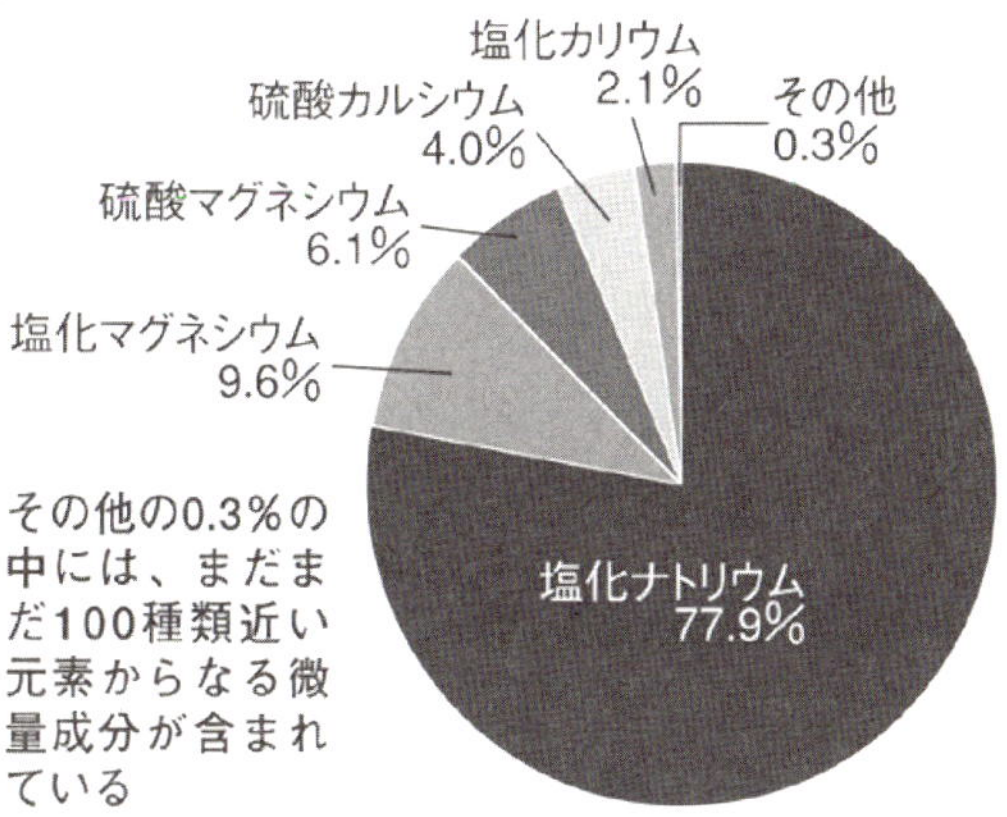

「たばこと塩の博物館」の資料から

効果が高まるという報告も次々に出てきた。

▼「塩のいろいろと、海水の成分について」編集部02年8月号

にがり

海水から塩をつくるときにいっしょにとれるのがにがり。結晶化する塩化ナトリウムは塩としてほとんどが抜かれるので、ミネラル成分としてはマグネシウムやカルシウムの割合が高まる。そのため、農業利用するには海水や自然塩よりもにがりのほうがいいという人もいる。最近では「農業用」をうたった製品がいくつも販売されている。

海水や自然塩と同様に水で薄めて葉面散布するほか、液体であることを利用して水田の水口から点滴施用する使い方もされている。

▼「ニガリでイネの根が復活、一俵増収！」小野崎廣吉04年9月号

海水

作物が海水に浸かれば塩害を起こすが、海水を薄めて葉面散布したり、少量の海水を発酵促進剤として利用すれば生育を活性化するのに役立つ。

葉面散布の場合、作物の種類によって海水に強い・弱いがあるので、濃度を調節することが必要。トマトなどは比較的強いが、スイカやマメ類などツルが伸びる作物は弱いので薄めの濃度で散布する。また、生育ステージによっても濃度を変えたほうがいい。一般的には、生育が旺盛な時期は薄めの濃度で、収穫時期が近づくほど濃度を上げてという使い方がいいようだ。また、効果の現われ方でいうと、とくにネギ類には海水葉面散布の効果が高いらしい。

海水は、水田の**トロトロ層**の形成を促進する効果もある。**冬期湛水**をする際に、**米ぬか**散布後に海水を流し込む農家もいる。

なお、海水の農業利用は江戸時代から行なわれてきた。高知県（続物紛）や愛知県・静岡県（百姓伝記）などの農書に記述がある。

▼「米も野菜もうまくなる海水使いこなし法」西出利弘03年8月号

石川県加賀市の西出利弘さんは、イネや野菜に海水のミネラルを利用している。キャベツの作付け前の畑に反当り米ぬか100kgと海水の原液300ℓを散布（撮影　倉持正実、下も）

キャベツには、結球が始まってから収穫までに2〜3回散布する。葉にテリがあり、しっかり結球して、甘みも増す。最後の散布は収穫の約1週間前。海水の濃度は野菜によって大きく違い、キャベツは10倍でも大丈夫だったが、スイカは100倍でも濃すぎるくらいだという。心配なときは薄い倍率からかけてみる

海洋深層水

水深二〇〇m以深にある海水の総称。表層

の海水に比べ多くの特徴があるため、近年注目されている。深海は暗く植物プランクトンによる光合成が行なわれないため、表層水に比べ硝酸・リン酸・ケイ酸などの無機栄養分が多い。また、大腸菌などの細菌や化学物質の汚染がほとんどなく、長期間を経て熟成されるので水質が安定している。

海洋深層水を農業に活かすための試験も数多く行なわれてきた。最近では、①植物体内の硝酸イオンが二〇～二五%減少し②全窒素含量が低下し全炭素含量が高まることで**C／N比**が向上した③その結果、トマト食味が向上した④重量もふえ収量が上がったなどの好結果が出ている。心配される高い塩分濃度の害も適切な量では問題ない。たとえば、四〇倍で週一回程度、ほぼ四カ月かん水を続けた場合で、塩安系肥料を一〇a三〇kg（窒素成分）施用したのと同じ土中塩素濃度となる。

▼「海洋深層水でトマト収量三〇%増、糖度もアップ」金田雄二04年8月号

海藻

古くから良質の肥料として、日本はもちろん中国やヨーロッパでも使われてきた。昔の利用例では、ジャガイモやビートなどの**カリ**を多く必要とする作物に卓効があったらしい。分解が速いうえ、雑草の種や病原菌・害虫の卵などが混じらない利点がある。

海藻の成分には海水中のミネラルのほとんどが含まれると思われるが、海水に比べてナトリウムの割合が低く、代わりにカリや石灰や苦土の割合が高い。そのため海水や自然塩に比べて塩分濃度を気にせず安心して使用できる海のミネラル補給材といえる。また、アルギニンなどの**アミノ酸**や**植物ホルモン**、微生物を増やす多糖類も豊富だ。海藻の効果は、生育を健全にし、免疫力を高め、耐病性や耐虫性を強化すること、収量、品質を上げることなどがある。

くず昆布　福島県浪江町の岩倉次郎さんは、廃おが・米ぬか・魚かす・くず昆布などをサンドイッチ状に積み重ねて、ミネラル豊富な堆肥をつくっている

▼「海のミネラル力利用Q＆A」編集部03年8月号

硫酸鉄
（硫酸第一鉄）

硫酸第一鉄（$FeSO_4$）は、糞尿堆肥の製造や生ごみ処理の脱臭剤などに利用されている。青緑色の結晶で、水にとけて二価鉄イオン（Fe^{2+}）と硫酸イオン（SO_4^{2-}）になる。水溶液を糞尿中に散布すると、アルカリ性のアンモニアと硫酸イオンが反応して、硫酸アンモニア（硫安）が生じる。アンモニアの揮発が抑えられ、臭いがしなくなる。

二価鉄は還元鉄ともよばれ、水田土壌など酸素の少ない環境中に存在し黒色を呈する。二価鉄を地上に置くと、徐々に酸化して赤い色の三価鉄になる。二価鉄イオンは家畜糞尿中の有害成分である硫化水素（H_2S）やメルカプタン（CH_3SH）と反応して作物に毒性のない硫化鉄（FeS）にするが、硫酸鉄の量が多すぎると逆に硫化水素発生の原因にもなるとされる。

▼「悪臭なし、二価鉄入り尿液肥で糖度も日もちもアップ」編集部04年10月号

基礎用語

C／N比（炭素率）

有機物などに含まれている炭素（C）量と窒素（N）量の比率で、炭素率ともいう。土壌微生物のC／N比は一〇程度（森林や草原の土壌と同じ）で、有機物の分解が進むとだんだんとこの値に近づいていく。

C／N比（炭素率）が一〇より小さい（つまり窒素が多い）と、微生物による有機物分解の際に窒素が放出され（無機化）、C／N比が二〇より大きいと反対に土の中の窒素が微生物に取り込まれる（有機化）といわれている。そのため、C／N比の大きな有機物を土に施すと、窒素が微生物に取り込まれ、作物の利用できる窒素が少なくなって窒素飢餓に陥る。ちなみに、稲わらのC／N比は五〇～六〇、**もみがら**は七〇～八〇、**落ち葉**は三〇～五〇、**生ごみ**は一〇～二〇。C／N比は堆肥つくりや堆肥の品質診断にも重要で、材料のC／N比を二〇～四〇に調整し、仕上がった堆肥が一五～二〇になるのがベスト。良質の牛糞堆肥のC／N比はやはり一五～二〇である。

作物診断にも役立ち、樹液のC／N比が高いときには未消化窒素が少なく健全生育で収穫物も日持ちがいい。追肥の診断などの目安にもなる。

▼「C／N比で微生物を動かせば、大自然の原理と同じように塩類濃度が動く」片山悦郎99年10月号

主な有機物のC／N比（%）

有機物名	全炭素	全チッソ	炭素率（C／N比）
麦稈	40～50	0.5～0.7	60～80
稲わら	40～45	0.7～0.9	50～60
落ち葉	40～45	0.8～1.5	30～50
牛糞	35～40	1.5～2.0	15～20
豚糞	40～45	4.0～4.5	8～10
鶏糞	30～35	5.0～5.5	6～8
糸状菌			9～10
細菌、放線菌			5～6

（藤原俊六郎　農業技術大系土壌施肥編）

pH

pH（ペーハー）とは、水素イオン（プロトンH^+）濃度のことで、pHの値が高いのはH^+濃度が低いことで、pHが低いのはH^+濃度が高いことをあらわす。純水のpHは七で中性、七より小さければ酸性、大きければ塩基性（アルカリ性）である。また、酸とはH^+を与える物質、塩基とはH^+を受け取る物質である。

農地では、pHが六～五・五以下の酸性のときは、**石灰・苦土**など塩基成分が不足した状態であることが多く、**リン酸**は不溶化し、微生物による硝酸化成作用も低下して、作物の生育は悪くなる。いっぽう、アルカリ化・高

おもな作物の好適土壌pH（H_2O）の範囲

作　物	好適範囲	作　物	好適範囲	作　物	好適範囲
オオムギ	6.5～8.0	キャベツ	6.0～7.0	ニンジン	5.5～7.0
テンサイ	6.5～8.0	トマト	6.0～7.0	タマネギ	5.5～7.0
ブドウ	6.5～7.5	ハクサイ	6.0～6.5	キュウリ	5.5～7.0
アルファルファ	6.0～8.0	ナス	6.0～6.5	カブ	5.5～6.5
コムギ	6.0～7.5	イネ（水稲）	6.0～6.5	リンゴ	5.5～6.5
エンドウ	6.0～7.5	トウモロコシ	5.0～7.5	ラッカセイ	5.3～6.6
ダイコン	6.0～7.5	ハタバコ	5.5～7.5	ソバ	5.0～7.0
ホウレンソウ	6.0～7.5	ダイズ	5.5～7.0	イチゴ	5.0～6.5
シロクローバ	6.0～7.2	カンショ	5.5～7.0	ミカン	5.0～6.0
ナシ	6.0～7.0	エンバク	5.5～7.0	チャ	4.5～6.5

（鬼鞍豊編『土壌・水質・農業資材の保全』昭和60年による）

土壌のpHと微量要素の溶解利用度（土壌施肥編）

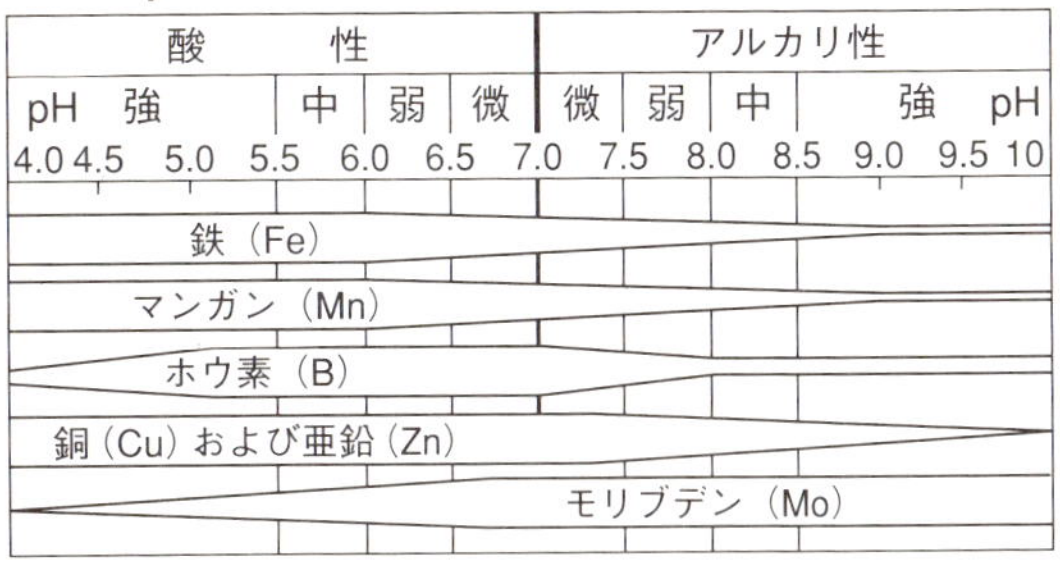

pHでは、リン酸は石灰と結合して作物に吸収されにくい形態に変わり、鉄、マンガン、ホウ素、亜鉛などの**微量要素**も効きにくくなり、各種の欠乏症状が発生する。このような高pH土壌では**塩基飽和度**が一〇〇%を超え、**塩基バランス**も崩れている場合が多い。

酸性化の原因には雨による塩基成分の溶脱や酸性肥料の施用などのほか、硫酸アンモニウム（$(NH_4)_2SO_4$）や塩化カリウム（KCl）をほどこすと、作物に吸収されない硫酸イオン基や塩素が蓄積して酸性化する。また窒素の施用量が多いと生成した**硝酸**によって酸性化する。アルカリ化の主原因は石灰のやりすぎによる過剰蓄積であり、とくに雨が入らないハウスなどではアルカリ化しやすい。

最近では土壌のpHだけでなく、作物の樹液pHの測定によって健康不健康を予測する方法もある。

▼「樹液pH診断はおもしろそう　私の作物、酸性体質？アルカリ体質？」編集部04年12月号

EC（電気伝導度）

ECは水溶液中や土壌溶液中の電気伝導度のことで、これによって塩基類（K・Ca・Mg・Naなど）と硝酸イオン濃度が推定できる。作物の種類によって適正な濃度があり、それより高いと作物の根は**濃度障害**を受けて養分を吸収できなくなり、低すぎると栄養不足に陥る。一般的な作物の場合、〇・二〜〇・五mS／cmが適正とされている。ECは**硝酸**態窒素含量と密接に関係しており、数値が高いと硝酸態窒素もたくさん含まれていると考えてよい。この値が高いと、目に見えた生育障害はなくとも収穫物の硝酸態窒素含量がふえて病気に弱くなったり日持ちが悪くなったりする。土壌中に硝酸がふえると土壌のpHは低くなるが、そこで酸性改良しようと石灰などを施すとさらに塩類（肥料）の濃度を高めることがあるので要注意。

最近では樹液のECを測ることによって作物の栄養状態のリアルタイム診断に用いたり、トマトなどで果実の糖度と酸のバランスを推計することも行なわれている。

▼「作物・畑　自分で測っておもしろい　ECメーターでトマト、お茶のコクを測る」武田健02年10月号

塩基置換容量（CEC）

土壌を構成するアルミニウムやケイ素などの粘土鉱物はマイナスに帯電しており、その表面に陽イオンを電気的に弱くひきつけている。また**腐植**のカルボキシル基やフェノール水酸基も負電荷を生じて、陽イオンを引きつ

根の養分吸収の模式図（鎌田春海　土壌施肥編）

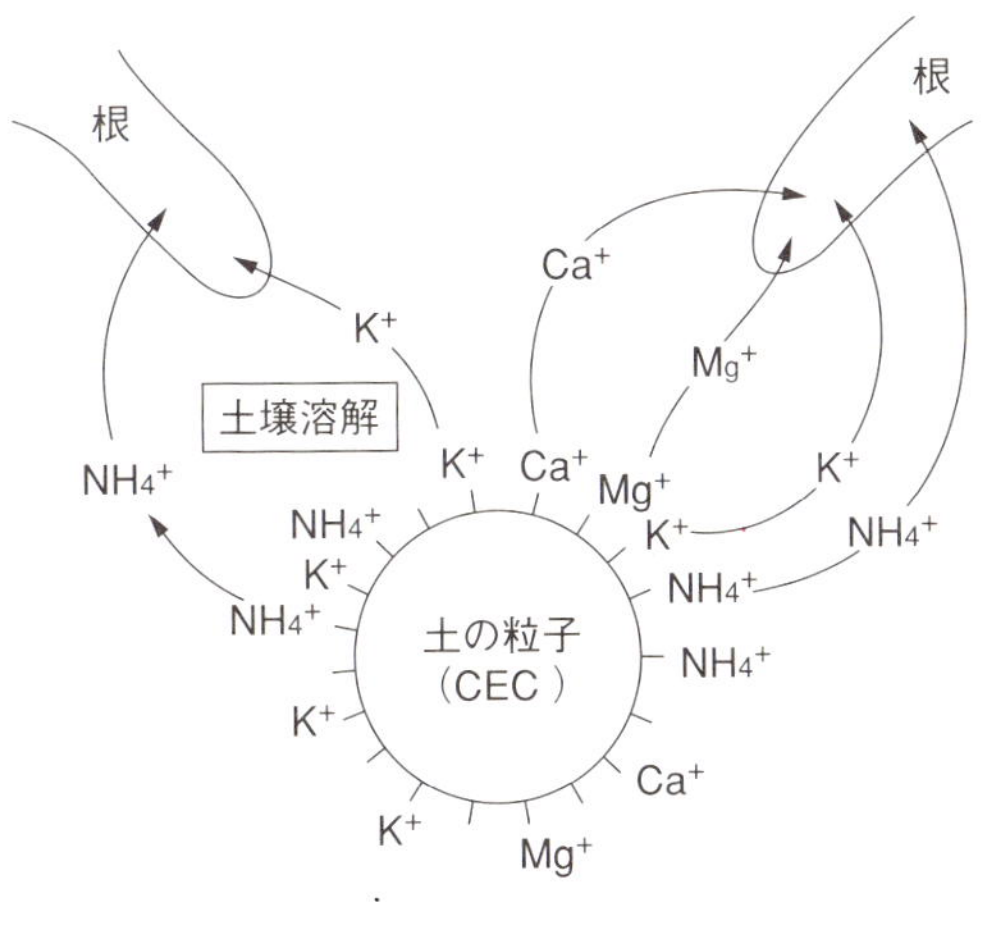

ける。

陽イオンは、電荷が強いほど、あるいは原子量の大きなイオンほど保持されやすく、$Ca^{2+}>Mg^{2+}>K^{+}=NH_4^{+}>Na^{+}$の順である。陽イオンを吸着できる能力（保肥力）のことを、塩基置換容量、あるいは陽イオン交換容量（CEC）という。塩基置換容量が大きいほど土はたくさんの肥料を保持することができるため、肥料が作土から流れ出すのを防ぎ肥効も持続する。また、土壌の**pH**や**EC**の変動を緩和できる。日本の耕地に多い黒ぼく土や灰色低地土のCECは二〇前後である（世界でもっとも肥沃な土壌のひとつであるチェルノーゼムは四〇～六〇）。

一般にCECが大きな土壌ほど肥沃とされているので、CECを高めることが土づくりであるとも考えられる。CECを主に担っているのは粘土と、有機物が微生物によって分解されてつくられる腐植で、一般にこれらが多い土はCECも大きい。また、土壌の**団粒**が発達した土ではCECが高まるといわれる。

粘土鉱物と腐植のCEC（吉永、1976）

種　類	CEC (meq/100g)	備　考
カオリナイト	3～15	1：1型鉱物（構造的にケイ酸とアルミナの比率が1：1）
ハロイサイト	10～40	1：1型鉱物
モンモリロナイト	80～150	2：1型鉱物（構造的にケイ酸とアルミナの比率が2：1。土壌改良資材として利用する）
イライト	10～40	2：1型鉱物
バーミキュライト	100～150	2：1型鉱物
クロライト	10～40	2：2型鉱物
アロフェン	30～200	非晶質鉱物、黒ボク土の粘土鉱物
腐植	30～280	粒子が細かく比表面積が大きいので交換基が多い

土壌の種類とCEC値（鎌田春海　土壌施肥編）

土壌群	CEC代表値（分布範囲）	土壌の分布（全国）
岩屑土	9（9～14）meq/100g	0.3%
砂丘未熟土	4～7（2～27）	0.5
黒ボク土	20～30（6～50）	18.8
多湿黒ボク土	30～40（13～50）	6.9
黒ボクグライ土	15～40（2～50）	1.0
褐色森林土	10～20（7～48）	8.7
灰色台地土	15～25（11～80）	3.0
グライ台地土	15～25（10～37）	0.9
赤色土	15～20（9～23）	0.8
黄色土	10～15（4～28）	6.3
暗赤色土	20～25（5～44）	0.4
褐色低地土	15～25（8～46）	8.0
灰色低地土	15～25（11～36）	22.4
グライ土	20～30（10～60）	17.8
黒泥土	20～35（10～38）	1.5
泥炭土	25～35（14～115）	2.8

CECを高める方法には、堆肥や粘土、ゼオライトの投入があるが、CECはもともとの土壌の性質に左右されるため、数字にあらわれるほどCECを高めるには、よほど大量の堆肥や粘土を投入しなければならず、時間もコストもかかる。そこで、CECの低い土壌（砂地など）では、施肥を何回かにわけて分施したり、緩効性の肥料を使用するなどの施肥法と組み合わせることが肝心である。

▼「塩基バランスは5：2：1『最適pH＝塩基飽和度』調節は作物ごとに」武田健95年10月号／『だれでもできる養分バランス施肥』武田健著

塩基飽和度

土の**塩基置換容量**（CEC）のうちの何%が塩基で占められているかを示す数値。陽イオン飽和度ともいう。日本の農地の平均的なCECは二〇前後で、適正な飽和度は八〇%とされる（ただし茶は四〇%ぐらいが適正値）。また、CECが極端に低い砂地などでは、肥料を保持する力が弱いので、より高い塩基飽和度にしておく場合が多い。塩基飽和度は**pH**と相関があり、一般に塩基飽和度が高い土ほどpHが高い。およそ、塩基飽和度一〇〇%でpH七・〇、八〇%では六・五、六〇%で五・五とされる。ハウス土壌などでは塩基飽和度一〇〇%を超えているところが多く、そんな過剰状態では次のような現象が起きていると考えられる。

①土（CEC）に吸着されなかった**石灰**などの塩基があふれ、ハウスでは、表層に**塩類集積**する。②あふれた石灰などは**リン酸**などと結合し化合物として貯まる。その結果、リン酸が効きにくくなり、土の物理性も悪くなる。③施用した窒素肥料（アンモニア）を吸着するスペースがないので、アンモニアがガス化したり、硝化菌によって**硝酸**に変わり、**電気伝導度**（EC）つまり土壌養液濃度を高める。その結果、根は**濃度障害**で傷み、それが土壌病害発生の引き金になる。

こうした過剰状態を解消するには、雨にあてて除塩する、CECそのものを大きくする、**苦土の積極施肥**などで塩基バランスをとりながら施肥を減らす、微生物を繁殖させて一時的に微生物に塩類を保持してもらうなどの方法がある。近道は湛水除塩だが、地下水を汚染する可能性があるし、第一もったいない。化合物を貯金（リン酸貯金など）とみて生かす方法を工夫することが重要になっている。

▼「高pH・高石灰のもとでの石灰欠乏なぜ？対策は？」武井昭夫89年10月号

塩基飽和度（右75%、左150%）とカブの生育。塩基が多すぎるとタコ根になり、玉の肌があれ、玉ぞろいも不良になる（土壌施肥編）

$$\text{塩基飽和度}(\%)=\frac{\text{交換性塩基(me)}\ (CaO、MgO、K_2O、Na_2O)}{\text{CEC(me)}}\times 100$$

塩基飽和度の計算式　塩基の量はmg（土壌100g当たり）で計測されるので、ミリグラム当量（me）に直す。塩基の1ミリグラム当量は、CaOが28.04、MgOが20.15、K_2Oが47.1なので、分析値の数字をこれで割ってミリグラム当量（me）に変換する

上記の塩基飽和度や塩基の過不足の計算式が入ったエクセルを、ご希望の方にメールでお送りします。
申込み先：nisio@mail.ruralnet.or.jp

塩基バランス

土の中に含まれている塩基（**石灰**、**苦土**、**カリ**、ナトリウム）の比率。とりわけ石灰、苦土、カリの三つの成分の比率が重要とされる。陽イオンは土壌に吸着されやすいものと、されにくいものとがあり、その順序は$Ca>Mg>K=NH_4>Na$である（海にNaが多いのはこのため）。これらの成分の間には拮抗関係があり、その比率が崩れると、土の中にはそれぞれの塩基が十分含まれていても作物には吸収されにくくなる。

塩基は相互に関係しあう。図は苦土を中心とした各種養分の関係（藤原俊六郎）

←→ 拮抗効果（養分吸収を相互に阻害する拮抗効果）
-----→ 相乗効果（養分吸収を助ける効果）

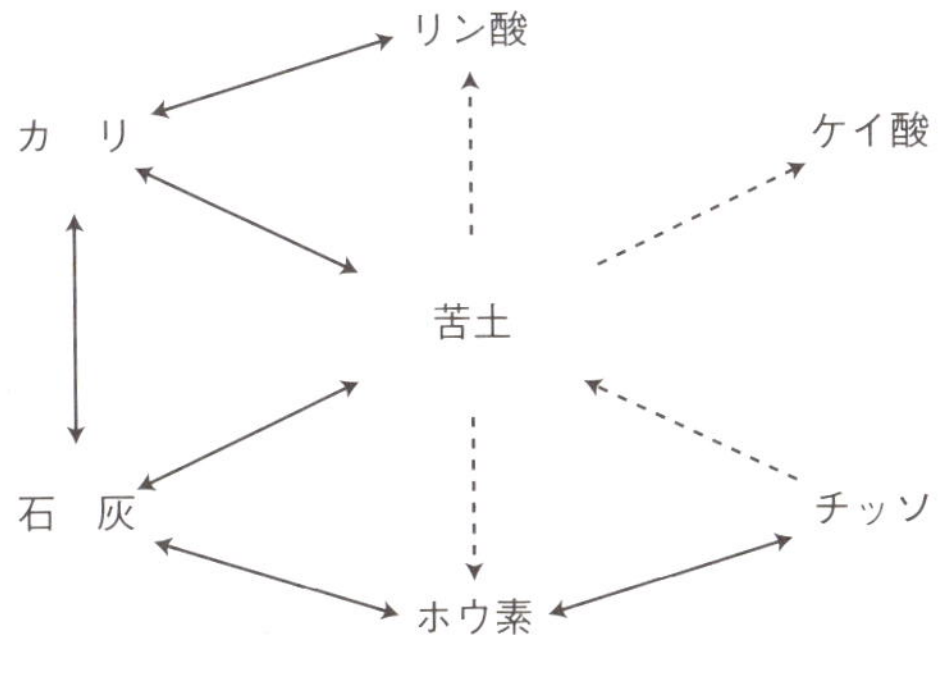

一般的には、石灰：苦土：カリ＝五：二：一がよいとされている。ただ、生長が速く呼吸量も多くなる夏場は、細胞間をがっちりとくっつけるために石灰の割合をふやし、呼吸量を抑えるよう設計するとよい。塩基バランスが整うと、肥料の吸収だけでなく微生物も活発に活動し始める。なお、施肥設計を行なう際には、塩基バランスと同時に**塩基飽和度**が約八〇％になるようにするとよい。

苦土の積極施肥は、塩基飽和度一〇〇％を超える過剰状態でも相対的に不足している苦土を施用するという、塩基バランスを最優先したやり方。バランスをとることで根からの吸収が高まり、土に貯まった石灰やリン酸が動きだす。

▼「塩基の過不足の計算法」編集部02年1月／『新しい土壌診断と施肥設計』武田健著

腐植

ソビエトの土壌学者のコノノワの定義によれば、土壌有機物のうち新鮮および分解不十分な動植物遺体を除いた部分を腐植という。土の表面に堆積した植物や動物の遺体は、微生物の栄養分となり、最終的には水・二酸化炭素・窒素ガス・**ミネラル**にまで分解される。しかし、自然の土壌では毎年有機物が補給されるので、分解の途中の有機化合物やミネラルが複雑に縮合して、「黒っぽい物質」＝腐植ができる。腐植は比較的安定な状態を保つので、徐々に土の中にふえていき肥沃な土壌が形成される。腐植の量は、補給される有機物と微生物によって分解される量のバランスで決まり、微生物の活動が緩慢な涼しい地方ほど腐植は多く（黒色土など）、暑い熱帯地方ほど少ない（ラテライトなど）。

植物の生育にとって、腐植の役割は、以下のように考えられている。①有機物由来の窒素・リン酸・カリなどの栄養分を地力として蓄える ②腐植物質は大きな分子量をもつ化合物で、ミクロ**団粒**のもとになる ③腐植物質に存在するカルボキシル基やフェノール水酸基の負電荷によって、陽イオンをひきつける力が強く、保肥力が高まる ④腐植物質のひとつであるフルボ酸が金属元素を**キレート**化する。

なお、コノノワは、「土壌有機物の大部分は土壌無機部分と結合している」ともしており、腐植物質の構成成分のなかで、ミネラルが重要な位置を占めていることを示唆している。

▼「土壌は優れた技術者である」長崎浩93年1月号／『土壌有機物』M・M・コノノワ著 菅野一郎 他訳

Ⅰ 新鮮および分解不十分な動植物遺体（粗大有機物）
Ⅱ 腐植
（a）腐植物質：腐植酸、フルボ酸、ヒューミン
（b）非腐植物質（生物遺体の強度の分解物と微生物による再合成産物）：タンパク質、炭水化物とその誘導体、糖、樹脂、脂肪、タンニン質、リグニン質とその分解生成物

土壌有機物の区分と腐植の定義（コノノワ、1964）

コノノアの腐植形成論

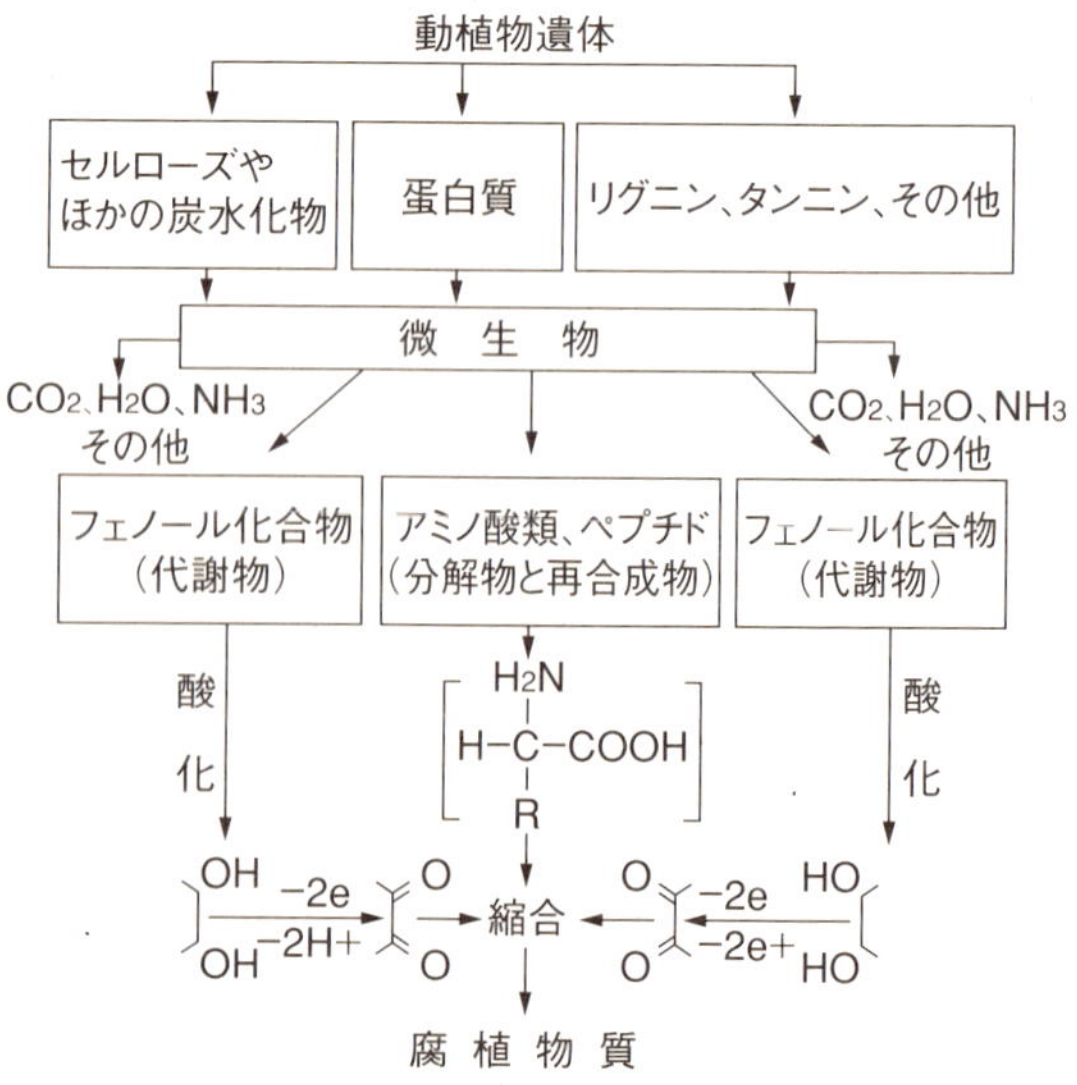

団粒

植物の生長に必要なものは、水・二酸化炭素・酸素と窒素などの肥料分である。根が吸

有機物を投入すると団粒がふえる仕組み
（青山正和　土壌施肥編）

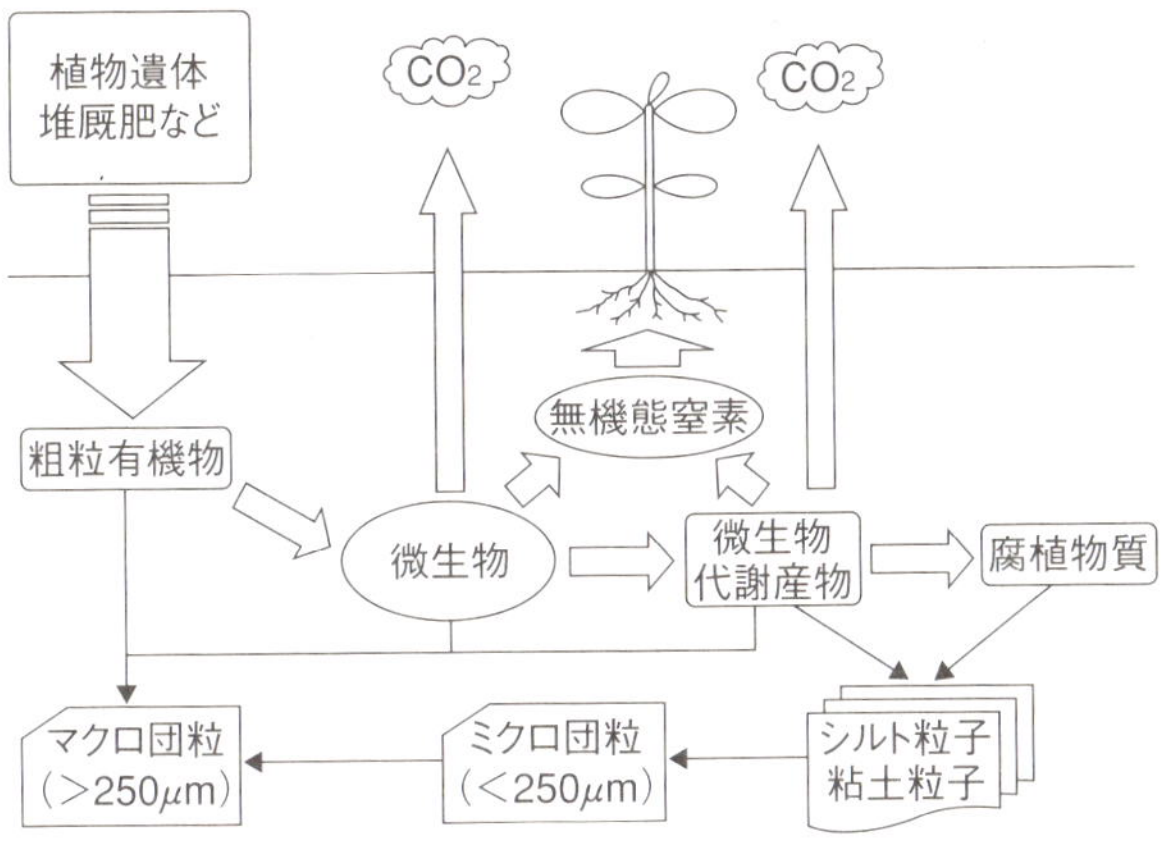

団粒構造の模式図

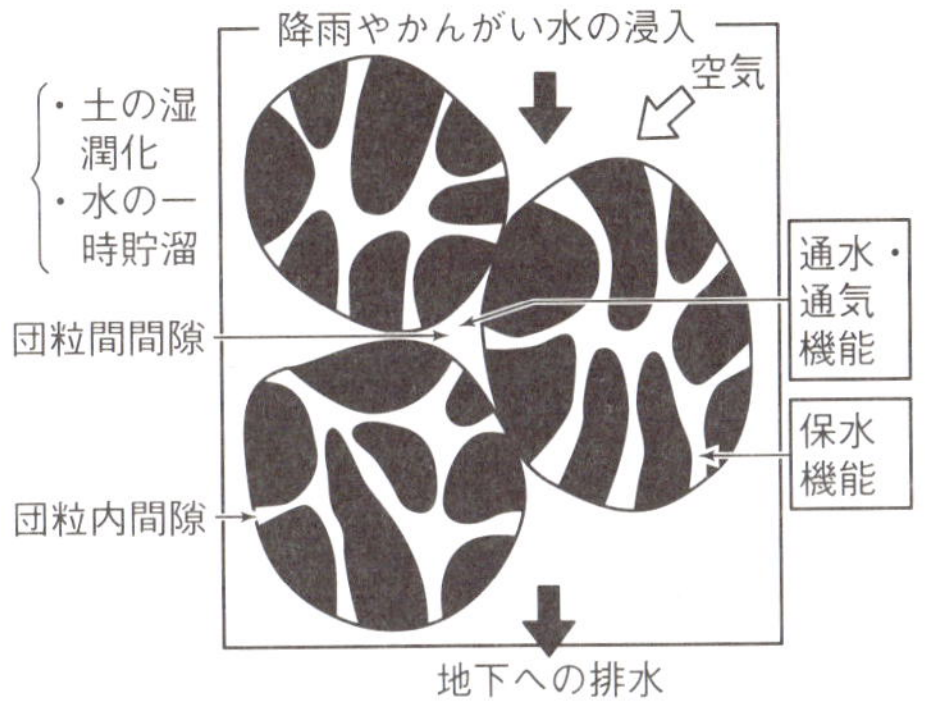

団粒構造では、大きい間隙が通水・通気機能をもち、小さい間隙は保水機能をもつとみられている

団粒（マクロ団粒）が発達した土（土壌施肥編）

収するのは水と肥料分で、根のそばには十分な水がなくてはならない。またイネのような水生植物以外は、根の近くに酸素がないと呼吸ができない。つまり植物は土壌に対して十分な水と、十分な酸素という矛盾した要求がある。これを解決するのが土壌の団粒で、団粒の隙間を水と空気が動いたり留まったりすることで、適度な水と適度な酸素という条件を実現している。

　団粒ができる仕組みは、以下のように考えられている。土壌中の有機物を微生物が分解する→**腐植**物質・微生物の代謝物・シルト粒子・粘土粒子が結合→ミクロ団粒が形成→ミクロ団粒と粗粒有機物が、**糸状菌**の菌糸や微生物代謝物で結合→マクロ団粒の形成。

　腐植物質の形成には、かなりの時間と大量の有機物が必要なので、堆肥などを連年投入しても腐植物質やミクロ団粒の増加にはすぐにはつながらない。有機物の施用は、マクロ団粒の形成に対する寄与が大きいとされる。未熟の有機物を土壌の表面に施用することで、カビやミミズの繁殖をうながし、すみやかにマクロ団粒をふやすという方法が注目されている。

※シルト粒子＝二〇～二μの粒子、粘土粒子＝二μ以下の粒子

▼「『土ごと発酵』を『回流論』から考える」樋口太重　02年10月号

酸化・還元

　酸化するとは、①酸素を与えること　②水素を奪うこと　③電子を奪うことである。還元するとはその逆で、①酸素を奪うこと　②水素を与えること　③電子を与えることである。

　すべての生物は物質の酸化・還元の反応から生じるエネルギーを利用して、生存している。酸素呼吸を行う高等生物は、植物が光合成によって生成した糖を、酸素（O_2）を使っ

て酸化し、エネルギーを得る。生物によって、いろいろな物質をO_2で酸化しており、有機物ではない物質を酸化するものも少なくない。硝化菌類はアンモニアをO_2で酸化してエネルギーを得ており、これを硝化という。硫化水素を酸化する硫黄細菌などもある。いっぽう、O_2を酸化剤として利用しない生物としては、**硝酸**を還元する脱窒菌類や、硫酸塩を還元する硫酸還元菌などがいる。

農業で酸化・還元がとくに重要視されるのは、水田土壌である。水田を湛水状態にすると、イネの根がとどく範囲に酸素の少ない還元層ができ、脱窒などが問題になる。土壌の還元化は、水の地下の移動が少ない湿田や排水不良田ほどすすみやすい。異常還元になると、絶対嫌気生物の硫酸還元菌やメタン生成菌の働きで、硫化水素やメタンガスが発生してイネの根を傷める。

また、**米ぬか**を湛水した水田に撒くと、増殖した微生物が酸素を消費して一時的な還元状態になるし、**イトミミズ**がふえてもやはり還元化する。**米ぬか除草**や**土壌還元消毒**は、還元化を生かす方法である。

高等生物	CH_2O（炭水化物）$+O_2 \rightarrow CO_2+H_2O$
硝化菌	$2NH_3+4O_2 \rightarrow 2HNO_3+2H_2O$
硫黄細菌	$H_2S+2O_2 \rightarrow H_2SO_4$
脱窒菌	$NO_3^- + e^- \rightarrow NO_2^-$
	$NO_2^- + e^- \rightarrow NO\uparrow$
	$NO + e^- \rightarrow N_2O\uparrow$
	$N_2O + e^- \rightarrow N_2\uparrow$
硫酸還元菌	$2R-CH_2O+SO_4^{2-} \rightarrow H_2S+2HCO_3^- +2R$

生物のさまざまな「呼吸」の方法

イネ－イグサの組み合わせで年中湛水し強還元化した水田土壌（左）と、冬季を畑状態で経過させ酸化が進んだ土壌（右）（土壌施肥編）

水田土壌の還元化の過程（高井康雄ら）

湛水後の経過	大きな区分け	土壌中での物質の変化	酸化還元電位（Eh, mV）	有機物からのアンモニアの発生	発生する問題
前期	第一期（好気→半嫌気段階）	酸素ガス→消失	600〜500	活発にすすむ	
↓		硝酸→窒素ガス	600〜500		脱窒
		二酸化マンガン→一酸化マンガン	600〜400		水田の老朽化
		酸化鉄→亜酸化鉄	500〜300		水田の老朽化
	第二期（嫌気段階）	硫酸→硫化水素	0〜−190	ゆっくりすすむ	根腐れ
		有機物→水素ガス	−150〜−220		ごま葉枯れ
後期		炭酸ガス→メタンガス	−150〜−190		

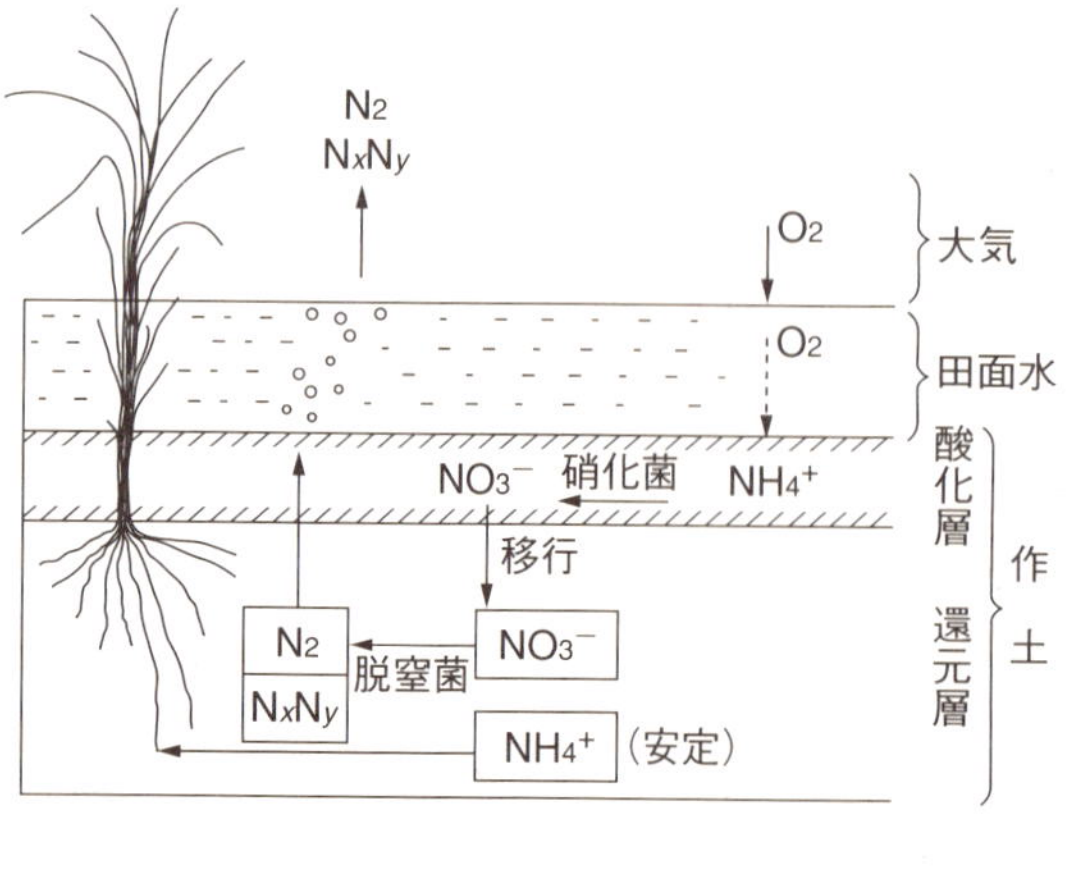

水田での硝化と脱窒　施肥や有機物が分解してできたアンモニウムイオンは、酸化層にいる好気性菌の硝化菌類によって酸化され、硝酸イオンになる（硝化作用）。硝酸イオンが水と一緒に地下に移動して酸素の少ない還元層にいたると、脱窒菌類によって還元され、窒素ガスや亜硝酸ガスが大気中に飛散する。脱窒菌は酸素があれば酸素を用いて呼吸を行なうが、酸素が少ない環境では硝酸塩を還元することでエネルギーを得る。この作用は1940年代に明らかにされ、肥料（アンモニア）の飛散がしにくい元肥の全層施肥や深層追肥が行なわれるようになった

▼「三〇度以上を二〇日間、で効く土壌還元消毒法」新村昭憲01年6月号

塩類集積

土壌中の水に溶けている各種の塩類が、蒸発による水の上方への移動にともなって、土壌表層に集積する現象。乾燥地帯での灌漑農業で大きな問題になるが、日本では、とくに、雨水の流入がない施設栽培で、塩類集積が起きやすい。集積するのは、陽イオンではCa^{2+}・Mg^{2+}・K^{+}など、陰イオンではNO_3^{-}・SO_4^{2-}・Cl^{-}などが多い。塩類集積が起こると、**濃度障害**で作物の生育が停止したり、葉がしおれたり枯れたりするなどの障害が出る。

塩類集積を回避するためには、施肥診断や栄養診断によって必要以上の施肥を避ける、あるいはビニルなどをはいで、雨にあてるなどが基本的な方法である。発生した場合の対策としては、湛水による塩類の除去、深耕や客土による塩類濃度の希釈、吸肥力の高い作物（クリーニングクロップ）の栽培・圃場外への持ち出しなどがあるが、資源の有効活用や環境保全の面からも塩類集積を起こさない施肥や栽培法が求められている。たとえば、局所施肥（深層施肥、溝施肥、側条施肥など）は、全面全層施肥に比較して一般に肥料の利用率が高く、環境に対する影響（負荷）も小さい。また、薄上秀男さんは、味噌やぬか床からとった耐塩菌・好塩菌を育成して、畑の中で**米ぬか**などを栄養源として増殖させることで、集積した塩類の有効活用ができるとしている。

イランの沙漠地域での塩類集積。潅漑農業で地中の塩が全面に吹きだした（提供 松本聡　土壌施肥編）

▼「ヌカ床や味噌からとった好塩菌で、どんな塩類集積も、極上有機肥料に変わる」薄上秀男99年10月号

濃度障害

土壌溶液濃度が根の浸透圧よりも高くなって、正常な吸収ができなくなったり、根の組織が傷んだりしておきる。また、pHが酸性あるいはアルカリ性に強く傾いたときにも、根が化学的変成をうけて、傷んだり枯死したりする。濃度障害は、施設土壌における塩類集積以外にも、多肥や根の近くに未熟な有機物を多投することでもおきる。対策としては、①**完熟堆肥**を使用する ②未熟な場合は播種・定植までに期間をおくか、**表面施用**する ③肥料を種や苗から少し離して施す ④多肥をさける ⑤炭や粘土、ゼオライトなど、CECの高い資材を培地にまぜるなど。

▼「苗の施肥をどう考えるか」田中義郎93年4月号

濃度障害　主根がしっかり伸びている健全なスイートコーンの根（上）と濃度障害で枝分かれし細根がふえた根（下）（協力　戸沢英男　土壌施肥編）

ガス障害

施設栽培で発生するアンモニアガス障害や亜硝酸ガス障害が代表的なもので、その発生のしくみは以下のようである。

窒素肥料（とくにアンモニア態肥料）や有機質肥料、未熟堆肥などを大量に施したときに、その分解によって発生したアンモニアが土壌中にたまり、それが温度上昇や土壌乾燥にともなってガス化して作物の葉などに急激に障害が発生する（とくに中性やアルカリ性の土壌で発生しやすい）。また、酸性土壌（pH五以下）や土壌消毒などによって土壌微生物（とくに亜硝酸酸化細菌）のはたらきが低下すると、アンモニアから変化した亜硝酸が土壌に蓄積し、それが同様にガス化して障害を与えることもある。これらのガスが施設内の水滴に溶けて土壌に入ると、土壌の酸性化をうながし、石灰（カルシウム）などの要素欠乏症が発生することもある。

ガス障害の判別には、ハウスのカーテン内側の水滴を集めて酸度（pH）を計測する方法（pHが五・五以下ならかなりのガスが放出されている）がある。八代嘉昭氏は、アンモニアガスは濃度が低い場合でも、施設内で発生するモヤや霧の水分と結合して作物に付着し障害を及ぼすと指摘している（とくに、花きの花弁に付着すると細胞を死滅させシミが発生する）。

▼「葉の先端が枯れるのはなぜ？」八代嘉昭00年11月号

アンモニアガス障害（ナス）。害を受けた当日は黄色い斑点ができ（左）、翌日に黄化あるいは白色化する（右）（提供　渡辺和彦　土壌施肥編）

硝酸

有機物が分解したり、肥料として施されたアンモニア態窒素（NH_4^+）は、畑地では好気性の硝化菌の働きで、すみやかに硝酸態窒素（NO_3^-）に酸化されて、作物に吸収される。いっぽう、水田土壌の還元層では、アンモニア態のまま土壌コロイドに吸着し、イネはアンモニア態窒素を吸収する。植物はさまざまな土壌条件に適応して進化してきたので、どちらの状態の窒素を吸収しやすいかは植物によって違う。

窒素肥料の投入量が多いと、硝酸態窒素が土に吸着されていた**石灰**など塩基を引き出して土の**EC**を高め、吸収されなかったものは雨によって地下に流れ去って地下水汚染の原因となる。

作物に吸収された硝酸態窒素は体内で再びアンモニアに還元され、**アミノ酸**やたんぱく質などに変化していく。樹液に硝酸態窒素が異常に多いと作物は軟弱で徒長ぎみに育ち、病気や害虫に侵されやすくなり、日持ちも悪くなる。収穫物にも硝酸態窒素が蓄積されることになる。この硝酸は胃の中で亜硝酸に還元され、食品中の脂肪族アミン類と反応すると発がん性の高いニトロソアミン体に変化する。さらに血液中のヘモグロビンが亜硝酸と反応すると、酸素を運ぶ能力がなくなりチアノーゼ(酸欠状態)をまねく。

作物体内での硝酸のダブつきを招かないようにするには、土の硝酸過剰を招かない施肥・土つくりとともに、光合成を高め、窒素の代謝をよくする。

▼「硝酸を減らして、病気を減らす」大石農産03年12月号

カリ（加里）

カリウムイオン（K^+）は、細胞壁の内と外で浸透圧を生じさせたり、溶液中の濃度勾配をつくりだして、水分や養分を運ぶ働きがあると考えられている（動物の場合はKとNaで浸透圧を調整する）。窒素・リン酸・カリといわれるように必須元素の一つである。また、葉緑素や酵素の働きを活性化するともいわれるが、詳しいことはわかっていない。

カリは家畜糞尿に多く含まれており家畜糞堆肥を連年多投した圃場では、カリの過剰害が問題となっている。カリと**苦土**と**石灰**は拮抗関係にあり、カリが過剰だと、植物は苦土や石灰の吸収しにくくなる。石灰、苦土、カリの**塩基バランス**を適正にすることが大切である。

▼「pH、カリが低いと病気も出やすいし、食味も悪い」片山悦郎04年10月号

多窒素による体内での窒素の代謝異常が要因で発生するといわれるゴマ症（土壌施肥編）

リン酸

リン酸（H_3PO_4）は、生物の代謝にとってもっとも重要な元素のひとつで、DNAや酵素の構成要素であり、エネルギーの伝達体であるATP（アデノシン三リン酸）の中核元素でもある。土壌中のリン酸は、①可給態の土壌溶液リン酸　②粘土等の表面に吸着されている収着リン酸　③難溶性の鉱物リン酸　④生物由来の有機態リン酸の状態で存在している。このうち、土壌溶液リン酸は全体の一％でしかないとされ、鉱物リン酸が存在量の大半を占めるため、作物は主に利用するのは鉱物リン酸である。鉱物リン酸は、結合した金属の種類によって、Ca型、Al型、Fe型がある。これらは土壌のpHによって溶出のしやすさが異なり、酸性～微酸性の畑土壌ではCa型が作物へのおもなリン酸供給源となる。水田の還元層では、Fe型リン酸の溶出量がふえるとされる。

植物は根から有機酸などを分泌してCa型リン酸を溶かしたり、リン酸と結合している鉄などを**キレート化**して可溶化し、吸収していると考えられている。また、**根圏の微生物**もこうしたリン酸の溶解や吸収に関与している。

このようにリン酸は土壌のなかで移動しにくく、また過剰障害も出にくいため、毎年多用されて、過剰なほどに蓄積している畑も多い。リン酸過剰が根こぶ病を助長するという研究もあり、リン鉱石の枯渇も近い将来問題になる。施用量が減る効率的な施用方法とともに、蓄積されたリン酸を貯金として生かす工夫が大事になってきた。**苦土の積極施肥**もその一つ。また、不溶化したリン酸を吸収する力は作物によってちがいがあり、ラッカセイやソバなど、この力が強い作物によるリン酸有効化技術も重要。微生物も頼りで、その

代表格がＶＡ**菌根菌**やリン溶解菌だが、微生物がつくる**有機酸**も**ミネラル**とともにリン酸を有効化してくれる。

▼「たまっていたリン酸と石灰が吸われた　ナスの花の雌しべがベロッ！」編集部04年10月号

根と微生物によるリン酸吸収の仕組み（上沢正志　土壌施肥編）

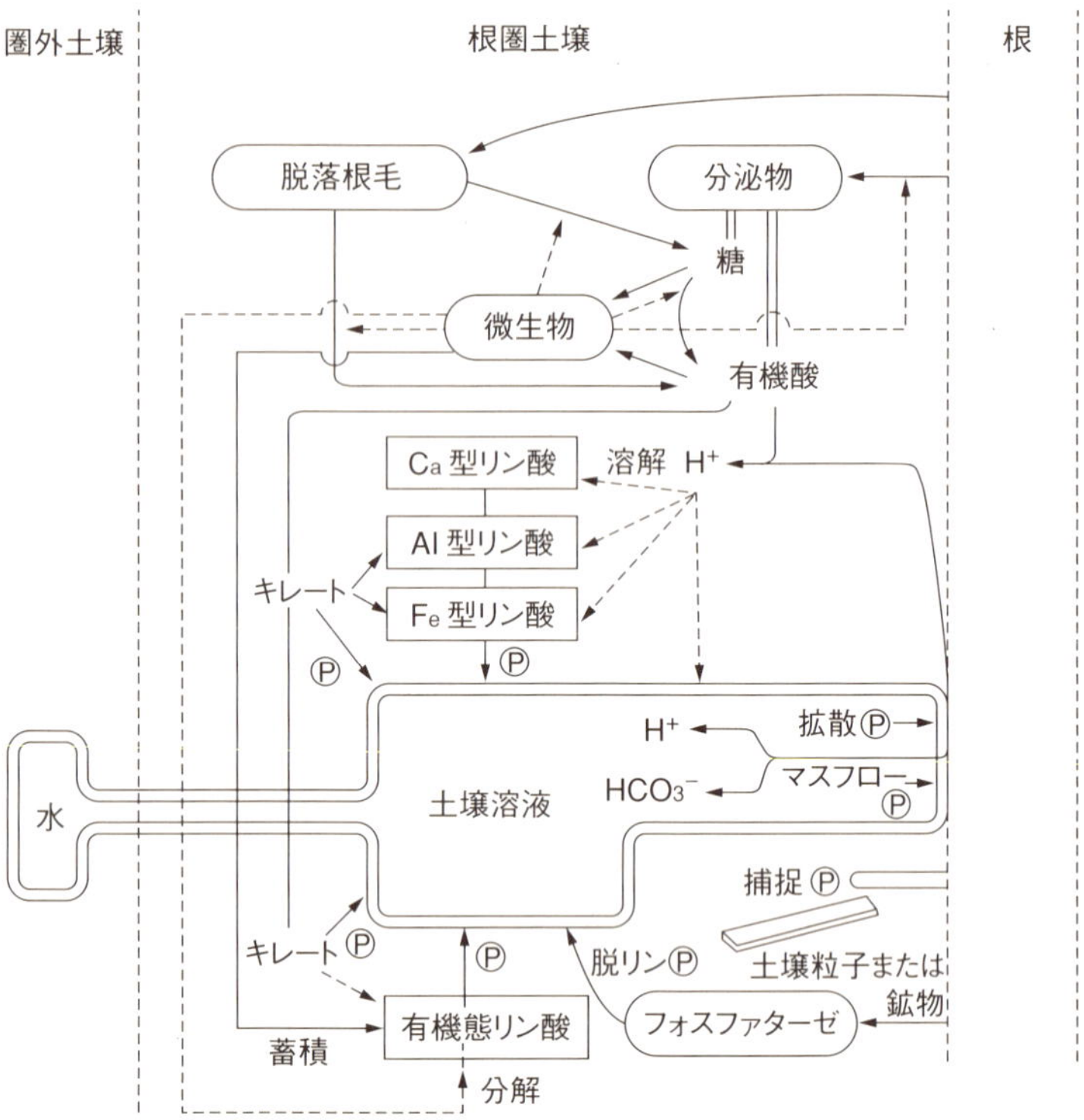

ケイ酸

ケイ酸（オルソケイ酸H_4SiO_4）は、植物の代謝においてどのような働きをしているかはあまりよくわかっていないが、イネの茎葉には一〇％もの二酸化ケイ素（SiO_2）が含まれており、ケイ酸がないとイネは健全な生育ができない。

ケイ酸の働きでもっとも注目されているのは、ケイ酸を施用すると、作物が病気や害虫に対して強くなることである。イネのいもち病、イネ・麦の種々の病害虫、ウリ類・イチゴ・バラのうどんこ病、キュウリのつる割病などに対して効果があることがわかっている。

最近、カナダの研究者によってケイ素を供与したキュウリには、うどんこ病菌耐性の抗

リン酸施肥量の影響が野菜の種類で違う。インゲンマメはリン酸が少ないと生育は悪いが、コマツナは少リン酸でよく育つ（提供　増井正芳　土壌施肥編）

菌性物質が生成されることが明らかにされた。このような植物の病害虫に対する抵抗性は、全身獲得抵抗性誘導（ＳＡＲ）と呼ばれている（人間でいうと抗体免疫反応に似た反応）。わらや**もみがら**、**竹**など身近な素材に含まれているケイ酸の効果が、あらためて見直されている。

▼「ケイ素は作物の抗菌活性を強化する」渡辺和彦・前川和正00年10月号／『ケイ酸植物と石灰植物』高橋英一著

石灰（カルシウム）

カルシウムは植物の必須元素の一つであるが、これまでは酸性土壌を中和する土壌改良剤としての役割が大きかった。

カルシウムは生体膜の構造・機能の維持に大きな役割を果たしていることがわかっている。また、根が養分を吸収するさいにも、なんらかの働きがあると考えられている。古くからカルシウムは他種イオンの吸収を促進する働きがあることが知られており、適度な濃度ではカリ、ルビジウムの吸収を促進する。また、ナトリウムやリチウムの吸収を抑制し、カルシウム供給が充分なばあいには塩害を受けにくいことがわかっている。

果樹や果菜類において、**石灰追肥**によって生育や品質がよくなることから、近年は、栄養分として価値が見直されている。

▼「春にわかる、秋肥、苦土、石灰が効いた葉」編集部03年4月号

ダイコンの養分吸収経過（鈴木ら,1964）

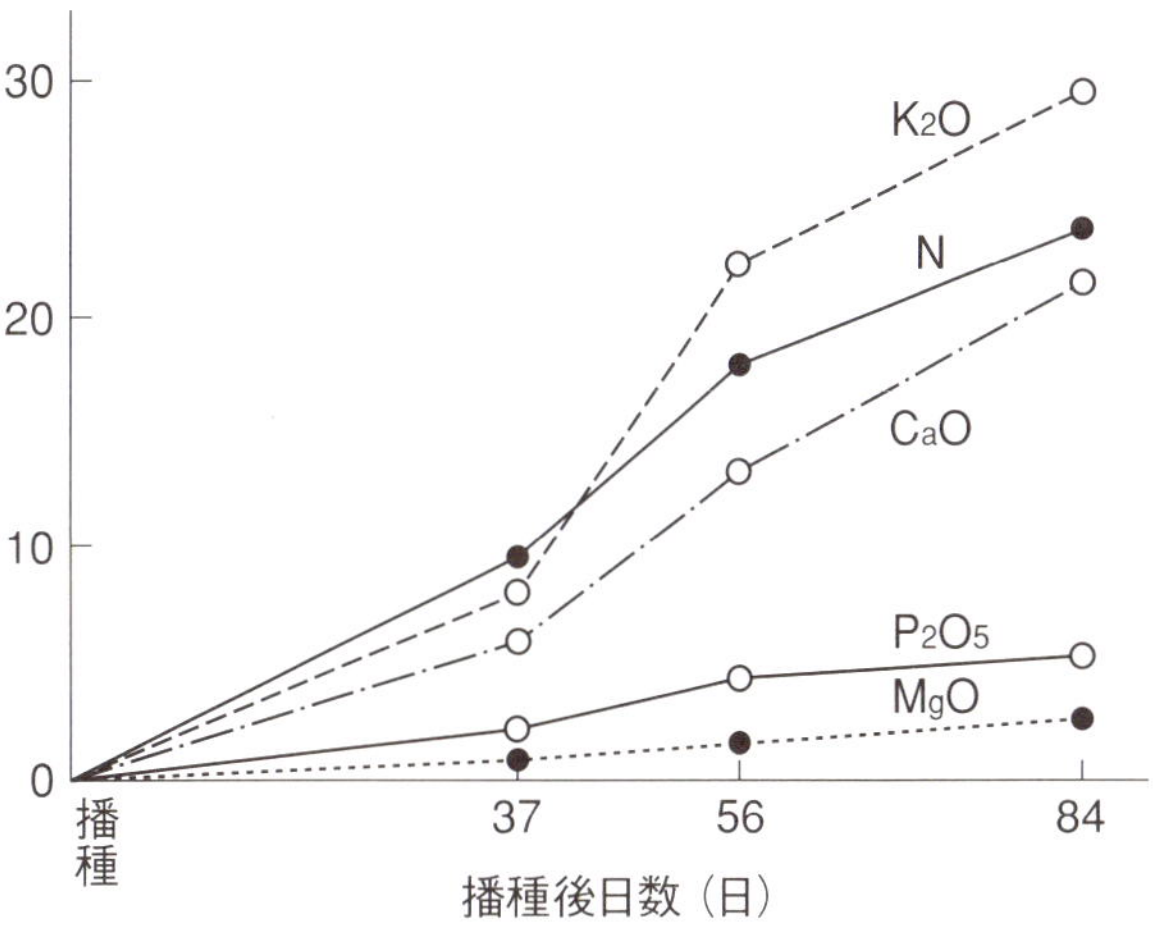

苦土（マグネシウム）

マグネシウムは光合成反応を行なう、クロロフィル（葉緑素）中核物質である。ほかにも、ミトコンドリアやリボゾーム（たんぱく質合成の場所）、種々の酵素などの機能に重要な役割を果たしているとみられている。その働きはかなり複雑でわからないことが多い。

最近では、カリ分の多い堆肥や石灰の連年施用によって、これらが蓄積し、逆に苦土は不足している圃場がかなりあるといわれる。マグネシウムはある濃度以下になると吸収率が急激に低下するので、その弊害が大きくなる。そこで、土壌診断にもとづく**苦土の積極施肥**によって、**塩基バランス**を適正にする方法が注目されている。

また、マグネシウム成分が高いと米の食味がよくなり、果樹では糖度・品質が向上するとされる。

▼「今なぜ苦土か？　有機物の多量施用で養分バランスが悪化している」藤原俊六郎03年10月号

微量要素（微量元素）

農業で微量元素とされているのは、モリブデン・銅・亜鉛・マンガン・鉄・ホウ素・塩素の七元素である。微量元素は植物にとってごくわずかな量しか必要ではないが、健全な生育には不可欠の要素である。多くの酵素や

たんぱく質の中核元素として、呼吸・光合成などの代謝全般に大きな役割を果たしている。

植物体内における必須元素の相対的存在量（鈴木・増田、1978を一部改変）（岡野邦夫　農業技術大系野菜編）

分類	元素名	化学記号	植物に利用される形態*	原子量	乾物中の濃度 (ppm)	乾物中の濃度 (%)	Moに対する原子数の相対値
微量要素	モリブデン	Mo	MoO_4^{2-}	95.95	0.1	0.00001	1
	銅	Cu	Cu^{+},**Cu^{2+}**	63.54	6	0.00060	100
	亜鉛	Zn	Zn^{2+}	65.38	20	0.00200	300
	マンガン	Mn	Mn^{2+}	54.94	50	0.00500	1,000
	鉄	Fe	Fe^{3+}, Fe^{2+}	55.85	100	0.01000	2,000
	ホウ素	B	**BO_3^{3-}**, $B_4O_7^{2-}$	10.82	20	0.00200	2,000
	塩素	Cl	Cl^{-}	35.46	100	0.01000	3,000
多量要素	硫酸	S	SO_4^{2-}	32.07	1,000	0.10000	30,000
	リン	P	**$H_2PO_4^{-}$**, HPO_4^{2-}	30.98	2,000	0.20000	60,000
	マグネシウム	Mg	Mg^{2+}	24.32	2,000	0.20000	80,000
	カルシウム	Ca	Ca^{2+}	40.08	5,000	0.50000	125,000
	カリウム	K	K^{+}	39.10	10,000	1.00000	250,000
	窒素	N	**NO_3^{-}**, NH_4^{+}	14.01	15,000	1.50000	1,000,000
非鉱物元素	酸素	O	O_2, H_2O	16.00	450,000	45.00000	30,000,000
	炭素	C	CO_2	12.01	450,000	45.00000	35,000,000
	水素	H	H_2O	1.01	60,000	6.00000	60,000,000

注　*太字のイオン形態のほうがふつう

これらの元素に対する植物の要求量はごくわずかであるので、ほとんどの土壌中に十分に存在しているが、雨の多い日本ではホウ素

果樹の微量要素欠乏・過剰症の事例（農水省果樹試・梅宮）

部位	樹種（元素） 欠乏症	樹種（元素） 過剰症
果実	温州ミカン、ハッサク（Cu,B） ナツミカン、ダイダイ（B） リンゴ、ニホンナシ（B,Ca） ブドウ（B,Mn） オウトウ、スモモ（B）	カキ（Mn）
葉	温州ミカン（Mg,Fe,Mn,Cu,Zn） ハッサク（Mg,Zn） イヨカン（Mg）、レモン（Mn） リンゴ（Mg,Mn,B）、カキ（Mg,Mn） ブドウ（Mg,Fe,Mn,B） ニホンナシ（Mg,Fe,Mn） セイヨウナシ（Fe）	温州ミカン、ブドウ（Mn,B） ニホンナシ（Ni）
枝		リンゴ（Mn）

作物栄養診断カードⅡより抜粋（全国農村教育協会　1984年）

とマンガンがやや不足しやすいとされる。堆肥などの有機物を投入すれば、微量要素は十分に補充できるともいわれるが、じっさいには、北海道のような規模の大きな畑作では毎年堆肥を投入できる農地はわずかであるし、稲作や果樹栽培でも同様である。

施設土壌でも欠乏症がでることがあり、それは不足というよりは、土壌条件によって作物が微量要素を吸収しにくくなっている場合が多い。リン酸・カリ・石灰の多投や、養分バランスの悪化によって、微量要素が土壌溶液中に溶出しなくなる。土の中にあっても作物が吸収することができない。また、周年栽培で、ほとんどハウスが空かないような経営では、土壌からの微量要素の収奪量がふえ、補充が追いつかない場合もあるといわれる。

▼「まずい野菜にサヨウナラ　微量要素で土の養分バランスを整える　味抜群に向上、病害虫減」高橋義雄　90年10月号

ミネラル

ミネラルとは鉱物全般を意味する言葉であるが、一般には、生物にとって必要な**微量元素**のことをさすことが多い。『現代農業』誌では、石灰・苦土・カリ・マグネシウムなどから各種微量要素まで、生物の生存に欠かせ

ない物質をミネラルと呼んでいる。

　地球上には一〇〇種類以上の元素があり、多い順に並べると、O・Si・Al・Fe・Ca・Na・K・Mg…となり、これだけで99％を占める。また、水に溶けやすい元素が海水に含まれており、Cl・Na・Mg・S・Ca・K・Br・C…の順に多い。

　いっぽう人など生物の身体を構成する元素は、C・N・O・H・Ca・P・K・S・Cl・Na・Mgで、99％以上を占める（植物と動物でもっとも違うのは、植物はNaをほとんど必要としない点である）。ごく痕跡量の元素として、B・F・Si・V・Cr・Mn・Fe・Co・Cu・Zn・Se・Mo・Sn・Iなどがある。実際には、ほとんどの生物の七〇％は水である。生物は、進化の過程で、地球上にある物質の中で比較的入手しやすく、かつ代謝や身体組織に便利な元素をとりこんできた。必要な元素のうち、環境中に少ない元素は体内に濃縮し、逆に多すぎる元素は排出するような仕組みをそなえている。

　そのために生物の遺骸が堆積した森林や草地の土壌には、動植物にとって必要なミネラルが濃縮され、逆に不要な元素は少ない。これが肥沃土壌の養分である。日本のような多雨地帯で地面を裸地にしておくと、水に溶けやすい元素が海に流れて土壌が酸性化する。

　いっぽう、栽培植物は比較的乾燥した地方を起源とするものが多く、石灰などミネラルの要求量が高い。そこで昔から日本では、不足しがちなミネラルを補給するために、**下肥**・灰・家畜糞尿・干鰯などミネラル分の多い肥料を生かす農法が発達してきた。つまり、山→川→田畑→海というミネラル循環のなかで農業が営まれてきたのである。**土ごと発酵**も、**海のミネラル**活用もミネラル循環をとりもどし強める技術といえる。

▼「海水ミネラルは『発酵』で活かす」編集部03年8月号

キレート・錯体

　キレートとは、ギリシャ語で「カニのハサミ」という意味で、**有機酸**などの原子の立体構造によって生じた隙間に、金属を挟むような作用のことをいう。植物がミネラルを根から吸収する仕組みは、キレート作用によって説明されている。

　植物が根から鉄を吸収する仕組みは、次の二とおりが考えられている。
①トマト・ヒマワリ・ビート・キュウリ・インゲンなどでは、根からクエン酸やプロトン（H^+）を分泌する→根圏の**pH**を低くして三価鉄を溶出させる→還元物質のフェノール化合物を放出して、三価鉄を吸収しやすい二価鉄に還元する→キレート化した二価鉄は細胞膜までくると、キレーターと離れて鉄だけが吸収される→キレーターは、また別の三価鉄に作用する。
②イネ科の植物はキレート物質のムギネ酸（ファイトシデロフォア）を根から分泌する

植物の鉄の吸収の2種類のモデル

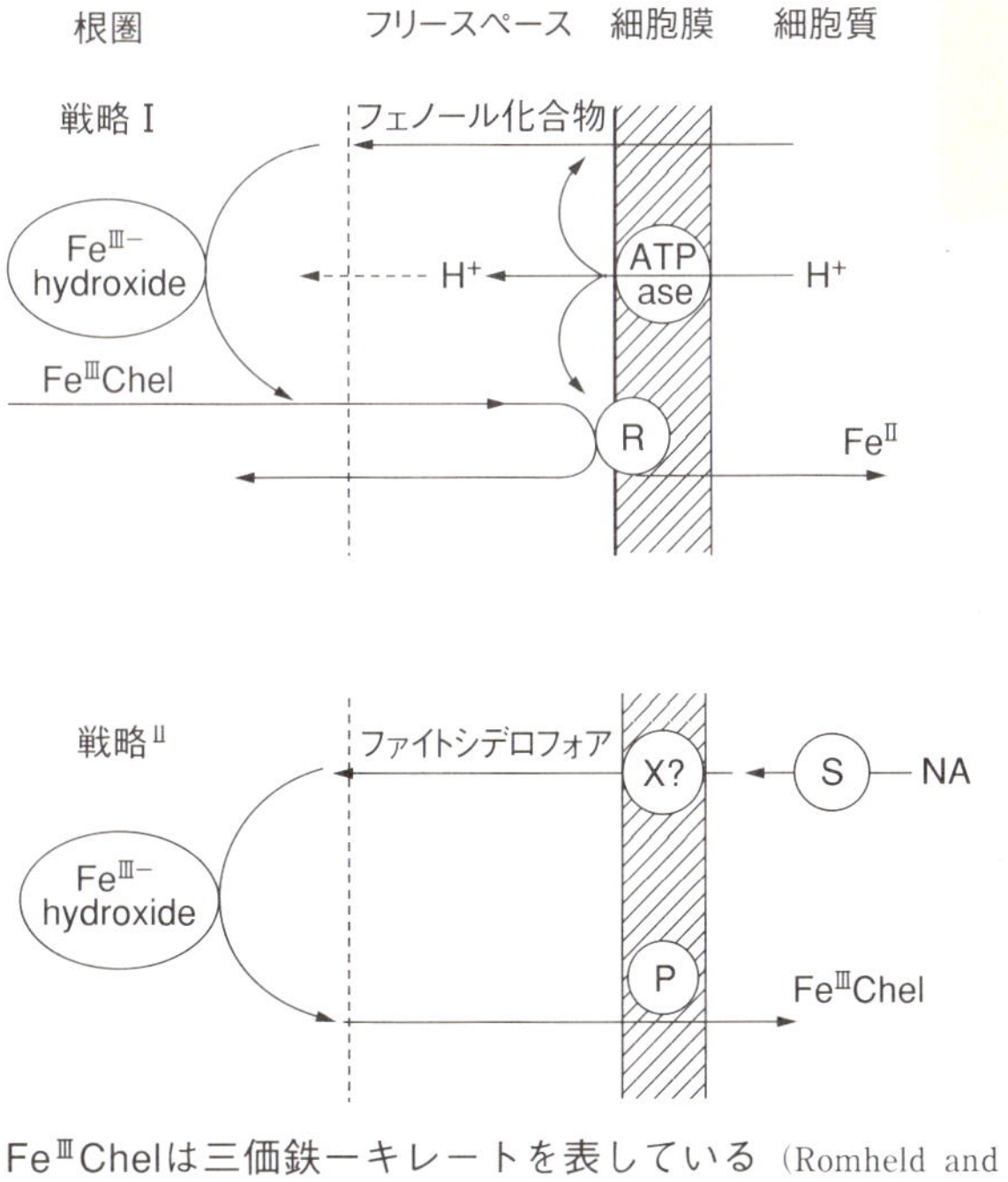

FeⅢChelは三価鉄ーキレートを表している（Romheld and Marschner,1986）（正岡淑邦　土壌施肥編）

シトクロム（ヘムα）

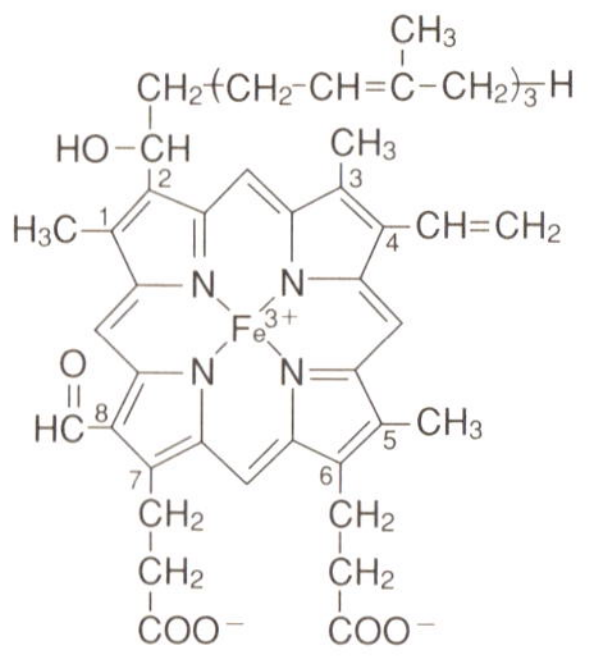

シトクロムはミトコンドリア内の電子伝達たんぱく質

クロロフィル（葉緑素）の構造

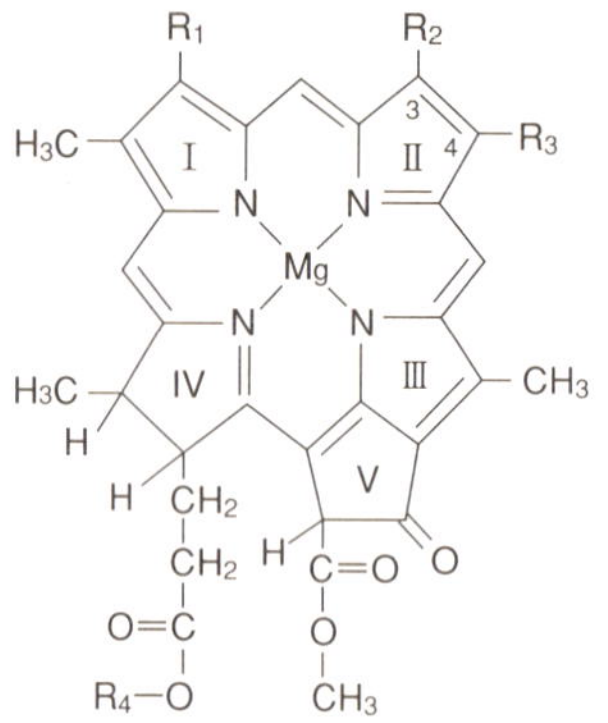

↓ファイトシデロフォアは難溶性の三価鉄のままキレート化し、結合したままで根から吸収される。この機構があるためにイネ科の植物は鉄欠乏を起こしにくいとされる。このような特異なキレート物質はイネ科植物以外には見つかっていない。

いっぽう、金属原子を中心として、周囲に配位子があるような化合物を錯体という。血液のヘモグロビンや、ミトコンドリア内のシトクロム、光合成を行なうクロロフィル（葉緑素）などがよく知られている。血液のヘモグロビンが酸素と結合したり離れたりする際に、錯体である「ヘム」がどのような働きをするのかはかなり解明されているが、他の金属錯体の作用についてはよくわかっていない。

▼「なぜ効く？どう効く？ミネラルとアミノ酸」編集部03年10月号

アミノ酸

アミノ酸（α—アミノ酸）とは、炭素原子にアミノ基（$-NH_2$）とカルボキシ基（-COOH）がついた有機化合物で、これが長く結合してたんぱく質ができる。膨大な種類のたんぱく質は（人で一〇万種類以上）、わずか二〇種類のアミノ酸の組み合わせで構成されている。作物に吸収された窒素は、アンモニアを経て、グルタミンなどの各種アミノ酸がつくられる。

農業資材としてのアミノ酸は、即効的な葉面散布剤や有機入り液肥として利用されてきた。ソリューブル（魚の煮汁から油脂を分離したもの）などが、おもな原料として利用されている。作物が健全に生育しているときは、作物自らがアミノ酸を生成しているので、肥料としてアミノ酸を与えることは不要である。しかし、天候不順で生育が不良となったり、何らかの原因で作物が弱ってしまったときは、アミノ酸入りの肥料は、即効的な効果があるとされる。また、特別にうま味をよくしたいとか、日持ちをよくする目的で使われることもある。**魚腸木酢**など、自分でつくれば、低コストでたっぷり使える。

▼「なぜ効く？どう効く？ミネラルとアミノ酸」編集部03年10月号

α－アミノ酸の構造

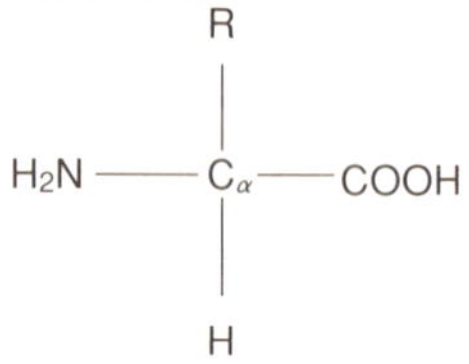

R基の種類によって20種のアミノ酸ができる（プロリンだけは（-NH-）がついている）。カルボキシ基の（-OH)とアミノ基の（-H）が、とれて水分子になり、アミノ酸同士が結合する（一次構造）これが長くつながったり複雑に折れ曲がったりして（二次・三次構造）、すべてのたんぱく質ができる。

有機酸

有機酸とは酸性の有機化合物の総称で、一

般に無機酸にくらべて弱い酸性をしめす。生物の代謝反応の過程で、酢酸・乳酸・酪酸・蟻酸・クエン酸・リンゴ酸・フマル酸・シュウ酸など種々の有機酸がつくりだされる。

有機酸は体外にも分泌され、いろいろな働きをする。根から出された有機酸（根酸）は、**ミネラル**などを溶かして養分吸収をしやすくする。微生物が有機物を分解したり、ミネラルを溶出するときにも、有機酸が分泌されるため、微生物の豊かな環境をつくることで、作物の生育をよくすることができる。

▼「有機酸のはたらき」永田勝也04年6月号

根酸

植物が根から分泌する有機酸のことを根酸という。植物は、根酸によって生育に適した根圏環境をつくりだし、必要な養分を吸収しやすくしたり、逆に過剰な物質の吸収を防いだりしている。

インドで栽培されているヒヨコマメは、根から分泌したクエン酸で酸性化し、Ca型リン酸から**リン酸**を溶出する。また、Fe型リン酸については、**キレート**作用によってリン酸吸収を可能にすると考えられている。イネ科植物ではムギネ酸によるキレート作用が知られている。

ルーピンやお茶では、根酸がアルミニウムイオンと結合して安定な物質にかわり、アルミニウムの過剰害を防いでいる。また、ソバがやせた酸性土壌でも生育できるのは、根からシュウ酸を分泌して、酸性害を軽減しているからとされている。

▼「クエン酸分泌を増やし、根を守る　苦土の働きに新知見」中野明正02年10月号

クエン酸サイクル（TCA回路）

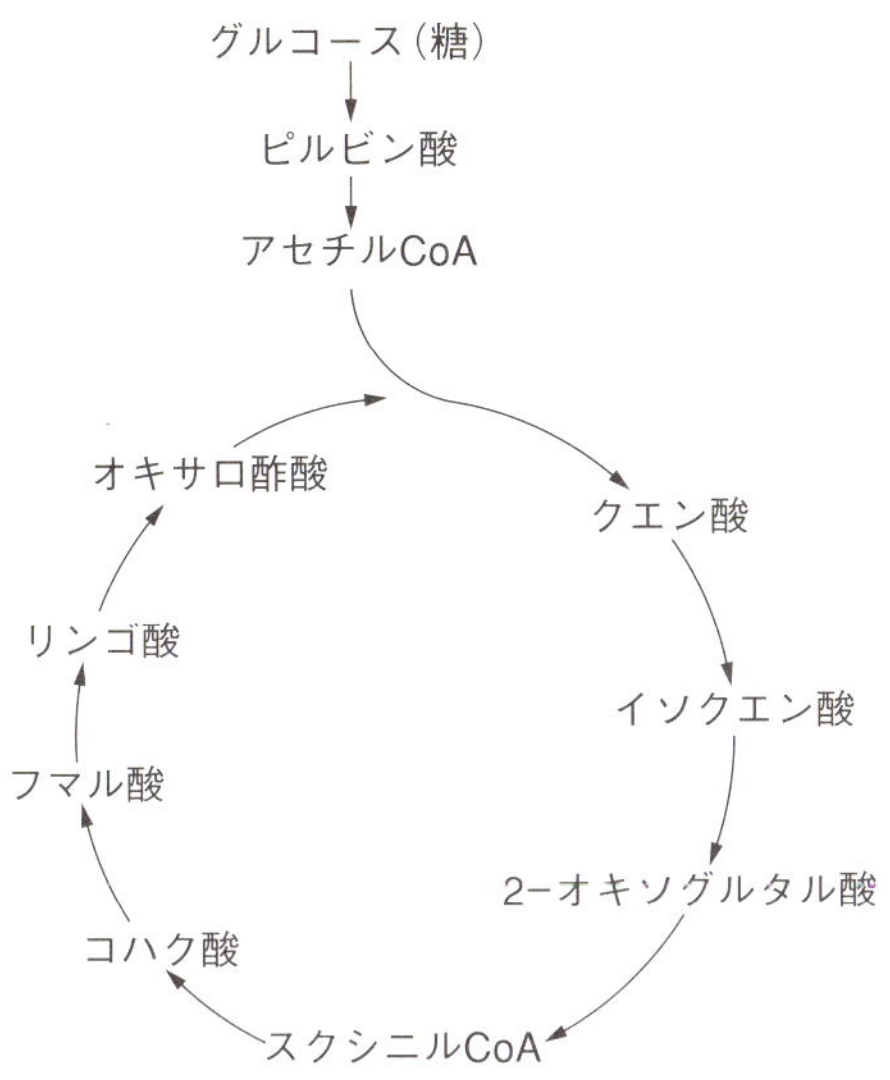

生物が糖を酸化してエネルギーをつくりだす生化学反応（呼吸）で、1分子の糖（グルコース）から、6個のCO_2、38個のATPをつくりだす（$C_6H_{12}O_6+38ADP+38Pi+6O_2 \rightarrow 6CO_2+44H_2O+38ATP$）。その過程で種々の有機酸が生成され、アミン酸などの原料にもなる。このような代謝のサイクルは数多くある

小麦の根から分泌されている有機物（Rovraら、1967）

糖　類	アミノ酸類	有機酸類	核酸類	酵素類
グルコース	ロイシン	シュウ酸	フラボノン	インベルターゼ
プラクトース	イソロイシン	リンゴ酸	アデニン	アミラーゼ
マルトース	バリン	酢　酸	グアニン	プロテアーゼ
ガラクトース	アミノ酪酸	プロピオン酸		
リボース	グルタミン	酪　酸		
キシロース	α-アラニン	吉草酸		
ラムノース	β-アラニン	クエン酸		
アラビノース	アスパラギン	コハク酸		
ラフィノース	セリン	フマル酸		
少糖類	グルタミン酸	グリコール酸		
	アスパラギン酸			
	グリシン			
	フェニルアラニン			
	スレオニン			
	チロシン			
	リジン			
	プロリン			
	メチオニン			
	シスタチオニン			

酵素

生物の生化学反応のほとんどは、酵素の触媒作用によって行なわれている。ほとんどの酵素はたんぱく質であり、もっとも身近な酵素は、発酵食品に利用されたり、体内で消化の反応を行なうものである。でんぷんを糖に分解するアミラーゼ、たんぱく質をアミノ酸に分解するプロテアーゼ、脂肪を分解するリパーゼ、セルロースを分解するセルラーゼなどがよく知られている。

酵素は化学触媒に比べて、以下のようなすぐれた性質をもっている。①反応がきわめて速い（化学触媒の数万倍） ②常温・常圧・中性に近いpHなど、穏やかな条件で反応が進む ③反応物と生成物に対して特異性が高く、副産物がほとんどできない ④多くの酵素の活性は、濃度によってかわるので、反応の調節が可能。

農業でも、果実や野草を発酵させて液肥をつくったり、**ボカシ肥**づくり、堆肥づくり、あるいは、味噌や醤油、酢など多くの場面で、酵素のすぐれた働きを生かしている。

▼「有効微生物がジンワリつくる『果実酵素』」島本邦彦01年9月号

根圏微生物

土壌に生息する微生物の多くは、植物が光合成によって生成した炭水化物をエネルギー源としている（従属栄養）。植物は根からさまざまな有機物を分泌しており、根の周り（根圏）には、多くの根圏微生物が生息している。微生物の種類では細菌が多く、中でもグラム陰性桿菌のシュードモナス属、アグロバクテリウム属、アクロモバクター属が多いという。

根圏微生物は、エネルギーや栄養分の一部を植物に依存しているとはいえ、一方的に寄生する微生物ばかりではない。根圏微生物が作物の生育によい影響を与える働きは以下のように考えられている。①根圏微生物が**有機酸**や**キレート**物質を生産し、**リン酸**など難溶性の肥料分を可溶化して植物が吸収しやすくなる ②根圏微生物によって作り出される、**植物ホルモン**や有機酸など種々の代謝物が、作物の生育によい影響をあたえる。③抗菌物質などの拮抗作用によって、作物の病原菌を抑制する。また、植物に刺激を与え、病原菌や害虫に対する抵抗性を誘導する働きもあるといわれる。木嶋利男氏によると、このような、作物の生育を助けるような、微生物は落ち葉に多く生息しているという。

▼「伝承農法で落ち葉の踏み床が使われてきたわけ」木嶋利男01年3月号／『根の活力と根圏微生物』小林達治著

根圏微生物　根毛を覆った細菌のコロニー（提供 沢田泰男 土壌施肥編）

葉面微生物

葉の表面に生息する微生物のことで、**酵母**類、枯草菌、ハービコーラ（葉上細菌）などが多い。**米ぬか**をハウスの通路に散布すると病気がでにくくなるという農家の実践から、葉面微生物に注目が集まっている。葉の

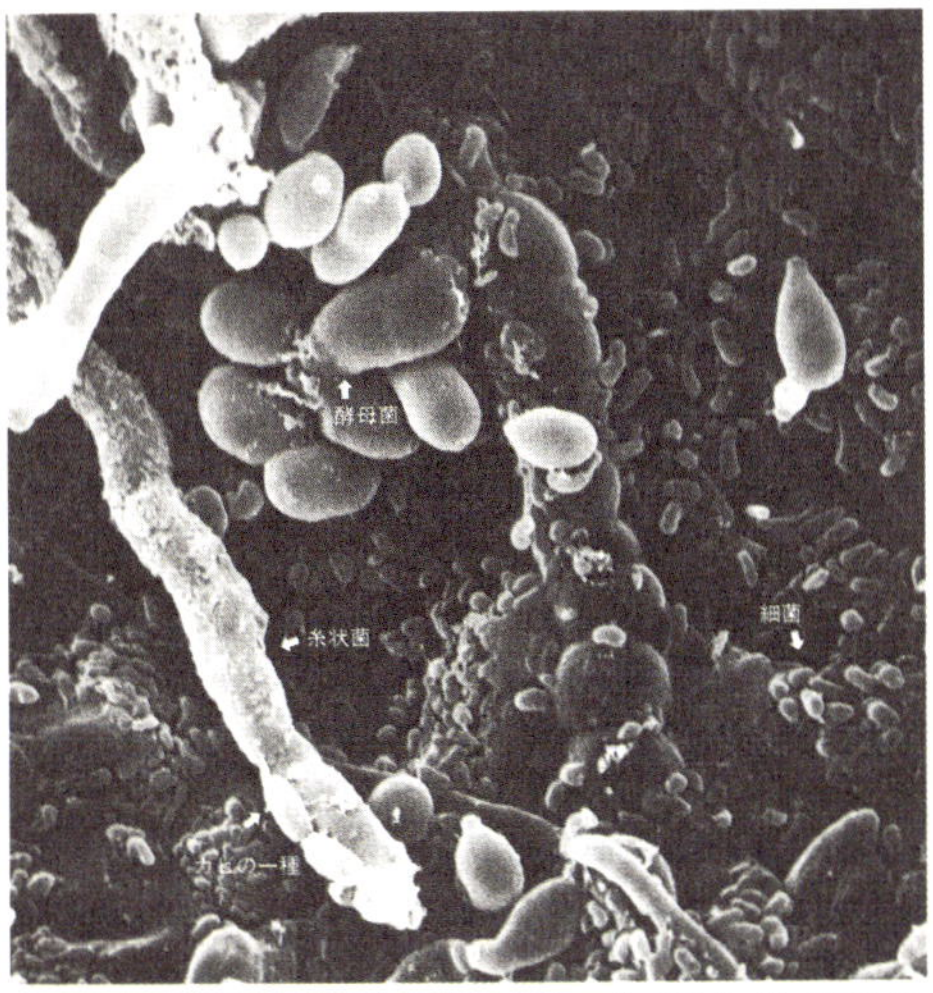

ミカンの葉面 カビ、酵母菌、細菌などが見える。木嶋利男氏によればこれくらい菌が多いと病原菌も多くなりやすい。健全な葉面だと酵母菌と枯草菌、葉上細菌などがパラーッと見えるくらいだという（提供 白石雅也）

伝承農法の育苗床土に使われてきた落ち葉には、植物に選ばれた親和性のある微生物が多く生息しているという（撮影 赤松富仁）

表面には、葉から分泌される糖類や**有機酸**、古くなった細胞がはがれたものなどが付着しており、葉面微生物はこれらを分解して葉面をきれいに保ったり、病原菌から植物を守ったりしている。

葉面微生物が作物の病気を防ぐ仕組みは、①葉面微生物が抗菌物質を出す ②病原菌に寄生する ③栄養分を病原菌と奪い合う ④作物を刺激して抵抗性を誘導する ⑤植物が出す他感物質による**アレロパシー**などと考えられている。

▼「葉の上で何が起こっているか 木嶋利男さんに聞く」編集部03年9月号

菌根菌・VA菌根菌

菌類（きのこ、カビなど）のなかで、植物の根に共生して菌根をつくるものを菌根菌という。菌根菌には、マツタケやホンシメジなど樹木に共生するきのこ類、ランの菌根菌、ツツジやシャクナゲに共生する子のう菌、接合菌の仲間のVA菌根菌など多くの種類がある。菌根菌は、エネルギー源の炭水化物については宿主の植物に依存しているが、土壌中から窒素・リン酸・カリ・その他のミネラルを吸収して植物に与えるので、植物の養分吸収能力が高まる。

VA菌根菌は、アブラナ科の植物にはつきにくいが、トマト・ダイズ・キュウリ・クローバ・レンゲ・ニラなど多くの植物の根につき、カンキツなど多くの樹木とも共生している。十数cmも菌糸を伸ばし、**リン酸**を吸収するので、宿主作物のリン酸の養分吸収が高まることが知られている。もっとも、可溶性のリンを吸収するだけで、難溶性リンを可溶化することはできないとされる（菌根をつくるきのこは、難溶性リンを可溶化する能力が高いという）。VA菌根菌を含む資材が販売さ

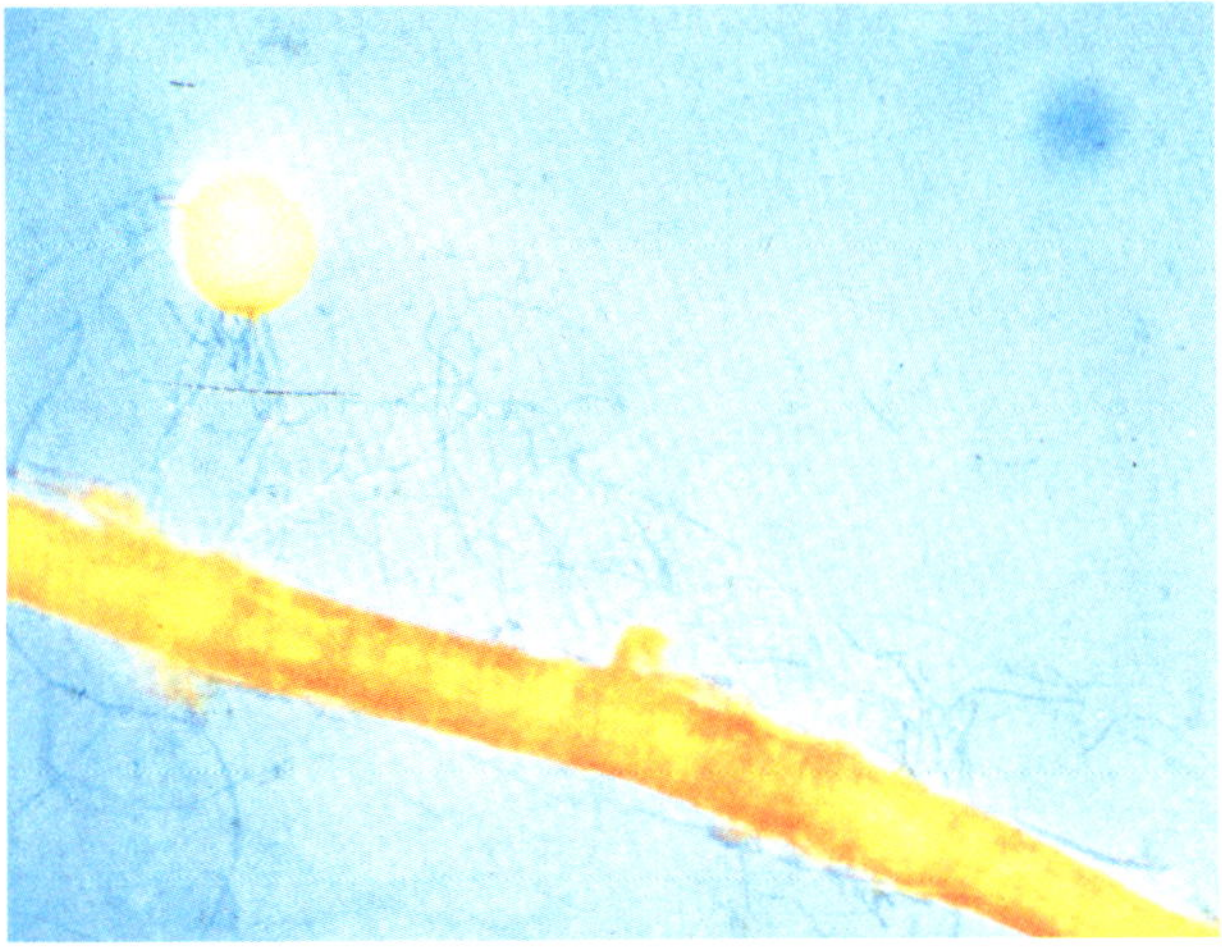
ダイズの細根についた菌根菌の胞子と菌糸（小川真 土壌施肥編）

れているが、炭を施すとＶＡ菌根菌がふえるし、ひまわりや**ナギナタガヤ**なども菌根菌をふやす。

▼「高収量、高品質のミカン園にはいっぱいいるＶＡ菌根菌」石井孝昭93年10月号／『微生物段階の土つくり2　根圏微生物を生かす』木村眞人著／『作物と土をつなぐ共生微生物』小川眞著

好気性菌・嫌気性菌

すべての生物は、物質の**酸化・還元**の反応から生じるエネルギーを利用している。栄養物を酸化するときに、酸素（O_2）によらなければならないものを絶対好気生物といい、硫酸塩や硝酸塩などO_2以外の物質を利用するものを嫌気生物という。また嫌気生物は、O_2が毒として作用してO_2の存在下では生きられない絶対嫌気生物と、O_2があってもなくても生きられる通性嫌気生物とに分けられる。

メタン生成菌や硫酸還元菌など、絶対嫌気生物の祖先は、まだ地球大気に酸素が少なかった原始地球に繁殖していたと考えられている。その後、酸素型の光合成能力をもったシアノバクテリア（ラン藻）が登場し、地球大気に酸素がふえていった。その結果、メタン生成菌や硫酸還元菌は、地中や湖沼の底、海底に追いやられた。やがてO_2を無毒化し、逆に栄養物の酸化（呼吸）に利用する好気細菌が登場したと考えられている。

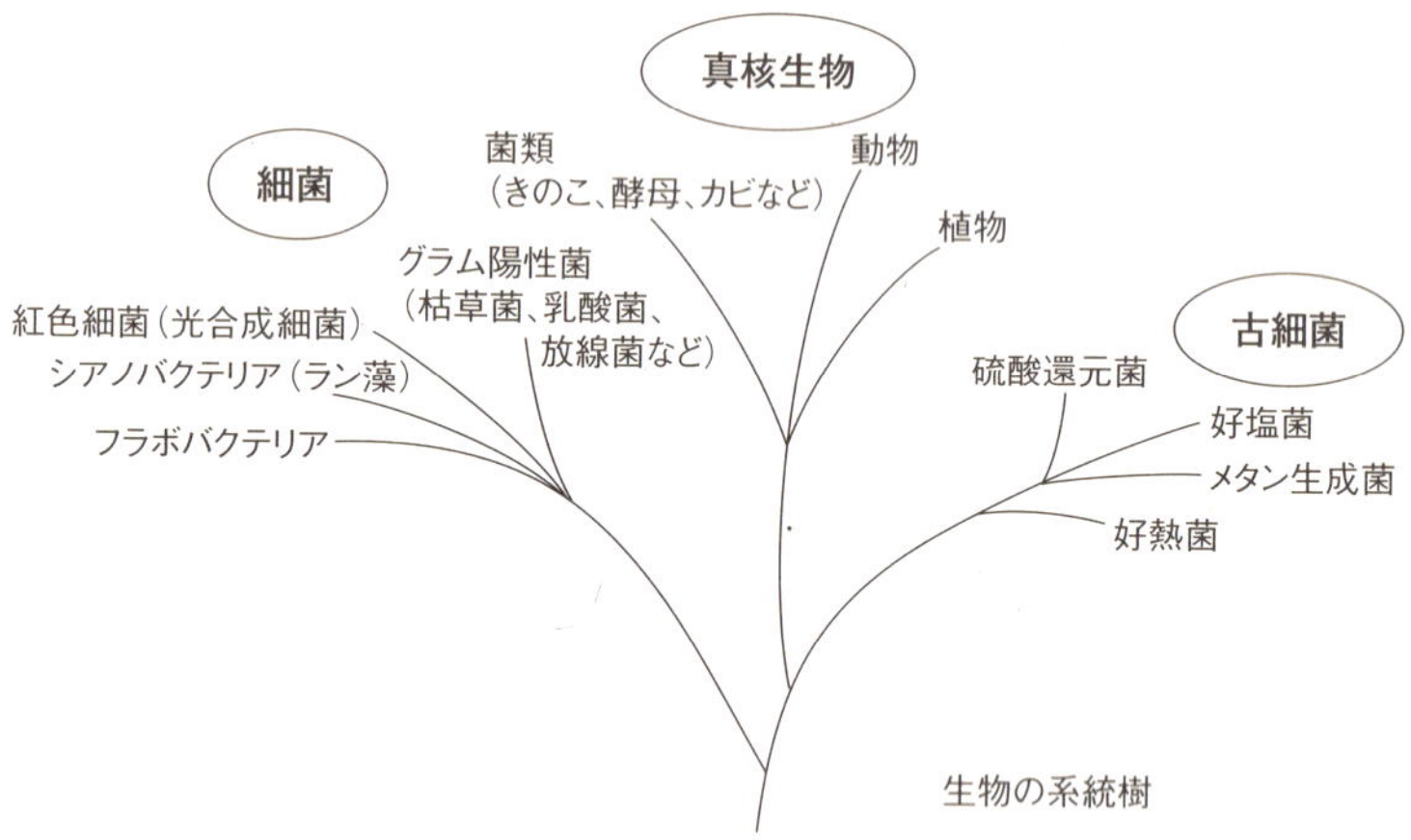

生物の系統樹

生物界は細菌（真正細菌）、真核生物、古細菌からなる。ＤＮＡやＲＮＡを比較すると、細菌と真核生物の隔たりが大きく、真核生物はむしろ古細菌に近い。そこで、酸素を代謝に利用できるミトコンドリアや、光合成能力を獲得した葉緑素など、もともと自活していた細菌が、真核生物の祖先の細胞に寄生して、現在の真核生物になったという説が有力である。また、他の生物に寄生し、自身では代謝能力のないウイルスはここには入っていない

堆肥づくりやボカシづくり、あるいは味噌や漬け物をつくる方法は、目的に応じた微生物が生息しやすい環境を整える技術であるともいえる。酒造りでは蒸米を広げて、好気性の**こうじ菌**が繁殖しやすくし、そのあと水を加えて、通性嫌気性の**乳酸菌**や**酵母**が働きやすくする。ぬか床づくりで毎日ぬかをかき混ぜるのも、乳酸菌が繁殖しやすい環境を整えているのである。

土ごと発酵では、土の表層に有機物をおくことで、好気性のカビや細菌が繁殖しやすくしている。**土中ボカシ**や**土中堆肥**にするときは、わらや収穫残渣と一緒に、**米ぬか**や**乳酸菌**資材など、通性嫌気性の微生物を一緒にいれてやると発酵が安定する。

▼「雑草を生やして、バラの立体マルチ栽培」赤松富仁00年1月号

酵母菌

酵母は自然界ではブドウなどの果実や、小麦など穀物の表面に多く生息している。酸素が多いときは呼吸を行なっているが、酸素が少ない環境（果実の内部など）では、糖を二酸化炭素とアルコールに分解して（解糖・発酵）エネルギーを得ている。

酵母を人類が利用してきた歴史はきわめて古く、パンや酒をはじめ、味噌・醤油・酢など多くの食品が酵母によってつくられている。最近、二万三千年前のパンづくりの跡がガラリア湖西岸で発見されており、農耕が始

まるはるか以前から、人類は酵母の利用法を知っていたかもしれない。ワイン用のブドウも紀元前七〇〇〇年にはメソポタミアで栽培されていたとされ、果実をつぶして水につけておくと自然にアルコールができることも、狩猟・採集の時代から知っていたに違いない。

農家のあいだでも、ドブロクづくり・味噌づくり・天恵緑汁・果実酵母・柿酢・種子処理などさまざまに活用されている。

▼「酵母菌で種子処理」中坪宏明04年3月号

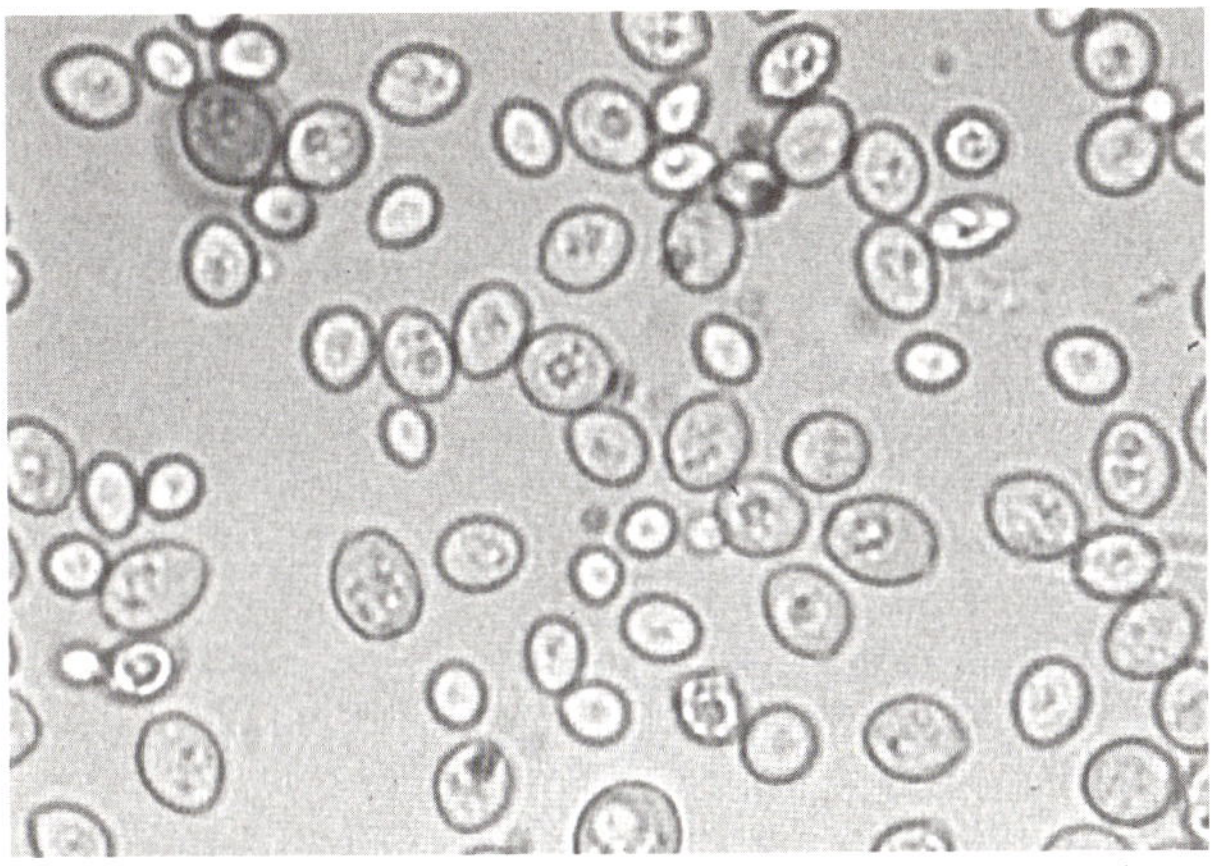
ワイン酵母　酵母はカビと同じ菌類の仲間（子のう菌門）で菌糸を伸ばすものもある。繁殖の適温は、ワインやビール酵母は10～25℃、パンなどの酵母は25～30℃とされる

乳酸菌

乳酸菌も**酵母**とならんで、人類がもっとも古くから利用してきた微生物である。ヨーグルト・チーズ・ぬか漬け・味噌・キムチなどさまざまな食品がある。

乳酸菌は嫌気的な条件下では、糖→ピルビン酸→乳酸という乳酸発酵を行なう（筋肉内での反応と同じ）。ふつうの状態で発酵が進むときは、酵母と一緒に働くことが多い。乳酸菌が生成する乳酸のために酸性になるので、他の微生物は繁殖しにくくなる。この酸性下でも繁殖できるのが酵母である。たとえば、味噌づくりの熟成過程でも、乳酸菌と酵母菌が同時に糖を分解し、酸とアルコールによる独特の風味が生まれる。この他にも、多糖類やアミノ酸・乳酸・リノール酸・フィチン酸など種々の有機酸、アルコールやエステ

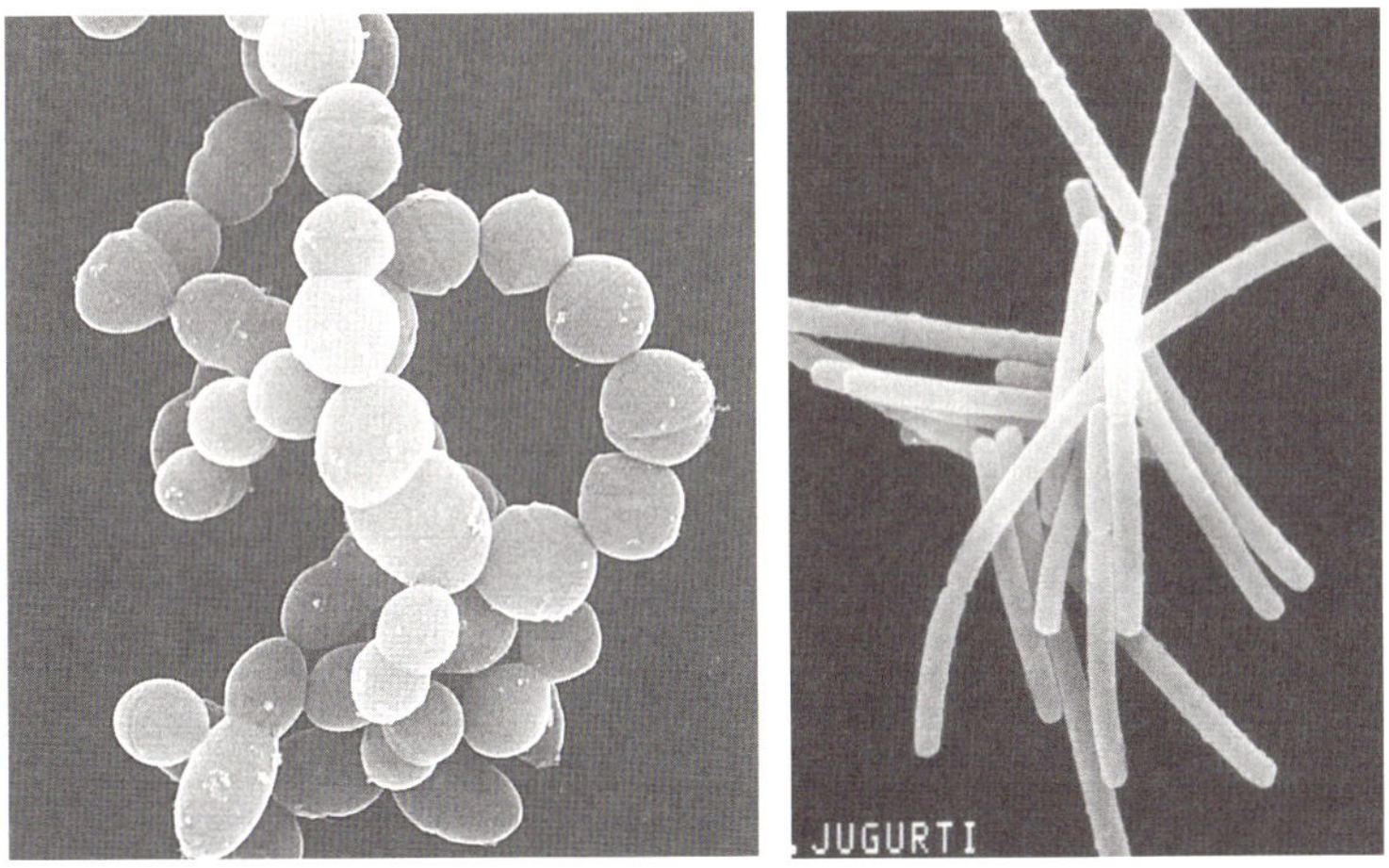

ヨーグルト用の乳酸菌（写真　雪印乳業㈱技術研究所）

石川県・西田栄喜さんのキムチ汁を素材にした乳酸発酵液。自然農薬として使う（提供　西田）

ル類など多くの成分が生成される。

農業で利用する場合は、市販の乳酸菌資材や市販のヨーグルト、キムチの漬け汁、ぬか床などを利用したり、米のとぎ汁と牛乳で手づくりする方法もある。

▼「米のとぎ汁、米ぬかでつくる菌体防除液で病害虫を防ぐ」薄上秀男98年6月号

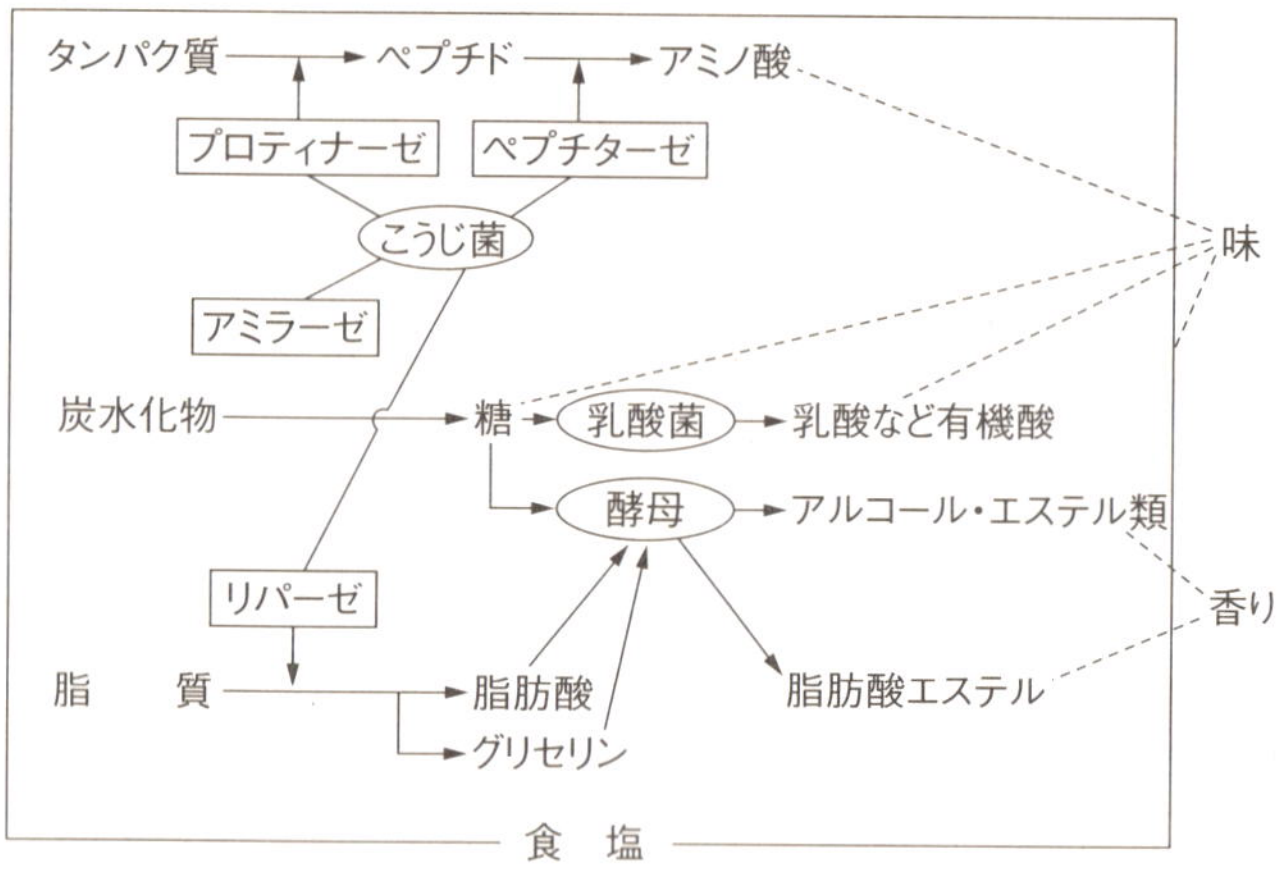

味噌の発酵、熟成の概念図　味噌づくりは耐塩性の高い乳酸菌と酵母が利用される（今井誠一　食品加工総覧）

酢酸菌

酒やワインなどを空気にさらしておくと酢酸菌類が繁殖して、アルコールから酢（酢酸）ができて、酸っぱくなる。酢酸菌はアルコールをO_2で酸化してエネルギーを得ているので、空気がないところでは活動できない。日本の伝統的な食酢の製法である「静置発酵法」では、発酵槽に入れたもろみの表面に酢酸菌の膜（菌膜）をつくらせる。完成までに半年以上かかるが、独特の風味や香りが生まれる。酢酸菌（A.aceti）がよく働く温度は、三〇〜三五℃で、もろみの温度が低いと、こんにゃく菌（G. xylinus）が繁殖しやすく、品質が悪くなる。

食酢を散布する「酢防除」が注目を集めているが、村に放置されている柿などを利用すれば自給できる。

▼「柿酢で健康71歳」編集部02年9月号

愛知県新城市の河部義通さんは、柿酢をつくって食用にするだけでなく、モモやカキに散布して、農薬を減らしている（撮影　赤松富仁）

酢酸の構造式

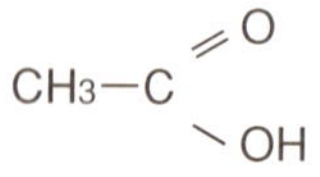

$C_2H_5OH + O_2 \rightarrow CH_3COOH + H_2O$

酢酸菌はエタノールを酸化して酢酸を生成する

こうじ菌

こうじ菌を利用する方法は、アジアで発達してきた。紀元前二世紀の中国の記録に、煮た大豆に野生のこうじカビをつけてつくっていたと思われる穀醤（こくびしお）の記録がある。また、諸葛孔明（一〜三世紀）が南方に遠征したとき、こうじのようなものを持ち帰ったことが記されている。日本で酒や味噌・醤油づくりに利用されている種こうじ

（アスペルギルス　オリゼー）には、黄こうじ・黒こうじ・白こうじなどがあり、中国では紅こうじ（モナスカス属）、インドネシアではテンペが有名。

韓国を経由して日本に伝わった味噌玉づくりは、大豆を蒸煮し、つぶして玉状にして、屋内に二〜三カ月つり下げて、ケカビ・アオカビ・こうじカビなどを生やしてつくる。玉状にするのは、水分が多い玉の内部で**乳酸菌**を繁殖させて枯草菌を抑えるためで、表面と割れ目に沿って好気性のカビが生えるのだという。

こうじ菌は、たんぱく質を**アミノ酸**に分解するプロティナーゼ、ペプチターゼと、炭水化物を糖に分解するアミラーゼの活性が高い。活動の適温は三五℃で湿度は九〇%以上とされている。味噌づくりや酒づくり、あるいは**ボカシ肥**をつくったり**米ぬか**をまいて**土ごと発酵**させるときも、こうじ菌を「発酵のスターター」として働かせ、こうじ菌が生成したアミノ酸や糖を栄養分にして、種々の微生物が増殖する。

▼「こうじ菌ってなに？…」編集部00年10月号

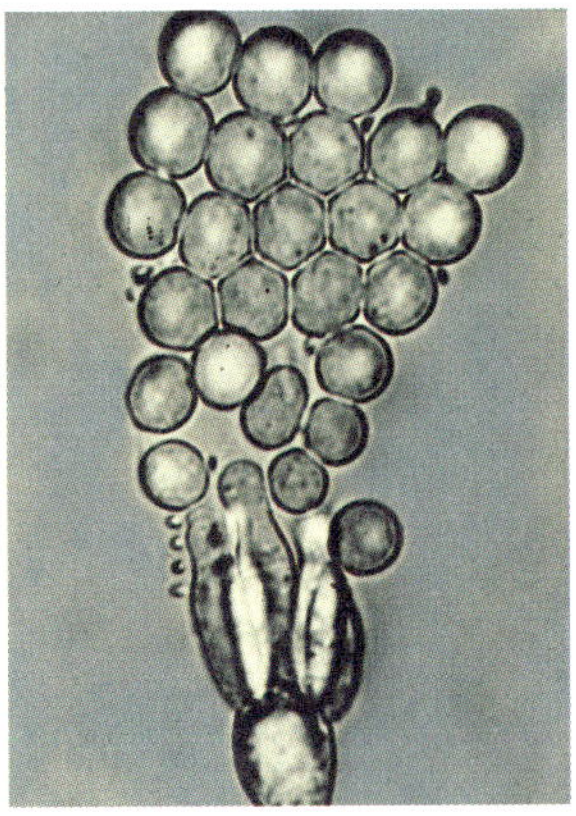

黄色こうじ菌　こうじ菌は味噌・醤油・酒・みりん・甘酒などに利用される、きわめて重要な微生物である

放線菌

放線菌は細菌の仲間（グラム陽性菌）で、畑や自然の土壌に多く生息している。いわゆる「土のにおい」というのは放線菌に由来している。ふつうの細菌と違って、カビのように菌糸を伸ばす性質がある。また、DNAの構造も他の細菌にくらべてかなり複雑で、全体の特徴はまだよくわかっていない。

一九四四年、ワックスマンらが土中の放線菌から、結核菌に抗生作用のあるストレプトマイシンを発見し、大きな注目を集めるようになった。現在、医薬品として用いられている抗生物質の七割は、放線菌によって生産されているとされる。

農業においても放線菌が注目されているのは、その抗菌性の性質である。**カニ殻**などの**キチン**を土壌に施用すると、作物の病気が少なくなることが知られている。キチンが多い土壌では、放線菌やバチルス属の細菌が多くなることがわかっており、これらの細菌は抗菌性の物質を多く生成する微生物といわれている。その結果、土壌病原菌の繁殖が抑えられるのではないかと考えられている。

▼「私が探した放線菌群は、ハエ・悪臭を退治、上質堆肥をつくってくれる」田中米實97年12月号

堆肥製造過程の中期（発熱期）に見られる放線菌（提供　藤原俊六郎）

糸状菌・カビ

「糸状菌」というのは分類学上の言葉ではなく、見かけじょう菌糸をもった菌類（カビ、きのこ）をさし、細菌である放線菌もふくめることが多い。「カビ」も、菌類をさす俗称である。菌界（Fungi）はふつう、子のう菌門（酵母・アオカビ・コウジカビ・アカパンカビ・トリュフ・うどんこ病菌など）、担子菌門（きのこの多く、さび病菌など）、接合菌門（ケカビ・クモノスカビなど）、ツボカビ門（鞭毛をもつもの）の4つに分類されている。

納豆菌

納豆菌（バチルス属）は、枯草菌の仲間の好気細菌である。水田の稲わらなどに多く生息し、昔から煮た大豆を稲わらの「つと」に包んで、納豆がつくられてきた。

有機物の分解力が強い細菌で、糖類、たんぱく質、脂肪、セルロースも分解する。納豆菌胞子は四〇～四五℃で二時間以内に発芽し、繁殖適温は三八～四〇℃とされる。また、納豆のネバネバの物質は、五二℃で四時間ほどおくとできるという。胞子の状態は高温に強く、一〇〇℃でも数分は生きている。

納豆菌や枯草菌は有機物が分解して温度があがってくると、カビなどを抑えて優先的に繁殖するといわれる。市販の納豆を水で溶いて米ぬか納豆ボカシをつくる人もいるが、稲わら・もみがら・ヨシ・カヤには活力の高い納豆菌が多いので、これらを材料に混ぜると菌を取り込むことができる。

▼「こうじ菌と納豆菌とで、十分な発酵を」編集部01年4月号

光合成細菌

光合成細菌とは光合成を行なう細菌の総称で、紅色細菌、緑色硫黄細菌、緑色非硫黄細菌、ヘリオバクテリアがある（シアノバクテリア＝ラン藻をふくむこともある）。紅色細菌と緑色非硫黄細菌は酸素を代謝に利用できる（通性嫌気性）が、緑色硫黄細菌とヘリオバクテリアは酸素があると生存できないとされる（絶対嫌気性）。

光合成細菌の祖先は、まだ大気中に酸素が少なく硫化水素が多い、原始の地球上で大繁殖していたと考えられている。やがて硫化水素が少なくなってくると、酸素型の光合成を行なうことができるシアノバクテリアがあらわれた。シアノバクテリアによって放出されたO_2が大気中にふえてくると、毒性の強いO_2下では生息できない光合成細菌のグループは、湖、河川、海岸、水田など限られた環境で生き延びてきた。

光合成細菌の農業利用についての関心は高く、水田の硫化水素の発生を抑え、太陽エネルギーを利用して有機物を生産し、空気中の窒素も固定するといわれている。また、家畜の糞尿処理や飲み水に混ぜたりして利用されている。

▼『光合成細菌で環境保全』小林達治著

紅色細菌を透明容器に入れて培養しているところ（提供　佐藤義次）

紅色または緑色硫黄細菌の関与する反応

$$CO_2 + 2H_2S \xrightarrow{\text{光}} (CH_2O) + H_2O + 2S$$

$$S + CO_2 + 3H_2O \xrightarrow{\text{光}} (CH_2O) + H_2SO_4 + H_2\uparrow$$

$$2CO_2 + Na_2S_2O_3 + 3H_2O \xrightarrow{\text{光}} 2(CH_2O) + Na_2SO_4 + H_2SO_4$$

光合成細菌による反応（小林達治　土壌施肥編）

発酵

有機物が微生物の作用によって分解され、アミノ酸や乳酸・有機酸・アルコール類・二酸化炭素などが生成される現象で、一般には人間や動植物の活動にとって都合がよく役立つもの（有用物質）が生産される場合をさす。有害物質が生産されたり悪臭を発したりする「腐敗」と対比的に用いられる。

　好気発酵と嫌気発酵があり、こうじ・納豆・**ボカシ肥**・堆肥などはおもに好気発酵で、パン・ワイン・ビール・ヨーグルト・キムチ・ぬか漬け・**天恵緑汁**・サイレージなどは嫌気発酵である。また、味噌・醤油・日本酒・米酢などは前半が好気発酵、後半は嫌気発酵にする。カビチーズはその逆である。

　発酵をスムーズに進めるには、目的にあった微生物が繁殖しやすい環境を用意してやることが大切である。たとえば堆肥化をスムーズに進めるためのポイントは、素材の含水率六〇%、**C／N比**（有機物中の全窒素と全炭素の比率）二〇〜四〇%とされている。発酵をより効率的に進めるために、目的にあった微生物を種として添加することも多い。

▼「クズ・カス徹底利用術」』01年10月号

炭水化物が分解される過程

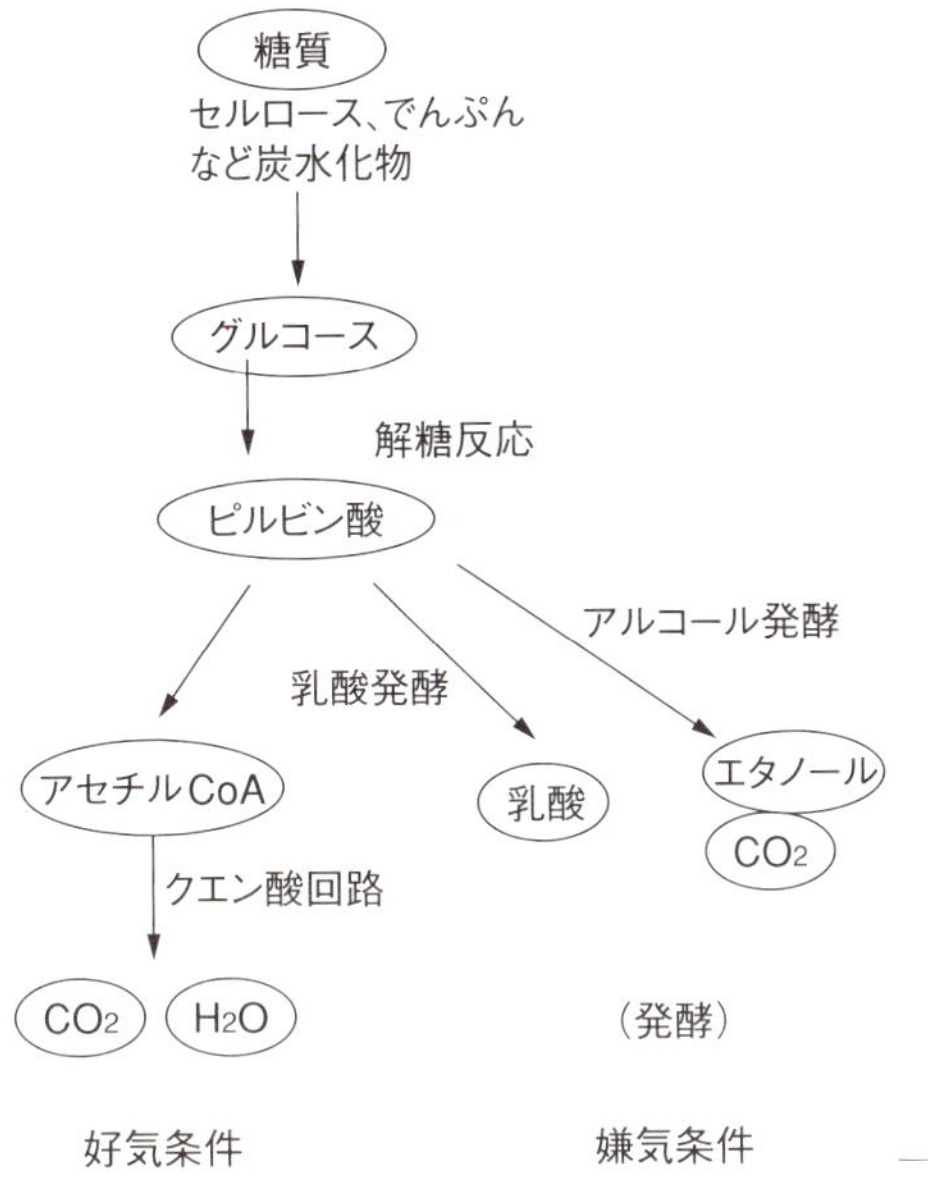

好気的な条件では、クエン酸回路でO_2によって酸化される（呼吸）。嫌気的な条件では乳酸発酵、またはアルコール発酵がおこる

腐敗

一般には、食品が微生物の作用によって変質して有害な物質が生成されたり、悪臭が発生したりする現象を腐敗という。有害・悪臭物質としては、アミン類やスカトール、硫化水素などがある。

　農業では、有機物が微生物によって分解される過程で、作物にとって有害な物資が発生する状態を腐敗という。植物はもともと土壌微生物と共生関係にあるので、自然に有機物が分解する過程では、植物に有害な物質は発生しない。

　しかし、水田に有機物を大量にすき込んだり、畑でも水分の多い有機物を地中深くに埋没すると、嫌気性のメタンガスや硫化水素などが発生しやすくなる。また堆肥の製造過程でも、糞の塊が残ると、内部が嫌気的になって有害物質が生じやすい。**ボカシ肥**づくりでも、材料の水分が多すぎると腐敗臭がでる。

　有機物を嫌気的な状態で発酵させたいときは、伝統的な嫌気発酵の手法である、ぬか床や味噌づくりの知恵を生かすことである。**乳酸菌**が生成する乳酸の強い静菌力を生かすことで、他の腐敗的な嫌気性微生物の増殖を抑えることができる。

▼「土はやせない、手間をかけない、カネもかけない
夏の畑の管理—私の場合」水口文夫98年7月号

ミミズ

畑でよく目にするのはフトミミズ。未熟有機物が好きで、堆肥や生ごみの分解に活躍するのは主にシマミミズである。また、**米ぬか**をふった田んぼで**トロトロ層**つくりに働いているイトミミズもいる。

「食べる・糞をする・尿を出す・動きまわ

る・死亡する」というミミズの生活そのものによって、作物の生育に適した土がつくられる。ミミズは大量の土や有機物を食べ、細かく分解しながら土中を進む。通った道はヌルヌルの尿に塗り固められてしっかりとした空隙になり、土壌の通気性をよくする。しかもその尿にはアンモニアと多種類の酵素が含まれていて、通り道は植物の根や微生物にとって理想的なすみかとなる。糞は水をよく吸収し、しかも水に浸かっても崩れにくく、良質の**団粒**となる。また、不溶性の**ミネラル**は、ミミズの体内で溶出して作物に吸収されやすくなる。

　作物にとってこのように有用なミミズの最大の敵は、トラクターや耕耘機のロータリーである。**不耕起**や**有機物マルチ**は、ミミズがすみやすい環境づくりでもある。

左は市販のバーク堆肥、右はバーク堆肥に10日間シマミミズを入れた状態。糞によってすべて団粒化した（提供　中村好男）

ミミズは一日に体重と同量から1.5倍の糞を出す（提供　中村好男　土壌施肥編）

▼「もっと知りたいミミズの話」編集部04年8月号

自活性センチュウ

センチュウというと、ふつうは回虫やネコブセンチュウなど、有害な寄生性のセンチュウを思い浮かべる。しかし、じつはセンチュウは動物界のなかでは最も数の多い生物で、地上では五〇万、海底では一〇〇〇万以上の種がいるとみられている。安定した土壌生態系を維持するうえで、きわめて重要な役割をはたしている。

　自活性センチュウは落ち葉などの有機物を食べて分解し、微生物が働きやすい環境をつくる。自らの遺体も含め、他の小動物や微生物とともに土壌の腐植を増やし、土を柔らかくして根の張りやすい環境をつくっていく。中には、作物にとって有害な寄生性センチュウを食べる捕食性センチュウもいる。肥沃な土なら反当り八〇〇kgもの自活性センチュウがおり、寄生性センチュウだけがふえるということはない。**堆肥マルチ**や**有機物マルチ**は自活性センチュウをふやし、土壌内の生物のバランスを安定させる効果が高いといわれる。

▼「線虫の多い畑が健康な畑」近岡一郎87年10月号／『おもしろ生態とかしこい防ぎ方　センチュウ』三枝敏郎著

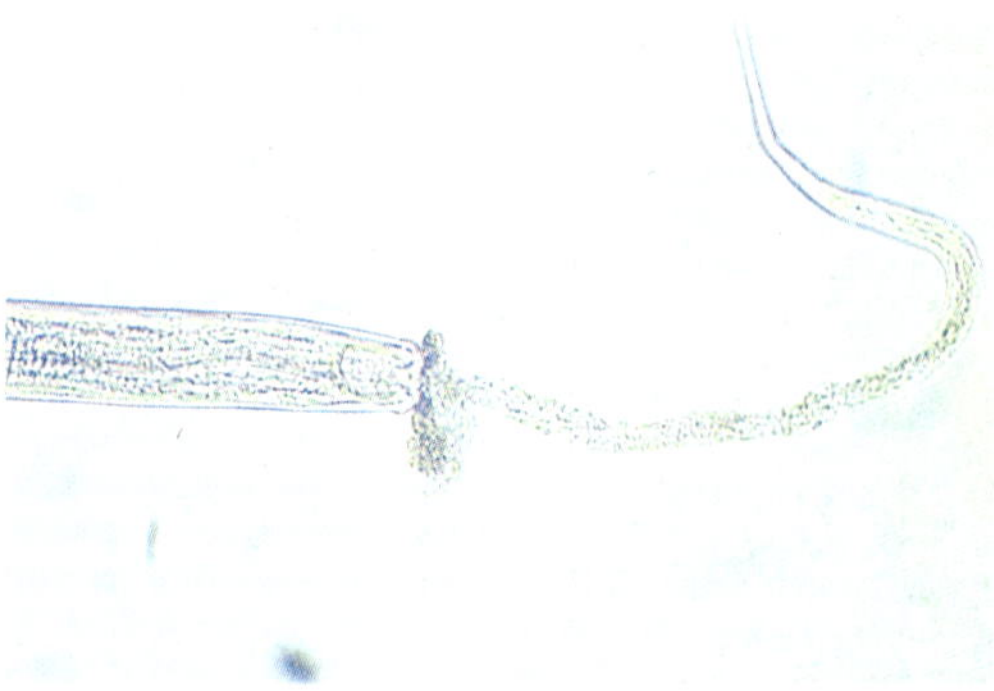

センチュウを食べるセンチュウ（提供　西沢務　土壌施肥編）

防除の用語

太陽熱処理

（太陽熱消毒）

施設栽培でも露地栽培でも、単一作物を連作すると、病原菌やセンチュウなどの土壌病害に悩まされるようになる。そこで、多くの野菜産地でD―Dやクロルピクリン、臭化メチルによって、土壌消毒が行われてきた。近年、薬剤による周辺環境への悪影響や臭化メチルのオゾン層への影響などが大きな問題となってきた。太陽熱処理の方法が開発されたのは七〇年代（奈良県農試）で、イチゴ萎黄病の対策として利用されてきた。臭化メチルの二〇〇五年全廃にともなって、太陽熱処理が注目を集めるようになった。

太陽熱処理は、作物が植えられていない夏場にハウスを密閉して、四〇～四五℃の温度を一四～二〇日保ち、病害虫を選択的に死滅させる方法である。野菜の病原菌の多くは熱に弱いことがわかっており、フザリウム菌（イチゴ萎黄病やウリ類のつる割病の原因）は、湿熱条件下では四〇℃で一〇日間、五〇℃では二日間で死滅する（ただし胞子はより熱に強い）。センチュウの場合はもっと弱く、四〇℃の温湯で二時間で死滅する。

太陽熱処理ではすべての土壌微生物が死滅するわけではなく、耐熱性のカビや細菌が繁殖している。これらの非病原性の微生物が存在しているために、処理が終了したあとも病原菌が繁殖しにくいという。なお、これまで「太陽熱処理が効かなかった」という人は、処理後、消毒しきれなかったハウスの隅の土などを耕うんで

太陽熱処理ではすべての微生物が死滅するわけではない。耐熱性のカビや細菌が繁殖する
（撮影　赤松富仁）

ハウスでの太陽熱土壌消毒が有効な病害虫の死滅温度と期間（湛水条件）（小玉、1981）

病　原　菌	処理温度	有効処理期間	供試材料または処理条件
イチゴ萎黄病 （ナス半枯病 キュウリつる割病 トマト萎凋病ほか）	40℃ 45 50 55	8～14日間 6日 2日 12時間	自然病土
イチゴ芽枯病 （ホウレンソウ株腐病 ほか）	40 45 50	4日 6時間 30分間	菌糸および菌核
トマト白絹病 （その他の作物の白絹病）	40 45 50	5日 12時間 15分間	菌核 湛水条件
ネグサレセンチュウ （ネコブセンチュウ）	35 40 45	5日 2時間（12時間） ―（1時間）	（）は畑状態

注　太陽熱処理の効果が高いその他の病害：ナス半身萎凋病、疫病類、トマト褐色根腐病、苗立枯病、菌核病、エンドウ茎えそ病（オルピディウム菌の媒介）、チーラビオプシス属菌による花壇苗の根腐病、バラ根頭がんしゅ病、ジャガイモそうか病など

混ぜ込んでしまった場合が多いようで、耕うん・うね立てしてから太陽熱処理し、消毒後の土を動かさないほうが効果が安定するという。

同じ原理で、露地野菜の畑を被覆して、センチュウや雑草を少なくする方法もある。

▼「奥が深いぞ　太陽熱処理」編集部99年6月号／『ハウスの新しい太陽熱処理法』白木己歳著

ハウスでの「うね立て後太陽熱処理」の手順（白木己歳）

準備	前作をかたづける
かん水	前作のかん水チューブを使ってかん水。土壌水分が不足すると熱の伝わりが悪いので、かん水はタップリ
元肥	残肥をEC値から算出し、元肥を入れて耕うん。除塩はせずに残肥を有効利用する
うね立て	ビニールをかける前に、うね立てまでやってしまう
ビニール被覆	ビニールでおよそ1ヵ月間被覆する。除草効果も高い
完了	マルチをはいだらすぐにも定植できる

土壌還元消毒

太陽熱処理は、寒地や夏場に畑があかない作型では困難である。そこで、北海道の道南農試では、ハウスネギのフザリウム対策として、昔から行なわれてきた湛水処理と**太陽熱処理**を組み合わせた「土壌還元消毒法」を開発した。湛水によって**還元状態**（酸欠状態、嫌気状態）を続けると、太陽熱消毒よりも低い温度でフザリウム菌を死滅させることができるという（三〇℃以上で一四日以内）。

還元化をすすめる上で効果が高い有機物は、ふすまや**米ぬか**である。圃場の土壌を一時的にドブや異常還元の水田のような状態にすると、嫌気性の微生物が増殖して、好気性の生物は生存できなくなる。ちょうど米ぬかやくず大豆を水田に散布して、一時的な還元状態をつくる、**米ぬか除草**に似ている。

なお、土壌を湛水・還元状態にするために、除塩作用と脱窒作用がある。また、還元消毒が可能な条件は、平均気温が一五～一八℃以上の時期で、転作田など水がたまりやすい圃場であることである。

最近では、「還元化」による防除の工夫がさまざまにみられる。佐賀県のイチゴ農家・鳥越芳俊さんは、**不耕起**のベッドをビニール被覆して、水がベッドの半分くらいにたまるまでたっぷりかん水、その後一〇a八〇kgの糖蜜を二倍に薄めてチューブで流す。嫌気的な微生物が増殖し、萎黄病・炭そ病・えき病

混和する有機物の種類と温度のちがいがフザリウム菌の死滅に及ぼす影響（新村昭憲　土壌施肥編）

培養温度（上）／培養日数（下）／有機物の種類	30℃			35℃			40℃		
	7	14	21	7	14	21	7	14	21
稲わら	1,333	133	0	633	367	0	0	0	0
オオムギ	300	100	0	0	0	0	0	0	0
ふすま	200	33	0	0	0	0	0	0	0
セルロース	2,200	3,000	5,800	733	867	1,500	0	0	0
デンプン	1,500	900	67	0	0	0	0	0	0
ショ糖	100	0	0	0	0	0	0	0	0
無添加	1,767	2,567	5,300	2,233	233	367	67	0	0

注　数値は検出されたフザリウム菌数（/g乾土）

ネギの施設栽培での、還元消毒法の手順
（新村昭憲）

有機物の混和	ふすままたは米ぬかを反当り1t散布し、深さ15～20cmで耕うんする。土と有機物が混和されない部分がないようにする
かん水	平らにして、かん水チューブでたっぷりかん水する。有機物混和後、ただちにかん水すること
被覆	ポリやビニール資材で全面を覆う。隙間や穴を完全にふさぎ、地面と密着させる
かん水	再びチューブでかん水。かん水の目安は、土に十分に水が浸透し、表面にたまるくらい
密閉	20日間ハウスを密閉し温度を上げる。うまく還元化がすすむと、7日前後でドブ臭がする

もすっかり抑え込んでしまうという。多量のふすまや米ぬかがいらないので簡単だ。

▼「注目の『土壌還元消毒法』の実力は？」編集部04年8月号

混植・混作・間作

山火事などで森が燃えてしまうと、さまざまな植物が茂り、移り変わっていくが（遷移）、最終的には、元の森にもどって落ち着く（極相）。極相では一種類の植物だけが森を占めるということはあまりなく、何種類かの植物が共存している。日本では、北海道や高山は常緑針葉樹林（エゾマツ、トドマツなど）、東日本では落葉広葉樹林（ブナ、ミズナラ、カエデなど）、西日本は常緑広葉樹林（カシ、シイ、ツバキなど）などの混合樹林になる。

遷移の過程をもう少し見ると、まず生長の速い草が生え、さまざまな草や樹木が移り変わるが、同時にそれらの植物を好む多くの昆虫や動物も繁殖する。だから一般には、深山の密林よりは、雑木林など人の手が入る二次林のほうが、動植物の種類が豊富である。

人が森や草原を開墾して農地にすると、同じように遷移が始まる。生長の早いさまざまな雑草が生え、作物や雑草を好む多くの昆虫や動物がふえ始める。それは土壌の中も同じで、作物を好む寄生性の微生物（病原菌やセンチュウ）がふえてくる。

このとき、人が手を加えて、適当ないくつかの植物を組み合わせて栽培し続けると、昆虫や土壌微生物同士のバランスが安定し、自然の極相のような状態を保つことがある。こ

群馬県渋川市で漬物製造業を営む針塚藤重さん。針塚家では江戸時代から行なわれていた麦と野菜の間作を現在もつづけている。小麦作の中に5mに1本ずつうねを作って、大根やキャベツ、菜種、小松菜、高菜などを植える（提供　針塚）

水田の共栄植物であるヒガンバナ。雑草抑制、野ネズミ防除、非常食糧になる（提供　木嶋利男）

連作のキャベツ。ハコベと共栄関係にある（提供　木嶋）

混植で相性がよい作物の例

科の異なる作物	ナス科	ユリ科
	イネ科	アブラナ科、マメ科
	麦	うり類、なす、さつまいも
根菜類と葉菜類	ごぼう、里芋	ほうれん草、小松菜
	じゃがいも	いんげん、そら豆、大豆、キャベツ
	にんじん	レタス
草丈の高いものと低いもの	とうもろこし	葉菜類、かぼちゃ
	きゅうり	白菜
	トマト	キャベツ
日照を好むものと日陰を好むもの	いんげん、なす、きゅうり	みつば、しそ、ねぎ類、パセリ、あしたば、しょうが
高温を好むものと好まないもの	ささげ、にがうり、なす、ピーマン、オクラ、里芋	ほうれん草など葉菜類
生長の早いものと、遅いもの	小松菜、ほうれん草、サラダ菜	ねぎ、里芋、とうもろこし
	ほうれん草	いちご
少肥作物（マメ科）と多肥作物	大豆	小麦、キャベツ、きゅうり、とうもろこし
	いんげん	きゅうり、キャベツ
	えんどう	かぶ
	豆類	なす、ピーマン
病害虫をよせつけない	うり類やいちご、にんじんなど	ねぎ、にら、にんにく、玉ねぎ
	キャベツ	トマト、レタス、セージ、ローズマリー、タイム、ペパーミント
	トマト、じゃがいも、豆類	マリーゴールド
	白菜、キャベツ	とうがらし、セルリー
	かぼちゃ、きゅうり	廿日大根
	アスパラガス	にんにくと交互に植える。アスパラガスの収穫あとに、トマトやバジルを植える
	ブロッコリー、とうもろこし	スイートバジル
ハーブとの混植	トマト	バジル、チャイブ、マリーゴールド、ミント、セージ、タイム
	なす	タイム
	じゃがいも	マリーゴールド、タイム、ワサビダイコン
	キャベツ	ディル、ヒソップ、ラークスパー、ミント、タマネギ、セージ
	きゅうり	カモミール
	玉ねぎ	カモミール、ディル、キク
	にんじん	チャイブ、セージ
	いちご	ボリジ、タマネギ、セージ
	豆類	ボリジ、ラークスパー、マスタード、タマネギ、オレガノ、ローズマリー、セイボリー

のようにして人間は長い時間をかけて、その地域に適した作物同士、あるいは作物と雑草（草地）などの組み合わせを見つけてきた。それが間作、混作、混植であり、広い意味では輪作や緑肥、休作（雑草）も含まれる。

たとえば、かつての東北地方の畑作地帯（軽米町）では、ジャガイモの間作として大豆が植えられ、ヒエ―小麦―間作大豆の二年三毛作が行なわれていた。関東から東の畑作地帯では、小麦―大豆、大麦―陸稲、大麦―落花生・サツマイモの間作が広く行なわれ、大麦―カンピョウ、大麦―ゴボウ、エンドウ―キュウリ、大根―ほうれん草などの間作もあった。小麦の間に大根やキャベツなどのアブラナ科野菜を植える伝統的な間作はアブラムシ防除のほか風除けなどの効果もある。

あるいは、スイカやメロンとネギ（つる割れ病が激減）、キュウリとラッカセイ（センチュウ防除に効果大）、バジルとトマト（アブラムシが減る）などの混植もある。連作による土壌病害が深刻なコンニャクでは、前作にライムギをつくり、そのうえ**マルチムギ**を混作して土壌消毒剤を半分にしている産地もある。カンキツと**ナギナタガヤ**など、果樹の草生栽培も同様である。害虫を防ぐために、作物と**バンカープランツ**を一緒に植えるのも混植の一種といえる。

▼巻頭特集「農薬が減る！混植・混作」04年5月号

コンパニオンプランツ（共栄作物・植物）

自然の中で植物は、お互いに影響し合って生きている。光や養分を奪い合って競争するだけでなく、中にはお互いの生育を助け合って、共存できる植物がある。共栄作物の組み合わせにはいろいろな型があるが、性格がちがう作物を**混植**しお互いに補い合うやり方が代表的。たとえば、日照を好むものと、日陰を好むもの。根を深く張るものと、浅く張るもの。養分を多量に必要とするものと、少量でよいもの。生長の早いものと、遅いものなどなど。

木嶋利男氏は、混植や混作を続けた結果、やがて共栄関係にある安定した系がつくられた例として以下をあげている。カボチャ―玉ねぎ、麦―落花生、コンニャク―エン麦などの間作。また、雑草との共栄関係もあり、雑草の少なくなった水田（乾田）に生えるスズメテッポウ、タネツケバナ（冬季）、アオウキクサ、アカウキクサ等のウキクサ類（夏季）などが安定した水田植生だという。キャベツ畑のハコベ。乾燥地の畑のスベリヒユ、ミミナグサ、コニシキソウ。ハウス栽培でのノミフスマ、オオイヌノフグリ、トキワハゼ、ホトケノザ。ムギ畑のヤエムグラ。不耕起のナシ、リンゴなどの落葉果樹園のオオバコ、チドメグサ、オオイヌノフグリ、ホトケノザなども共栄植物であるとしている。

▼「自然の植生に学ぶ」木嶋利男04年5月号／「世界のお百姓さんにコンパニオン・プランツ（共栄作物）の知恵を借りちゃえ」鳥居ヤス子90年5月号／『家庭菜園コツのコツ』水口文夫著

ネギ・ニラ混植

栃木県のユウガオ産地では、二〇〇年以上前からユウガオを連作しているのにつる割病がでない。調べていくと昔からユウガオの株元にネギを混植していた。そんな発見をヒントに、生まれたのがネギ・ニラ混植だ。

その後の研究で、ネギの鱗茎や根には、土壌病原菌に抗菌活性をもつ細菌（シュードモナス細菌）が生息していることや、ネギ自身が産生する**アレロパシー**物質（ファイトアレキシン）が作用していることなどが明らかになった。ユウガオだけでなく、トマト萎ちょう病、イチゴ萎黄病、キュウリつる割病、コンニャクの乾腐病など、主にフザリウムやリゾクトニアを病原菌とする野菜の土壌病害に効果があることがわかっている。また、スイカやメロンなどウリ科の作物にはネギ類が、トマト、ナスなどナス科にはニラ類が相性がよいという。北海道のスイカ、メロン産地など、各地で取り組まれている。

▼「あっちでもこっちでもネギ・ニラ・ニンニク混植！」編集部04年5月号／『拮抗微生物による病害防除』木嶋利男著

北海道のスイカ産地で広がるネギ混植

ネギ・ニラ混植の方法

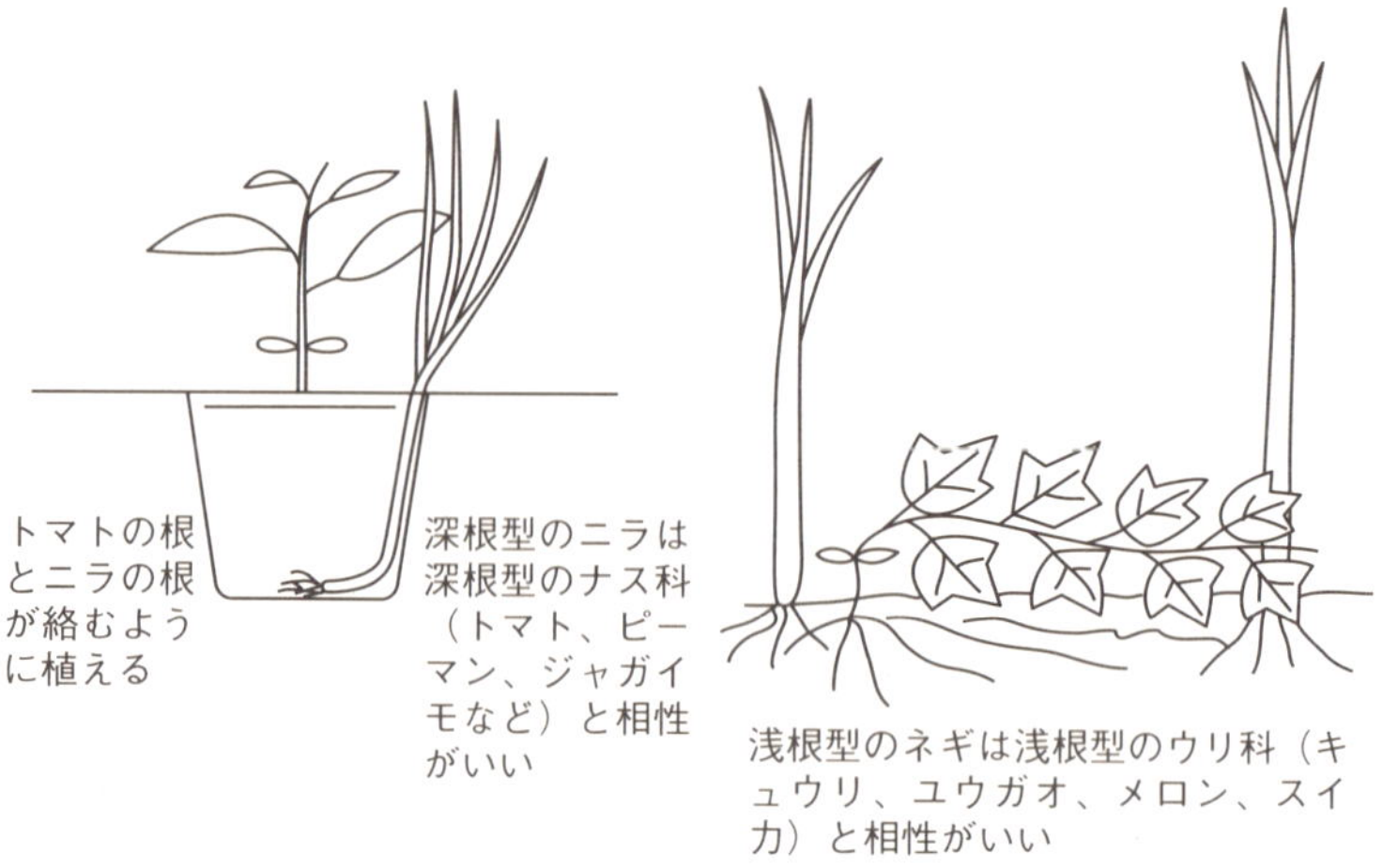

トマトの根とニラの根が絡むように植える
深根型のニラは深根型のナス科（トマト、ピーマン、ジャガイモなど）と相性がいい
浅根型のネギは浅根型のウリ科（キュウリ、ユウガオ、メロン、スイカ）と相性がいい

バンカープランツ

　天敵を増やしたり温存する植物のこと。バンカーは「銀行家」の意味で、銀行家がお金を集めて貯めているように、植物が天敵をたくさん蓄えている様子をあらわしている。作物を植えた畑を放置しておくと、まず害虫が発生し、その後を追うように天敵が発生するが、これでは作物が被害をうけてしまう。バンカープランツであらかじめ、天敵を増やしておき、初期の害虫の大増殖をふせぐことが目的である。

　近年、広がっているのは、ナスの周囲にソルゴーをつくるやり方。ソルゴーで、ヒメハナカメムシ、クサカゲロウなどの**土着天敵**がふえ、それがナスのミナミキイロアザミウマやハダニ、アブラムシなどの害虫を食べてくれる。これで大幅に減農薬した農家も多い。

ナス畑の周囲を、ソルゴーで囲むように植える。ソルゴーにはアブラムシがたくさんつくが、これはイネ科だけにつくムギクビレアブラムシで、ナスにはつかない。このアブラムシをねらって集まった天敵たちが、やがてナス畑に移動して、ナスにつくアブラムシを食べてくれる（提供　芦田貞克）

　ハウス栽培のナスやピーマンのアブラムシ対策に麦類を生かすやり方もある。麦類につくムギクビレアブラムシをエサにして、天敵コレマンアブラバチが維持される。ほかに、ソラマメ、クローバ、周年開花するバーベナ、マリーゴールドなどがバンカープランツとして有望視されている。

　農家の田畑や周囲には、さまざまバンカープランツがあるにちがいない。

▼「バンカープランツと通路米ヌカ徹底活用で、菌も天敵もあふれるハウス」編集部02年6月号／『天敵利用で農薬半減』根本久編

おとり作物

　害虫や病原菌がつきやすい作物を「おとり」として一緒に植えることを、おとり作物という。以下の三つの利用法がある。

　①モニタリング（害虫監視）―ハウストマトを栽培するときに、ハウスの片隅やうね間キュウリやインゲンを植えておくと、オンシツコナジラミは最初にキュウリやインゲンにつく。初発生をいち早く確認するのに利用する。この場合「指標作物」ともいう。

　②害虫防除―マメコガネは緑肥作物のクロタラリアを好む。そこでレンコン圃場の周りに一ｍほどの幅でクロタラリアを植え、集ま

ったマメコガネに薬剤を散布して一網打尽にする。これ以外にも、ホオズキでオオタバコガをおびき寄せる、ハウスナスのところどころにキュウリを植えてアブラムシを寄せる、キャベツ畑にハクサイをポツポツ植えて、コナガを寄せるなどの方法が知られている。

③病気対策―病原菌を誘惑しておびき寄せ自滅させ、その数を減少させるような効果をねらう。たとえばハクサイなどアブラナ科野菜では根こぶ病が発生するが、ダイコンでは、根こぶ病菌は根に感染はするが増殖できない。だから、ハクサイを作付けする前にダイコンを栽培することで根こぶ病菌を抑制できる。

▼「六〇歳からの天敵資材活用術」林英明98年6月号／『土壌病害をどう防ぐか』小川奎著

センチュウ対抗植物

センチュウ対抗植物とは、それを栽培することで、作物に有害なセンチュウの密度を下げるような植物のこと。センチュウ対抗植物はイネ科、マメ科、キク科の植物を中心にかなり報告されているが、センチュウを減らすメカニズム自体はあまりよくわかっていない。アスパラガスが根から分泌するアスパラガス酸や、マリーゴールドが分泌するα-テルチエニル、クロタラリア（アフリカ原産のマメ科植物）のアルカロイドなどは、殺センチュウ効果があるとされている。

他にも、ギニアグラス（アフリカ原産のキビ）、エン麦などもセンチュウの抑制効果が知られている。とくにエン麦のヘイオーツが畑作地帯でかなり普及しており、ミナミネグサレセンチュウ、ノコギリネグサレセンチュウにも効果がある。

また、茨城県の鷹野秋男さんは、ダイコンやニンジンの前にサトイモをつくれば、キタネコブセンチュウもキタネグサレセンチュウも防げることを見いだしている。

▼「メロンのしおれ症、ダイコンのセンチュウを防ぐ」

主要センチュウの対抗植物および非寄主植物（佐野善一『土壌施肥編』）

植　物　名	対象センチュウ**	植　物　名	対象センチュウ**
（イネ科）		（マメ科）	
ギニアグラス	Mi, Mj, Mh	*Cajanus cajan*	Mi
グリーンパニック	Mi, Mj, Mh	*Centrosema pubescens*	Mi
ダリスグラス	Mi, Mj, Mh, Ma	*Clitoria sp.*	Mi
バヒアグラス	Mi, Mj, Mh,Ma	*Crotalaria incana*	Mi, Mj, Mh, Pc
ペレニアルライグラス	Mi, Mh	*C. lanceolata*	Mi, Mj, Mh, Pc
パールミレット	Mi, Mj, Mh	*C. mucronata*	Mi, Mj, Mh, Ma
ウイービングラブグラス	Mi, Mj, Mh, Ma	*C. nubica*	Mi, Mj
パンゴラグラス	Mi, Mh	*C. retusa*	Mi, Mj, Mh, Pc
ローズグラス	Mi, Mh	*C. spectabilis*	Mi, Mj, Mh, Ma, Pc, Pp
カーペットグラス	Mi, Mh	*C. striata*	Mi
レスクグラス	Mi, Mj, Mh, Ma	*Desmodium tortuosum*	Mi, Mj, Ma
コースタルバーミューダグラス	Mi, Mj, Mh, Ma	*Glycine wightii*	Mi
スイッチグラス	Mi, Mj, Mh, Ma	*Pueraria phaseoloides*	Mi
ビッグブルーテム	Mi, Mh	*Stizolobium deeringianum*	Mh
ブッフェルグラス	Mi, Mh	（キク科）	
ベイスイグラス	Mi, Mh	アフリカンマリーゴールド	Mi, Mj, Ma, Pp
Agropylon trachycaulum	Mi, Mh	フレンチマリーゴールド	Mi, Mj, Mh, Ma, Pc, Pp
Bromus ciliatus	Mi, Mh	メキシカンマリーゴールド	Mi, Mj, Mh
Calamagrostis	Mi, Mh	ベニバナ	Mi, Mh
purpurascens		（バラ科）	
Cenchrus fulua	Mi, Mj, Mh	イチゴ	Mi, Ma
C. grahamiana	Mi, Mj, Mh	（ナス科）	
Digiaria exilis	Mi, Mh	トウガラシ（ピーマン）	Mj
D. sanguinalis	Mi, Mh,Ma	*Lycopersicon peruvianum*	Mi
Eragrostis lehmanniana	Mi, Mj, Ma	（アオイ科）	
Panncum deustum	Mi, Mh	ワタ	Mi, Mj, Mh, Ma
Pennisetum spicatum	Mi, Mj, Mh	（ヒルガオ科）	
Sorghum vulgare	Mh, Ma	サツマイモ***	Mi, Mj, Ma
Trisetum spicatum molle	Mi, Mh	（ウリ科）	
（マメ科）		スイカ	Mh
ラッカセイ	Mi, Mj, Pc, Pp	（ヒユ科）	
サイラトロ	Mi, Mj, Mh, Pp	アオゲイトウ	Mh
ハブソウ	Mh, Pp	（ユリ科）	
		アスパラガス	Mh, Pc, Pp

＊：参考文献より作成
＊＊：Miーサツマイモネコブセンチュウ、Mjージャワネコブセンチュウ、Mhーキタネコブセンチュウ、Maーアレナリアネコブセンチュウ、Pcーミナミネグサレセンチュウ、Ppーキタネグサレセンチュウ
＊＊＊：抵抗性品種

アレロパシー（他感作用）

三上幸一 01年6月号／『緑肥を使いこなす』橋爪健著

藤井義晴氏（農業環境技術研究所）によれば、他感作用（アレロパシー）とは、「植物に含まれる天然の化学物質が他の生物の生育を阻害したり促進したりする、あるいはその他の何らかの影響を他の生物に及ぼす現象」を意味する。

自然界の植物は、葉や根からさまざまな他感物質を分泌して、他の植物と相互に作用し、同一種の群落に形成や、種の生存・繁殖を維持することに利用してきたと思われる。その結果として、複雑で多様な生態系が形づくられた。古代から人類はこうした植物のもつ成分についてよく知っており、薬や狩猟に利用されてきた。農業においても、混作や輪作、敷きわらや刈敷きなど伝統的な農法は、植物の他感作用を利用したものとみることもできる。現在では、植物のもつ性質（自分でエネルギーの投入が不要、土壌を肥沃化できる）

ダイコンのセンチュウ対策に植えられたマリーゴールド（三浦半島にて、撮影　赤松富仁）

アレロパシーの農業での利用

麦類	古代より麦類は雑草に強いことが知られていた。大麦にはグラミン、エン麦にはスコポレチンという他感物質があるという。昔から野菜づくりには「敷きわら」が欠かせなかったし、自然農法の福岡正信氏は麦わらをばらまいて水田雑草を抑えていた。マルチムギの利用もひろがっている
赤米	イネにも雑草を抑える効果が高いものがあり、とくに徳島県の在来種である「阿波赤米」や「唐干」が草に強いという
マコモ	中国では古くから、マコモを稲の畦間に敷きつめて雑草を抑えていたという。日本でも同じような「刈敷き」という方法があり、「堆肥にマコモを加えて畑に施すと、雑草の発生を抑える」という言い伝えもある
チガヤ	チガヤをマルチとして使うと、稲わらよりも長持ちし、雑草をよく抑える。タイではさまざまな作物のマルチに利用されているという
ヘアリーベッチ	マメ科植物でもともとは牧草として導入されたが、近年はむしろ果樹などの草生栽培で注目されている。雑草抑制作用が強く、窒素の固定もできる。イネ科への他感作用が弱いので、イネの無農薬栽培に利用できるが、逆にイネ科雑草が残ることもある
ムクナ	マメ科植物のムクナは、トウモロコシなどのイネ科作物と混植すると、雑草は抑制するが、作物の生育には影響がなく増収につながる。ブラジルでは混植農法が行なわれているという
クロタラリア	エチオピアからタンザニア地方に自生しているマメ科植物で、ネコブセンチュウの抑制に有効である。モノクロタリンというアルカロイドに抑草効果があるとされる
アブラナ科	白芥子・わさびなどには、抗菌性物質のイソチオシアネート類が多く含まれており、マルチにしたり土壌にすき込むと土壌病害がへるという
ネギ属	ネギやニラの根からは、アリシンという抗菌物質が分泌し、さらに根圏に共生する細菌が抗菌物質を生成するとされる。ナス科、ウリ科の野菜に利用されている
ソバ	ソバは雑草抑制作用が強く、江戸時代の農書、『農業全書』には「ソバはあくが強い作物なので、雑草の根はこれと接触して枯れる」との記述がある
彼岸花	彼岸花に含まれるアルカロイドには、モグラ・ネズミ・害虫の忌避、抗菌性などの効果があるとされる。とくに、水田の畦畔を保護するために、縄文時代（鎌倉時代？）に中国大陸から持ち込まれたと考えられている
マリーゴールド	センチュウの抑制に効果が高く、殺虫成分は α-テルチエニルとされる。他の病害虫や雑草抑制にも効果が高い
エゴマ	古代より焼畑の雑草抑制に利用されてきた。作物とエゴマを混播していたという

を利用して、より小力で省資源な方法として見直されている。

▼「アレロパシーのおもしろ世界（1）草を草で退治する」藤井義晴98年1月号／『アレロパシー　他感物質の作用と利用』藤井義晴著

輪作

作物を連作すると、特定の土壌の成分が不足しやすくなったり、特定の病害虫や土壌病原菌がふえたり、あるいは他感物質が蓄積したりして栽培が難しくなるとされる。これを防ぐために、昔から輪作が行なわれてきた。

もっとも、輪作ではなく休作（草地化）によって、地力を回復し連作障害を防ぐ時代のほうがかなり長かった。中世ヨーロッパの三圃式でも、小麦（ライ麦）→大麦（エン麦）→休作というサイクルが基本である。ヨーロッパで本格的な輪作が始まるのは十八世紀のイギリスで、小麦→かぶ→大麦→クローバーという四圃輪栽式が成立した。家畜は畜舎で飼育して厩肥をつくり、共同の放牧地は耕地に変えられた。この方式がヨーロッパやアメリカに広がった。

いっぽう中国では、六〜七世紀ころには、集約的な精耕細作が始まり、緑肥、輪作、間作、混作などさまざまな工夫によって、多毛作が行なわれるようになっていた。地力作物としては大豆が大きな位置をしめていた。黄河流域はアワ・キビを中心とする畑作、長江流域は稲作が中心である。

日本では、水田農業と精耕細作の融合的な農業が行なわれてきたが、明治以降に北海道の畑作地帯では、てんさい→じゃがいも→豆類→秋まき小麦などの輪作が行われている。また関東の畑地でも、落花生→麦→すいか→白菜→里芋や、麦→大豆→緑肥→じゃがいも・にんじんという作付けがみられる。西日本などの乾田地帯では、稲→裸麦→大豆→野菜のような輪作が行なわれてきた。

輪作の組み合わせはその地域の風土や作物に合わせて無数に存在するが、イネ科・マメ科・根菜類・野菜などの組み合わせが一般的である。イネ科の植物は、わらなど繊維質の有機物の量が多く、マメ科は窒素を固定する能力がある。また、根菜類は土壌を柔軟にするといわれる。

病害虫の防止や地力低下の防止とともに、最近では麦・ソラマメ・緑肥などの冬作で窒素の流亡を防ぐ、ヒマワリやトウモロコシなど**VA菌根菌**とよく共生する作物を前作にして**リン酸**の施肥量を減らすなど、環境保全の面からも輪作が見直されている。

▼「環境保全型新輪作論の提案」有原丈二00年10月号／『現代輪作の方法』有原丈二著

フェロモントラップ　フェロモン剤

昆虫の多くは成熟した雌成虫が性フェロモンを分泌し、これに雄成虫が誘引されて交尾をする。性フェロモンを人工的に合成して、ゴムやプラスチックなどに吸着させたものが誘引剤。また、誘引剤を捕獲器（トラップ）の中に入れたものがフェロモントラップで、

メスの出す性フェロモンをゴムキャップに染み込ませたフェロモン剤。性フェロモンが長時間空気中に漂って、オスとメスの交尾を撹乱し、産卵密度が下がる（提供　菊田透）

これに誘殺された雄成虫を数えることによって、目的とする害虫の発生状況を把握することができる。害虫の適期防除、薬剤の削減のためには発生の予察が肝心。フェロモントラップを活用すれば、自分の畑に発生する虫の種類や生育ステージを正確に把握することができ、防除の可否や適期が正確に把握できる。現在のフェロモン剤は鱗翅目昆虫（蝶や蛾の仲間）を対象としたものがほとんどであるが、コメツキやゾウムシ用もある。

また、交信撹乱によって防除する方法も、果樹を中心に広がっている。雌のフェロモンを園地のあちこちから漂わせて、雄が本当の雌を見つけることができなくするもので、地域全体で取り組むほうが効果が高い。

▼「フェロモントラップ活かして適期防除、減農薬」中野茂康01年6月号／「コンフューザーR導入、薬代も減った」菊田透03年6月号

虫見板

田んぼにいる「虫」を見るための板。七九年に福岡県の農家が減農薬の稲づくりに取り組む過程で考案したもので、当時普及員だった宇根豊氏らの活動によって全国（ウンカの飛来する西日本中心）に広まった。

田んぼに入り、イネの株元に虫見板を添えて、葉を軽く揺すって、そこに落ちてきた虫をのぞき込む。ウンカなどの「害虫」、それを食べる「天敵」、そして悪さをしない「**ただの虫**」など、どんな虫がいるのかがわかる。そして害虫の発生状況から、田一枚ごとの「防除適期」が推測でき、むやみに防除することもなくなる。こうして多くの農家が農薬の散布回数を減らすことに挑戦してきた。虫見板は、今日の減農薬栽培の端緒をつける「農具」であった。

▼「虫見板は農薬を減らす最大の武器」宇根豊86年7月号／『減農薬のイネつくり』宇根豊 著

リサージェンス

現代の農業は農薬の存在なしには成立しないほどに、農薬の効果と役割は大きい。しかし、農薬には、①残留性 ②抵抗性 ③リサージェンスという問題があり万能というわけではない。リサージェンスというのは、農薬を散布するとかえって害虫がふえてしまうという現象で、じっさいに八〇年代に東南アジアでは、イネに農薬をかけると数十倍にもウンカが増えるということが起こり大問題となった。

リサージェンスの原因としては、①**天敵**の死滅 ②致死量以下の薬剤刺激による産卵数の増加 ③作物の生育や栄養がよくなって、逆に害虫がふえるなどとされている。リサージェンスを防ぐには、皆殺し農薬を使用せず、選択性の高い農薬を使う、天敵への影響が少ないような散布法を工夫する、むやみに散布量を多くせず必要最小限にする、そして最終的には、耕種的防除（施肥法や耐病性品種）や天敵利用もふくめた統合的害虫管理の確立を目ざすこととされている。

虫を観察するときは、こちらの面を上に

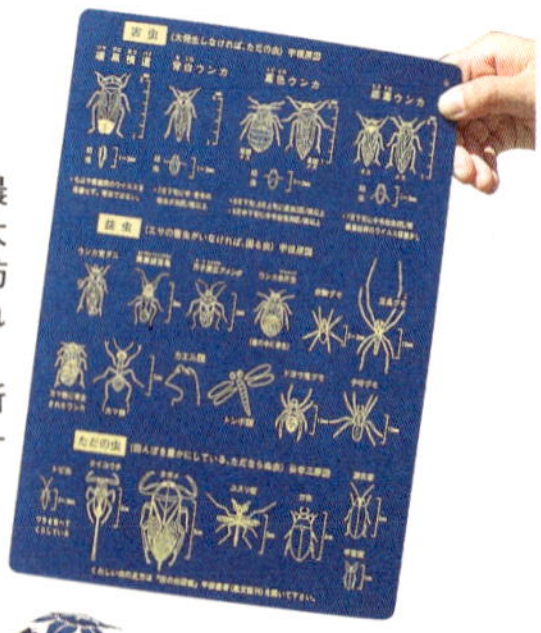

虫見板は『現代農業』の2倍ほどの大きさ。虫の絵や防除の目安が書かれているので便利（農と自然の研究所 TEL092-326-5595）

虫見板を当てた側と反対側を3~4回たたいて虫を落とす
虫見板
薬を振るか振らないかは、自分で虫の数を調べて判断してこそ価値があるぞ！

▼「イネ　農薬使用がふえるにつれて、ツマグロ、ヒメトビがふえてきた」桐谷圭治87年6月号／『害虫はなぜ農薬に強くなるか』浜弘司著

防虫ネット

露地野菜にトンネル被覆したり、ハウスのサイドや妻面に張って害虫の侵入を防ぐネットのことで、オオタバコガやアブラムシ、コナガなど難敵害虫を防ぐにはもっとも効果が高い。最近では〇・二㎜と非常に目合いの細かいものまで販売されている。目合いが小さいほど多くの害虫を防げるが、時期により中が高温になりすぎるのが問題。同じ目合いでも通気性にちがいがあり、通気性のよいものを選びたいが、強度や耐久性とのかねあいもある。

パイプハウスを防虫ネットですっぽり覆ってしまう「ネット栽培」という栽培法もあり、福島県の会津坂下地域を中心に広まっている。アブラムシ防除効果はもちろん、風によるキュウリのスレ果を減らすなど、防風効果も高い。なお、ネットを自分で切って加工するときに、スプレー式の接着剤を吹きかけてから切ると、糸がほつれない。

▼特集「ネットハウス活用術」04年4月号

秋野菜での防虫ネット。播種・定植の直後に被覆、角材や針金ハンガーで裾をしっかり押さえるのが大事（提供　辻勝弘）

サンライトP　目合い0.4mm75d
空隙率60.9%

B社製ネット　目合い0.4mm150d
空隙率44.4%

糸の太さのちがう0.4mm目合いの2種類のネットを顕微鏡で50倍に拡大して等距離から撮影。通気性を左右する空隙率が大きくちがう（提供　森山友幸）

目合い（mm）	侵入を防げる害虫の種類
1.0	コナガ、アブラムシ類、ハモグリバエ、ミカンキイロアザミウマ
0.8	スリップス、オンシツコナジラミ、ハモグリバエ類、キスジノミハムシ、チャノキイロアザミウマ
0.4	シルバーリーフコナジラミ

黄色蛍光灯

夜行性の昆虫は、暗いときに活発に活動して、一定以上の明るさになると行動を停止する習性がある。黄色蛍光灯はこの性質を利用したもので、夜行性のヤガ類（アケビコノハ・アカエグリバ・ヒメエグリバなど）やハスモンヨトウ、オオタバコガなどの防除に、広く利用されている。

ヤガ類の成虫の複眼は、昼間は明適応で不活動型の眼、夜間は暗適応で活動型の眼をしており、暗適応時のみ活動がで

きる。そこで、もっとも明適応化しやすい波長五七〇nm付近の光を放つ黄色蛍光灯によって、夜間の活動ができないようにする。

蛍光灯は上向きに、ハウス開口部に向けて設置する。高知県安芸市のハウスナス（撮影　赤松富仁）

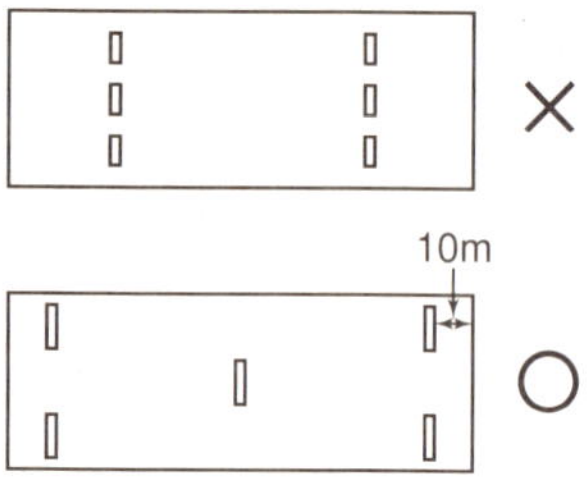

ヨトウガはハウスの壁面に沿って移動し、出会い、交尾することが多いので、四隅を重点的に照らす

ハウス内につけるだけで効果があり、減農薬につながるが、設備費に普通は反当二〇万～三〇万円もかかる。天敵利用の先進地・高知県安芸地域では、被害は八〇%防げればよいとの考えから、設置数を思い切って減らし、経費を五分の一に抑えて効果をあげている。

▼「黄色蛍光灯をもっと安く、効果的に使う方法」岡林俊宏04年6月号

キチン・キトサン

キチン・キトサンはセルロースと似た構造をもつ有機化合物で、昆虫・カニ・エビの殻、糸状菌の細胞壁、センチュウの卵などに多く含まれる。地球上で生産される有機物としては、セルロースに次いで多いといわれる。キチンを水酸化ナトリウムで処理したものがキトサンで、キチンとキトサンを総称してキチン質という。

キトサンは動物の免疫力を高めるという研究もあり、健康食品や医薬品の開発が活発に行なわれている。乳牛への使用では、牛が健康になり、乳房炎が治ったり乳量が上がったという農家の声もある。

また、昔から**カニ殻**を畑に施用すると土壌病害が少なくなることが知られていた。植物はキチン質を含まないが、病原菌や昆虫が植物に接触すると、植物の組織細胞からキチナーゼが分泌され、病原菌の細胞壁や昆虫の表皮が部分的に分解され、低分子キチンが微量生成する。これがシグナルとなり植物の抵抗力が誘導されると説明されている。また、キチン質を施用した土壌では、**放線菌**やバチルス属などの微生物が優先的に繁殖することがわかっており、これらの細菌が抗菌物質を生成することで、土壌病原菌の繁殖が抑制されると考えられている。

▼「昆虫と植物のスキンシップが田畑に抗病力をつけている」平野茂博97年10月号

ストチュウ

酢、焼酎、黒砂糖を混ぜて発酵させたもの。水で薄めて葉面散布すると、酢による酢防除効果や焼酎による静菌効果に加え、糖分により葉の光沢が増すなど、病気に対する抵抗力が高まる。

殺菌剤や殺虫剤に混ぜて使うこともできる。また、EM菌、光合成細菌などの微生物資材のほか、トウガラシ汁やニンニク汁など、いろいろな資材を混ぜ込むことで、自分の畑に合わせた工夫ができるのも魅力。病害虫を防除するというよりは、病害虫がでにくい環境にしたり、病害虫にかかりにくい作物づく

りのための自然農薬といえる。

▼「ストチュウのねらいと使い方」鈴木庸善03年5月号

ストチュウの作り方

材料
玄米酢…1升　焼酎（35度）…1升　黒砂糖…1.8kg

作り方
①3つの材料をポリタンクに入れて混ぜる。日当たりのよいところに置く
②混ぜてからしばらくは、黒砂糖が下に沈殿するので、朝晩にでもタンクをガポガポと振り、混ぜる。4～5日間続けるとできあがり
③物置など涼しいところにおいて保存

高温処理（ヒートショック）

栽培中のハウスを、一時的に高温にすることで、病害虫を減らす防除法。神奈川農総試は、夏場にキュウリハウスを密閉して内気温を四五℃まで上げることで、ヨトウムシ・アブラムシ・ハモグリバエ・うどんこ病・べと病・褐斑病など、ダニ類以外の病害虫はかなり抑制できることを発表している。耐暑性のキュウリ品種を使って、定植一～二週間後の雌花が咲き始めたころから処理を開始する。まずは五～七日間、午前中の一時間ほどハウスを密閉し、四〇℃くらいの高温にキュウリを慣れさせる。その後、四五℃まで上げて一時間後に元に戻すという処理を数日くり返す。キュウリと病害虫の発生の様子を見ながら七～一〇日に一～二日の割合で処理を続ける。最近、高温ストレスによって病害抵抗性遺伝子が発現し、全身獲得抵抗性を誘導することがわかってきた。

また、茨城県の大越望さんは、冬～春のイチゴハウスが毎朝三五℃以上になるのを確認してから換気。すると不思議なことにウドンコ病と灰色カビ病が絶対に出ないという。奈良県病害虫防除所でもキクの白サビ病に三五℃以上の高温処理が有効なことが確認されている。

▼「四五度一時間のヒートショック！でキュウリの病害虫はほとんど抑えられる」佐藤達雄03年6月号

ヒートショック処理したキュウリ

無処理（提供　佐藤達雄）

活性酸素

活性酸素はきわめて酸化力が強い物質で、生物の細胞やDNAに悪影響を与える。活性酸素には酸化力が強力なフリーラジカル（スーパーオキシド、ヒドロキシラジカル）と、比較的無害な過酸化水素などがある。不対電

活性酸素の発生

$O_2 + e^- \longrightarrow O_2^- \cdot$	スーパーオキシドラジカル
$H_2O_2 + Fe^{2+} \longrightarrow \cdot OH + OH^- + Fe^{3+}$	ヒドロキシラジカル
$O_2^- \cdot + H_2O_2 \longrightarrow O_2 + H_2O + \cdot OH$	ヒドロキシラジカル

活性酸素の消去

$2O_2^- \cdot + 2H^+ \longrightarrow H_2O_2 + O_2$	スーパーオキシドジスムターゼ（SOD）
$2H_2O_2 \longrightarrow 2H_2O + O_2$	カタラーゼ
$2GSH + H_2O_2 \longrightarrow GSSG + 2H_2O$	グルタチオンペルオキシダーゼ

光合成は2段の反応からなる

$2H_2O \xrightarrow{光} O_2 + 4〔H\cdot〕$	明反応
$4〔H\cdot〕 + CO_2 \longrightarrow (CH_2O) + H_2O$（$(CH_2O)$：炭水化物）	暗反応

子を持っているフリーラジカルは、存在時間はきわめて短いが、強力な酸化力で周囲の物質から電子を引き抜き、連鎖反応を引き起こす。

活性酸素はミトコンドリア内での代謝の際にO_2が部分的にしか還元されないと生成するとされる。体中のあちこちで発生するので、好気生物は活性酸素を壊す仕組みを供えており、スーパーオキシドジスムターゼ（SOD）・カタラーゼ・グルタチオンペルオキシターゼなどの酵素が活性酸素を消去する。植物の場合は、スーパーオキシドジスムターゼ・アスコルビン酸ペルオキシダーゼ（APX）、グルタチオンレダクターゼ（GR）、カタラーゼなどによって、活性酸素を無毒化している。

植物は光合成反応の副産物としてもO_2を生成し、光合成反応が活発なときほど活性酸素も多く発生する。このときに低温に遭遇すると、電子が二酸化炭素の固定にスムーズに利用されなくなり活性酸素が増えてしまう。体内で消去できないほど活性酸素が増えると、細胞が死滅して低温障害がおこる。低温障害は日当たりのよいところほど出やすい。

近年、分子生物学に進展によって、植物の抵抗性の誘導についての研究がさかんに行なわれている。野菜の生育初期に**高温処理**を行なったり、過酸化水素を施用すると病気にかかりにくくなる。あるいは、稲の苗に高温ストレスを与えると、活性酸素を消去するアスコルビン酸ペルオキシダーゼ（APX）の発現が誘導されて、低温に対する抵抗力が増すことがわかっている。また昔から篤農家の間では、種子や苗を低温にあてたり、節水してストレスを与えると、生育がよくなると言われてきた。現在では、これらの植物の抵抗力の誘導に対して、活性酸素やエチレンがシグナル因子として機能しているのではないかと考えられている。

さらに、植物は鉄などの**ミネラル**を根から吸収しているが、土壌が異常還元になって、硫化水素・二価鉄イオン（Fe^{2+}）・二価マンガンイオン（Mn^{2+}）などの**還元**物質が過剰に生成すると、根や地上部に障害が起こる（湿害）。そこで、根からO_2（イネ）・酵素・過酸化水素、あるいはフリーラジカルを生成して過剰な陽イオンを酸化し、沈殿無毒化しているのではないかと考えられている。

▼「イネの低温障害と活性酸素消去力」編集部04年1月号

光触媒

酸化チタン等の光半導体へ紫外線を照射すると、電子が励起されて表面に電気的なホールが生じ、ラジカルを発生する。これがさらに、酸素や水と反応して、強力な酸化力をもつフリーラジカル（スーパーオキシド、ヒドロキシラジカル）が生成する。これらの現象を光触媒という。このラジカルが表面の汚れを完全に分解したり、表面の濡れ性が著しく高くなる性質を利用して、セルフクリーニング効果や防曇効果のある外壁・窓ガラスが実

光触媒の原理（橋本和仁）

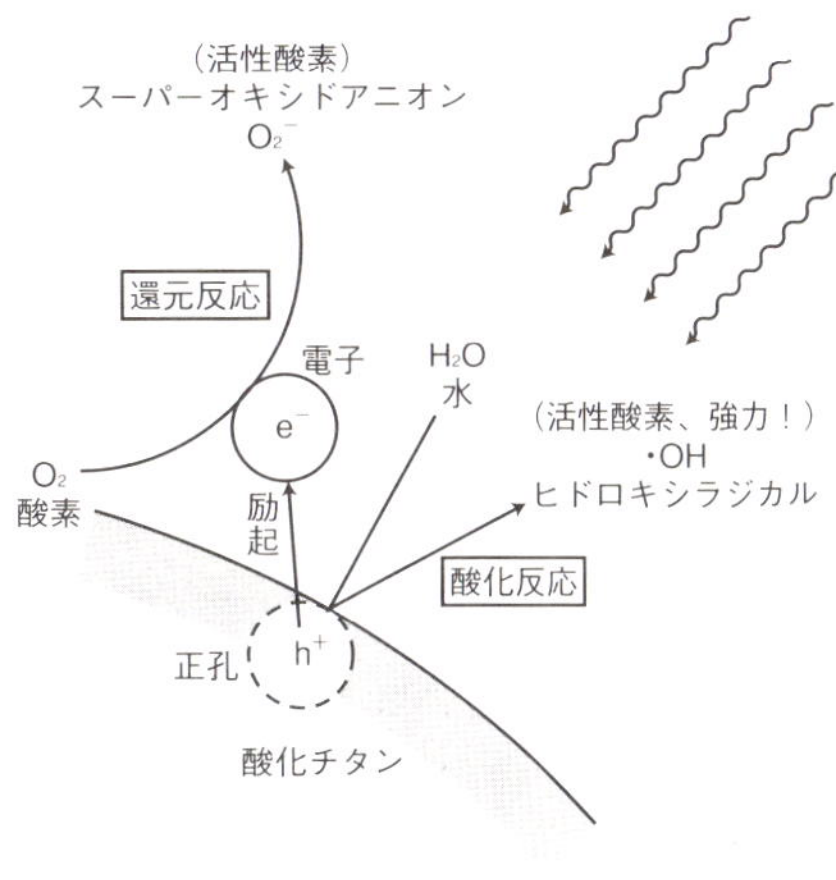

用化されている。悪臭物質や菌などを分解する空気清浄機などもある。

農業でもその利用が注目され、養液栽培の廃液や種もみの消毒廃液の浄化が実用化されている。さらに、残留農薬の低減（酸化チタン粉末と農薬を混ぜて散布）、温室の冷却、畜舎や堆肥舎の脱臭などにも可能性が広がっている。

▼「光触媒を使えば、農業廃液浄化はお日様におまかせ」橋本和仁他02年10月号

静電防除

散布農薬の粒子を帯電させ、静電気の力で作物体に付着させることで、防除効果が高まり、農薬使用量を減らす効果がある。農薬がかかりにくい葉裏や茎葉の込み入ったところにも重力に逆らって付着するいっぽう、散布者や周囲へのドリフト（飛散）が減らせる。

濃厚少量散布の常温煙霧方式は散布粒子が非常に細かいので四〇〇V程度の低い電圧で帯電できる。ただし、ハウスの定置式または自走式による無人防除では、常温煙霧で登録されている農薬しか使用できない。

慣行濃度散布の動力噴霧方式は導入が安価で、通常の登録農薬が使用できる。ただし、散布粒子が大きいので帯電に数千～数万Vの高い電圧が必要で、電極部に触れると感電のおそれがある。栄養剤や活性剤などでの応用例もある。

▼「少ないクスリで本当によく効くよ！」山浦信次04年6月号

猿落君

鳥獣害のなかでも、とくに対応が難しいサルの被害を防ぐために、奈良県果樹センター・井上雅央氏らによって考案された防御柵。ハウスの古パイプを地面に立て、トンネル栽培用の弾ポールを差し込んでテグス網をめぐらすだけなので、高齢者にも簡単に設置できる。テグス網が伸びる上に、弾性のポールがしなるので、サルでもよじ登るのはかなり困難である。さらに、柵を越えることを学習したサルに対しては、上部に「ぼんぼり」や「かえし」をつける。イノシシやシカの害もあるときは、網を重ね張りするなど、相手に応じて改良することが重要な点である。一～二匹入れるサルがいても、サルは群れで行動するので、やがては来なくなることが多い。あきらめる必要はない。さらに、サルを見かけたら、断固として追い払うこと。放置するとサルは人を恐れなくなりどんどんあつかましくなる。

▼「成長する猿害防止柵『猿落君』で農作物を守る」井上雅央99年8月号／『山の畑をサルから守る』井上雅央著

伸びるテグス網と弾性のある支柱（ダンポール）を組み合わせているので、サルでも簡単には登れない（撮影　小倉かよ）

資材・機械の用語

べたがけ資材

べたがけの発祥は一九五〇年代の沖縄といわれ、暑さ対策と防虫がその目的であった。現在では、多種類の被覆資材が開発され、作物の保温・凍霜害防止・遮光・昇温防止、防風などの目的で利用されている。長繊維不織布（糸を絡み合わせてシート状にしたもの）、割繊維不織布（フィルムを割いてシート状に固めたもの）、寒冷紗、ネット類（繊維を織ってあるもの）があり、それぞれに透光率や目合（間隙）などが異なる。被覆方法は、直《じか》がけ（地面や作物の上に直接かぶせる）と、浮《うき》がけ（支柱を用いてある程度の空間をつくる）に大別される。ハウスやトンネルとの併用も多い。

べたがけでは、利用目的に合わせた資材の選択と被覆時期・方法の工夫が大切。たとえば、千葉県のニンジン栽培農家は、発芽促進・一斉発芽を目的として、二種類のべたがけ資材を播種時の畑の土壌水分によって使い分けている。降雨があって水分が多いときは通気性のよい割繊維不織布を、乾燥しているときは通気性の低い長繊維不織布を使う。さらに、発芽した後も被覆を継続したところ生育が促進された。ただし、べたがけの除去が遅れると茎葉が軟弱になって根の肥大が遅れることがあるので、四葉期には必ず除去する。除去の時期の判断も大切な技術である。

▼「べたがけで二月にホウレンソウがとれた」大橋透 03年11月号／『べたがけを使いこなす』岡田益己・小沢聖編

不織布のべたがけ（提供　辻勝弘）

神奈川県三浦市では、ダイコン栽培に寒冷紗が普及している。おもな目的は台風の風除けだが、鳥害も防げる。風であおられないように糸をはって押さえる（提供　木村治夫）

べたがけ資材の種類と特徴（岡田益己氏　花卉編）

種　類	主な素材	商品名の例	特徴および用途
長繊維不織布	ポリプロピレン ポリエステルなど	パオパオ パスライトなど	通気性が低く、昼間の温度上昇が大きい。夜間、風速の大きいときに被覆下の気温が外気温よりも低下することがある。安価だが、耐候性は低い。低温期の生育促進と防虫。高温期の使用は不可。作物が軟弱化する傾向があるので、凍霜害防止に利用する場合は注意
割繊維不織布	ポリビニルアルコール ポリエチレンなど	タフベル ワリフなど	昼間の温度上昇は、長繊維不織布に比べて小さいが、夜間に内外気温差が逆転するようなことはない。耐候性は高く、とくにポリビニルアルコール製のものは、7年以上の使用実績もある。生育促進と防虫。長繊維不織布よりも、やや温暖な時期まで使用可。ポリビニルアルコール製のものは、凍霜害防止に利用可
寒冷紗	ビニロン ポリエステルなど		通気性が高く、遮光率の異なるものが用意されているので、遮光、高温抑制、防虫、防風に適する。凍霜害防止効果も高い
ネット類	ポリエチレン ポリエステルなど		通気性が最も高く、遮光作用もあるので、高温期の防虫、高温障害対策、防風に適する

循環扇

ハウス内の止まった空気をちょっと動かしてやるだけで、劇的な変化が起こる。今やハウス農家にとって必須の資材になりつつあるのがこの「循環扇」。効果はおもに次の六つ。①暑い時期に使うと作物の体感温度が下がり生育が順調になる ②暖房機とセットで使うと加温の効率が上がり暖房費の節約になる ③温度ムラがなくなり作物の生育がそろう ④灰色かび病など多湿条件で出やすい病気の対策になり農薬の使用回数を減らせる ⑤風がそよぐことによって葉面境界層（葉の表面の動きにくい空気の層）が薄くなり、炭酸ガスをとり込みやすくなって光合成速度が高まる ⑥風の刺激でエチレンなどのホルモンがつくられ作物の耐病性が高まる。

▼「微風効果！　儲かるハウス循環扇の付け方・まわし方」筒井重雄02年5月号

循環扇でミニトマトの烈果が減る（提供　田中電機㈱）

サブソイラ

水田の作土の下にあるすき床層（心土）や、大型トラクタの重みでできた畑の硬い層（硬盤）を破砕し、水みちをつけて排水をよくする機械。トラクタに装着し牽引する。効果を高めるために羽根を付けたものや、低馬力のトラクタで牽引可能なものなどいろんなタイプがある。水田転作の安定化に排水性は重要、サブソイラを、田んぼを多面的に使うための作業機として愛用している農家も多い。なお、水田の排水性改良には**不耕起**という方法もある。不耕起で作物の根穴が残り、それが水みちとなって排水性がよくなる。いずれにしろ、豪雨、長雨が頻発する

サブソイラ（提供　東洋農機㈱）

なかで、排水性の確保は重要な課題。

subsoiler（心土犂）

▼「転作田の排水改善どんなのがある？　低馬力トラクタで使えるサブソイラ」編集部01年3月号

フレールモア
（ハンマーナイフモア）

もともとは果樹園や公園など、石が多いところの除草をするために開発された草刈り機。可動するフレール爪が、回転軸にたくさん取り付けられているので、多少石があっても安全に作業できる。ただし、ロータリーではないので、土を一緒に削ると爪の磨耗が早い。

水口文夫さんは歩行型のハンマーナイフモアを愛用している。雑草やトウモロコシの収穫残渣をすべて緑肥にできる（撮影　赤松富仁、下も）

愛知県の水口文夫さんは、このフレールが少々硬い枝でも粉々にできるところに着目して、収穫残渣や**緑肥**の粉砕に利用している。これで、収穫残渣を集めて燃やしたりなどよけいな手間をかけずに、すべて肥料にすることができる。**土ごと発酵**、緑肥利用にはもってこいの機械となった。その強い粉砕力を生かして、茶園の改植などにも活用されている。歩行型や乗用型、トラクタへの装着型がある。

フレールモアの刃。駆動軸が回転すると、叩くようにして草や残渣を細かく粉砕する

flail（殻竿《からざお》）mower（草刈り機）

▼「ハンマーナイフモア」水口文夫97年4月号

ドライブハロー

六九年に水田の代かき用に、日本で開発された機械（松山㈱）で、ロータリーに比べて砕土・整地作業に優れる。これを使って半不耕起栽培を行なう農家も多い。秋や春に**米ぬ**

かや**ボカシ肥**を散布したら、稲株をひっかく程度に耕深を三～五㎝とごく浅くし、表面の有機物を表層の土とまぶしていく。代かきもドライブハローでごく浅く。**表面・表層施用**によって、微生物のエサとなる有機物の豊富な層が、田んぼの表層にでき、**土ごと発酵**が進む。耕すのは、イネの根や微生物に任せる。

drive（駆動）、harrow（馬鍬・鋤）

▼「土ごと発酵に役立つ機械」編集部01年10月号

熊本県の後藤清人さんは、イネの半不耕起栽培にドライブハローを利用している。水を3cmくらいにはって、ゆっくり走りながら、爪の回転を速くして浅く代かきする（撮影　岩下守）

ライムソワー

風で飛びやすい石灰を散布するため機械で、粉状の肥料をまくのに適している。トラクタに装着して使い、施肥量を調節でき、均一散布できる。肥料の散布口が地面に近いので、肥料が風に飛ばされにくく、直接身体にかかることもほとんどない。そこで、風で飛びやすい**米ぬか**を田んぼに散布するときに使うと便利。福井県鯖江市の藤本肇さんは、水田用管理機にライムソワーをつけて、三〇町歩の**米ぬか除草**に利用している。

lime（石灰）sower（播種機）

▼「土ごと発酵に役立つ機械」編集部01年10月号

福井県鯖江市の藤本肇さんは、水田用の管理機にライムソワーを装着して米ぬか散布（撮影　倉持正実）

北海道・中西康二さんの雪中米ぬか散布（撮影　赤松富仁）

植繊機

竹・せん定枝・**もみがら**など、硬くて分解しにくいものを繊維状に粉砕する機械。対象物をあらかじめチップ化しておき、それをホッパーから投入。中のスクリューがそれを圧縮・混練し、さらにカッターによってミンチ状にすりつぶして、機械先端部の穴からバラバラにほぐれた繊維粉末が出てくる。繊維分が多く腐りにくい素材を**有機物マルチ**の材料にしたり、堆肥に混ぜる材料に加工できる。

なお「植繊機」は㈱バイケミと神鋼造機が登録商標。

▼「有機質を『植繊機』で『生肥料』に変えて、うまい作物をつくる」橋本清文・西村良平00年10月号

トラクタに装着するタイプの植繊機　竹、もみがら、せん定枝、小竹、雑草などを繊維状に粉砕する（提供　㈱バイケミ）

高所作業車

リンゴなどの高木の果樹の手入れや収穫に便利な機械。キャタピラ（クローラ）式の本体に支えられたゴンドラに乗って作業するタイプが一般的。ゴンドラは上下・左右に動き、三六〇度旋回するものもある。秋田県のリンゴ農家・佐々木厳一さんは、年間を通じてすべての作業能率が大幅に向上したという。収穫作業だけなら二倍、長期にわたる春の摘花果作業では、約七〇日の作業が五〇日に短縮された。

果樹では高齢化のなかで低樹高化の工夫が進んでいるが、樹形を変えずに栽培を続けるのに大いに役だつ。

▼「小力の高樹高園に欠かせない高所作業車　使い勝手比べ」小ノ上喜三02年12月号

水田用除草機

米ぬか除草の広がりによって、近年再び注目されるようになったのが水田用の除草機で

福岡県の柿農家・小ノ上喜三さんが愛用している高所作業車は、クローラ式でゴンドラに乗るタイプのもの（撮影　小倉かよ）

ある。米ぬか除草や**冬期湛水**などの方法では、除草剤のような安定性がないので、草をうまく抑えられなかった田に、最後の手段として除草機を利用する農家が多い。

かつての除草機は、田押し車を機械化したものが多かったが、最近の除草機は条間だけでなく、株間の草もある程度除草できるような改良が加えられている。表層が固いと雑草がうまく埋没しないので、米ぬか散布や代かきで**トロトロ層**をつくること。ヒエが大きくなると除草が困難になるので、田植え後直後から**深水管理**にしてヒエの生育を抑えておく。また、田植え直後はイネが弱いので、一回目の除草は田植え後二〇日ころがよい。除草機を選ぶときは、田植え機と同じ条数で除草できるものを選ぶとよい。

▼特集「草刈り草取り　名人になる！」05年5月号

カルチ

カルチベータは、除草・中耕・深耕・培土などの目的で利用され、北海道など比較的規模の大きな畑作地帯で普及している。除草の効果が高く、ていねいにかければ除草剤の使用量を大きく減らすことができる。上手に除草するポイントは、発芽直後でまだ草が見えていない時期にカルチがけすること。とくに雨降り後の晴天時は、発芽条件がよいうえ、掘り起こされた草が干上がってしまうので、除草後の草の復活率を低くできる。

cultivator（耕耘機）

▼「カルチがけ二回増やして除草剤代一〇万円減！」岡田恭弘05年5月号／『こうして減らす　畑の除草剤』高橋義雄・菅原敏治著

ティラガモ（提供　㈲エヌエッチ畑作研究所）

あめんぼ号（提供　㈱美善）

「草刈るチ」を使っての小豆の除草の様子。これは4畦タイプだが小型トラクタ用の2畦タイプもある（提供　日農機工㈱）

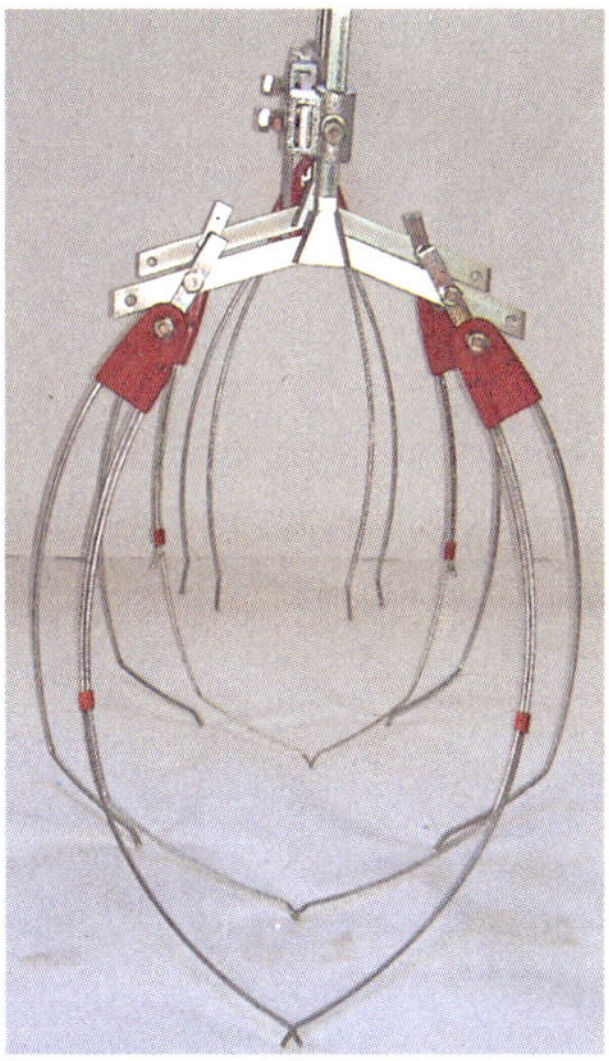

「ウルトラQ」（1条分）ダイズ、キャベツ、ハクサイなどの除草ができる。玉ねぎ用の「玉カルチ」もある。（提供　㈱キュウホー）

番外編　売り方の用語

栽培法の工夫とともに、農業を楽しく行なううえで欠かせないないのは上手に売ること。そこで、このコーナーでは売り方に関する用語をとりあげ、『現代農業』で追究してきた売り方の工夫を紹介した。

直売所

農家が消費者に直接販売するところ。無人販売所、朝市、夕市、ファーマーズマーケットなど、呼び方もその形態も多彩。直売所は一九八〇年代から全国的にふえ始め、農林水産省の調査によると、二〇〇二年現在、朝市なども含めた農産物直売所は、全国に約一万二〇〇〇カ所、うち有人直売所は約二六〇〇カ所。販売金額は、三四〇〇億円を越えるという調査結果もある。

運営形態は、個人運営と共同運営に大きく分かれる。共同直売所は生産者グループ、JA、第三セクターなどが設置、多くの場合、委託販売で出荷者が自分で荷を並べ残品を引き取るセルフ方式をとっている。運営経費は通常、販売価格の一〇～二〇%の手数料でまかなっている。

元気のいい直売所にはどんな特徴があるのだろうか。『現代農業』で紹介してきた事例からいくつか紹介してみよう。

■健康を届ける

「おいしさ」と「健康」、これがお客が感じる直売所の魅力のようだ。富山県立山町の直売所「JAかあさんの店」の壁には大きな手書きの栄養成分別野菜順位表が貼ってある。

JA「かあさんの店」の面々。カリフラワー「スノークラウン」（タキイ）と黄色いオレンジブーケ」（タキイ）を収穫。オレンジブーケは加熱しても、早く熱が通るのに、色は褪せない。そして、誰が食べてもわかるくらい、甘い。

やってきたお客さんの目がその表にとまると即座に十松さんは声をかけ、説明する。そのうち、お客さんが自分や家族の糖尿病や高血圧、ひざや腰の痛みなどについて話し始めたら、しっかり聞いたうえで、ふさわしい野菜を勧める。そうやって野菜を買ったお客さんは翌日もやってきて、お客さんの野菜摂取量は増えていく、という。

「野菜はみんな身体にいい」、さらに「おいしい野菜はもっと身体にいい」と十松さん。おいしければたくさん食べられるし、栄養価も高いはず。おいしい野菜作りのために、特にこだわっているのが品種選び。新品種が出ると、めぼしいものは必ず取り寄せ、仲間で作ってみる。穫れたらそれぞれの家で調理し、家族の反応を見る。お店に出してお客さんの反応を見る。だから、栽培品種は新旧入り混じっている。肥培管理にもこだわり、**カニ殻**、**カキ殻**、油かす、**米ぬか**、**生ごみボカシ肥**料などを活用している。

■年中、花を切らさずに

直売所では野菜だけでなく、花も売られる。

年中いろんな花がでていると、お客の楽しみも倍増する。

岩手県陸前高田市の熊谷研さんは、市場出荷のときとちがい、直売所には同じものを一度にたくさん出してもダメなんだと気付き、いまでは年中切らさず五〇種を栽培。できるだけ色や咲き方（一重咲き、八重咲きなど）にバラエティーを持たせ、少しずついろんな花を作る。品質も、丈の短いもの、ボリュームの少ないものから、丈もボリュームも優れたものまで揃え、一〇〇～三〇〇円と値段の幅を持たせるのが大事だという。

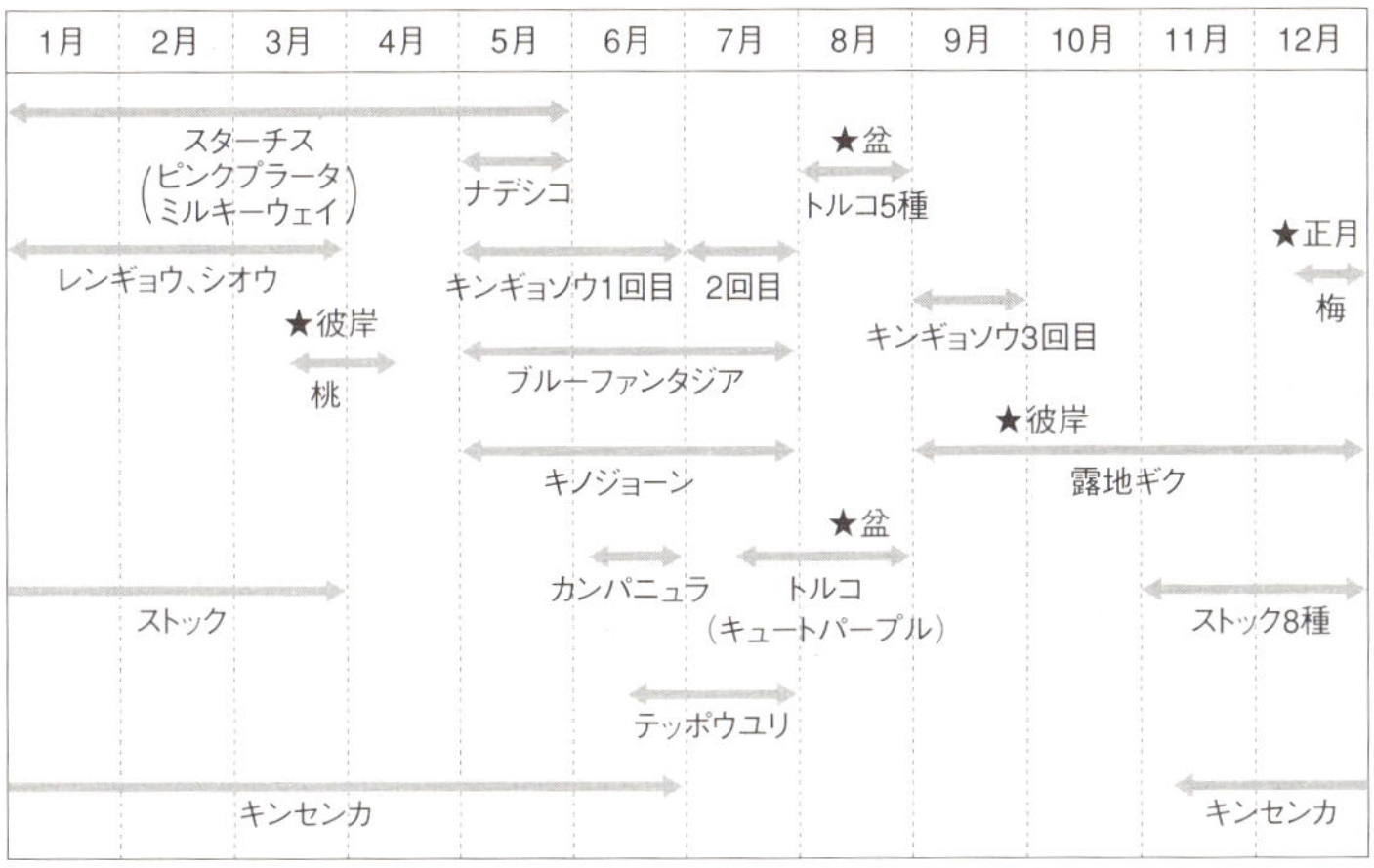

熊谷さんが1年間に出荷するおもな品目・品種の期間出荷。無加温のハウス栽培なので、冬はどうしても品薄になってしまうが、それでも年間出荷が途切れることはない。ただ物日（★）はとくに花が売れるので、そこは絶対はずさない。桃と梅はふかして出荷

■品揃えよくする工夫

品揃いを豊富にするには参加者が多く、互いに刺激しあいながら作付けを工夫していくことが大切。また、出来るだけ多くの農家が出荷できるような条件整備が重要だ。

直売会員二〇〇〇人、売り上げ五億円にまでなった島根県・奥出雲産直振興推進協議会では、農家が出荷しやすいように、JAが集荷トラックを用意している。地元の運送業者に委託して、毎日二便の集荷トラックを走らせる。近所の会員どうし話し合ってもらって、農協の支所や公民館、加工所の前など、都合のいい場所を集荷所に。全部で四〇集荷所を週に三回訪れ、それを、直売所「たんびにきて家」と「松江サティ」まで届ける。トラックの運賃は、利用する農家が負担。当初は売り上げの一〇％くらいになったが、販売額が増え、現在では三％ほどですむようになった。

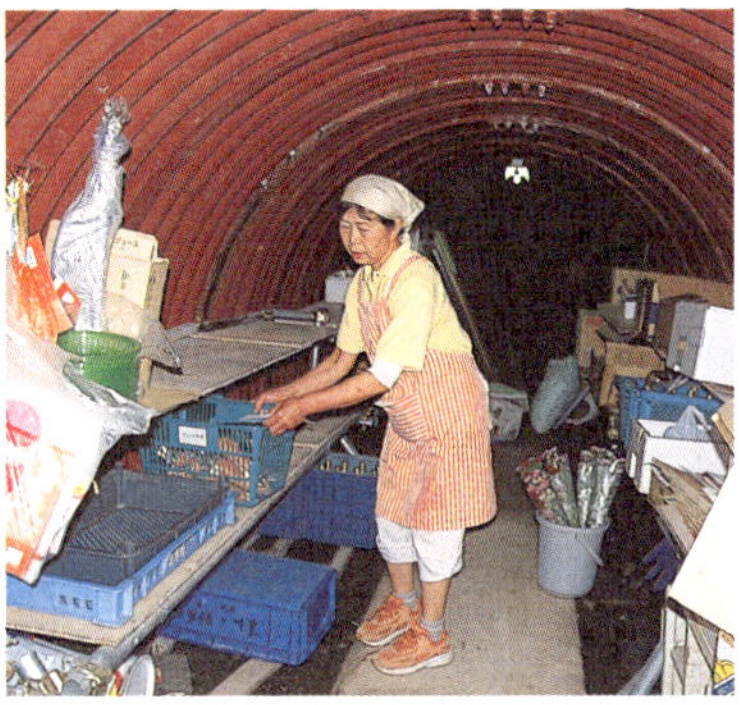

さんさん市場のすぐ後ろにある山に横穴を掘って室に。奥行き4～5mで両側に棚をつけた。これから並べる野菜、漬物、花、ジュースなどを保存

保存の工夫で、品が切れないようにしている直売所もある。長野県小川村の直売所「さんさん市場」、新鮮な色とりどりの野菜がきれいに並ぶ。その秘密が、すぐ裏側にせまるガケに掘られた「室」。この室があるおかげで新鮮な状態で野菜を保存して補充しながら売ることができる。夏、外の気温が三〇℃近くあっても、ここだけはヒンヤリ。適度に湿気もあるせいか、葉物などのくたびれ方が違うそうだ。

■農家の加工でさらに魅力アップ

野菜や花に加え、農家の手づくり加工品が並ぶと直売所の魅力はさらにアップする。女性グループによる加工はますます盛んになり、米価が下がるなか、経営に加工と直売を取り入れる稲作農家もふえている。福島市の佐藤清一さんもその一人。転作大豆を豆のまま売るより豆腐にすると売り上げ一二倍、味

噌だと五・七倍。買いたたかれる「中米」も「三五八漬けの床」にすると三・三倍に。

■地域の直売所に

直売所は単に売る場所ではなく、交流の場になってきた。お客にその素材の食べ方を教えたり、一緒に料理教室を開いたり・・・そんな直売所はやはり元気がいい。子どもたちを巻きこむこんな直売所もある。栃木県喜連川町の「鹿の子畑直売所」では、入口の真っ正面の壁に地元小学校の生徒たちの絵と習字が展示してある。三カ月に一回、ほぼ五〇点ずつの割合で入れ替え、直売所の壁に飾る。春は田んぼや畑を耕す作業、夏は運動会、秋は作物の収穫、冬は空想的なテーマ・・・子供たちの絵は想像力に富み、色が鮮やかだ。小学校に出かけなければ見られない孫の絵が、直売所に行けば見られるようになり、爺ちゃん婆ちゃんの楽しみが一つふえた。

▼「知らず知らず、たくさん食べて健康になっちゃうよ」編集部05年2月号／「年中切らさず五〇種！お彼岸・お盆に特に重視」熊谷研05年2月号／「直売農業に後継者不足はありません」編集部05年3月号／「壁を彩るむらの子供の絵や習字、自慢の直売所は売上げ一億円目前」編集部98年4月号

ラベル

直売所や宅配で届ける品にはぜひラベルをつけたい。

「あなたの気持ちをアピールすることが大切なのよ。野菜の作り方や考えを書いてみること。そうすれば、あなたの野菜が食べたいという人が必ず現れるから。結果は考えなくていいから、まず行動することよ」

そんな助言が、岐阜県の大坪夕希栄さんのラベル作りのきっかけになった。ラベルには似顔絵とともに、あまり知られていない野菜には名前と簡単な説明、レシピを入れる。住所や電話番号も入れるので、野菜の注文などが直接電話で入ることもあるという。

福岡県・江崎美笑子さんの加工品への、季節感や懐かしさを感じるラベルも好評で、ずいぶん売上げアップに貢献している。

大坪夕希栄さんの住所入りラベル

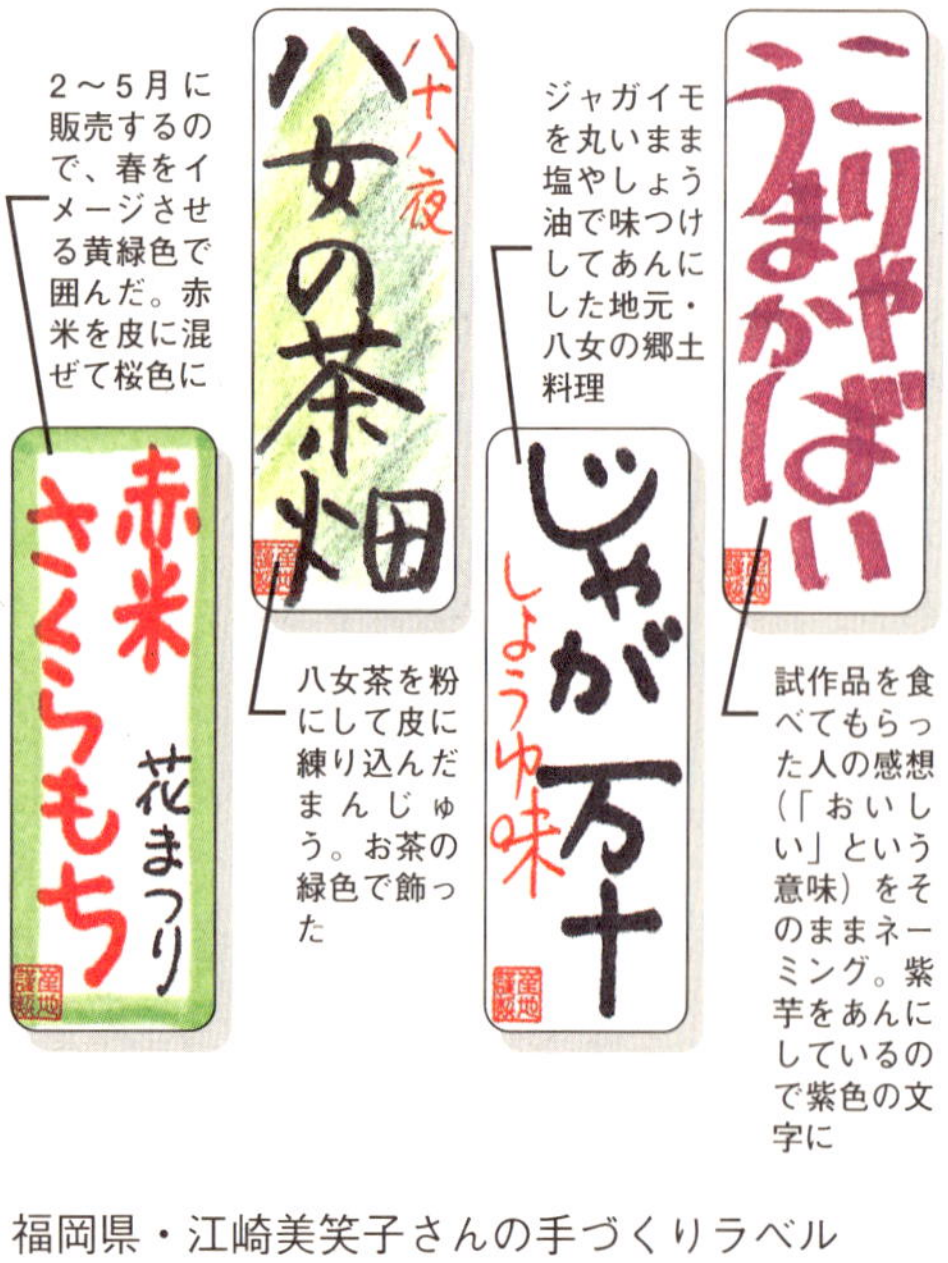

福岡県・江崎美笑子さんの手づくりラベル

ラベルつくりの道具もいろいろある。ふつうのセロハンテープが印刷テープに早変わりする手軽な「セロプリンター」。「簡単ラベルプリンター」は小型・低価格なラベル印刷機。バーコードの付いたラベル、パソコンのワードやエクセルで作ったラベルをそのまま印刷できる。モノクロ印刷になるが、商品名をデザインしたラベルの印刷にも使える。インターネットで公開している「ラベル屋さん」という無料ソフトも便利（http://www.labelyasan.com/）。

▼「私の気持ちをアピールするラベルをパソコンで」大坪夕希栄02年7月号／「手書きラベルのおかげで毎月の売り上げ10万円アップ！」江崎美笑子02年7月号／「ラベル・パッケージに役立つ道具」編集部04年7月号

ネーミング

ラベルとともに農家ならではのネーミングの工夫をしたい。素朴な味わいがあり、オリジナル性をアピールでき、興味を惹き、会話のきっかけになるようなネーミングがよいようだ。

ミカンを作っているとどうしても風スレ果が出てしまう。でも、「キズものミカン」そのままでは売れないと思った愛媛県北条市の坂本一穂さんは、風でキズがついてしまったのだからと「風のせい」というネーミングを思いついた。旦那さんは「キズものに『風の精』にしたら」といったが、「キズものに『精』はちょっと…」と思い、ひらがなのままにして、ラベルに「風のせい」と書いて売ってみたところ、予想に反して、よく売れてしまった。キズものミカンと同様、ふつうなら価値のないものを商品としてしまったのが、伊予柑の皮を干した入浴剤。とてもいい香りがするので、干してお茶パックに詰めた。「何もたいそうな原料を使ってるわけじゃないからねえ」と思ったので、「ちょっとのきもち」と名づけて売ってみたところ、大好評。「伊予柑自体もおいしかったんだろうな」と想像できるような入浴剤に仕上がった。

坂本一穂さんの加工品

「二十三世紀型お笑い系百姓」を目指している石川県の林農産、当然、商品のネーミングも「いかに笑えるか?」が基本。「林さんちの普通じゃないコシヒカリ」「林さんちの普通のコシヒカリ」『林さんちのオヘソが白い大豆』などのネーミングが生まれた。「普通じゃない」というネーミングにたいし、お客様は必ず「何が普通じゃないの?」と聞いてきて、会話のきっかけにもなっている。

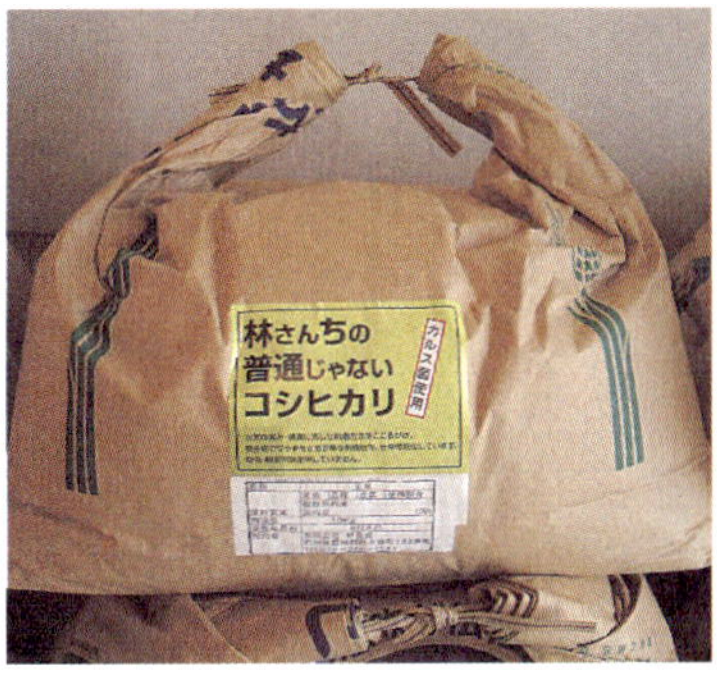

林農産の「林さんちの普通じゃないコシヒカリ」

林浩陽さんはこう話す。「当社では、社長の私や社員、デザイナーさんと一緒になって考えますが、まず、社の経営基本理念『農業を通じ、〝豊かな生活を創造する〟に合っているか?』から入ります。そして〝気づき〟が重要。私は、毎日毎日、目にするもの耳にするものすべてが経営資源と思い、心を研ぎ澄ませています。そうでないと、とてもじゃないけど、よい発想は生まれません。商品名を見て『お〜〜!』と思う時は、わずか数文字の表現に隠されたバックグラウンドがすばらしいからです。私にとってネーミングは経営基本理念に始まり、〝気づき〟の集大成が理想と考えています」

▼「『風のせい』『ちょっとの気持ち』…ミカンのキズ果・伊予柑の皮を売って大好評!」編集部04年7月号／「林さんちの『普通じゃない』ネーミング論」林浩陽04年7月号

米産直

農家が消費者に直接、米を売る米産直は、平成五年の大凶作をきっかけに大きく広がった。当時、消費者から生産者に、米が欲しいというお願いが殺到し、この凶作を機に、縁故米や特別栽培米の制度の利用が高まった。そして平成七年（一九九五年）に食管法が廃止され、農家が自由に米を売れるようになり、産直や直売所による米の直接流通が全国的に大きく広がっていった。やり方も農家によりいろいろ、福島県の渡部泰之さんの場合は次のようだ。

①値段は一〇kg五五〇〇～六五〇〇円（送料込み）。年々米価が下がっているが、産直を始めた平成六年から、ほとんど変わらずこの値段。しょっちゅう上げたり下げたりしたんじゃ信用を落とす。下げたからといってお客が増えるわけでもないし、「安い米」なんて世の中にありふれている。そのかわり、冷害が来たときには上げないように頑張るつもり。

②一番努力していることは、何といってもおいしい米をつくること。**緑肥**や**米ぬか**ボカシなどを生かした**有機元肥一発**の肥料代のかからない「ただどり稲作」に限りなく近づける。

渡部さんが毎月米の箱に必ず入れる「田んぼのたより」。写真を枚数分焼き増しして貼りつける方法が一番ラクだし、お客にも喜ばれる。「こういうところでつくった米なのかー」と実感できるみたいだ。

これなら、自然にへの字生育になって、農薬のいらない健康なイネになる。自然と食味まで上がってしまう。

③米の発送日は月に一回、毎月第二土曜日。土曜日に発送すれば日曜日に着くので、お客も助かる。何より「第二日曜はお米の来る日」と覚えてもらえるのがいい。

④その日に精米したものをその日に送る。精米機は二回通したほうが、おいしくヌカ切れもよく仕上がる。人によっては玄米・七分づき・五分づきなどの希望もあるし、量も五kgの人から四〇kgの人までいろいろ。午後は、宛名と納品書と振り込み用紙を書いて、梱包。夕方、宅配便のトラックが取りに来てくれる。だいたいいつも、三五～五〇個くらい。

⑤毎回「田んぼのたより」を入れる。A4一枚くらいの簡単なもので、写真を一枚貼って解説をつけるだけの時もあるし、最近思ったことなどを少し文章にすることもある。

⑥十二月の第二土曜には、正月用お飾りにと「吉祥稲穂」をつける。「今年もお世話になりました。来年もいいことがありますように」ということで、お寺で祈祷してもらい、寺のハンコの押してある紙も付ける。

その他にも、ちょっとした漬け物や古代米一握り、転作大豆のきな粉など、その度にオマケがつくことも多い。ほんのちょっとのことなのだが、お客さんはこういうのがたまらなく嬉しいみたいだ。

▼「小力のただどり稲作を目指すとお客が喜ぶ米になる」編集部00年12月号

道の駅

国土交通省の主管する事業で、一般国道沿いを中心に開設され、その数は八〇〇を越える。施設は国土交通省が整備し、地元の市町村、観光協会、第三セクターなどが管理している。「駅」として「休憩機能」、「情報発信機能」、「地域連携機能」をもつものとされ、イベントや地域の物産販売なども行なわれている。農家が農産物を販売する場所にもなっており、直売所を併設しているところも多い。道の駅で販売するには地元で管理している機関に申し出るとよい。通常、登録制で、出荷方法、販売手数料、清算などの規定が設けられている。

学校給食

これまで、学校給食の食材は専門業者から仕入れることが多く、価格や規格が優先され、地域の農産物の利用はほとんど問題にされなかった。しかしここ数年、地産地消の一つのカナメとして、各地で地場給食への取組みが盛んになり、地元の農業振興にむけて、自治体を挙げて取り組む例もふえている。それでも、文部科学省の調査（二〇〇三年五月）によると、給食で使用した食品のうち、地場産（県内産）の占める割合は全国平均で二一％（最も高かったのは熊本県の五〇％で、東京都は最下位の一％）で、まだまだふやしたい。

地場産給食を進めるうえで大事なのは、農家・農村と学校栄養士が手を結ぶこと。栄養士は給食の献立を決定し、食材を決める権限をもっている。さらに、学校教育法の一部改正により、平成十七年度から各学校に栄養教諭を配置できることになった。栄養教諭は従来の給食の管理の仕事に加えて、学校の授業やさまざまな教育活動での食の指導や子どもたちの個別指導にもたずさわることになる。

島根県・奥出雲産直振興推進協議会では、多くの高齢農家が、町内の中学校一校、小学校・幼稚園各五校、合わせて約一二〇〇人分の学校給食を支え、野菜四一品目、給食に使われる野菜全体の六割以上をまかなっている。ハクサイ・ナス・カブ・レタス・ミズナなど、品目によっては一〇〇％地元産のものもある。

毎月一回、給食センターと会合をもって、翌月の出荷計画を立てる。もっとも最近は、栄養士さんのほうもいつどんな野菜が出るかわかっているので、それに合わせて献立を考えてくれる。また、五日くらいなら野菜のおいしさを十分保てる恒温恒湿庫が県の事業で導入されたことも、地元野菜の利用を増やすのに役立っている。さらにホウレンソウなどは、春三～四月にドッサリ穫れるのを、ゆでて冷凍貯蔵して七月まで利用する。これも、地元産野菜の割合を高めることにつながっているうえ、子どもは栄養価の高いホウレンソ

学校給食の地産地消を実現するための5段階

①地場産自給率調査
地場の農産物が給食でほとんど使われていない現状を調査し明らかにする。

②保護者アンケート
自給率調査の結果を公表し、保護者に地場産、有機栽培の食材がほしいかをたずねる。8割以上の保護者の賛成が得られる。このようにはっきりした数字を出すことで、行政は動きやすくなるし、動かねばならなくなる。

③食材の量、価格、時期の調査
給食で使っている食材の量、時期、価格などをきちんと調査する。現在購入している野菜などが意外と安くないことがわかる。

④生産可能性、旬の一覧
直売所、有機農家などの生産可能性、その地域の旬などを調べて、出荷量を確定する。多くの場合、価格と量が提示され、それが確実に購入してもらえるのであれば、栽培する農家は着実に増えていく。

⑤既存の流通の調査、新しい流通と利害の調整の提示
給食への流通は既得権に守られてきたが、変更することはたやすい。ただし、地元の八百屋などとの利害調整は不可欠である。これをやらないと販売量は増えない。新たな流通の提案をきちんとやることで、地場産給食の経済効果、教育効果が確実に高まる。

（中村修）

長崎県大村市が行なった学校給食についての保護者アンケートの結果（一部）（中村修）

Q2 有機農産物や減農薬・無農薬農産物を利用する場合、1カ月当たりの値上げ幅はいくらくらいまでならよいと思いますか？
（回答数1,995人）

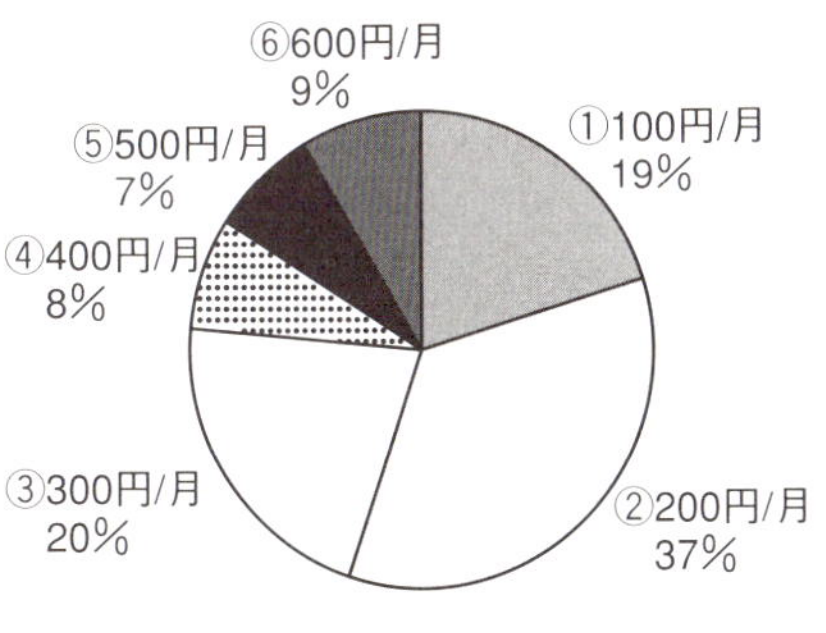

Q1 地場産物の利用についてどう思いますか？
（回答数2,735人）

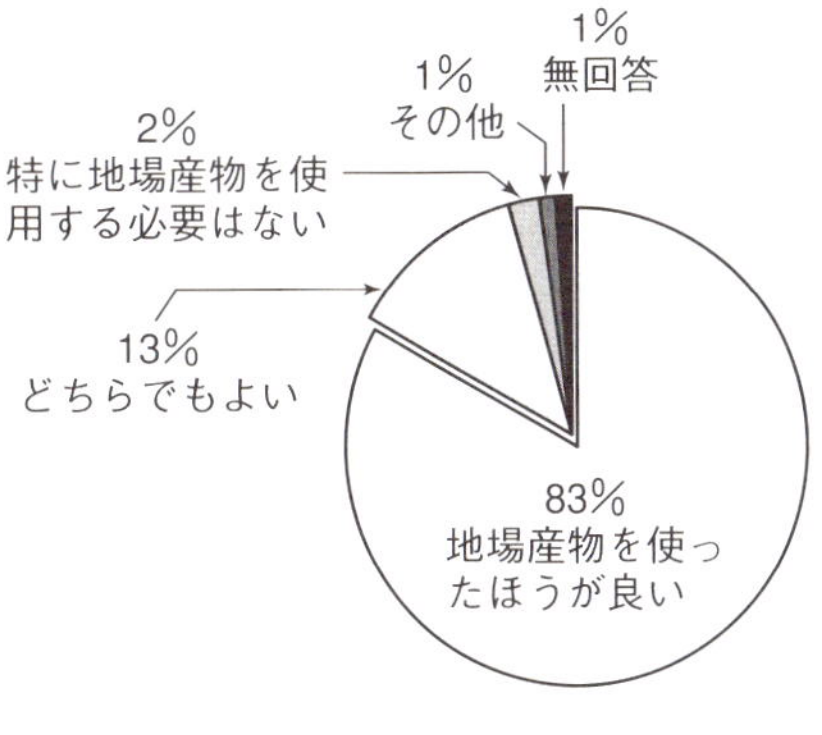

ウを夏でも食べられる。収穫期がちょうど学校の夏休みにあたってしまうモロヘイヤも同じく冷凍貯蔵。このモロヘイヤのかつおぶしあえが、なんとカレーやハンバーグに次いで三番目の給食人気メニューなのだそうだ。

地場産給食を推進するには学校、保護者、農家、業者間の合意形成が大切、これにむけ、中村修氏は、五段階の手法を提示し多くの県や自治体で実施されている。

▼「直売農業に後継者不足はありません」編集部05年3月号／「学校給食に地元農産物を届けるための五段階」中村修03年4月号

オーナー制

消費者に特定の作物や家畜のオーナーになってもらったり、一定の範囲の田畑を借し出して、その収穫物を渡す制度。棚田、果樹、エダマメなどさまざまな取組みがあり、作業体験や収穫祭などのイベントを組み合わせると、リピーターもふえ、楽しい展開ができる。

■黒大豆オーナー制

愛知県鳳来町「の－まんばざーる荷互奈」のエダマメ（黒豆）オーナー制。口コミで広がり、夫婦・家族連れ・グループなど三年目で一二〇組にふえた。二〇aの転作畑を活用。一口二五株で五〇〇〇円、一〇a当たり約二五万円になる。エダマメでほとんど採ってしまう人もいれば、半分残して黒豆で採る人もいる。一番の問題は区画による生育差で、生育の差が収量の差になり、不公平感につながる。そこで、収穫の三日前に生育を見ながらオーナーのプレートを立てていくことにし、生育のよいところは一口二五株、悪いところは三〇株などと、株数を調整している。参加希望がふえていることもあって、栽培から収穫、加工体験までをメニューにした方式を加えたいという。

オーナー（消費者）のエダマメ収穫でにぎわう「の－まんばざーる荷互奈」の黒大豆畑。この3日前、区画による生育差で不公平感が生まれないよう、株数を調整しながらプレートを立てている（提供　加藤泰平）

■アイガモ米オーナー制

「アイガモ水稲同時作」に取組む広島県広島市の下井原営農組合では、食べ慣れないアイガモ肉を米といっしょに消費者に食べてもらう方法としてオーナー制を考案。米三〇kgにアイガモ一羽を付けたのが一口で二万二〇〇〇円。オーナー数は二〇〇軒前後、多い人は一〇～一二口のオーナーになっている。五町歩で穫れるアイガモ米の約七割にオーナーが付いていて、その他は広島市内のデパートなどで販売。アイガモ米のほかに除草剤一回だけの減農薬米にも、一口・三〇kg一万五〇〇〇円でオーナーがついている。アイガモ米で六〇〇口、減農薬米で三〇〇口前後、合わせて四五〇俵もの米がオーナー制で販売されることになる。

オーナーの消費者とは、五月にアイガモの放鳥式とオーナー会議、七月にアイガモとイネの観察会、十一月に「感謝祭」を行なって交流を深めている。「アイガモ料理教室」を開き、アイガモを小さな子どもたちに引かせる「かもレース」のイベントも恒例になった。また、アイガモ米のオーナーは、エダマメ

佐用ピーチ倶楽部に主幹形のモモ（反当80本植え）

やサツマイモのオーナーにもなっている。

■モモのオーナー制

定年帰農者でつくる兵庫県・佐用ピーチ倶楽部は、モモの樹のオーナー制に取り組む。樹一本のオーナーになってもらい、収穫時期に果実を全部収穫して持ちかえってもらうやりかた。

主幹形仕立てで樹高も低くする。お客さんも収穫しやすいし、一樹あたりの果実数が成木でも一二〇個程度なので、一軒の家で食べて、近所や親戚に配るのにちょうどいい。

初年目、オーナー制を募集したところ、大反響で、募集本数一〇〇本（名）なのに二九六名の応募が集まった。価格は一本あたり一万二〇〇〇円（六〇果）と八〇〇〇円（四〇果）の二コース用意。品種は七月下旬にとれる「紅清水」と、八月上旬にとれる「まさひめ」。どちらも安定してとれる品種だ。決して高級品種ではないが、樹上完熟させるオーナー制なら、じゅうぶん味で勝負できる。

■鶏オーナー制

山梨県韮崎市の中嶋千里さんが始めたオーナー制は、二羽一組で一契約の一年契約。最初に、卵を産み出すまでの育成費（二六〇〇円）を契約金とし、餌代・人件費・輸送量などを含めたものを管理費として毎月定額（一週間当たり二五〇円）をいただく。産んだ卵はオーナーへ全量渡し、最後の廃鶏は肉にして届けるシステムである。オーナーは二〇〇人。鶏は一〇〇羽一群で四区画、合計四〇〇羽で、春と秋の年二回、二〇〇羽ずつ入れ替えることで、できるだけ届く卵の数が平均化するようにしている。

▼「黒大豆ならオーナー制！『超・採れたて』を売る」加藤泰平03年2月号／「ずっと農業続けるための新しい基盤整備」編集部01年11月号／「モモ・主幹形栽培で実現！65歳、初心者のモモづくり」編集部01年7月号／「卵は産んだだけ配達、鶏オーナー制」中嶋千里00年11月号

観光農園

リンゴ狩りやイチゴ狩り、いも掘りなどの収穫体験など、さまざなやり方があり、多くの作物を組み合わせて年間通して収穫体験ができる観光農園もふえてきている。

■リンゴ、プルーンの観光果樹園

長野県の臼田弌彦さんは、仲間三人とオーナー制とともにリンゴやプルーンの観光果樹園に取組んでいる。オーナー制のお客さんは三戸で二〇〇人と大変人気だ。

プルーンは直送と観光果樹園（もぎとり、入園予約制）でぜんぶさばく。観光果樹園は一kg八〇〇～九〇〇円。

観光果樹園は接客が必要なので大変だが、完熟生のほんとうにおいしいプルーンを知ってもらいたくて力を入れている。最近人気の高い品種「パープルアイ」などはおいしいけど皮がやわらかいので輸送に弱い。こんな品種こそ園地で食べてほしい。また、プルーンは熟すと果梗がとれるもので、臼田さんはお客さんに、果粉や果梗がとれて見栄えが悪くてもおいしいと説明する。リンゴのオーナー制を始めて以来、園地にきて臼田さんの話を聞くのが楽しみだというお客さんがふえているという。

■観光ワラビ園

ワラビ栽培は収穫・調製出荷の労力が全体の七割以上を占めており、これが省ける観光園は有利な方法。山梨県明野村の観光ワラビ園は、やや標高が高いこともあって五～六月の二カ月間オープン。入園料は三〇分間で大人五〇〇円（摘みとり量四〇〇g）、子供三〇〇円（二〇〇g）、京浜方面からの観光客で賑わっている。

▼「完熟プルーンのラクラク栽培」編集部04年7月号／「山菜質問箱　観光ワラビ園を開きたい」藤嶋勇04年12月号

貸し農園

都市部では公共の市民農園にはいつも申し

込みがいっぱい。そんなに需要があるのなら、農家が余った畑でどんどん貸し農園を開設したらいいのに――とは誰でも思いつきそうなことだが、これまでは農地法のしばりがあって、市民農園は、次の三つの方法でしか開設が認められてこなかった。

①特定農地貸付法によるもの。県や市町村などの自治体か農協などが開設主体になった場合のみ、例外規定としてが認められる。

②市民農園整備促進法によるもの。市街化区域、または自治体の定める市民農園区域内に限って認められる。

③「農園利用方式」によるもの。これは、「農地を貸す」のではなく、あくまで農家の作業をお客さんが「手伝う・体験する」という形式なので、法律のしばりはない。だがこの方法だと、あくまで農家が主導するという形をとる必要があり、区画を区切ってお客さんに自由に使ってもらうわけにはいかない。

農家が気軽に貸し農園経営を始めるとしたら、これまで③の方法をとるしかなかったが、ここへ来て申請した範囲内で規制緩和が認められる「構造改革特区」が制度化され、「誰でも気軽に市民農園を開設できるように認めてほしい」と特区申請した自治体がでてきている。特区は次々に認められ、特区を利用した農家やNPO法人開設の市民農園が各地で生まれつつある。横浜市では二〇〇三年七月に特区を申請し、同年八月末には、市街化区域を含む市域全体が「市民利用型農園促進特区」に認定されている。半年後の二〇〇四年春には最初の「特区農園」四カ所が開園し、〇五年春までに三haを越えた。すべてが農地所有者による開設。近々、この特区は全国展開されることになっており、ようやく「農家が気軽に貸し農園経営を始められる時代」が来ることになりそうだ。

福岡県の田中幸成さんは、三・五m×一〇mで三五平方メートルの小さな区画を一五〇つくり、一区画年間一万二〇〇〇円（借地料一万円＋堆肥代二〇〇〇円）で貸し出している。月にしてみたらたった一〇〇〇円。毎月焼酎一本の価格で自分の畑が手に入り、土や自然と遊べて自在に野菜がつくれる！　町の人の気持ちになれば、これ以上のレジャーはない。契約は一年ごとの更新だが、一年でやめてしまう人は二割くらいで、普通は一度始めたら長いお客さんになってくれる。毎年新しく顧客開拓せずともやっていけるという点も、貸し農園経営の魅力の一つ。

田中さんの貸し農園は、畑以外の魅力にも満ちている。貸し農園入り口のすぐ脇に、土日だけだが直売所が開店、貸し農園のお客さんは、直売所が大好きな人たちで、自分たちの畑でとれた野菜以外のものは、結構買って帰ってくれる。また、春の「ヨモギもちつき」と秋の収穫祭、コイが捕れたからと「こいこく」などイベントも行なう。これらがまた楽しい。タケノコの季節になってきたら、「あそこの山にタケノコ出てるから自由にとってもいいですよ」と、お客さんに声をかけてあげる。町や農協がやっている杓子定規な市民農園では、けっして味わえない「農のお裾分け」。お客さんにとってみれば、これこそが「農家の貸し農園」の醍醐味かもしれない。田中さんの思いも、単に「畑を貸す」ということにとどまらず、「農」の世界をお客さんに産直するということにある。

「畑を貸す」のだから、自分で手間をかけ

こんな夏の朝食はいかが？　西村自然農園の野草をふんだんに使った料理。左上がシソジュース、右上がコンフリーのオカラ巻・天ぷら・和えもの、左中がコンニャクステーキとズッキーニの目玉焼きのせ、右中がアカザの和えもの、右下がキイチゴの実（皿はコンフリーの葉）（撮影　小倉かよ）

なくても利益が上がるが、トイレ、水、農具などそれなりの設備を整えなければならない。

▼「誰でも開設可能な時代がやってきた」編集部05年5月号／「農家の貸し農園は魅力いっぱい」編集部05年5月号

農家レストラン

農家や農家グループが自分のところでとれる素材を生かして料理を振舞うレストラン。

地粉を使ったそば屋が各地で生まれ人気がある。毎月一頭まるごと味わってもらう牛肉レストランもある。

愛知県小原村の西村自然農園は、屋敷周りに生えている野草と無農薬・無化学肥料で育てた野菜で料理を作ってもてなす農家レストラン。お昼時、野草のサラダ・和えもの・天ぷら……と料理が一品ずつ、間を置いて出てくる。野草はいずれも、直前に屋敷周りで摘んだものばかり。出来たてでまだほんのり温かい豆腐、刺身コンニャクが並べられ、全一〇品くらいのフルコースとなる。食べるだけでなく、お客さんたちと一緒に野草や野菜を摘みにいき、コンニャクイモをすりおろしたり、豆腐をつくったりする。特に宣伝したり、広告を出したわけでもないのにお客さんが増え、今では年間二〇〇〇人が訪れる。

▼「老舗農家レストランの『春の野草』びっくり料理術」編集部03年3月号

インターネット産直

インターネットを使って注文をとり販売すること。当初、一時期ブームになったときは、ネット市場が未熟だったこと、雑なつくりのホームページが多かったことなどから、思ったより売上げが伸びず、諦める農家もでだが、現在では産直の大きな武器として使いこなす農家が増えている。四季の移り変わりから田畑のようす、作物の生育や農作業、そして家族のことなど、農家はその農家でしか発信できない個性的な情報を発信できる。暮らしや農村空間そのものが売りになる。農家という生活スタイルに憧れる人も多い。そのような情報を含めて買ったお客は、リピーターになってくれ、ネットは使い方によっては非常に大きな武器となる。

北海道の磯部正宏さんは、米を中心にインターネットでの売上が一〇〇〇万円を超えた。パソコンを「お客さんにあわせた細かいサービス」にどれだけ生かせるかが儲けるコツのようだ。

磯部さんは、インターネット経由、つまり電子メールで注文が届くと、すぐに折り返しお礼のメールをお客さんに送る。そして、その場でデータベースにそのお客さんが入っているかどうかを検索して、はじめての注文なのか、前回いつ何を注文したのかを調べる。

名前を覚えているような昔からのお得意さんはもちろんだが、はじめてとか、二回目とかの新しいお客さんを大切にできるのがパソコンの良さだと磯部さんはいう。

たとえば二度目のお客さんに、「ご注文ありがとうございます。先月お送りした『う米ッす！』はいかがでしたか？　今回は『う米ッす！スペシャル』をご注文くださりありがとうございます。どちらも手塩にかけたお米です。食べ比べてみてください」とか書ける。

ところで、農家のホームページづくりでいちばん問題となるのが写真。おいしいはずの作物がおいしく見えない、生き生きとした作業風景が苦しみの風景に見えてしまう……。これらすべて、自然光を使うとか、立ち位置を変えるとか、撮り方のちょっとしたコツを押さえていればグーンとよくなる。せっかく育てた作物だから、その「おいしさ」「新鮮さ」をしっかり表現したい。

▼「儲かる産直のためのパソコン活用法公開！」編集部02年1月号／「美味しさ・新鮮さを撮るには逆光とレフ板を生かす」編集部03年3月号／『やらなきゃ損する農家のインターネット産直』冨田きよむ著／『産直農家のデジタル写真入門』冨田きよむ著

有機認証・有機農産物

それまでまちまちだった「有機」や「オーガニック」の表示に統一基準を設定するために発足した、日本農林規格（JAS）法に基づく認証制度。国が認めた第三者機関による検査に合格すると、有機JASが定めた認証マークを表示でき、このマークが付けられていないものには「有機」、「オーガニック」などの表示が行なえないことになった。

JAS規格に基づき「有機」や「オーガニック」と表示できる農産物は、

①二年以上農薬や化学肥料を使っていない農地で栽培

②農薬や化学肥料を使わずに栽培

③生産、加工、出荷までの工程を記録・管理

などの条件をクリアしたものに限られる。

ただし、やむを得ない場合は有機JAS規格でリスト化されている肥料や農薬（表）のみ使用が可能である。

有機JASマーク

日本国内の有機認証農家は、二〇〇四年十二月末現在、四七四二戸。また、二〇〇三年度に国内で格付けされた有機農産物は、国内の総生産量の〇・一六%でわずかである。海外からの有機農産物の輸入が増加しており、表示規制の整備だけでなく、有機農業を支える総合的な制度の整備を行なうことへの要望も強まっている。

特別栽培農産物

有機栽培や減農薬栽培によって生産した農産物を販売するにあたって、以前は「減農薬」、「減化学肥料」などの表示が行なわれていたが、二〇〇四年四月一日から改正「特別栽培農産物に係る表示ガイドライン」が施行され、「特別栽培農産物」という呼称へと一本化された。「特別栽培農産物」の基準は、生産される地域の慣行レベルと比較して、①化学合成農薬の使用回数が五〇%以下、②化学肥料の窒素成分量が五〇%以下、の両方を満たすこと。この場合の慣行レベルは、地方公共団体が策定したものを基準とする。このガイドラインの施行後は「減農薬」、「減化学肥料」などの表示は認められなくなった。

表示には、使用した化学合成農薬や化学肥料の具体的な使用状況も別枠で記述する。使用状況を記述するためのスペースがとれないときは、商品の近くにポップなどで表示してもいい。消費者が、店頭で確認できるということが条件だ。このガイドラインは、関係者が自主的に確認・管理し、自発的に守るものとされ、違反者は改善を指導される。なお、この表示ガイドラインは、不特定多数の消費者に販売する場面で適用されるもので、宅配便などで個別の消費者に届けるときは無関係だ。また、県などが別の名称で独自の認証制度などを設けることには問題がない。

「特別栽培農産物」の表示のしかた

農林水産省新ガイドラインによる表示

特別栽培農産物

農　　薬	栽培期間中不使用（食酢使用）
化学肥料	当地比5割減（窒素成分）
栽培責任者	○○○○
住　　所	○○県○○町△△
連 絡 先	TEL□□−□□−□□
確認責任者	△△△△
住　　所	○○県○○町◇◇◇
連 絡 先	TEL□□−□□−▽▽

「特定農薬」や天敵資材名は、化学合成農薬を不使用と書いた場合は表示しなくてもいい

農協、生産・出荷組合、認証団体など

化学肥料の使用状況

使用資材名	用途	使用量
尿素入り化成	元肥	窒素4kg/10a
硫安	追肥	窒素1kg/10a
過リン酸石灰	追肥	窒素0kg/10a

注：使用資材名は原則として商品名ではなく、主成分を示す一般的名称を表示します。チッソ成分を含まない化学肥料も表示

使用状況は、上の表示枠とは別にポップなどで表示してもいい。ただし店頭で確認できることが条件

（化学合成農薬を使っている場合）

化学合成農薬の使用状況

使用資材名	用途	使用量
○○○	殺菌	1回
□□□	殺虫	2回
△△△	除草	1回

注：使用資材名は原則として商品名ではなく、主成分を示す一般的名称を表示します。性フェロモン剤は「使用状況」には書かなくてもよい。ただし上の表示枠の「農薬」のところに必ず併記

有機農産物で使用が可能な肥料、土壌改良資材、農薬

別表１

肥料及び土壌改良資材	基　　準
植物及びその残さ由来の資材	
発酵、乾燥又は焼成した排せつ物由来の資材	家畜及び家きんの排せつ物に由来するものであること。
食品工場及び繊維工場からの農畜水産物由来の資材	天然物質又は化学的処理（有機溶剤による油の抽出を除く）を行っていない天然物質に由来するものであること。
と畜場又は水産加工場からの動物性産品由来の資材	天然物質又は化学的処理を行っていない天然物質に由来するものであること。
発酵した食品廃棄物由来の資材	食品廃棄物以外の物質が混入していないものであること。
バークたい肥	天然物質又は化学的処理を行っていない天然物質に由来するものであること。
グアノ	
乾燥藻及びその粉末	
草木灰／硫酸加里／硫酸苦土／石こう（硫酸カルシウム）／生石灰（苦土生石灰を含む）／木炭	天然物質又は化学的処理を行っていない天然物質に由来するものであること。
炭酸カルシウム	天然物質又は化学的処理を行っていない天然物質に由来するもの（苦土炭酸カルシウムを含む）であること。
塩化加里	天然鉱石を粉砕又は水洗精製したもの及び天然かん水から回収したものであること。
硫酸加里苦土	天然鉱石を水洗精製したものであること。
天然りん鉱石	カドミウムが五酸化リンに換算して1kg中90mg以下であるものであること。
水酸化苦土	天然鉱石を粉砕したものであること。
硫黄	
消石灰	上記生石灰に由来するものであること。
微量要素（マンガン、ほう素、鉄、銅、亜鉛、モリブデン及び塩素）	微量要素の不足により、作物の正常な生育が確保されない場合に使用するものであること。
岩石を粉砕したもの	天然物質又は化学的処理を行っていない天然物質に由来するものであって、含有する有害重金属その他の有害物質により土壌等を汚染するものでないこと。
泥炭	天然物質又は化学的処理を行っていない天然物質に由来するものであること。ただし、土壌改良資材としての使用は、育苗用土としての使用に限ること。
ベントナイト／パーライト／ゼオライト／バーミキュライト／けいそう土焼成粒	天然物質又は化学的処理を行っていない天然物質に由来するものであること。
塩基性スラグ	
鉱さいけい酸質肥料	天然物質又は化学的処理を行っていない天然物質に由来するものであること。
よう成りん肥	天然物質又は化学的処理を行っていない天然物質に由来するものであって、カドミウムが五酸化リンに換算して1kg中90mg以下であるものであること。
塩化ナトリウム	海水又は湖水から化学的方法によらず生産されたもの又は採掘されたものであること。
リン酸アルミニウムカルシウム	カドミウムが五酸化リンに換算して1kg中90mg以下であるものであること。
塩化カルシウム	
食酢	
乳酸	植物を原料として発酵させたものであって、育苗用土等のpH調整に使用する場合に限ること。
製糖産業の副産物	
肥料の造粒材及び固結防止材	天然物質又は化学的処理を行っていない天然物質に由来するものであること。ただし、当該資材によっては肥料の造粒材及び固結防止材を製造することができない場合には、リグニンスルホン酸塩に限り使用することができる。
その他の肥料及び土壌改良資材	植物の栄養に供すること又は土壌改良を目的として土地に施される物（生物を含む。）及び植物の栄養に供することを目的として植物に施される物（生物を含む。）であって、天然物質又は化学的処理を行っていない天然物質に由来するもの（燃焼、焼成、溶融、乾留又はけん化することにより製造されたもの並びに化学的な方法によらずに製造されたものであって、組換えDNA技術を用いて製造されていないものに限る。）であり、かつ、病害虫の防除効果を有することが明らかなものでないこと。ただし、この資材はこの表に掲げる他の資材によっては土壌の性質に由来する農地の生産力の維持増進を図ることができない場合に限り使用することができる。

別表2

農　　薬	基　　準
なたね油乳剤／マシン油エアゾル／マシン油乳剤／大豆レシチン・マシン油乳剤／デンプン水和剤／脂肪酸グリセリド乳剤／硫黄くん煙剤／硫黄粉剤／硫黄・銅水和剤／水和硫黄剤／硫黄・大豆レシチン水和剤／石灰硫黄合剤／シイタケ菌糸体抽出物液剤／炭酸水素ナトリウム水溶剤及び重曹／炭酸水素ナトリウム・銅水和剤／銅水和剤／銅粉剤／クロレラ抽出物液剤／天敵等生物農薬／混合生薬抽出物液剤／ワックス水和剤／食酢	
除虫菊乳剤及びピレトリン乳剤	除虫菊から抽出したものであって、共力剤としてピペロニルブトキサイドを含まないものに限ること。
メタアルデヒド粒剤	捕虫器に使用する場合に限ること。
硫酸銅／生石灰	ボルドー剤調製用に使用する場合に限ること。
性フェロモン剤	農作物を害する昆虫のフェロモン作用を有する物質を有効成分とするものに限ること。
展着剤	カゼイン又はパラフィンを有効成分とするものに限ること。
二酸化炭素くん蒸剤／ケイソウ土粉剤	保管施設で使用する場合に限ること。

「有機農産物の日本農林規格」より（平成21年1月現在）　別表1,2

「農家の技術 早わかり事典」

索引（アイウエオ順）

▼ページは、その語の記述がある用語の掲載ページを示します
▼本事典で解説している用語は、その掲載ページを太字で示しました

本書は『別冊現代農業』2005年12月号を単行本化したものです。

編集協力　本田進一郎

自然力を生かす
農家の技術 早わかり事典

2009年 3 月15日　第1刷発行
2011年 2 月15日　第3刷発行

農文協　編

発行所　社団法人　農山漁村文化協会
郵便番号 107-8668 東京都港区赤坂7丁目6-1
電 話 03(3585)1141(営業)　03(3585)1147(編集)
FAX 03(3589)1387　振替 00120-3-144478
URL http://www.ruralnet.or.jp/

ISBN978-4-540-08321-1　DTP製作／ニシ工芸㈱
〈検印廃止〉　印刷・製本／凸版印刷㈱

本事典で紹介した「用語」の関連書籍（農文協刊）

「基本の用語」

・土着菌・土着微生物
発酵利用の減農薬・有機栽培
松沼憲治著 1,667円+税
土着微生物を活かす
趙漢珪著 1,552円+税

・米ぬか防除
米ヌカを使いこなす
農文協編 1,619円+税

・自然農薬
自然農薬で防ぐ病気と害虫
古賀綱行著 1,314円+税
植物エキスで防ぐ病気と害虫
八木晟監修 1,552円+税

・土着天敵
天敵利用で農薬半減
根本久編 2,524円+税

・ただの虫
減農薬のための田の虫図鑑
宇根豊他著 1,943円+税

「稲作の用語」

・への字稲作
井原豊のへの字型イネつくり
井原豊著 1,362円+税
痛快コシヒカリつくり
井原豊著 1,457円+税

・不耕起・半不耕起
新しい不耕起イネつくり
岩澤信夫著 1,457円+税

・疎植
太茎・大穂のイネつくり
稲葉光國著 1,657円+税

・穂肥
安心イネつくり
山口正篤著 1,362円+税

・深水
健全豪快イネつくり
薄井勝利著 1,714円+税

・米ヌカ除草
除草剤を使わないイネつくり
民間稲作研究所編 1,857円+税

・白い根稲作
有機栽培のイネつくり
小祝政明著 1,900円+税

・合鴨
無限に拡がるアイガモ水稲同時作
古野隆雄著 1,857円+税
だれでもできるイネのプール育苗
農文協編 1,429円+税
おいしいお米の栽培指針
堀野俊郎著 1,619円+税

「野菜・花の用語」

・鎮圧
高風味・無病のトマトつくり
養田昇著 1,457円+税

・不耕起・半不耕起
家庭菜園の不耕起栽培
水口文夫著 1,524円+税

・溝底播種・寒じめ
べたがけを使いこなす
岡田益己他編 1,800円+税

・しおれ活着
トマト　ダイレクトセル苗でつくりこなす
若梅健司著 1,762円+税
野菜・花卉の養液土耕
六本木和夫他著 2,286円+税

「果樹の用語」「畜産の用語」

新版せん定を科学する
菊池卓郎他著 1,667円+税
大判図解　最新果樹のせん定
農文協編 2,095円+税
ブドウの早仕立て新短梢栽培
小川孝郎著 1,857円+税

・夏肥
ミカンづくりと施肥
中間和光著 1,714円+税

・ナギナタガヤ
高糖度・連産のミカンつくり
川田建次著 1,619円+税
発酵利用の自然養鶏
笹村出著 1,714円+税

「土と肥料の用語」

新しい土壌診断と施肥設計
武田健著 2,000円+税
ボカシ肥のつくり方・使い方
農文協編 1,314円+税
発酵肥料のつくり方使い方
薄上秀男著 1,552円+税
堆肥のつくり方・使い方
藤原俊六郎著 1,429円+税
家庭でつくる生ごみ堆肥
藤原俊六郎監修 1,333円+税
新版　緑肥を使いこなす
橋爪健著 1,762円+税
天恵緑汁のつくり方と使い方
日韓自然農業交流協会編 1,429円+税
竹炭・竹酢液のつくり方と使い方
池嶋庸元著 1,714円+税
木酢・炭で減農薬
岸本定吉監修 1,362円+税
新版　黒砂糖・酢農法
早藤巌著 1,714円+税
だれでもできる養分バランス施肥
武田健著 1,524円+税
ケイ酸植物と石灰植物
高橋英一著 1,524円+税
根の活力と根圏微生物
小林達治著 1,524円+税

「防除の用語」

ハウスの新しい太陽熱処理法
白木己歳著 1,429円+税
野菜の輪作栽培
窪吉永著 1,714円+税
減農薬のイネつくり
宇根豊著 1,600円+税